U0283215

国家出版基金项目

"十三五"国家重点图书出版规划项目

"十四五"时期国家重点出版物出版专项规划项目

中国水电关键技术丛书

岩体倾倒变形 与水电工程

杨建　裴向军　张世殊　魏玉峰　张东升　等　编著

中国水利水电出版社

www.waterpub.com.cn

·北京·

内 容 提 要

本书系国家出版基金项目《中国水电关键技术丛书》之一，针对我国倾倒变形体数量多、种类齐全的特征，广泛搜集各水电站的倾倒变形体，通过对一些大型倾倒变形体发育特征的分析，总结出影响岩体倾倒变形的因素；并对倾倒变形体发育的地质环境特征、判识分类、变形破坏演化规律、变形体破坏模式及稳定性分析方法、倾倒变形体勘察与评价及工程影响效应等方面展开系统全面的研究。本书共分 9 章，内容既有对岩体倾倒变形特征的总结，又有对研究成果的深入分析提炼和创新，展示了岩体倾倒变形的演化规律、力学机制以及稳定性评价方法的最新研究成果。

本书内容丰富，重点突出，观点明确，有较强的实用性，可供水利水电、国土资源开发、地质灾害防治、交通、土建等领域以及高等院校、科研院所从事与岩体变形相关的工程地质、岩土工程勘测设计等工作的科研、教学人员参考。

图书在版编目（ＣＩＰ）数据

岩体倾倒变形与水电工程 / 杨建等编著. -- 北京：
中国水利水电出版社，2023.12
（中国水电关键技术丛书）
ISBN 978-7-5226-2098-5

Ⅰ．①岩… Ⅱ．①杨… Ⅲ．①水利水电工程－岩石变形特性－研究 Ⅳ．①TV223.3

中国国家版本馆CIP数据核字（2024）第015090号

书　　名	中国水电关键技术丛书 **岩体倾倒变形与水电工程** YANTI QINGDAO BIANXING YU SHUIDIAN GONGCHENG
作　　者	杨建　裴向军　张世殊　魏玉峰　张东升　等 编著
出版发行	中国水利水电出版社 （北京市海淀区玉渊潭南路 1 号 D 座　100038） 网址：www.waterpub.com.cn E-mail：sales@mwr.gov.cn 电话：（010）68545888（营销中心）
经　　售	北京科水图书销售有限公司 电话：（010）68545874、63202643 全国各地新华书店和相关出版物销售网点
排　　版	中国水利水电出版社微机排版中心
印　　刷	北京印匠彩色印刷有限公司
规　　格	184mm×260mm　16 开本　26.5 印张　651 千字
版　　次	2023 年 12 月第 1 版　2023 年 12 月第 1 次印刷
印　　数	0001—1500 册
定　　价	**258.00 元**

《中国水电关键技术丛书》编撰委员会

《中国水电关键技术丛书》组织单位

中国大坝工程学会
中国水力发电工程学会
水电水利规划设计总院
中国水利水电出版社

《岩体倾倒变形与水电工程》编写人员名单

主 编	杨 建	裴向军	张世殊	
副主编	魏玉峰	张东升	祁生文	
编 写	罗 璟	郭德存	王寿宇	何万通	李天涛
	王东坡	母剑桥	张御阳	冉丛彦	赵小平
	郭松峰	彭烁君	韩益民	张伟恒	
审稿人	袁建新	李文纲		

历经 70 年发展，特别是改革开放 40 年，中国水电建设取得了举世瞩目的伟大成就，一批世界级的高坝大库在中国建成投产，水电工程技术取得新的突破和进展。在推动世界水电工程技术发展的历程中，世界各国都作出了自己的贡献，而中国，成为继欧美发达国家之后，21 世纪世界水电工程技术的主要推动者和引领者。

截至 2018 年年底，中国水库大坝总数达 9.8 万座，水库总库容约 9000 亿 m^3，水电装机容量达 350GW。中国是世界上大坝数量最多的国家，也是高坝数量最多的国家：60m 以上的高坝近 1000 座，100m 以上的高坝 223 座，200m 以上的特高坝 23 座；千万千瓦级的特大型水电站 4 座，其中，三峡水电站装机容量 22500MW，为世界第一大水电站。中国水电开发始终以促进国民经济发展和满足社会需求为动力，以战略规划和科技创新为引领，以科技成果工程化促进工程建设，突破了工程建设与管理中的一系列难题，实现了安全发展和绿色发展。中国水电工程在大江大河治理、防洪减灾、兴利惠民、促进国家经济社会发展方面发挥了不可替代的重要作用。

总结中国水电发展的成功经验，我认为，最为重要也是特别值得借鉴的有以下几个方面：一是需求导向与目标导向相结合，始终服务国家和区域经济社会的发展；二是科学规划河流梯级格局，合理利用水资源和水能资源；三是建立健全水电投资开发和建设管理体制，加快水电开发进程；四是依托重大工程，持续开展科学技术攻关，破解工程建设难题，降低工程风险；五是在妥善安置移民和保护生态的前提下，统筹兼顾各方利益，实现共商共建共享。

在水利部原任领导汪恕诚、张基尧的关心支持下，2016 年，中国大坝工程学会、中国水力发电工程学会、水电水利规划设计总院、中国水利水电出版社联合发起编撰出版《中国水电关键技术丛书》，得到水电行业的积极响应，数百位工程实践经验丰富的学科带头人和专业技术负责人等水电科技工作者，基于自身专业研究成果和工程实践经验，精心选题，着手编撰水电工程技术成果总结。为高质量地完成编撰任务，参加丛书编撰的作者，投入极大热情，倾注大量心血，反复推敲打磨，精益求精，终使丛书各卷得以陆续出版，实属不易，难能可贵。

21 世纪初叶，中国的水电开发成为推动世界水电快速发展的重要力量，形成了中国特色的水电工程技术，这是编撰丛书的缘由。丛书回顾了中国水电工程建设近30年所取得的成就，总结了大量科学研究成果和工程实践经验，基本概括了当前水电工程建设的最新技术发展。丛书具有以下特点：一是技术总结系统，既有历史视角的比较，又有国际视野的检视，体现了科学知识体系化的特征；二是内容丰富、翔实、实用，涉及专业多，原理、方法、技术路径和工程措施一应俱全；三是富于创新引导，对同一重大关键技术难题，存在多种可能的解决方案，并非唯一，要依据具体工程情况和面临的条件进行技术路径选择，深入论证，择优取舍；四是工程案例丰富，结合中国大型水电工程设计建设，给出了详细的技术参数，具有很强的参考价值；五是中国特色突出，贯彻科学发展观和新发展理念，总结了中国水电工程技术的最新理论和工程实践成果。

与世界上大多数发展中国家一样，中国面临着人口持续增长、经济社会发展不平衡和人民追求美好生活的迫切要求，而受全球气候变化和极端天气的影响，水资源短缺、自然灾害频发和能源电力供需的矛盾还将加剧。面对这一严峻形势，无论是从中国的发展来看，还是从全球的发展来看，修坝筑库、开发水电都将不可或缺，这是实现经济社会可持续发展的必然选择。

中国水电工程技术既是中国的，也是世界的。我相信，丛书的出版，为中国水电工作者，也为世界上的专家同仁，开启了一扇深入了解中国水电工程技术发展的窗口；通过分享工程技术与管理的先进成果，后发国家借鉴和吸取先行国家的经验与教训，可避免走弯路，加快水电开发进程，降低开发成本，实现战略赶超。从这个意义上讲，丛书的出版不仅能为当前和未来中国水电工程建设提供非常有价值的参考，也将为世界上发展中国家的河流开发建设提供重要启示和借鉴。

作为中国水电事业的建设者、奋斗者，见证了中国水电事业的蓬勃发展，我为中国水电工程的技术进步而骄傲，也为丛书的出版而高兴。希望丛书的出版还能够为加强工程技术国际交流与合作，推动"一带一路"沿线国家基础设施建设，促进水电工程技术取得新进展发挥积极作用。衷心感谢为此作出贡献的中国水电科技工作者，以及丛书的撰稿、审稿和编辑人员。

中国工程院院士

2019 年 10 月

水电是全球公认并为世界大多数国家大力开发利用的清洁能源。水库大坝和水电开发在防范洪涝干旱灾害、开发利用水资源和水能资源、保护生态环境、促进人类文明进步和经济社会发展等方面起到了无可替代的重要作用。在中国，发展水电是调整能源结构、优化资源配置、发展低碳经济、节能减排和保护生态的关键措施。新中国成立后，特别是改革开放以来，中国水电建设迅猛发展，技术日新月异，已从水电小国、弱国，发展成为世界水电大国和强国，中国水电已经完成从"融入"到"引领"的历史性转变。

迄今，中国水电事业走过了70年的艰辛和辉煌历程，水电工程建设从"独立自主、自力更生"到"改革开放、引进吸收"，从"计划经济、国家投资"到"市场经济、企业投资"，从"水电安置性移民"到"水电开发性移民"，一系列改革开放政策和科学技术创新，极大地促进了中国水电事业的发展。不仅在高坝大库建设、大型水电站开发，而且在水电站运行管理、流域梯级联合调度等方面都取得了突破性进展，这些进步使中国水电工程建设和运行管理技术水平达到了一个新的高度。有鉴于此，中国大坝工程学会、中国水力发电工程学会、水电水利规划设计总院和中国水利水电出版社联合组织策划出版了《中国水电关键技术丛书》，力图总结提炼中国水电建设的先进技术、原创成果，打造立足水电科技前沿、传播水电高端知识、反映水电科技实力的精品力作，为开发建设和谐水电、助力推进中国水电"走出去"提供支撑和保障。

为切实做好丛书的编撰工作，2015年9月，四家组织策划单位成立了"丛书编撰工作启动筹备组"，经反复讨论与修改，征求行业各方面意见，草拟了丛书编撰工作大纲。2016年2月，《中国水电关键技术丛书》编撰委员会成立，水利部原部长、时任中国大坝协会（现为中国大坝工程学会）理事长汪恕诚，国务院南水北调工程建设委员会办公室原主任、时任中国水力发电工程学会理事长张基尧担任编委会主任，中国电力建设集团有限公司总工程师周建平、水电水利规划设计总院院长郑声安担任丛书主编。各分册编撰工作实行分册主编负责制。来自水电行业100余家企业、科研院所及高等院校等单位的500多位专家学者参与了丛书的编撰和审阅工作，丛书作者队伍和校审专家聚集了国内水电及相关专业最强撰稿阵容。这是当今新时代赋予水电工作者的一项重要历史使命，功在当代、利惠千秋。

丛书紧扣大坝建设和水电开发实际，以全新角度总结了中国水电工程技术及其管理创新的最新研究和实践成果。工程技术方面的内容涵盖河流开发规划，水库泥沙治理，工程地质勘测，高心墙土石坝、高面板堆石坝、混凝土重力坝、碾压混凝土坝建设，高坝水力学及泄洪消能，滑坡及高边坡治理，地质灾害防治，水工隧洞及大型地下洞室施工，深厚覆盖层地基处理，水电工程安全高效绿色施工，大型水轮发电机组制造安装，岩土工程数值分析等内容；管理创新方面的内容涵盖水电发展战略、生态环境保护、水库移民安置、水电建设管理、水电站运行管理、水电站群联合优化调度、国际河流开发、大坝安全管理、流域梯级安全管理和风险防控等内容。

丛书遵循的编撰原则为：一是科学性原则，即系统、科学地总结中国水电关键技术和管理创新成果，体现中国当前水电工程技术水平；二是权威性原则，即结构严谨，数据翔实，发挥各编写单位技术优势，遵照国家和行业标准，内容反映中国水电建设领域最具先进性和代表性的新技术、新工艺、新理念和新方法等，做到理论与实践相结合。

丛书分别入选"十三五"国家重点图书出版规划项目和国家出版基金项目，首批包括50余种。丛书是个开放性平台，随着中国水电工程技术的进步，一些成熟的关键技术专著也将陆续纳入丛书的出版范围。丛书的出版必将为中国水电工程技术及其管理创新的继续发展和长足进步提供理论与技术借鉴，也将为进一步攻克水电工程建设技术难题、开发绿色和谐水电提供技术支撑和保障。同时，在"一带一路"倡议下，丛书也必将切实为提升中国水电的国际影响力和竞争力，加快中国水电技术、标准、装备的国际化发挥重要作用。

在丛书编写过程中，得到了水利水电行业规划、设计、施工、科研、教学及业主等有关单位的大力支持和帮助，各分册编写人员反复讨论书稿内容，仔细核对相关数据，字斟句酌，殚精竭虑，付出了极大的心血，克服了诸多困难。在此，谨向所有关心、支持和参与编撰工作的领导、专家、科研人员和编辑出版人员表示诚挚的感谢，并诚恳欢迎广大读者给予批评指正。

《中国水电关键技术丛书》编撰委员会

2019 年 10 月

我国国土辽阔，总体上呈现出西高东低的地势。西南地区山高谷深，水力资源丰富，为水电工程重点战略部署区域。该地区大致位于大陆地形的第一阶梯边缘至第二阶梯的环青藏高原东部坡度陡降带内，区内地形陡降、坡度大，江河纵横，峡谷密布，地质构造及地质环境差异性大，动力地质作用强烈，地应力孕生情况复杂，自然边坡形成或开挖后的变形往往难以控制，是边坡地质灾害频发区域。由此地形因素导致的地质灾害种类多、频次多、范围大、危害重。

近年来，随着经济社会的发展，各行各业对清洁能源的需求快速增加，水电开发工程活动日益频繁，我们发现越来越多的以"倾倒"为特征的岩质边坡变形破坏和稳定性问题，其出现的频次和造成的危害大有比肩"滑动"破坏这一边坡失稳传统主题的趋势，成为困扰地质工程师和岩石力学工作者的又一难题。倾倒变形是反倾或者高陡倾角顺倾层状岩质边坡中一种常见的变形形式，表现为边坡中的层状岩体在重力作用下向临空方向发生的悬臂梁式弯曲，在弯曲过程中岩间相互错动，并且在层内形成拉屈服折断破裂面；随着变形程度的进一步加剧，岩层内的折断破裂面将逐渐贯通并最终导致失稳破坏，出现显著倾倒变形现象的边坡体称为倾倒变形体。

为进一步推进水电开发与建设，减小岩体倾倒变形对水电工程的影响，开展了一系列的科学研究工作。在完成了大量的野外调查、勘探、试验、室内分析等基础上，取得了一系列新的认识和重要进展：一是对倾倒变形产生条件有了进一步认识——倾倒变形不仅发生于层状岩体中，在有陡倾结构面的板裂化块状岩体中也会发生；二是通过室内大型离心机试验、数值分析手段深入揭示了反倾层状斜坡倾倒变形结构面影响效应及破裂面发展演化过程；三是运用岩体质量评价法对折断带碎裂岩体进行了半定量的评价，并运用Hoek-Brown法评价折断带碎裂岩体抗剪力学参数；四是结合数值分析和数学统计方法，全面揭示了不同影响因素（包括开挖条件、库水作用、地震作用）倾倒变形体响应规律；五是从变形稳定角度提出了倾倒变形体稳定性评价方法——根据倾倒边坡变形演化全过程的理论模型，建立了倾倒边坡变形稳定性评价模型，并以时效变形阶段的变形量作为变形稳定性阈值判据，可对倾倒变形边坡稳定性现状及发展趋势进行预测评估。

本书共分为 9 章，第 1 章介绍了国内外岩体倾倒变形研究进展等；第 2 章总结了倾倒变形体发育特征；第 3 章论述了岩体倾倒变形破坏演化机制；第 4 章总结了倾倒变形体识别与勘察方法；第 5 章总结了倾倒变形体工程特性；第 6 章论述了不同影响因素下倾倒变形响应规律；第 7 章论述了倾倒变形体稳定性分析方法；第 8 章论述了倾倒变形体监测方法与预测体系；第 9 章总结了工作进展与下步工作展望。

希望本书的公开出版，可以服务于水电工程建设，并为铁路、公路等基础设施建设提供参考借鉴。

限于作者水平，书中难免存在疏漏或不足之处，敬请读者批评指正。

作者

2022 年 6 月

目录

第 1 章

绪论

1.1 研究背景

随着经济社会的发展，各行各业对清洁能源的需求快速增加，水电开发工程活动日益频繁，岩体倾倒变形现象也在水电工程枢纽区边坡与水库岸坡中被大量发现。倾倒变形是反倾或者高陡倾角顺倾层状岩质边坡中一种常见的变形形式，表现为边坡中的层状岩体在重力作用下向临空方向发生的悬臂梁式弯曲。在弯曲过程中岩间相互错动，并且在层内形成拉伸屈服折断破裂面，随着变形程度的进一步加剧，岩层内的折断破裂面将逐渐贯通并最终导致失稳破坏，而出现显著倾倒变形现象的边坡体称为倾倒变形体。

早在 20 世纪 60 年代我国西南"三线"建设中，锦屏水电站勘察首次发现西雅砻江谷坡变质砂岩与板岩岩层"点头哈腰"的倾倒变形现象。以前学者们普遍认为倾倒破坏的深度通常在数十米的范围之内（Varnes et al.，1996；张倬元等，1994），一般不会形成大规模的失稳破坏。但是，随着在我国西南、西北的高山峡谷地区越来越多水电工程的建设与蓄水运行，人们不仅发现和揭露这类破坏所发生的深度可达到 200～300m，且实实在在看到这种变形发展的最终结果——大型和巨型的深层滑坡（黄润秋，2007）。如苗尾水电站岸坡、怒江桥水电站岸坡及拉西瓦水电站果卜岸坡的倾倒变形迹象，勘探揭示这些倾倒体边坡的变形通常是强烈的，具有代表性的拉西瓦水电站果卜岸坡因岩层倾倒而导致的顶部拉裂塌陷已达数十米（王军，2011）。这些规模巨大且形变强烈的倾倒变形体一旦失稳滑动其后果不堪设想，这已成为制约大型工程建设的重大工程地质问题。

倾倒变形作为高陡岩质边坡变形破坏的一种典型形式，一般分布面积广，变形规模及量值大，形成机理复杂，在不同地形地貌、坡形坡度、岩性、倾角、地应力等条件下变形形式有所不同（邹丽芳等，2009）。许多学者先后对影响倾倒体稳定性的这些因素进行了分析，但由于影响倾倒变形的因素众多，每个倾倒变形体具有其自身的特殊性，倾倒变形这个科学问题至今仍扑朔迷离。

我国很多水电工程边坡，如锦屏一级水电站左岸边坡、小湾水电站饮水沟边坡、昌马水库库岸边坡、龙滩水电站左岸边坡、五强溪水电站杨五庙坝址左岸边坡、小浪底工程库区岸坡等，均可见到倾倒变形破坏的发生。因此，针对岩体边坡倾倒变形开展系统研究具有指导工程建设的现实意义。由此可见，以倾倒岩体为对象开展系统性研究，不仅有助于在野外快速判断潜在倾倒变形体，还有助于岩体倾倒变形破坏的防控工作。这对保障大型水电工程的正常实施和安全运营具有重要的实际应用价值和理论意义，研究成果也可以应用到地质灾害治理、矿山能源开发开采、交通基础建设等多个领域。

据此，本书主要针对倾倒变形体发育的地质环境特征、判识分类及影响因素、变形破坏演化规律、变形体破坏模式及稳定性分析方法、倾倒变形体勘察与评价及工程影响效应等方面展开研究。

1.2 国内外研究现状

1.2.1 倾倒边坡变形演化机理研究现状

反倾层状边坡倾倒变形是经过地质历史时期漫长的演化，在内外动力地质作用下形成，伴随着应变能长期缓慢积累和短暂突然释放，对其演化机理的研究一直是国内外学者研究的重点。早期研究以工程地质现象描述为主，以 Caine（1982）等为代表，成为反倾层状边坡变形破坏乃至演化机理研究的起点。

国外不少学者基于运动学分析对反倾岩质边坡倾倒变形演化机理进行了研究，综合考虑影响因子，采用物理模拟试验和数值模拟等方法对倾倒变形产生过程和形成机理进行了探讨。物理模拟试验方法研究变形演化机理的代表有：Adhikary 等（1996，1997）运用硬质和软质材料模型进行物理离心试验，揭示含节理反倾边坡弯曲倾倒破坏的机理。数值模拟方法研究变形演化机理的代表有：Evans（1981）运用有限单元法对澳大利亚新南威尔士州的次生倾倒变形破坏机理进行了模拟分析；Orr 等（1991）则基于有限差分法探讨了西澳大利亚州露天金矿边坡的弯曲倾倒破坏机理。物理模拟试验多基于离心模型试验和底摩擦试验展开，后者由于原理简便、可操作性强而被大量运用。2000 年以来，由于计算机技术的进步，数值模拟技术迅猛发展，越来越多的模拟手段运用到倾倒变形演化机理的研究，并结合工程地质调查研究取得了丰硕的成果。Pritchard 等（1990，1991）通过结合极限平衡、有限元、离散元的基本理论进行实例分析，证明离散元法适用于块状倾倒和弯曲倾倒的分析，指出该类方法相对于其他方法在研究倾倒岩体运动过程和破坏机理具有明显优势，并以此方法对英国哥伦比亚冰川国家公园的河狸谷内的 Heather Hi Ⅱ 滑坡进行数值模拟，讨论倾倒体与深层滑坡之间的关系，提出深层破裂面是造成边坡浅表倾倒变形的直接原因的观点。Bucek（1995）基于结构力学的悬臂梁理论，采用牛顿迭代法推导倾倒破裂面形成的非线性方程，说明倾倒变形产生的力学原理，并指出弯曲倾倒本质上导致块状倾倒的产生，弯曲岩柱或块体间相互作用产生的剪切力是控制弯曲倾倒破坏的主要因素，弯曲倾倒、块体倾倒和块状弯曲倾倒是倾倒变形过程中的三个阶段。

国内对倾倒变形体变形演化的研究方法和国外一样，主要是基于实际工程边坡，研究特定地质条件下倾倒变形体的成因、控制条件及演化阶段过程。岳斌（1990）利用倾倒体极限平衡法对金川露天矿边坡变形破坏演化进行了计算。余鹏程（2007）将倾倒变形演化过程分为弱倾倒-层间剪切滑移、强倾倒-层间拉裂破裂、强倾倒-切层张性剪切破裂、极强倾倒折断张裂（坠覆）破裂等四个阶段。谭儒蛟等（2009）运用离散单元法模拟龙幡边坡在地质历史时期中的变形演化过程，提出倾倒变形体是重力蠕变为主导的成因机制。谢莉等（2009）通过 UDEC 离散元模拟分析，得出开挖边坡岩体倾倒变形破坏特征和演化全过程。任光明等（2009）运用 UDEC 离散元模拟分析了陡倾顺层边坡倾倒变形演化过程。王洁等（2010）从地形、岩体结构控制、特殊的侧向切割结构面等特殊地质特征分析了某倾倒变形体控制条件，并进一步分析了其演化全过程。鲍杰等（2011）将苗尾水电站边坡倾倒变形演化分为卸荷回弹-倾倒蠕变、层内拉张-切层张剪破裂、弯曲-折断变形破裂和底部滑移-后缘深部折断面贯通破坏四个阶段。宋彦辉等（2011）利用节理有限元模拟了反倾边坡变形破坏趋势，在倾倒演变过程中，发现当实际剪切应力大于节理面抗剪强度时，坡体内应力将重新调整，调整后的应力重新作用于岩体与节理，从而使其进一步屈服直至破坏或达到平衡。罗勇等（2011）采用 UDEC 离散元模拟分析了节理控制的反倾边坡破坏机理及演化过程。李树武等（2011）采用 FLAC 模拟了倾倒变形过程。林葵（2012）根据地质勘察成果分析了阿尔及利亚常见的泥灰岩反倾边坡倾倒变形破坏机理和不同演化阶段的变形破坏及稳定性。刘顺昌（2013）采用 3DEC 研究了如美水电站反倾边坡风化卸荷过程与开挖条件下倾倒变形机理。李霍等（2013）将倾倒变形体受力变形过程分为应力调整结构面张拉贯通、岩体变形、坡脚岩体挤胀扩容、岩体失稳破坏等四个阶段。李高勇等（2013）考虑反倾边坡倾倒变形时效变形特征，总结了坡体时空演化规律。Zhang 等（2015）通过对反倾边坡变形机制综合分析将演化过程分为四个阶段：弯曲-拉伸、弯曲-断裂、滑拉-开裂变形和地面塌陷与深部滑移。目前研究成果多基于边坡宏观整体变形演化，破裂面形态研究多基于假定或控制性断层边界等因素分析，关于裂隙因素对变形演化的影响和裂隙展布对破裂面的形成演化研究较少，破裂面的形成演化过程关系到其形态特征，并直接影响到稳定性评价方法的准确性。

1.2.2　倾倒边坡稳定性评价方法研究现状

目前评价边坡稳定性的方法主要有经验判识法、极限平衡法及数值分析法等，其中经验判识法主要是从工程地质的角度出发，从现场边坡变形破坏迹象入手，定性地或半定量地对边坡稳定性作出宏观评价（孙钧等，1997；刘沐宇等，2001；郑颖人等，2001；伍法权，2002），但是这种判识方法具有一定的主观性，需要技术人员有较为丰富的工程实践经验。极限平衡法是依据静力学原理，将潜在滑动面上的地质体进行离散，进而分析目标块体的受力情况，迭代计算各块体的不平衡力，通过比较块体下滑力与抗滑力的大小来评价边坡稳定性（Fellenius，1936；Bishop，1955；Morgenstern et al.，1965；Spencer，1967；Spencer，1973；Sarma，1973；Janbu，1973；钱家欢等，1996）。而数值分析法则主要分为有限元法和离散元法两类（方建瑞等，2008；漆祖芳等，2008；邓琴等，2010；周先齐等，2007；贺续文等，2011；孟国涛等，2007），是利用设置的屈服准则判定模型在计算过程中的屈服情况，从而达到评价边坡稳定性的目的，其中有限元法适用于均质土坡，而离散元法则更适用于非均质边坡。

在倾倒边坡的稳定性评价方面，Goodman 等（1976）最先对反倾边坡的倾倒破坏模式进行了较为系统的总结，并基于"块体极限平衡理论"提出了针对倾倒边坡不平衡力的计算方法，按倾倒岩块高宽比及岩体内摩擦角与边坡坡角的相对关系将岩块划分为稳定区、倾倒区及滑动区，依据各岩块的运动特性叠加计算块体不平衡力，但如何合理地确定岩块高宽比尚有待进一步研究。此后，Yeung 等（2007）、汪小刚等（1996）、Pritchard 等（1990）等采用 DDA 软件及离心试验对 Goodman 模型的合理性进行了分析和讨论。陈祖煜等（1996）针对实际工程中的不完整岩体，将岩桥连通率、结构面强度及非正交节理纳入了考虑范围，从而对 G-B 的计算方法进行了一些改进。Aydan 等（1992）将极限平衡理论应用在悬臂梁模型上，建立了用各岩层剩余下推力分析反倾岩质边坡稳定性的方法。之后，Adhikary 等（1995，1996）等结合物理模拟试验对折断面发育位置进行了修正，并据此改进了 Aydan 等（1992）的极限平衡表达式。Amini 等（2009）基于相容性原则方程，将岩板考虑为悬臂梁结构，同时考虑层间摩擦作用，给出了弯曲倾倒岩体的稳定性计算方法，并采用该方法对层状洞室开挖及层状边坡弯曲倾倒进行了稳定性分析。卢海峰等（2012）则在 Adhikary 等研究成果的基础上，从层面黏聚力及各层岩体重度方面对倾倒模型不平衡力的计算方法进行了修正，导出了改进的悬臂梁极限平衡计算模型。Yagoda 等（2013）从几何条件方面研究了考虑地震惯性力作用下岩坡发生倾倒和滑动的失稳模式。Amini 等（2012）假设了岩块弯曲式倾倒岩块的分布方式和折断面的大致位置，给出了潜在岩块弯曲式倾倒变形稳定性的计算方法。陈红旗等（2004）将反倾岩层概化为板梁，研究了岩层倾倒折断破坏的挠度判据，可用于确定岩板折断深度。左保成（2004）则根据倾倒变形的叠合悬臂梁特征建立了计算模型，并导出了临界折断深度表达式。蒋良潍等（2006）假设岩板为底端固定、上端自由的悬臂等厚弹性板，考虑岩板层面摩阻力，采用能量法分析了岩板发生弹性屈曲和弯折破坏的临界条件，并通过实例初步讨论了两种倾倒破坏模型的合理性。罗红明等（2007）采用尖点突变理论研究了反倾层状岩体失稳破坏的突变条件，并给出了临界倾倒深度。周利杰等（2008）采用尖点突变理论研究了降雨条件下倾倒变形体的破坏机制，认为倾倒变形受内外因素的共同影响，但内因是主导因素，外因是触发因素。刘才华等（2010）采用力学分析，推导了地震作用对倾倒边坡破坏影响的公式。王林峰等（2014）基于断裂力学建立了各岩层的稳定性计算方法，建立了各岩块稳定系数的计算方法。陈从新等（2016）则在 G-B 模型的基础上，将倾倒体分为滑移区、叠合倾倒区及悬臂倾倒区，并且指出在对反倾岩质边坡进行稳定性评价时不能简单选择圆弧形滑坡模式或指定破裂面进行分析。

上述的计算方法多是基于极限平衡理论或悬臂梁理论展开分析，没有考虑岩土体的应力—应变关系及地质灾害体的孕育过程，并且这种以滑动为基础的计算方法并不太适用于倾倒边坡。随着统计学和计算机技术的不断发展，一些数值分析法（芮勇勤等，2001；孙东亚等，2002；王承群等，1990；Orr 和 Swindells，1991；王宇等，2014）、数理统计法（刘端伶等，1999；Liu et al.，2007；黄建文等，2007；李克钢等，2009；李秀珍等，2005；史秀志等，2010；刘锋等，2012）和人工智能判识法（张铃等，1997；夏元友等，1998；冯夏庭等，2000；贺可强等，2001）也逐步应用到了岩土稳定性分析领域。陈鑫（2016）也通过大量的统计分析，采用支持向量机对预测倾倒边坡的稳定性做了尝试。但这些方法除了具有自己独有的优点外，也存在不足之处。总之，倾倒边坡稳定性判识还需进一步的探索与改进。

1.2.3 边坡监测及预警预报研究现状

倾倒变形现象早在 20 世纪 70 年代就已引起学者的关注，距今已有 40 余年历史，并取得了不少有意义的成果。目前对边坡发生倾倒变形的研究主要集中在变形机理、影响因素及稳定性评价等方面，这些研究成果使人们更清楚地认识了倾倒变形这一类地质灾害。并且工程师们已经认识到倾倒体在变形量值上与常见的滑坡灾害存在差异，通常大大超出预估。随着边坡监测技术的发展成熟，通过监测手段对边坡稳定性进行动态评估已成为必不可少的工作，据此建立的边坡预警预报模型也逐渐成为判识灾害体发展阶段的手段。

1.2.3.1 边坡监测技术研究现状

边坡监测是对岩土体稳定性进行动态评估的综合应用技术，涉及工程地质学、传感器技术、大地测量技术、计算机与通信技术等诸多领域（魏良帅，2011）。在20世纪中叶，监测技术就开始逐渐应用到边坡工程当中。Mccauley等设计了有效的监测方案监测了高速公路边坡的变形破坏。国内进行监测技术的研发与应用始于20世纪80年代，最早主要使用在露天矿边坡和水电高边坡的安全监测（刘楚乔等，2008）。20世纪90年代，随着越来越多大型水电工程的投建及运营，边坡监测技术的研发与应用也愈发成熟，并逐渐进入生产实用阶段。传统的监测方法主要有外观法、内观法及巡视观察法三大类。其中外观法以监测边坡坡表位移为主要内容；内观法以监测坡体内部信息为主，如地下水、地音、地应力监测等；而巡视观察法则主要是简单的人工监测方法。

目前在边坡工程的施工及使用过程中，监测工作已成为评估边坡安全状态不可或缺的一项内容，在指导施工及反馈设计方面具有十分重要的意义，并逐渐受到地质灾害防治部门的高度重视。边坡的安全监测采取统筹兼顾的设计理念，不仅要重点把控边坡整体的稳定性状态，更要兼顾局部块体的稳定性。由于过大的变形是岩土体破坏的主要形式，因此，表部和深部变形监测是安全监测的重点（Livieratos，1979；Lambert，1982；张国辉，2006；Ding et al.，2002；张华伟等，2006a，2006b；Hashash et al.，2010；Gili et al.，2000；Mora et al.，2003；Abidin et al.，2007；Othman et al.，2011；Calcaterra et al.，2012）。与此同时，其他监测项目如水文监测、支护结构监测、巡视监测等也是评估边坡安全性不可或缺的内容（Dios et al.，2010；Govi et al.，1993）。随着国家研究项目的支持，监测仪器、方法及成果应用等方面的技术得到了长足的进步，监测方法也已从简单的人工监测向自动化、远程化、精度化发展（陈筼等，2014）。一些新的监测技术如GIS技术（Gritzner et al.，2001；Dai et al.，2002；Mansor，2004；李秀珍等，2005；殷坤龙等，2007；Oh et al.，2010；Sezer et al.，2011；Pradhan et al.，2012）、雷达监测技术（Luzi et al.，2009；Bozzano et al.，2011）、激光扫描技术（Abellán et al.，2011）、光纤应变分析技术等监测手段相继应用于地质灾害的调查与监测中。但是每种监测方法除具有自己独特的优势外，同时也存在一些不可忽视的缺陷。因此，对边坡采取多样化的监测手段以弥补单一方法所存在的缺点或不足成了边坡监测发展的新方向（韩子夜等，2005）。

1.2.3.2 边坡预警预报研究现状

边坡预警预报的研究工作始于20世纪60年代，最早的滑坡预报主要以现象结合经验预报为主。该方法是根据边坡失稳前发出的一些前兆信息，结合已发生失稳的边坡典型案例对边坡发展趋势进行推断。我国宝成铁路的须家河滑坡就曾采用此方法进行了预报（王念秦等，2008）。但是现象预报只对具有明显前兆失稳特征的边坡还较为适用，且预报成功率并不是很高，属于定性预报的范畴。此后，Saito（1965；1969）根据大量的现场监测资料，分析边坡变形—时间曲线的演化规律，率先提出了滑坡失稳的时间预报公式，为滑坡预警预报研究作出了前瞻性的贡献。随后，他将该时间预报公式进行改进，利用相对位移成功预报了日本高汤山滑坡发生的时间。Hoek 等（1977）则根据滑坡变形曲线的特点，采用外延法对滑坡的失稳时间进行了预判。20 世纪 80 年代现代数理力学理论兴起，大批学者也开始参与到滑坡的预警预报研究中，灰色预报模型、Verhulst 模型、黄金分割预报法模型等滑坡失稳预警模型相继被提出（陈明东等，1988；晏同珍等，1988；张倬元等，1988）。20 世纪 90 年代以来，学者们开始逐渐意识到滑坡的预报工作是一个复杂的非线性科学问题，并以分形理论、突变理论、非线性动力学理论为基础建立边坡失稳准则，先后提出了尖点突变模型、灾变模型、协同预报模型等多样化的滑坡预报模型（秦四清等，1993；李天斌等，1999；李天斌等，1996；黄润秋等，1997）。

随着边坡预警预报研究工作的逐步推进，许强等（2004）认为将地质（geology）结构基础、内部力学破坏过程机理（mechanism）及变形（deformation）三者有机结合起来的 G－M－D 预报模型是今后边坡监测预警发展的必然趋势。基于此，许强等（2008）根据监测预警和应急抢险的经验，总结提出边坡变形具有初始变形、等速变形及加速变形的三阶段规律，并将该成果应用在四川省丹巴县城滑坡应急处置方案中，使"丹巴县城保卫战"取得阶段性胜利（许强等，2015；范宣梅等，2007）。总之，监测技术成为了指导边坡工程的反馈设计和安全施工必不可少的部分（陈新民等，1999；夏柏如等，2001；罗志强，2002）。由于倾倒变形体地质结构的多样性、变形过程的复杂性、失稳破坏的突然性，对于倾倒变形体的监测，特别是预警难度更大。

1.3　主要研究内容

本书针对我国倾倒变形体数量多、种类齐全的特征，广泛搜集各水电站的倾倒变形体，通过对一些大型倾倒变形体发育特征的分析，总结出影响边坡倾倒变形的因素，通过数值模拟分析结合多元统计回归得出倾倒变形的控制因素；分析典型倾倒变形体的坡体结构特征与坡体变形破裂特征，在此基础上结合各倾倒变形体的失稳机理，给出倾倒变形失稳模式；通过对倾倒坡体折断面形态的调查及稳定性影响因素的分析，提出倾倒坡体稳定性评价的非线性方法。本书主要的研究内容如下。

1. 倾倒变形体发育特征分析

在充分利用搜集的水电、矿山、交通线路倾倒变形体文献资料的基础上，对倾倒变形体的空间分布规律和坡体组成特征等进行统计分析，得出倾倒变形体发育的地质环境特征。

2. 倾倒变形体判识及分类研究

（1）以典型实例为依托，系统总结了综合主控因素和显现因素的倾倒变形体早期识别要素。

（2）按岩层倾向、变形体成因、变形部位和演化阶段对倾倒变形体进行单因素分类，按照岩性组合、变形及岩体结构特征和坡体结构特征对倾倒变形体进行多因素分类；基于岩坡时效变形破坏阶段、主触发因素和岩坡变形破坏方式进行新的分类。

（3）由贡献率法及 Logistic 回归模型对岩坡倾倒变形影响因子的敏感性进行分析，得出裂隙结构面的赋存对倾倒变形体发育具有显著影响作用。

3. 边坡变形倾倒变形破坏演化机制研究

（1）基于分数阶微积分构建，表征裂隙岩块拉应力应变关系的本构模型。

（2）基于地质模型，搭建由相似材料制成的离心试验模型，进行大型岩土离心物理模拟试验，揭示反倾层状边坡在变形演化全过程中的变形特征、破坏模式特征及启动机理；根据应变监测数据，研究陡倾裂隙和缓倾裂隙在变形过程中对坡体内部应力应变响应规律、坡体内裂纹扩展贯通规律及破坏模式。

（3）通过 PFC 离散元数值试验论证，进一步揭示在边坡演化过程中裂纹破裂演化全过程、裂纹扩展贯通破坏力学机理及贯通后变形破坏过程。

4. 倾倒变形体稳定性研究

（1）以极限分析上限定理为基础，建立反倾层状岩质边坡理论模型及其发生倾倒变形的瞬时速度场模型，分析反倾岩质边坡发生倾倒变形的折断破裂面最优形态。

（2）根据倾倒边坡折断面最优形态的理论成果，通过刻画倾倒折断面孕育和发展构建倾倒边坡变形演化全过程的理论模型，提出倾倒边坡稳定性的判据和失稳准则，据此建立倾倒边坡变形稳定性评价模型，并通过颗粒流软件 PFC2D 对变形稳定性评价模型的合理性进行模拟验证，同时对其适用范围及优势与难点进行了讨论。

（3）根据倾倒边坡折断破裂面的贯穿机制，分析倾倒变形体发展演化过程，并结合悬臂梁理论得到挠度与转角之间的相互关系，从而建立边坡在倾倒变形过程中累计位移量的理论计算模型。

5. 倾倒变形体识别与勘察方法研究

（1）总结倾倒变形体的识别要素。

（2）基于实例提出倾倒变形体主要勘察技术方法。

6. 倾倒变形体工程特性研究

（1）归纳总结岩体倾倒变形程度的划分指标及标准。

（2）研究倾倒变形体的质量评价标准和岩体力学参数取值方法。

7. 不同影响因素下的倾倒变形响应规律研究

（1）研究开挖作用下倾倒变形体的演化规律、开挖条件对反倾边坡的影响、不同倾角对反倾边坡变形的影响以及开挖导致的变形破坏发展趋势。

（2）研究饱水作用下的岩石力学特性、干湿循环下的岩石劣化机理、库水作用下倾倒边坡变形发展的演化规律。

（3）研究倾倒变形体在地震作用下的变形演化特征。

8. 倾倒变形体监测与预测预警研究

（1）总结倾倒变形体的监测方法以及其适用性。

（2）研究倾倒变形体边坡的稳定性预测。

（3）提出累计位移量计算模型和稳定性预测预警体系。

第 2 章
倾倒变形体发育特征

2.1　岩体倾倒变形宏观地质现象

2.1.1　倾倒变形体岩体结构发育特征

通过勘探平硐的揭露，可以了解到发生倾倒变形的反倾岩质边坡内部结构特征。反倾层状岩质边坡作为岩石高边坡中的一类，其演化历程与河谷下切历程密切相关。自然边坡在漫长的演化过程中形成各类不同规模、不同性状特征的裂隙，使反倾岩质边坡内部形成特殊的岩体结构。在前人研究中，学者们在建立倾倒模型时大多回避岩体内裂隙结构面发育特征或将岩体内结构面考虑得相对简单，以此建立相对理想状态下的地质模型来对其进行理论分析和试验验证。岩质边坡本身被各种性质和尺度不同的结构面所分割，使其本身就具有相应的结构特征，变形破坏主要追索力学性质较低的结构面进行，因此，结合实例边坡正确认识反倾岩质边坡宏观意义上的结构发育特征对正确建立地质模型进行理论和试验研究具有重要意义。

由已发生倾倒变形的反倾岩质边坡实例可知，通常坡体内部倾倒变形显著部位往往位于折断带附近，由于重力作用使其在原有结构基础上进一步发生破坏，因此，可将其归类于碎裂岩体；而非折断带部位岩体，由于没有受到折断破坏，其完整程度相对更好，呈现出节理岩体的结构特征。

2.1.1.1　非折断带节理岩体

非折断带节理岩体是指反倾岩质边坡倾倒变形体中不处于折断带，并呈现节理岩体结构特征的岩体。在工程实例中，借助于对变形体内部平硐中节理岩体和对近边坡水电坝基开挖出露河床基岩岩体的精测，可知岩组力学特性和裂隙展布特征是影响反倾岩质边坡倾倒变形破坏的两大主要结构因素。

1. 岩组力学特性

现场地质编录研究表明，对于硬岩与软岩，两者引起倾倒变形的力学机理和产生的现象特征差异较大。

（1）对于硬岩构成的岩组，如苗尾水电站坝址区的变质石英砂岩、黄登水电站坝址区的浅变质玄武岩及变质凝灰岩岩组和二古溪边坡的变质砂岩等，变形破坏的力学特性主要表现为弹性、脆性。在边坡倾倒变形演化历程中，岩层变形破坏现象为不连续变形，表现为块裂、折断及层内张裂等（见图2.1-1）。以硬质岩为主构成的边坡宏观上显示出浅层倾倒变形的特征。

（2）对于软岩构成的岩组，如苗尾水电站的板岩和千枚岩、二古溪边坡的板岩夹千枚岩等，变形破坏的力学特性主要表现为柔性、塑性，边坡倾倒变形演化历程中，岩层变形破坏现象为连续变形（见图2.1-2），表现为柔性弯曲和层内错动。以软质岩为主构成的

（a）块裂　　　　　　　　　　　（b）折断　　　　　　　　　　　（c）层内张裂

图 2.1-1　硬质岩倾倒脆性破裂典型照片

（a）示例一　　　　　　　　　　（b）示例二　　　　　　　　　　（c）示例三

图 2.1-2　软质岩倾倒柔性变形典型照片

边坡宏观上往往显示出深层倾倒变形现象。

2. 裂隙展布特征

具有相应裂隙展布特征的岩体结构对倾倒变形影响也是比较显著的。众所周知，反倾岩质边坡的演化历程与河谷下切历程密切相关，在漫长的演化过程中会形成各类不同规模、不同性状特征的裂隙，这些裂隙的发育对边坡演化起着至关重要的作用，因此，研究裂隙展布特征对反倾层状边坡变形演化历程中的结构效应影响也具有重要意义。

以苗尾水电站坝址区边坡为例，由在近边坡开挖的坝基地层的地质调查和边坡中的平硐精测成果可知：在未倾倒岩层中除层面外，还发育两组陡倾结构面和一组缓倾结构面，这三组结构面在沿倾倒方向的剖面上呈陡缓交错分布；在倾倒岩层中，原本的缓倾结构面由于倾倒变形逐步演化为中缓倾坡外结构面，倾角由外至内逐步变小，并表现出切层特征，在切层发育演化至贯通破坏阶段时，缓倾结构面在宏观上演化为长大的中缓倾坡外结构面；在倾倒岩层中的陡倾结构面则在演化中由于弯矩作用而表现为张裂特征，并发育为延伸长度较长的与层面近垂直的陡倾结构面。

苗尾水电站工程场区发育较多构造成因的断层及节理裂隙，形成结构复杂的陡倾层状板状地质结构。这种复杂的地质结构对边坡倾倒变形破坏的影响是显著的，主要表现如下：

（1）在河谷演化的地质历史中，边坡岩体浅表生改造与区域构造演化互相影响，使得浅表生裂隙与构造裂隙相互交织，形成边坡较为复杂的总体变形面貌。

（2）边坡岩体内的倾倒变形现象，如切层破裂、张剪破裂、层内张裂等十分发育。

（3）在倾倒变形程度分区分带界面附近，倾坡外的追索断续裂隙发展的破裂面较发育。

（4）边坡倾倒岩体内，沿缓倾结构面（包括断层或节理裂隙）的剪切蠕变现象较发育。

（5）边坡倾倒岩体内倾倒变形可根据变形现象发育程度进行分段。表 2.1－1 为某水电站坝区岩体倾倒变形程度分区。

表 2.1－1　　　　　　　　某水电站坝区岩体倾倒变形程度分区（李渝生，2007）

指　　标		极强倾倒折断破裂区 A	强倾倒破裂区 B		弱倾倒过渡变形区 C
			上段 B1 切层剪张破裂	下段 B2 层内张裂变形	
变形特征		岩体强烈倾倒折断、坠覆，整体张裂松弛，局部架空	岩体强烈倾倒，层内强烈拉张，整体较松弛，张剪性缓裂面切层发展	倾倒较为强烈，层内拉张破裂较强烈，张裂面一般不切层，局部可切单层	岩体倾倒变形较弱，层内错动带剪切位错，层内岩体微量张裂变形
岩层倾角 α/(°)	范围值	14～49	31～66	36～80	41～85
	平均值	≤40.0	40.0～57.0	54.0～68.0	60.0～78.0
最大拉张量 s/mm	范围值	4～70	2～80	1～54	0～35
	平均值	≥21	9～24	6～18	2～8
单位拉张量 λ/(mm/m)	硬质岩	26.8～47.4	20.5～33.1	14.9～26.5	10.0～16.6
	软质岩		10.3～32.9	11.1～29.36	8.3～11.9
卸荷变形特征		强卸荷	强卸荷	总体强卸荷，下部可为弱卸荷	弱卸荷
风化特征		强风化	一般为弱风化上段，上部为强风化	总体弱风化上段，下部为弱风化下段	总体弱风化下段，上部为弱风化上段
纵波波速 V_P/(m/s)		1017～1405	1290～2111	1845～3000	1852～3377

2.1.1.2　折断带类型划分

折断带按岩体变形破坏类型进行归纳划分，主要为三类：脆性折断型、柔性弯曲型和弯曲折断混合型。

1. 脆性折断型

脆性折断型破坏主要表现为弹性或弹塑性硬质岩由倾倒产生的脆性折断。

如图 2.1－3 所示，勘探平硐 PD25 位于苗尾水电站坝址左岸回石山梁，岩性为变质石英砂岩，平硐在 74～88m 段揭示了该段岩体在重力作用下发生明显的倾倒脆性折断破坏，主要表现为岩层面间普遍发育拉张破坏，裂隙张开形态呈楔形或三角形，可见明显的张剪性破裂面。平硐 75m 前岩层倾角为 26°，75m 后岩层倾角为 56°；88m 前岩层倾角为 30°，88m 后岩层倾角为 56°。

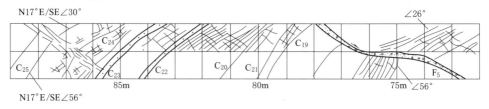

图 2.1－3　苗尾水电站左岸边坡 PD25 平硐 74～88m 段倾倒折断破裂

如图 2.1-4 所示，出露于溪洛渡库区星光三组边坡中位于边坡上游侧山脊的平硐 PD07 的 61~74m 处，岩性均为灰岩，该段岩体倾倒变形现象主要表现为岩层面间弯曲张裂普遍发育，0~72m 岩层倾角大致为 50°，72m 以内岩层倾角大致为 65°。

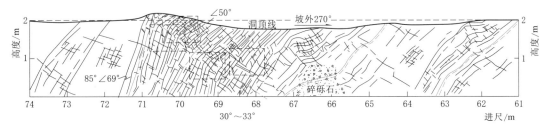

图 2.1-4　溪洛渡库区星光三组边坡 PD07 平硐倾倒折断破裂

这两处最明显的特征是存在倾坡外的张剪性破裂面，在岩性相对较硬的倾倒变形体中发育较为广泛，揭示出硬质岩岩体在重力弯矩作用下发生的倾倒变形破裂，层面间不仅伴随明显的层间剪切错动，还产生明显的拉张破裂。同时岩板内的张剪性破裂面极为发育，主要表现为切层-张剪破裂和倾倒-折断破裂逐渐发育为倾坡外的张剪性破裂面，密集切断岩板，使坡体有利于向临空方向发生剪切变形，又使岩板呈楔形三角缝显著拉开。由于岩体本身存在缓倾角断层、中陡倾角节理面及先期因倾倒变形形成的折断面，张剪性破裂面在此基础上继续发展，使岩体性质进一步劣化、松弛。图 2.1-4 中，星光三组边坡在该处发育的张剪破裂面具有明显分区性，各个岩层的最大弯折处连线与水平向夹角为 30°~33°，连线之上岩体更为破碎，且破劈理密集发育切断岩板，破劈理张开度一般为 2~3cm，最大为 4cm；连线之下岩体裂隙则以倾坡外裂隙为主，破劈理发育较少。

脆性折断型的特殊情况，在硬质岩中夹岩性相对较软的软质岩条带时，除张剪性破裂面和岩层倾角突变式弯折外，较软弱的岩层还表现出一定程度的柔性变形，如图 2.1-5 所示的倾倒变形破坏。溪洛渡库区星光三组反倾边坡的勘探平硐 PD02 的 137~141m 处，洞中 43~142m 岩性为泥质粉砂岩，143~156m 岩性为白云质灰岩。岩板在倾倒变形破裂中，折断带中除前述的张剪性破裂面极为发育外，在硬质岩层中发生岩层倾角突变的脆性弯折甚至是折断，使张剪性破裂面发生一定程度的张开，岩体呈碎块状、

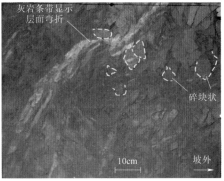

（a）示例一　　　　　　　　　　　　　（b）示例二

图 2.1-5　溪洛渡库区星光三组边坡 PD02 平硐倾倒折断破裂

碎裂状；而硬质岩层中夹有较软的泥岩时，岩板力学性质又表现为柔性变形破坏。岩层倾角突变位置以上，岩层中的切层-张剪破裂和倾倒-折断破裂发育较为强烈；岩层倾角突变位置以下，岩层变形破坏较以上部位轻；岩层倾角突变位置中，岩体则破裂为碎块状和碎裂状岩块。

张剪性破裂面在星光三组边坡倾倒岩体中广泛发育，未倾倒岩体则出现较少。如图2.1-6所示，薄层岩体中张剪性破裂面相较于厚层岩体发育更为密集，延展更长，间距也更小，薄层岩体中间距一般为2～3cm，厚层岩体间隔一般为10～20cm。以溪洛渡星光三组边坡为例，由平硐内的调查统计可知，张剪性破裂面与层面切交角度为68°～82°，倾角多倾坡外，且与岩体内部的另一组倾坡外结构面近似平行。岩体内倾倒变形破坏模式与Goodman和Bary划分的块状弯曲倾倒模式较为类似，但倾坡外的张剪性破裂面连通率较低。

（a）薄层岩体内破劈理（张剪性破裂面）发育密集　　　（b）中厚层岩体中发育的切层张剪破裂

图 2.1-6　张剪性破裂面在不同层厚岩体中的发育

通过上述分析可知，张剪性破裂面是反倾层状岩体重力作用下倾倒变形的重要证据。张剪性破裂面的存在使倾倒岩体的完整性进一步降低，在演化过程中进一步与已有的倾坡外裂隙和软弱带连接，构成了岩体潜在滑移底界，不利于坡体稳定性。

2. 柔性弯曲型

柔性弯曲型破坏主要表现为弹塑性或弹塑蠕变性岩体由倾倒产生的柔性弯曲。

如图2.1-7所示，杂谷脑河二古溪倾倒变形体PD01平硐的100～114m段的柔性弯曲变形现象，与脆性折断面不同。柔性弯曲面内部结构复杂，具一定带宽。该段岩层岩性为板岩、千枚岩，强烈风化呈碎裂结构。倾倒弯曲使岩层接近水平，构造较为发育，折断影响带内变质砂岩明显被压裂。从倾倒变形影响带附近的挤压面错距推测，在演化历史中累积下错变形2m以上，表明同一岩层在弯曲变形后，即使产状变化不大，层面也会发生偏移（林华章，2015）。

3. 弯曲折断混合型

弯曲折断混合型破坏变形既有柔性塑性变形特征，又有硬脆性折断的变形特征。

如图2.1-8所示，出露于溪洛渡库区星光三组反倾边坡PD03平硐的281～284m段，该段岩体岩性为白云质灰岩和白云岩。由图2.1-8（b）和图2.1-8（c）可知，岩层层

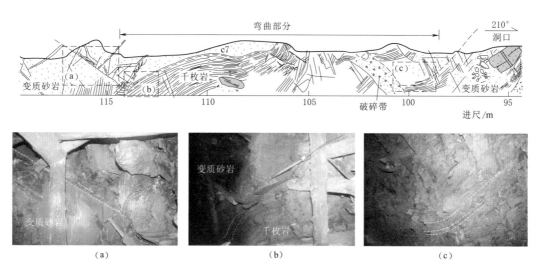

图 2.1-7　二古溪边坡 PD01 平硐柔性弯曲型破裂

面发生较大弯折，倾角由 70°左右变为 30°左右，倾倒角度变化达到 40°。各个岩层的最大弯折处连线与水平向夹角约 40°，连线之下的岩体主要发育两组间距 10cm 左右的节理；连线之上的岩体则发育连续的张剪性破裂面。

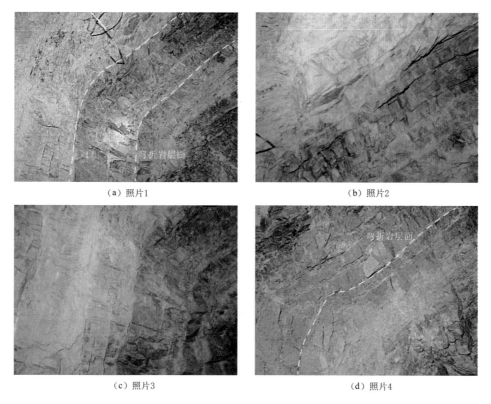

（a）照片1　　　　　　　　　　　　　（b）照片2

（c）照片3　　　　　　　　　　　　　（d）照片4

图 2.1-8（一）　混合型折断带照片及素描

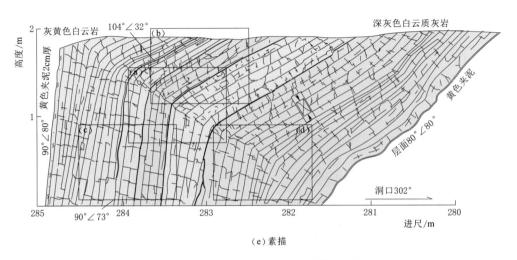

（e）素描

图 2.1-8（二） 混合型折断带照片及素描

由图 2.1-8 可知，该折断带内的张剪性破裂面和层面都没有发生明显的拉裂张开，相互交接甚至较为紧密，而只是发生倾角变化。其成因或是由于折断带岩体在折断后在上覆岩体压力之下，碎裂结构岩体再次发生压密作用，而使上下岩层间位移并不明显，使得该段岩体保持相对较好的完整性。

2.1.2　倾倒变形体变形破坏类型

反倾层状边坡内部裂隙发育空间上有一定规律，在演化过程中伴随裂隙的扩展与贯通，使边坡在不同部位具有相应的变形破坏模式。在众多反倾岩质边坡倾倒变形体实例总结中，得益于部分实例中详细的平行倾倒方向的平硐揭示，可以观察到各种由倾倒变形产生的特殊破坏现象，对其进行深入调查研究，有助于进一步确定倾倒变形剧烈程度的空间特征。以二古溪倾倒边坡、星光三组倾倒边坡和苗尾水电站坝址右岸倾倒边坡为例，以前人研究成果为基础，综合边坡工程地质条件和岩体结构特征，分析平硐揭示的各类变形破裂现象，研究其成因、岩体岩性结构、块体构成及力学机理等方面，将倾倒变形破裂现象的岩体归纳划分成表 2.1-2 中的 6 种类型。

表 2.1-2　　　　　　　反倾层状边坡倾倒变形破裂现象的 6 种类型

类　型	特　征
顺层（层内）剪切错动	岩板顺层相互错动，连续倾倒变形，岩层倾角随洞深发生变化
倾倒-拉张破裂	倾倒岩板间发生张裂变形
切层-张剪破裂	岩板内张剪破裂面贯通，形成缓倾坡外的滑移控制面
倾倒-折断破裂	岩板发生岩层倾角突变的折断
倾倒-弯曲	较软岩发生有一定曲率的弯曲
折断-坠覆破裂	变形极为强烈的倾倒岩体沿折断带发生滑动坠覆位移

1. 顺层（层内）剪切错动

如图 2.1-9～图 2.1-11 所示，反倾层状边坡内部岩体向临空方向发生重力控制下的倾倒变形，再向坡内连续发展的过程中，岩体内沿层面发生顺岩层层面的相互剪切错动，层面之间无明显的张拉破裂。这种变形在倾倒岩体中广泛发育，岩层相互间仅发生剪切作用，相互作用过程中无倾角突变现象，力学性质表现为连续变形。

图 2.1-9　星光三组反倾边坡 PD01 下游壁
98m 处顺层软弱面的错动

图 2.1-10　苗尾水电站右坝址岸坡
内层内剪切错动

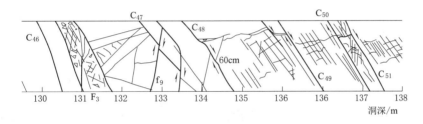

图 2.1-11　苗尾水电站坝址右岸坡内层内剪切错动素描图（130～138m）

2. 倾倒-拉张破裂

如图 2.1-12 所示，已发生倾倒变形的层状或板状岩体进一步发生悬臂梁式倾倒时，不仅发生沿岩层面的层内顺层剪切错动，而且岩板及内部出现显著的"张裂"变形，力学性质属不连续变形范畴。这类变形一般出现在浅表部倾倒变形强烈的区域，平硐和坡表均有表现，通常被限制在岩板内部，表现为层内的拉张破裂，一般不切层发展。

（a）PD03上游壁185～186m　　　　（b）PD03上游壁186～187m

图 2.1-12　星光三组反倾边坡中倾倒-拉张破裂岩体

17

3. 切层-张剪破裂

如图 2.1-13 所示，倾倒变形过程中还会形成切层发育，且倾向中缓倾，并多发生向坡外剪切错动的张剪性破裂面，其组成主要包括倾倒过程中形成的折断带、缓倾结构面和中陡倾结构面等。这类变形主要发育于边坡较浅部位。

（a）苗尾水电站坝址边坡PD02平硐　　　　　（b）苗尾水电站坝址边坡PD20平硐

（c）星光三组边坡PD07上游壁69.5～70.5m　　（d）星光三组边坡PD07上游壁67～68m

图 2.1-13　典型切层-张剪破裂岩体

4. 倾倒-折断破裂

如图 2.1-14 和图 2.1-15 所示，在倾倒变形体折断面底部或倾倒变形强弱分区分界部位，倾倒变形表现为切穿岩层的"悬臂梁"折断破坏，并由上至下发生贯通性拉张，形成与层面近垂直的向坡外、断续分布、两侧岩层倾角突变的张性折断面。

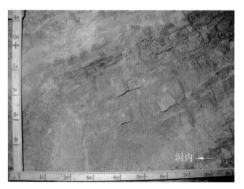

（a）PD02上游壁140～141m　　　　　　　（b）PD03上游壁277～278m

图 2.1-14　星光三组反倾边坡中倾倒-折断岩体

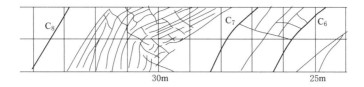

图 2.1-15　苗尾水电站坝址边坡 PD25 平硐 28～31m 段倾倒-折断岩体

5. 倾倒-弯曲

当反倾层状岩体岩性较软弱、岩层较薄（尤其是板岩、千枚岩）时，由前述可知，在重力作用下则发育成柔性弯曲，这种弯曲与褶皱构造较为类似，在判别中易混淆。如图 2.1-16 和图 2.1-17 所示的星光三组倾倒边坡和苗尾水电站右坝址边坡中发育于软岩部位和变形区分界附近的倾倒-弯曲，其岩层倾角变化较大，为塑性连续变形。

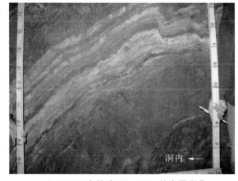

（a）PD02上游壁128～130m处岩层弯曲

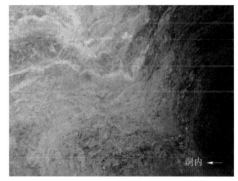

（b）PD03上游壁298～300m处岩层弯曲

图 2.1-16　星光三组反倾边坡中倾倒-弯曲

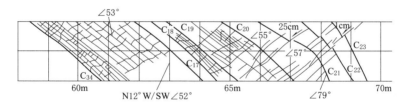

图 2.1-17　苗尾水电站右坝址边坡 PD22 平硐 65～70m 段倾倒-弯曲变形

6. 折断-坠覆破裂

如图 2.1-18 和图 2.1-19 所示，反倾层状边坡岩层在倾倒折断后，在坡体浅表层局

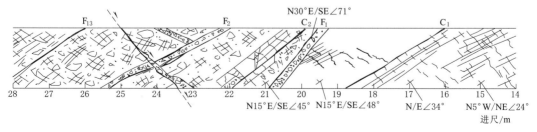

图 2.1-18　苗尾水电站坝址 PD09 平硐 24m 处折断-坠覆破裂

→洞内

图 2.1－19　星光三组边坡 PD07 下游壁
10～11m 处倾倒-坠覆破裂

部临空条件较好，且变形剧烈的情况下，会发生沿倾坡外结构面的坠覆现象。

河谷高陡深切的西南山区，反倾层状边坡倾倒变形破裂现象的形成演化与河谷高边坡自然演化历程密切相关。根据河谷下切，到边坡岩体卸荷的表生改造，再到倾倒变形逐渐发展的漫长地质历程阶段，由各阶段的主要变形特征，将反倾层状边坡倾倒变形的形成演化历程归纳为四个阶段，每个阶段都有着相应的主要变形破裂特征（见表 2.1－3）和地质力学机制。

表 2.1－3　　　　　　　　　　　发展阶段与主要的变形破裂特征

发展阶段	初期卸荷回弹倾倒变形	倾倒切层张剪破裂	倾倒-弯曲、折断变形破裂	极强倾倒破裂折断-坠覆
主要变形破裂特征	顺层（层内）剪切错动	倾倒-拉张破裂、切层-张剪破裂	倾倒-折断破裂、倾倒-弯曲	折断-坠覆破裂

2.2　典型倾倒变形体

自 20 世纪 70 年代被人们认识以来，在各类高陡岩质边坡中相继发现了大量倾倒变形现象。这些倾倒变形体发育的地质环境特征、变形特征等不尽相同。根据以往的认识，倾倒变形体多发育在反倾或近直立层状、似层状边坡中，随着人类工程活动范围的扩大以及人们对倾倒变形体研究的深入，在一些陡倾顺层岩质边坡中也发现了大量倾倒变形现象。顺倾岩层在其固有的坡体结构、地貌条件等影响下发生弯曲变形，其变形的初期动力来源与反倾坡并不完全相同，其变形特征与反倾层状边坡必定也有一些差异。

与其他类型的边坡变形破坏一样，倾倒变形体有其特定的发育环境，并非在各种条件下均能发生倾倒变形现象。地质环境是地质体所处的环境，包括地形地貌特征、岩性特征、地质结构及活动断层、初始地应力等条件。它确定了坡体所在场地的构造格局，其地质构造的发育程度、变质或风化卸荷程度、岩体破碎程度、原岩应力大小等随之确定。同时，也表征了边坡的坡体地质结构，坡体地质结构通常包括边坡岩体的结构特征、工程地质岩组及坡体的边界条件。边坡岩体结构特征是指坡体中的不连续面与结构体的组合方式，岩质边坡的变形破坏主要表现为沿结构面的变形破坏，因此，结构面通常是控制坡体稳定性的重要因素之一。工程地质岩组乃是岩质边坡的"物质组成"，即组成边坡的岩石其岩性软硬程度、强度特征及其空间分布特征，如常见的硬岩整体状边坡、软岩边坡、软硬互层边坡等。组成边坡的岩石其软硬程度不同，变形的能力也各不相同，变形特征迥异。边界条件通常是指控制坡体变形范围与变形破坏方式的岩性、构造或微地貌等条件。

搜集国内近几十年来较为典型的倾倒变形体，分析这些倾倒变形坡体发育的空间分布特征、坡体地质结构、岩性组合、微地貌特征以及变形破坏特征等，进而给出倾倒变形体发育的地质环境条件，为分析倾倒变形体影响因素提供依据。

2.2.1 反向坡倾倒变形体发育特征

早期从事岩石力学与工程地质的学者和工程师认为，反倾层状岩质边坡由于没有变形空间，一般是自稳边坡，通常不会发生大规模的变形破坏，可发生一些小规模的崩塌落石。随着工程实践经验的丰富和认识的不断深入，人们逐渐认识到在各类反倾岩质边坡中可以发生变形破坏，甚至是大型深层的滑动破坏。

随着河流的下切和时间的推移，高陡边坡逐渐形成。几乎所有边坡在形成和发展过程中都要经历表生改造、时效变形和失稳破坏阶段。在这个过程中，坡体特别是浅表部应力逐渐发生分异，由水平地应力为主逐渐发展为自重应力为主。在原岩应力释放时，岩体发生一定程度的变形破坏，浅表部岩体松弛，逐渐失去三维约束效应，坡体应力分布由表及里呈现出典型的"驼峰"形。反倾岩质边坡在形成和变形演化过程中也需经历上述过程，在时效变形阶段，岩板在自重为主的动力地质作用下开始发生倾倒变形。

倾倒变形体的形成发展是一个漫长的地质过程，在有利的地质环境中，随着地质历史的进程，坡体中逐渐发展形成有利于岩体倾倒的条件，这时岩体开始发生倾倒变形。野外调查发现，并非所有反倾岩质边坡都会发生倾倒变形现象，正如并非所有的坡体都会发生滑坡一样，发生变形破坏事件在众多的反倾岩质边坡中只是少数。因此，通过对既有倾倒体进行统计分析，得出发生倾倒变形的坡体发育的地质环境特征，有助于获取影响坡体发生倾倒变形的因素，有利于倾倒变形体的早期判识。我国较为典型的反倾层状边坡倾倒变形体发育特征见表 2.2-1。

表 2.2-1　　　　　　　我国较为典型的反倾层状边坡倾倒变形体发育特征

编号	名称	发 育 特 征	微地貌
1	锦屏一级水电站普斯罗沟左岸	高程 2000m 以上的砂板岩普遍出现倾倒拉裂，受微地形和岩性组合情况影响，在山梁、冲沟等不同部位倾倒变形强烈程度有差异，地形突出的部位由于岩体倾倒变形强烈，在坡面形成危岩体；裂缝夹于两相对软层（薄层板岩）之间，与层面近于垂直，延伸短小；裂缝开口朝向上，形态多楔形；缝内除少量岩块、碎石、岩屑外，无其他充填物	凸形坡，高程 1850m 以上坡度相对较缓，梁谷相间，完整性差，前缘较陡立
2	锦屏一级水电站解放沟左岸	浅层变形是砂板岩构成的反倾层状边坡弯曲-倾倒-拉裂变形，倾倒程度向坡内减弱；深层变形是深部卸荷松弛和倾内层体边坡的深部岩层弯曲倾倒共同作用所致；层面张拉形成向上开口的楔形张裂缝，再脆性较强的变质砂岩中较明显，中厚层砂岩中宽度大而薄层板岩中张裂宽度小，裂隙与岩层面呈近垂直关系	微凸形坡，坡表不平顺，局部发育凹槽
3	小湾水电站饮水沟	坡面上沿马道方向可见大范围岩层产状与原岩不一致的现象，即岩层明显向北倾倒迹象；在倾倒坠覆的过程中，局部岩体发生了一定程度的偏转；倾倒（坠覆）堆积的结构较原岩有明显的"均化"趋势	凸形坡，前缘陡立，坡脚发育断层
4	黄登水电站1号变形体	变形体内部岩层在重力作用下连续弯曲，局部发生张剪破裂；变形体底部强烈弯折，发生不连续脆性破裂；变形体后缘发生弯曲折断，局部张裂达到 0.4～0.6m；极强倾倒区（强卸荷）岩层折断，松弛现象明显，部分架空，充填块碎石、角砾、岩屑；强倾倒区（总体强卸荷，下部弱卸荷）沿片理和软弱岩带发生强烈剪切滑移，层内拉裂；弱倾倒区（弱卸荷）沿片理和软弱岩带发生剪切蠕变，层内岩体无明显张裂变形	凸形坡，坡表梁谷相间，但冲沟切割不深，河流在此处右转

续表

编号	名称	发育特征	微地貌
5	黄登水电站2号变形体	极强倾倒区（强卸荷）岩层折断，松弛现象明显，部分架空，充填块碎石、角砾、岩屑；强倾倒区（总体强卸荷，下部弱卸荷）沿片理和软弱岩带发生强烈剪切滑移，层内拉裂；弱倾倒区不发育	凸形坡，上缓下陡，冲沟发育，并受断层切割
6	古水水电站倾倒变形体	坡表冰水堆积体蠕滑，下部近直立板岩弯折倾倒；层理出现弯折，层间剪切挤压错动，局部发生切层破坏。弯折部位稍有架空、拉裂，裂缝上大下小，多充填岩屑	微凸形坡，位于河流急弯处，浅沟发育，三面临空
7	苗尾水电站坝址右岸倾倒变形体	坡脚塌方，后缘及坡面拉裂，出现反坡台坎，地表裂缝与岩层走向基本一致；岩层发生弯曲变形，坡体内部发生顺层错动、张裂等，近坡表等部位出现切层张剪现象	凸形坡，为一山脊，上下游冲沟发育，前缘较陡
8	里底水电站倾倒变形体	坡表出现反坡台坎，岩体倾倒程度向坡内逐渐减小，坡表岩层滚动后无层序。岩层发生层间错动、拉裂，表部岩层杂乱，充填泥质、岩屑等	凸形坡，总体较平顺，坡形较完整
9	龙滩水电站左岸倾倒变形体	岩体挠曲，层间错动，岩层层间张裂、折断，弯曲变形严重部位发生切层破坏形成锯齿状错动带，部分岩体架空	微凹形，坡脚较缓，沟梁相间，坡面完整性差
10	新龙水电站倾倒变形体	坡表松弛，岩层倾倒弯曲强烈，后缘楔形缝发育，裂缝走向与岩层走向基本一致；岩层弯曲，层间错动，层内拉裂，岩层根部发生折断	凸形坡，上缓下陡，下部冲沟发育
11	茨哈峡水电站6号变形体	后缘出现通长拉裂缝，中下部形成槽状地形，坡表出现反坡台坎，坡脚岩块松动滚落。坡表岩体松动、破碎，内部岩层错动，层内拉裂，弯曲变形强烈部位发生切层张剪破坏	近直线形，坡顶较缓，坡面冲沟发育
12	茨哈峡水电站进水口倾倒变形体	坡体后缘产生裂缝，前缘掉块。岩层弯曲变形，层间错动，根部发生折断	近直线形，倾倒部位凸起，冲沟发育，坡面完整性差
13	克孜尔水库倾倒变形体	岩层弯曲，坡表拉裂呈圆弧状裂缝，表部有滑动迹象。拉裂变形方向垂直岩层走向。坡体内部发生层间错动和切层张剪破坏，坡体局部架空，并充填岩屑	近直线形，坡脚开挖处较陡立
14	俄米水电站右岸2号倾倒变形体	坡体后缘有拉裂陡坎，坡表物质松散。岩层弯曲变形，局部架空。岩层倾倒变形强烈，张拉裂缝明显，向内逐渐减弱，岩块呈镶嵌结构	微凸形坡，上游侧河流拐弯，坡面总体顺直，冲沟发育
15	乌弄龙水电站倾倒变形体	坡体上部岩体追踪既有结构面发生向岩层倾向方向的倾倒变形，同时，由于河谷下切卸荷，岩体发生了向河谷方向的轻微拉裂。沿层间错动，层内张裂，浅表部折断，有切层张剪现象，架空不明显	凸形坡，由南极洛河切割形成脊状山梁
16	鸡冠岭倾倒变形	中下部软层（煤层）压缩，后缘拉裂，山脊上形成地表裂缝。层间错动挤压，岩层弯折，形成贯通滑面	近直线形，局部凸起，脊状，侧面陡立
17	拉西瓦果卜岸坡倾倒变形体	坡体后缘可见滑移陡坎和多条平行于坡面的拉裂缝，形成拉分-塌陷变形，以冲沟或断层为侧边界，前缘倾倒形成反坡台坎。板裂化岩体在重力作用下发生结构性弯曲，呈现脆性折断现象。深部岩体在高高程部位呈现强烈拉张变形破坏，低高程部位呈现张剪破裂	凸形坡，坡顶较缓，坡表冲沟发育，梁沟相间，呈爪状

编号	名称	发 育 特 征	微地貌
18	如美水电站倾倒变形体	坡表拉裂，倾倒程度强烈，局部岩体架空，岩层弯折，层间错动形成反坡台坎。坡表松动架空，层内拉裂，根部张剪，切层破坏，呈脆性破坏	微凸形坡，河流拐弯，坡表冲沟发育
19	狮子坪水电站二古溪倾倒变形体	坡体中后部出现多处拉裂缝，坡体前缘公路隧道衬砌受挤压开裂掉块，洞壁内敛，路面隆起、开裂。边坡上喷的混凝土开裂，桥梁受推挤移位。前缘坡体发生局部垮塌。岩层发生弯曲变形，坡表岩体松弛、坠覆，近坡表岩体破碎，倾角较小，向坡内逐渐增加，岩体完整性变好	凸形坡，中部呈脊状，坡体前缘较陡，冲沟发育，切割不深
20	班多水电站1号倾倒体	倾角随深度的增大有增大的趋势，由于岩层弯曲变形，导致岩层沿板理或层间软弱带产生拉张错动，形成楔形张裂缝，局部有岩体的折断现象。由于板岩为薄层～极薄层构造，岩质软弱，易风化，总体呈现连续变形现象	坡面不平顺，完整性较差

2.2.2　顺向坡倾倒变形体发育特征

在顺层岩质边坡中当岩层倾角与坡角相近时，常发生逐层多级次的滑移-拉裂或滑移-弯曲-剪断破坏。在岩层较陡立的情况下，层面隐伏在坡表之下，岩体没有向临空方向滑移的空间。在早期的认识中这类边坡一般是较为稳定的，但近年来一些学者发现，在长期风化卸荷等浅表动力地质作用下，坡体可能发生倾倒变形现象。早期引起关注的顺层倾倒变形体一般发育在岩层较为陡立或近直立的坡体中，如锦屏一级电站水文站倾倒变形体。我国一些学者在各流域的水电站和公路顺层边坡中发现了一些顺向坡倾倒变形体，这些坡体中岩层并非都是近直立的，坡度也不大。顺层岩质边坡中的倾倒变形体发育条件并不苛刻，许多顺倾岩质边坡在漫长的地质演化中，在充分的表生改造和时效变形条件下，有发生倾倒变形的可能。

作为一类近期才被认识的边坡变形失稳形式，顺向坡倾倒变形应当引起足够重视。在这类边坡中，由于岩层没有滑移边界和空间，故其变形失稳的边界需要一个较长的时间来形成。在这个时间段内，岩体可以发生充分的表生改造和时效变形，岩体质量充分劣化，容易形成大规模的滑坡。一些典型的顺层岩质边坡倾倒变形体发育特征见表2.2-2。

表 2.2-2　　　　　　　　一些典型的顺层岩质边坡倾倒变形体发育特征

编号	名称	发 育 特 征	微地貌
1	雅砻江锦屏一级水电站水文站倾倒变形体	其组成物质极不均一，主要为碎裂状板岩、片岩以及碎块石夹泥。滑面向下凹，前缘剪出口反翘。平硐洞口至洞深71m（滑带位置）主要为碎裂板岩、片岩夹碎石（泥），仅近滑带部分物质较破碎，主要为碎石夹泥，结构疏松	凸形坡，上缓下陡
2	岷江上游黑水河毛尔盖电站右坝肩	平面展布上整体形似扇状，上尖下宽。倾倒后岩层总体倾向坡内，滑面上陡下缓。岩层倾倒后倾向坡内，根部折断	近顺直，前缘有5～6m陡坎
3	黄河上游羊曲水电站中坝址近坝区	弯折面上陡下缓，前缘倾倒程度强烈，底面未完全折断贯通。岩层倾倒后倾向坡内，根部可见统一弯折带，近坡表岩层似叠瓦状，风化严重	凸形坡，上缓下陡，坡面完整性较好，有冲沟发育

续表

编号	名称	发 育 特 征	微地貌
4	俄米水电站1号倾倒变形体	岩层弯曲，坡表拉裂，形成轻微反坡台坎、沟槽。坡表岩体结构松散、架空、滚动，产状变化大，岩层弯曲拉裂，坡内岩层张剪，局部形成折断错动带	上陡下缓，前缘较陡立，河流呈Z形，下游侧三面临空，上游侧深沟切割
5	俄米水电站格日坡倾倒变形体	坡表岩体破碎，多见岩屑溜滑，从露头上可清晰看到倾倒岩层。岩体松散，块体间架空，中深部岩体稍好，呈镶嵌碎裂结构	凸形坡，坡肩部位凸起，冲沟发育，呈脊状
6	水泊峡Ⅶ号倾倒变形体	坡脚首先发生初始倾倒变形，同时上部岩体发生滑移-倾倒。岩层发生连续弯曲变形，根部发生折断	凸形坡，后缘有圈椅地貌，上下游冲沟发育
7	青崖岭倾倒变形体	中下部及前缘为倾坡内的似层状千枚岩、凝灰岩。滑面中后部稍陡且平直，前缘较平缓。沿千枚理错成为似层状薄层结构，垂直于"岩层"折断，有较为明显的折断面，部分位置架空	顺直坡，两侧和坡体上冲沟发育，切割成脊状，前缘凸向河流
8	孟家干沟倾倒变形体	倾倒变形体表部为2～5m厚的结构松散的块碎石土，下部为缓倾坡内的似层状岩块在碧口群英安千枚岩夹少量变质凝灰岩；倾倒变形体与原岩的接触面组成滑带物质以粉质黏土夹碎石为主，表面光滑且可见擦痕。倾倒的岩体弯曲呈平缓状，具似层状结构	凸形坡，前缘陡立，凸向河流，两侧发育深沟，三面临空
9	两河口水电站3号公路隧道口边坡	岩体发生倾倒破坏与卸荷拉裂，拉裂缝中有次生泥充填	上陡下缓，坡面完整性差

2.3 倾倒变形体发育区域地质背景

2.3.1 区域地形地貌

1. 倾倒变形体主要沿西部高山峡谷发育

通过对倾倒变形体分布特征的研究，发现大型倾倒变形体多沿西部地区江河流域分布，主要发育于黄河中上游河段、雅砻江流域、澜沧江以及白龙江等高山峡谷地貌区域（见图2.3-1）。倾倒变形体沿河流岸坡分布的一个重要原因是这些部位河谷深切，边坡高陡，卸荷强烈，为倾倒变形提供了良好的临空条件和变形动力。

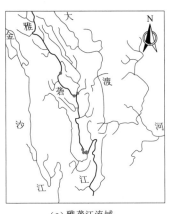
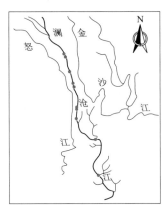

（a）雅砻江流域　　　　　　　　　　（b）澜沧江流域

图2.3-1　倾倒变形体沿水系分布

2. 倾倒变形体主要分布在高程 1500～3000m 的中山地貌

坡体变形需要一定的应力条件和临空条件，倾倒变形体广泛发育的大陆坡度陡降带主要分布于环青藏高原东侧附近（见图 2.3-2），该区域边坡高陡，为岩体的倾倒变形创造了良好的临空条件。此外，受印度板块和欧亚板块的挤压，区域地应力高，构造复杂，地壳抬升导致河流快速下切，岸坡强烈卸荷松弛。

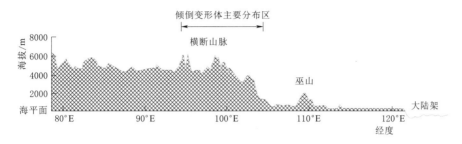

图 2.3-2　倾倒变形体沿大陆坡降带分布

倾倒变形体多发育在中山地貌中，其发育范围一般在 1500～3000m，前缘高程一般在 1500～2000m 甚至以上（见图 2.3-3）。这些山体经历了构造剥蚀作用，岩体完整性遭到破坏，容易发生变形失稳。

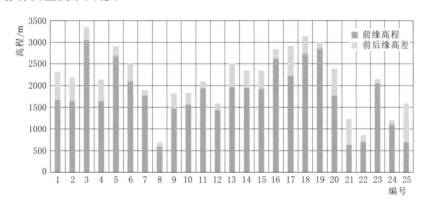

图 2.3-3　倾倒变形体高程分布

2.3.2　区域地质构造

我国倾倒变形体主要集中在西部河谷地区，主要分布在四川、青海、云南、西藏等西部省份的雅砻江流域、澜沧江流域、黄河流域、大渡河流域、怒江流域、岷江流域、白龙江流域等。倾倒变形区域一般发育有大量褶皱、断裂带、区域性断层和层间挤压错动带。一些典型水电工程倾倒体区域的主要地质构造特征见表 2.3-1。区内岩体受地质构造作用影响强烈，主要发育多条区域性断层和层间挤压错动带。强震和中强震发生多与这些活动断裂密切相关。晚更新世尤其是全新世活动断裂是孕育强震的主要断裂构造。

2.3.3　区域地层岩性

倾倒变形体可发育在层状软质岩系或板裂化的坚硬岩石中，常见岩性为各类板岩、片

表 2.3－1　　　　　　一些典型水电工程倾倒体区域的主要地质构造特征

变形体名称	主要地质构造特征
锦屏一级水电站普斯罗沟左岸倾倒变形体	鲜水河断裂带、安宁河断裂带、则木河-小江断裂带、金沙江-红河断裂带及四组小断层
小湾水电站饮水沟倾倒变形体	最大断裂为 F_7 断层，为Ⅱ级结构面，区内多属Ⅳ级结构面，少部分为Ⅲ级结构面
黄登水电站变形体	松潘-甘孜褶皱系、唐古拉-兰坪-思茅地槽褶皱系和冈底斯-念青唐古拉地槽褶皱系三大构造单元衔接部位
古水水电站倾倒变形体	地质构造活动强烈，断裂构造发育
苗尾水电站坝址右岸倾倒变形体	澜沧江褶断体系东部近直立紧密型复式褶皱
里底水电站倾倒变形体	近场区断裂十分发育，除了东北角德钦-中甸-海罗断裂为北西向和少量的近东西向的横向小断裂外，其主干断裂均为北北西—南北向，且彼此互相平行，排列有序，构成南北向为主体的断裂系
新龙水电站倾倒变形体	主要有鲜水河断裂带、玉农希断裂、达郎-松沟断裂带、甘孜-理塘断裂带及新龙断裂带。坝址区外围位于冒地槽裙褶带的雅砻江复背斜之上
茨哈峡水电站倾倒变形体	受秦岭—昆仑山纬度方向的构造带（近东西向构造）控制，而受到青藏滇缅"歹"字形构造（北东向和北西向构造）及河西系构造（北北西向构造）的波及作用相对轻微。无区域性断层通过，发育有小型褶皱和一般断层
俄米水电站 2 号倾倒变形体	位于古特斯、新特提斯构造域，是喜马拉雅地块、冈底斯-念青唐古拉地块、唐古拉-兰坪-思茅地块和松潘-甘孜地块的汇聚地区，又处于东喜马拉雅构造结及其前缘，区内地质构造复杂，褶皱与断裂发育
乌弄龙水电站倾倒变形体	地处新构造强烈活动的青藏高原东南隅，断裂构造十分发育，以坝段中部为圆心，半径为 150km 的区域范围内，规模较大的主要断裂有 23 条。强震和中强地震发生多与这些活动断裂密切相关
鸡冠岭水电站倾倒变形体	鸡冠岭区内构造特征主要以褶皱为主
拉西瓦水电站果卜岸坡倾倒变形体	区域构造形迹以断裂为主，近东西向代表性断裂为库玛断裂、青海南山-倒淌河-阿什贡断裂、哇玉香卡-拉干隐伏断裂、拉脊山活动断裂带；北北西向代表性断裂主要有鄂拉山-温泉活动断裂带、岗察寺活动断裂带、日月山活动断裂带
糯扎渡水电站倾倒变形体	坝址区位于滇西三江褶皱系南部的思茅盆地西缘。坝址周边地区断裂构造较发育，西侧有微向西凸出的澜沧江断裂（距坝址区 17km）、北北西向的谦六断层、平掌寨断层，近南北向的 F_{26}；西南侧有北西向的下麻力断层；北东侧有白马山断层、酒房河断层和李子将断层等
如美水电站倾倒变形体	研究区主要地质构造包括区域性断裂、次级断裂、地表及平硐内小断裂、长大裂隙以及节理裂隙。坝区及邻近区域构造是邻近下坝址的澜沧江断裂，区内发育有 36 条小断层、长大裂隙 50 条
狮子坪水电站二古溪倾倒变形体	研究区南部发育着西北方向的鲜水河断裂带交错北东方向的龙门山断裂带所形成的金汤弧形构造。整个区域内的构造形迹是以线状紧密的弧形褶皱占主要部分，而大中型的断裂构造的发育程度相对较低。主要的构造形迹群为：西北向的马尔康构造形迹群、带状的族郎构造形迹群以及 S 形的薛城构造形迹群
班多水电站 1 号倾倒体	区域内断裂构造发育，第四纪以来活动显著，发生过多次强震和古地震事件

岩、千枚岩、变质砂岩（粉砂岩）、泥岩等，在风化卸荷和长期时效变形条件下的板裂化花岗岩、英安岩、片麻岩等坡体中也可见大规模倾倒变形现象。倾倒变形体在软岩、似层状硬岩、软硬互层或上硬下软的层状坡体中均有发育，且都可发展为较大规模的变形体。反向坡与顺向坡倾倒变形体的岩性组成有一些区别，反向坡体可包含的岩性较为广泛，常以变质软岩夹较坚硬岩的组合出现，也能够发育在节理发育的脆性岩体中；顺向坡倾倒变形坡体的岩性主要是容易发生变形破坏的软质岩，且坡表风化卸荷较强烈。

1. 反向坡倾倒变形体的岩性及组合特征

倾倒变形边坡多发育在变质岩或板裂化的坚硬岩石中，倾倒体中常见岩性为板岩、千枚岩、片岩、变质砂岩（粉砂岩）、泥岩、泥灰岩等，在构造作用或浅表生改造作用下形成的板裂化花岗岩、英安岩、片麻岩、凝灰岩等坡体中也可见倾倒变形，且通常规模较大。倾倒变形体在软岩、似层状脆性岩、软硬互层状或上硬下软的坡体中均有发育，以软硬岩夹层或互层最为常见，这是由其岩性和组合决定的：单一的软弱变质岩容易遭受剥蚀而难以形成高陡坡体，而坚硬的砂岩通常横切结构面发育，难以形成长柱，常见规模较小的倾倒式崩塌，当软硬岩组合时，硬岩可以抵抗风化剥蚀作用而保持坡体高陡，软岩可以防止坡体中快速形成贯通结构面，从而容易形成大型倾倒变形体。

2. 顺向坡倾倒变形体的岩性及组合特征

这类坡体多发育在力学性质较差的变质岩体中，以板岩、千枚状板岩、炭质板岩、变质砂岩及粉砂岩、砂板岩互层、片岩、千枚岩等居多。这类坡体几乎全部由软质岩或软硬互层组成，硬岩占比较小，岩体风化卸荷严重，岩体质量较差。

2.4　倾倒变形体发育与分布

2.4.1　反向坡倾倒变形体

2.4.1.1　反向坡倾倒变形体微地貌特征

岩层倾角一般大于 $50°$，以 $71°\sim80°$ 最为多见 [见图 2.4 - 1 （a）]，边坡坡角一般大于 $30°$，以 $40°\sim50°$ 最为多见 [见图 2.4 - 1 （b）]。坡体相对高差以 $100\sim200\text{m}$ 和 $300\sim400\text{m}$ 居多，相对高差在 500m 以上的坡体仅占 1/4 [见图 2.4 - 1 （c）]，反向坡倾倒变形体几何特征统计见表 2.4 - 1。

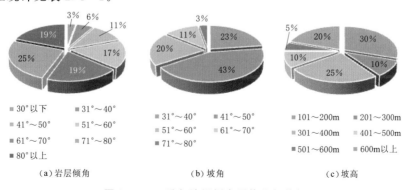

（a）岩层倾角　　　　（b）坡角　　　　（c）坡高

图 2.4 - 1　反向坡倾倒变形体几何特征

表 2.4-1　　　　　　　　　　　反向坡倾倒变形体几何特征统计

变形体名称	岩层倾角/(°)	坡角/(°)	坡高/m
锦屏一级水电站普斯罗沟左岸倾倒变形体	30～50	45～70	750
锦屏一级水电站解放沟左岸倾倒变形体	40～65	40～50	600
小湾水电站饮水沟倾倒变形体	近直立	35～50	700
黄登水电站1号变形体	75～90	35～45	500
黄登水电站2号变形体	80～90	51～55	450
古水水电站倾倒变形体	75～90	30～50	400
苗尾水电站坝址右岸倾倒变形体	73～90	40～60	200
里底水电站倾倒变形体	69～77	20～41	200
龙滩水电站左岸倾倒变形体	60	37～45	400
新龙水电站倾倒变形体	70～75	40～45	310
茨哈峡水电站6号变形体	60～80	41～50	300
茨哈峡水电站进水口倾倒变形体	46～57	40～60	300
克孜尔水库倾倒变形体	70～90	45～53	110
俄米水电站2号倾倒变形体	65～75	60	750
乌弄龙水电站倾倒变形体	40～70	40～80	330
鸡冠岭水电站倾倒变形体	70	65	150
拉西瓦水电站果卜岸坡倾倒变形体	85～87	38～46	708
糯扎渡水电站倾倒变形体	57～70	53～62	160
如美水电站倾倒变形体	64～80	35～45	300～500
狮子坪水电站二古溪倾倒变形体	70～85	40～60	1200
班多水电站1号倾倒体	60～80	42	400

边坡在纵断面上多为凸起形，凸起部位多位于坡体中下部，其斜下方没有阻挡，临空条件相对较好，容易发生变形。多数边坡坡表冲沟发育，坡面完整性较差，在平切面上呈弧形凸出，上下游侧约束作用较弱，应力释放充分，坡体松弛。一些坡体处于河流凸岸，或位于两河交汇的单薄山体处，处于三面临空状态，变形空间较充足。

2.4.1.2　反向坡倾倒变形体空间分布特征

在平面分布上，大型倾倒变形体表现出明显的受水系控制、受区域地形控制的特性。在纵剖面上，大型倾倒变形体主要分布在高程1500m以上的构造剥蚀中高山地貌中。

1. 沿水系分布

据统计，大型倾倒变形体常发育在西部地区具有高山峡谷地貌景观的各江河流域，以黄河、澜沧江、雅砻江等河流的岸坡最为发育。经统计，拉西瓦果卜岸坡倾倒变形体、茨哈峡水电站倾倒变形体等发育于黄河上游沿岸；小湾水电站倾倒变形体、黄登水电站倾倒变形体、乌弄龙水电站坝址右岸倾倒变形体、苗尾水电站坝址区倾倒变形体、古水水电站坝前倾倒变形体、里底水电站倾倒变形体、糯扎渡水电站右岸倾倒变形体、如美水电站倾倒变形体等均沿澜沧江发育；锦屏一级水电站枢纽区左岸倾倒变形体、锦屏一级水电站解放沟倾倒变形体、新龙水电站库区倾倒变形体等均沿雅砻江发育。

大型倾倒变形体沿这些江河流域，以澜沧江最为发育（见图 2.4-2）。对于其他远离水系的倾倒变形体，其规模一般较小。

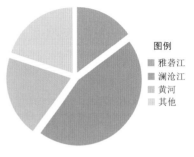

图 2.4-2　反向坡倾倒变形体流域分布饼状图

2. 沿大陆坡度陡降带分布

大型倾倒变形体发育的江河主要分布在我国西部地区环青藏高原东部的第一阶梯和第二阶梯之间的大陆坡度陡降带。这些地区河流岸坡高陡，地质构造复杂，地应力量级高，河流快速下切，卸荷强烈，岸坡稳定性较差。

3. 高程分布

通过对各大型倾倒变形体的前后缘高程进行的统计可知，由于各流域分布高程不同，沿岸的倾倒变形体前缘高程也各不相同。但总体来说，反向坡倾倒变形体都发育在高程1500m 以上（见图 2.4-3），一般以 1500～3000m 居多（见表 2.4-2），属构造剥蚀中山地貌。

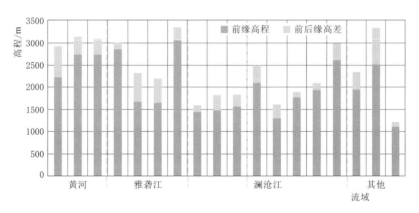

图 2.4-3　反向坡倾倒变形体高程分布

表 2.4-2　　　　　　　　　　　　　反向坡倾倒变形体高程统计

变 形 体 名 称	所属流域	前缘高程/m	后缘高程/m
锦屏一级水电站普斯罗沟左岸倾倒变形体	雅砻江	1675	2325
锦屏一级水电站解放沟左岸倾倒变形体	雅砻江	1650	2200
小湾水电站饮水沟倾倒变形体	澜沧江	1440	1600
黄登水电站 1 号变形体	澜沧江	1480	1830
黄登水电站 2 号变形体	澜沧江	1570	1840
古水水电站倾倒变形体	澜沧江	2100	2500
苗尾水电站坝址右岸倾倒变形体	澜沧江	1300	1620

续表

变 形 体 名 称	所属流域	前缘高程/m	后缘高程/m
里底水电站倾倒变形体	澜沧江	1775	1900
新龙水电站倾倒变形体	雅砻江	3060	3360
茨哈峡水电站6号变形体	黄 河	2740	3150
茨哈峡水电站进水口倾倒变形体	黄 河	2860	3020
克孜尔水库倾倒变形体	渭干河	1110	1220
俄米水电站右岸2号倾倒变形体	怒 江	1950	2350
乌弄龙水电站倾倒变形体	澜沧江	1940	2100
拉西瓦水电站果卜岸坡倾倒变形体	黄 河	2230	2930
如美水电站倾倒变形体	澜沧江	2615	3000
狮子坪水电站二古溪倾倒变形体	岷 江	2520	3350
班多水电站1号倾倒体	黄 河	2740	3100

2.4.2 顺向坡倾倒变形体

2.4.2.1 顺向坡倾倒变形体微地貌特征

顺向坡倾倒变形体坡度一般在 30°以上，多发育在 30°～60°的边坡中［见图 2.4 - 4 （b）］，坡体前缘陡立，临空条件好。平面位置上多发生在河流凸岸或山脊部位，其两侧冲沟发育，侧面约束条件较差，临空条件好，坡体松弛卸荷强烈。如碧口水电站青崖岭顺向坡倾倒变形体位于白龙江左侧凸岸的山嘴上，且两侧有冲沟发育；孟家干沟顺向坡倾倒变形体两侧冲沟切割较深，坡体呈脊状，前缘较陡；俄米水电站 1 号倾倒变形体位于 Z 形河段，上游侧被 F_7 断裂及冲沟切割，下游侧为河流拐弯处，坡体位于孤立的山体上，三面临空。倾倒边坡坡高常大于 100m，多发育在坡高 400m 及以上的坡体中，如图 2.4 - 4 （c）所示。顺向坡倾倒变形体的几何特征统计见表 2.4 - 3。

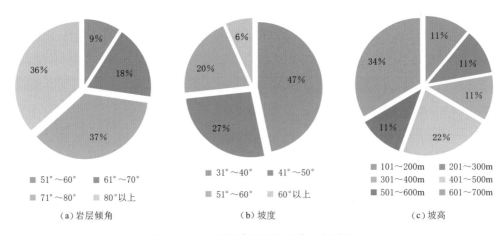

（a）岩层倾角   （b）坡度   （c）坡高

图 2.4 - 4 顺向坡倾倒变形体几何特征

表 2.4-3　　　　　　　　　　　　顺向坡倾倒变形体几何特征统计

变 形 体 名 称	岩层倾角/(°)	坡度/(°)	坡高/m
锦屏一级水电站水文站倾倒变形体	85～87	35～40	500
黑水河毛尔盖电站右坝肩	55～85	38～50	250
羊曲水电站中坝址近坝区	65～85	30～35	350
俄米水电站 1 号倾倒变形体	70～85	35～55	700
俄米水电站格日边坡倾倒变形体	70～88	50～75	460
白龙江水泊峡Ⅷ号倾倒变形体	70～85	40～60	620
白龙江青崖岭倾倒变形体	69～77	30～40	700
白龙江孟家干沟倾倒变形体	70～87	35～50	155
两河口庆大河左岸进水口边坡	55～85	30～35	550
两河口水电站 3 号公路隧道口边坡	70～80	40～60	300

2.4.2.2　顺向坡倾倒变形体空间分布特征

经分析，顺向坡倾倒变形体与反向坡倾倒变形体的分布特征有许多相似之处。在平面上主要受水系和区域地形控制，在纵剖面上主要分布于高程 2000～3000m 甚至以上的构造侵蚀中山区。

1. 沿水系分布

顺向坡倾倒变形体主要沿河流分布，主要发育于雅砻江、岷江、怒江以及白龙江流域等广大区域。如锦屏一级水电站水文站倾倒变形体、两河口庆大河左岸进水口边坡倾倒变形体沿雅砻江发育；毛尔盖电站右坝肩倾倒变形体发育于岷江流域；俄米水电站 1 号倾倒变形体、格日边坡倾倒变形体等发育于怒江流域；白龙江水泊峡Ⅷ号倾倒变形体、孟家干沟倾倒变形体以及青崖岭倾倒变形体均沿白龙江干流发育。从统计资料看，顺向边坡倾倒变形主要发育在雅砻江流域和白龙江流域，如图 2.4-5 所示。倾倒变形体沿水系分布，是由于这些河流为岸坡的变形提供了良好的临空条件，且河流动态的快速下切作用使得岸坡强烈卸荷，为倾倒变形提供初始弯曲动力。

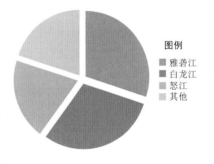

图例
■ 雅砻江
■ 白龙江
■ 怒江
□ 其他

图 2.4-5　顺向坡倾倒变形体
流域分布饼状图

2. 沿大陆坡度陡降带分布

与反向坡类似，顺向坡倾倒变形发育的区域亦主要分布于环青藏高原东部的大陆坡降带的范围内，这些部位山高谷深，地应力量级高。地壳的快速抬升加剧了河流下切，使得岸坡强烈迅速卸荷，利于坡体发生变形破坏。

3. 高程分布

既有顺倾边坡倾倒变形体实例统计显示，变形体前缘高程位置主要集中在 2000m 及以上（见图 2.4-6 和表 2.4-4），变形体从高差 100m 到数百米均有发育，其地貌类型属构造剥蚀中山。

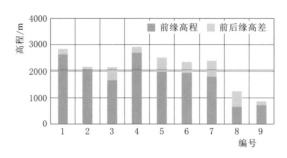

图 2.4-6　顺向坡倾倒变形体高程分布

表 2.4-4　　　　　　　　　　顺向坡倾倒变形体高程统计　　　　　　　　　单位：m

变形体名称	所属流域	前缘高程	后缘高程
锦屏一级水电站水文站倾倒变形体	雅砻江	1650	2150
黑水河毛尔盖电站右坝肩	岷江	2060	2160
羊曲水电站中坝址近坝区	黄河	2630	2850
俄米水电站1号倾倒变形体	怒江	1970	2516
俄米水电站格日边坡倾倒变形体	怒江	1930	2350
白龙江水泊峡Ⅶ号倾倒变形体	白龙江	1780	2400
白龙江青崖岭倾倒变形体	白龙江	640	1240
白龙江孟家干沟倾倒变形体	白龙江	710	865
两河口庆大河左岸进水口边坡	雅砻江	2700	2920

2.5　倾倒变形体发育条件

　　就坡体本身而言，边坡坡高、坡角、岩层倾角以及组成边坡的岩性和结构特征对制约其倾倒变形起着至关重要的作用。

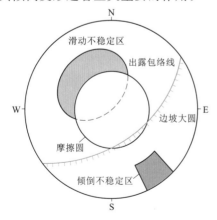

图 2.5-1　边坡破坏模式赤平
投影分析法示意图

　　陈祖煜（2005）综合国内外文献及工程经验提出，反倾边坡发生倾倒破坏一般需满足的条件有：①边坡坡角 $\beta \geqslant 30°$；②边坡坡向与层面（或结构面）倾向相反，且两者夹角应不小于 $120°$；③岩层倾角范围为 $(120°-\beta)\sim 90°$。

　　陈祖煜在提出的基于赤平投影的边坡破坏模式快速分析方法中，以上述条件为依据，划分出边坡倾倒破坏区，如图 2.5-1 所示。

　　应当说，陈祖煜提出的倾倒区划分依据是比较宽泛的，且与前文工程实例统计结果存在较大出入，现在此基础上，依据前文统计成果，对倾倒发育条件进行补充，简述如下。

　　发育条件：①边坡坡向与层面（或结构面）倾向相反，且两者夹角应不小于 120°；②边坡坡角 $\beta \geq 30°$，岩层倾角 $\alpha \geq 60°$；③$85° \leq \alpha + \beta \leq 130°$；④岩性：软硬相间（互层），上硬下软，变质或节理化严重的硬岩；⑤坡体横向不连续，侧缘存在下切或临空。

　　反倾边坡发生倾倒变形，基本上都要满足上述发育条件，此外，倾倒边坡还往往具有以下典型特征：①位于河流弯折、汇合段，呈突出山梁（脊）状；②坡面为槽脊相间"梳状"或"爪状"地形；③坡表发育反坡台坎、坡顶横向拉裂，坡内发育岩层弯折、楔形裂缝等特殊变形迹象；④发育岩层弯折、反坡台坎、楔形裂缝、坡顶塌陷、坡前落石、剪切错动等变形现象。

第 3 章

岩体倾倒变形破坏演化机制

3.1 含裂隙岩石细观力学试验研究

孕育倾倒变形体的边坡多受裂隙结构面影响。由前述典型反倾层状边坡倾倒变形体裂隙结构面特征分析可以得知，受裂隙控制的反倾层状坡体在自重压缩荷载下表现出独特的变形特性。而这种大尺度的变形结果则是小尺度裂隙岩块在上覆荷载下变形结果的综合反映。同时，岩质边坡发生倾倒变形的本质在于层状岩层发生向临空方向的弯曲拉裂。因此，对含裂隙结构面反倾层状岩质边坡的变形进行深入分析的理论基础之一是深入研究裂隙岩块的拉力学特性。

结合对典型倾倒变形体结构特征的分析研究，本节在其基础上选择反倾层状边坡中经常出现的陡、缓两组裂隙结构面进行细观层面的探索。采用水泥砂浆制作包含预制裂隙的模拟岩石试样，在室内试验机上进行劈裂力学测试，探究预制裂隙倾角变化对岩石变形、强度及破坏的影响作用。同时基于变分数阶微积分的数学模拟优势，构建可表征裂隙岩石拉应力应变关系的本构模型。

3.1.1 含裂隙岩石劈裂力学试验设计

根据相似理论原理，采用中等强度的水泥砂浆材料为模拟岩石材料，预制裂隙以自制模具中预先埋置厚 1mm 的钢锯条的方法制作。根据配合比试验，特制水泥砂浆材料的质量配比为 $1:0.6:1:0.5$（水泥∶水∶石英砂∶重晶石粉），按此比例配置的混合体经过搅拌 10min 后，投入制样模具内，以适当的频率振捣 2min，清除砂浆内气泡，然后按设计位置于砂浆样中插入钢锯条，待砂浆初凝前缓慢抽出固定钢锯条，制成预制陡倾和缓倾裂隙，将模拟岩石材料静止 24h 后转入水池内养护 28d，然后进行脱模取样，烘干后送岩石切割机上切割成 50mm×30mm 的短圆柱样。裂隙试样制作见图 3.1-1。

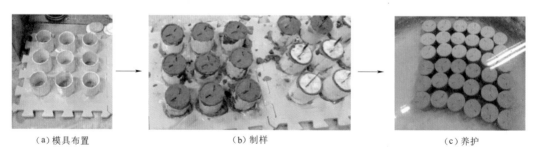

（a）模具布置　　　　　　　　（b）制样　　　　　　　　（c）养护

图 3.1-1　裂隙试样制作

如图 3.1-2 所示，两条预制裂隙长度设计为 10mm，上部陡倾裂隙倾角 β 分别为 50°、60°、70°、80°、90°；下部缓倾裂隙倾角 α 分别为 10°、20°、30°。中间岩桥设计固定为 14.14mm，倾角 45°。通过正交设计，一套试验共需 15 个短圆柱样（见表 3.1-1）。试验采用巴西劈裂方式，在岩桥所在的纵轴线上、中、下三处分别粘贴应变片①、应变片②、应变片③用以测取劈裂过程中应变。试验装置采用成都理工大学岩石实验室的万能材料试验机，试验中采用应变控制加载方式，加载速率设置为 0.001mm/s。

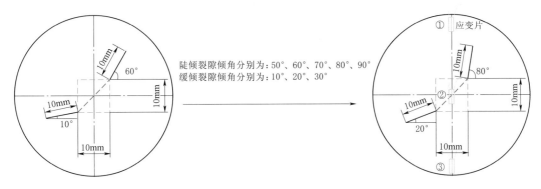

陡倾裂隙倾角分别为：50°、60°、70°、80°、90°
缓倾裂隙倾角分别为：10°、20°、30°

图 3.1-2　裂隙试样设计图

表 3.1-1　　　　　　　　　　裂隙试样设计分组

试样编号	厚度/mm	直径/mm	裂隙倾角设计（缓/陡）	裂隙长度/mm	岩桥长度/mm
1-1	30.0	50.5	10°/50°	10.50	14.00
1-2	30.5	50.5	10°/60°	11.00	13.50
1-3	31.0	51.0	10°/70°	12.00	13.00
1-4	30.0	51.0	10°/80°	10.00	14.50
1-5	30.5	50.0	10°/90°	10.00	14.50
2-1	30.0	50.7	20°/50°	11.00	14.00
2-2	29.0	50.5	20°/60°	10.50	14.00
2-3	31.2	51.0	20°/70°	10.50	14.00
2-4	29.0	50.5	20°/80°	10.00	14.50
2-5	30.0	50.5	20°/90°	10.00	14.00
3-1	30.0	50.0	30°/50°	10.00	14.00
3-2	30.0	49.5	30°/60°	10.00	14.50
3-3	30.0	50.2	30°/70°	11.00	13.00
3-4	30.0	50.5	30°/80°	10.00	15.00
3-5	28.5	50.5	30°/90°	10.00	14.00

3.1.2　含裂隙岩石劈裂力学试验结果

通过试验测试获得圆盘试样劈裂的变形与荷载数据，以圆盘圆心测量点为基准，通过式（3.1-1）进行转化处理即可获得圆盘试样中心的拉应力应变数据。

$$\begin{cases} \sigma = \dfrac{F}{\pi R t} \\[2mm] \varepsilon = \dfrac{d}{D} \end{cases} \tag{3.1-1}$$

式中：σ 为试样拉应力，MPa；ε 为试样拉应变；F 为试验荷载，kN；R 为圆盘半径，mm；t 为圆盘厚度，mm；d 为测点变形，mm；D 为圆盘直径，mm。

图 3.1-3～图 3.1-17 为不同裂隙试样破裂及拉应力—应变曲线图。图 3.1-3～图 3.1-17 中，裂纹①表示由裂隙尖端开裂产生的翼裂纹，其裂纹特点在于裂纹自身多呈现拐折状曲面，光滑、干净、无碎裂状物质，为典型的拉伸型裂纹；裂纹②为反翼裂纹，它同样发生于裂隙尖端，与翼裂纹方向正好相反，裂纹表面多呈现台阶状或拐折状特点，裂纹面间显现微小错动，反翼裂纹具有较为明显的压裂破坏特性；裂纹③为主拉伸裂纹，其特点在于受劈裂拉伸作用沿着受力方向向水平方向张开。

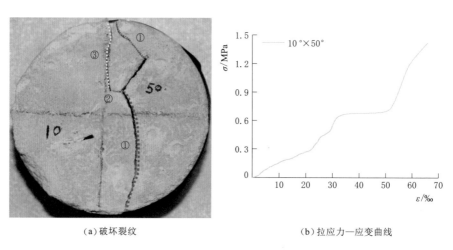

（a）破坏裂纹　　　　　　　　　　　　（b）拉应力—应变曲线

图 3.1-3　试样 1-1 破裂及拉应力—应变曲线

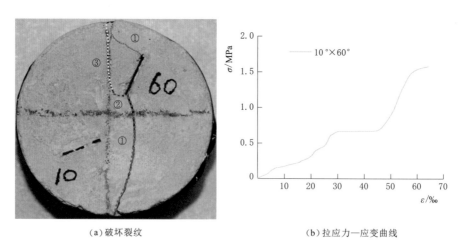

（a）破坏裂纹　　　　　　　　　　　　（b）拉应力—应变曲线

图 3.1-4　试样 1-2 破裂及拉应力—应变曲线

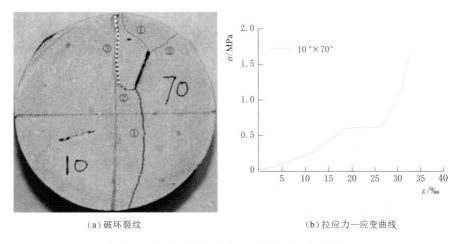

（a）破坏裂纹　　　　　　　　（b）拉应力—应变曲线

图 3.1-5　试样 1-3 破裂及拉应力—应变曲线

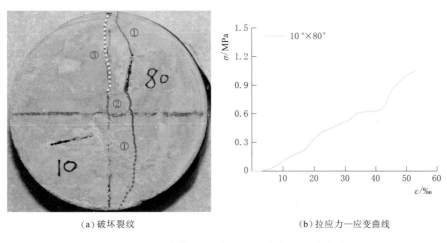

（a）破坏裂纹　　　　　　　　（b）拉应力—应变曲线

图 3.1-6　试样 1-4 破裂及拉应力—应变曲线

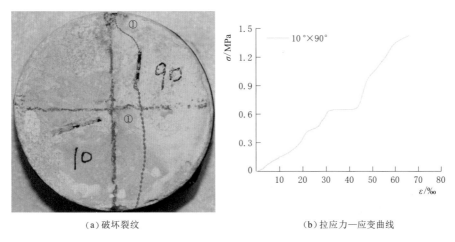

（a）破坏裂纹　　　　　　　　（b）拉应力—应变曲线

图 3.1-7　试样 1-5 破裂及拉应力—应变曲线

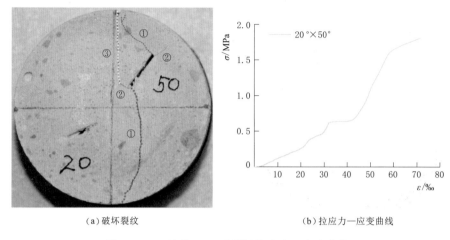

（a）破坏裂纹　　　　　　　（b）拉应力—应变曲线

图 3.1-8　试样 2-1 破裂及拉应力—应变曲线

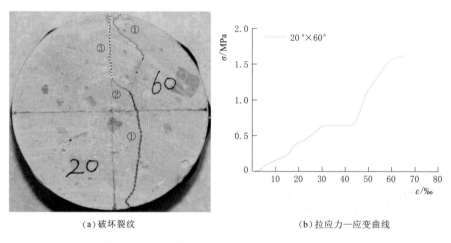

（a）破坏裂纹　　　　　　　（b）拉应力—应变曲线

图 3.1-9　试样 2-2 破裂及拉应力—应变曲线

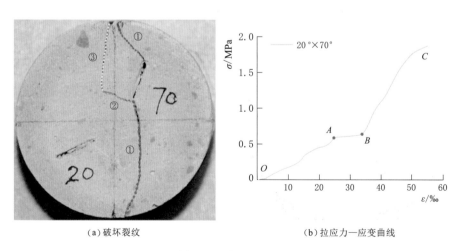

（a）破坏裂纹　　　　　　　（b）拉应力—应变曲线

图 3.1-10　试样 2-3 破裂及拉应力—应变曲线

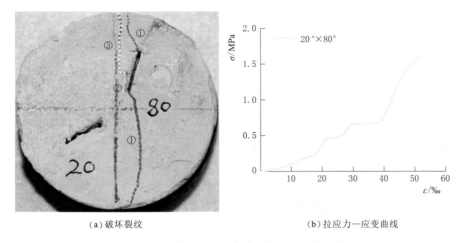

（a）破坏裂纹　　　　　　　　（b）拉应力—应变曲线

图 3.1-11　试样 2-4 破裂及拉应力—应变曲线

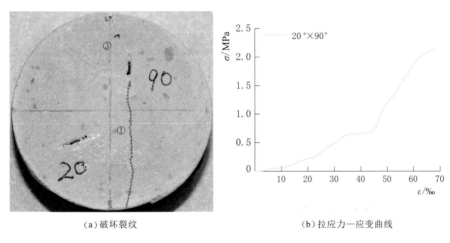

（a）破坏裂纹　　　　　　　　（b）拉应力—应变曲线

图 3.1-12　试样 2-5 破裂及拉应力—应变曲线

（a）破坏裂纹　　　　　　　　（b）拉应力—应变曲线

图 3.1-13　试样 3-1 破裂及拉应力—应变曲线

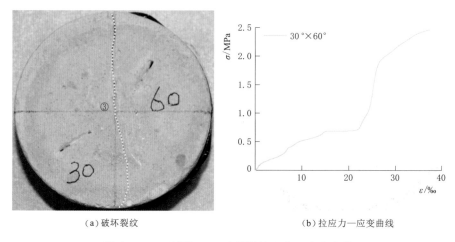

（a）破坏裂纹 　　　　　　　　（b）拉应力—应变曲线

图 3.1－14　试样 3－2 破裂及拉应力—应变曲线

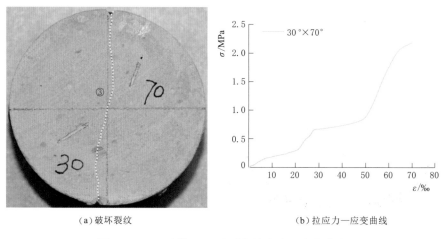

（a）破坏裂纹 　　　　　　　　（b）拉应力—应变曲线

图 3.1－15　试样 3－3 破裂及拉应力—应变曲线

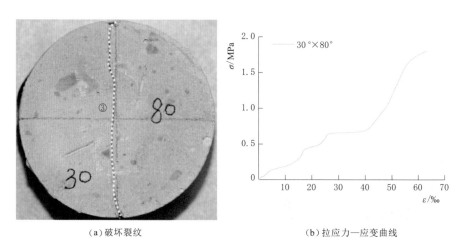

（a）破坏裂纹 　　　　　　　　（b）拉应力—应变曲线

图 3.1－16　试样 3－4 破裂及拉应力—应变曲线

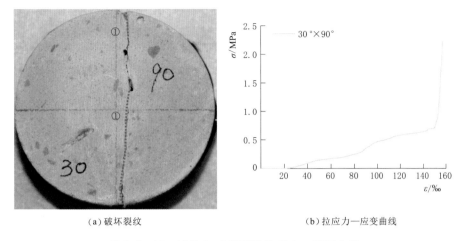

(a) 破坏裂纹　　　　　　　　　　　　　(b) 拉应力—应变曲线

图 3.1-17　试样 3-5 破裂及拉应力—应变曲线

3.1.3　裂隙岩石拉力学特性

3.1.3.1　裂隙岩石变形特性

由图 3.1-3～图 3.1-17 各裂隙试样中心点的拉应力—应变曲线可以看出，包含预制裂隙的模拟试样中心点拉伸变形呈现出阶梯变形特征。以图 3.1-10 中的试样 2-3 为例，其中心点的拉伸变形阶段可以初步划分为：低斜率变形段 OA 段（弱弹性段）、极低斜率变形段 AB 段（强塑性段）及高斜率变形段 BC 段（强弹塑性段）。各阶段显现的变形特征各异，如，一般 AB 变形段其变形斜率最低，基本近似呈现水平变形，说明在此阶段内，即便拉应力变化幅度很小也可以引发中心点拉应变持续快速发展，表现出较强的近似材料延性变形特性；而 OA 变形段斜率较高，为劈裂试验开始时试样中心点发生的类似弱弹性变形。但在此变形阶段内，多数裂隙试样显现的变形曲线段呈现小幅度波动式增长，说明在该变形阶段试样内部经历着不断的应力调整，变形呈现出非均匀及非线性特征；BC 变形段的变形斜率最高，宏观上表现出类似强弹性特征，但在临近破坏之前的微小变形阶段曲线斜率变小，呈现类似材料塑性极限屈服破坏的特点。

分析不同裂隙试样 OA 变形阶段及峰值应变的应变量，可得到如图 3.1-18 所示的裂隙倾角与应变关系。如图 3.1-18 所示，当缓倾裂隙倾角为 10°及 20°时，无论是初始 OA 段变形还是最终的峰值应变，其应变量均随着陡倾裂隙倾角的增大呈现 V 形变化，即先减小后增大，所有试样均是在陡倾裂隙倾角为 70°时对应的应变最小。而当缓倾裂隙倾角为 30°时，无论是 OA 段应变还是峰值应变，大致随着陡倾裂隙倾角的增大而振荡式增大。

宫凤强等（2010）提出了巴西圆盘劈裂试验中拉伸模量的解析求解法［式（3.1-2）］，可获得裂隙试样的拉伸模量与裂隙倾角的变化关系：

$$E = \frac{2P}{\pi DL} \frac{2D[1-0.7854(1-\mu)]}{\Delta u} \tag{3.1-2}$$

式中：E 为拉伸模量，MPa；P 为破坏荷载，kN；D 为圆盘直径，mm；L 为圆盘厚度，mm；μ 为材料泊松比，本次试验确定为 0.25；Δu 为圆盘中心点的总位移量，mm。

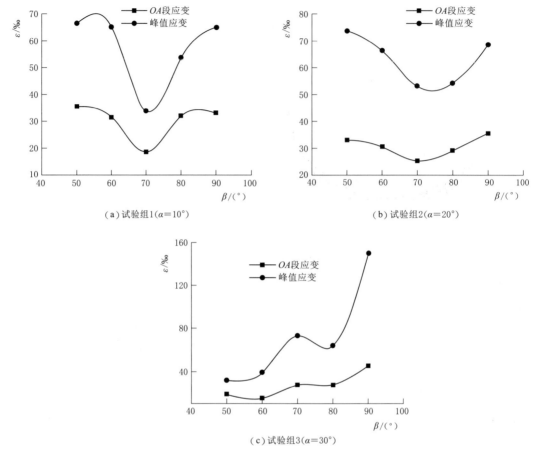

（a）试验组1（$\alpha=10°$）

（b）试验组2（$\alpha=20°$）

（c）试验组3（$\alpha=30°$）

图 3.1－18　裂隙试样低斜率变形段 OA 段应变与峰值应变随裂隙倾角变化关系

如图 3.1－19 所示，当缓倾裂隙倾角为 10°或 20°时，裂隙试样的拉伸模量随陡倾裂隙倾角增大呈现"礼帽"状变化；而当缓倾裂隙倾角为 30°时，裂隙试样的拉伸模量随陡倾裂隙倾角增大呈现近"马背"状降低的趋势。由此推测陡缓倾裂隙共存时，缓倾裂隙倾角变化可能控制着试样内部变形协调模式，当缓倾裂隙倾角处于不同的状态时，即可能处于不同的角度阈值范围时，试样随着陡倾裂隙倾角的增大呈现独特的变形响应规律，即拉伸模量随裂隙倾角变化而发生独特变化。

3.1.3.2　裂隙岩石强度特性

通过式（3.1－1）对应的极限应力应变即可获得不同裂隙试样的抗拉强度，同时做出裂隙试样抗拉强度与裂隙倾角的关系曲线，如图 3.1－20 所示。当缓倾裂隙倾角固定时，陡倾裂隙倾角的增大变化与试样抗拉强度并无明显的线性表达关系。当缓倾裂隙倾角为 10°或 30°时，随着陡倾裂隙倾角增大，抗拉强度曲线表现出近似平躺 Z 形形态；而当缓倾裂隙倾角为 20°时，随着陡倾裂隙倾角的稳定增大其抗拉强度曲线表现出 W 形形态。但当陡倾裂隙倾角为 80°时，无论缓倾裂隙倾角如何变化，试样的抗拉强度均达到最小值。当陡倾裂隙倾角固定时，随着缓倾裂隙倾角增大各试样的抗拉强度均相应增大。由此可以推

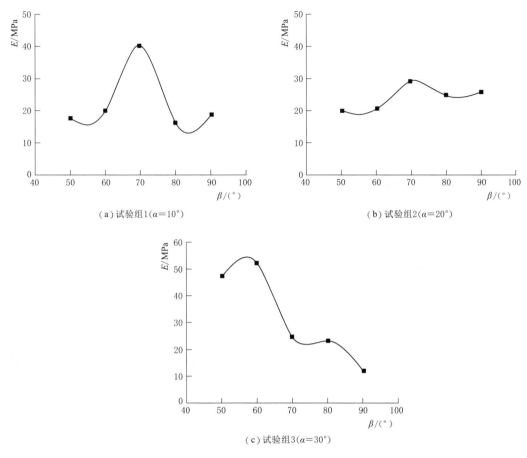

（a）试验组1(α=10°)　　　　　　　　（b）试验组2(α=20°)

（c）试验组3(α=30°)

图 3.1－19　裂隙试样拉伸模量随裂隙倾角变化关系

测，陡缓倾裂隙共存时，缓倾裂隙倾角的改变对岩石的抗拉强度具有较强的影响作用，而陡倾裂隙倾角的改变如何影响抗拉强度则需更进一步系统的试验来研究。

3.1.3.3　裂隙岩石破坏特性

如图 3.1－3～图 3.1－17 所示，不同裂隙倾角的试样裂纹贯通模式不同。首先当缓倾裂隙倾角固定为 10°或 20°时，试样劈裂破坏多数沿着陡倾裂隙发生下端翼裂纹贯通，下端反翼裂纹与中心主劈裂裂纹连接后贯通，而同时陡倾裂隙上端翼裂纹再次贯通试样，造成小块近梯形岩样被分割出来；但裂纹的发展与陡倾裂隙倾角变化并未体现出明显响应关系。而当缓倾裂隙倾角为 30°时，裂隙试样的破坏并不受陡倾裂隙倾角变化的影响，众试样均沿着劈裂加载中轴线附

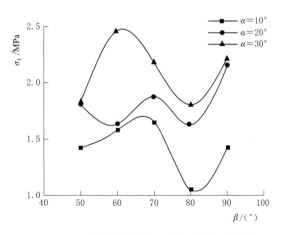

图 3.1－20　裂隙试样抗拉强度与裂隙倾角的关系

近破坏。由此可以推测，裂隙试样的破坏主要随陡倾裂隙的位置及角度变化，但缓倾裂隙倾角变化却能改变试样破坏的整体模式。也就是说，当缓倾裂隙倾角小于一定的阈值时（本书推测 $\alpha < 30°$），裂隙试样的破坏受陡倾裂隙位置控制，但破坏形态受陡倾裂隙倾角变化影响较小。而当缓倾裂隙倾角增大至一定的幅值时，裂隙试样的破坏受陡倾裂隙位置及角度变化影响将会减弱。

3.2 岩体倾倒变形演化过程离心机模拟

3.2.1 岩石离心模型试验原理

3.2.1.1 基本原理

岩石离心模型试验的基本原理是将岩石相似模型材料按一定几何比例换算后制成相应的模型，放置在高速旋转的离心机吊斗中，由旋转中产生的离心加速度增加模型重力场，以补偿因比例尺缩小而产生的自重损失，使模型与原型有相似的应力状态。

3.2.1.2 相似理论推导

岩石离心模型试验本质上是相似模拟试验，以相似理论为基础建立模型与原型间的相似关系，从而保证模型试验中出现的物理现象与物理模拟试验原型相似。模型试验结果的可靠性取决于试验模型是否真实地再现原型结构体系的实际工作状态。相似模型试验以相似三定理理论为基础，用于指导离心试验模型设计和试验数据处理和推广，具体如下：

（1）相似第一定理：指两个系统发生的现象，所对应点的各对应物理量之比是常数，均可用同一基本方程式描述彼此相似的现象，即相似现象。

（2）相似第二定理：即 π 定理，指约束两个相似现象的基本物理方程式可以用量纲分析的方法转换成相似判据 π 方程来表达的新方程，即转换成 π 方程，且两个相似系统的 π 方程必须相同。

（3）相似第三定理：即相似存在定理，认为对于同类物理现象，如果单值量相似，而且由单值量所组成的相似判据在数值上相等，现象才相互相似。

该试验采用地质概念模型，因此以模型推导原型相似性。

模型加载的时间关系在相似定律推导中较为特殊，根据黏聚力、渗透力和惯性力的不同原理有不同的推导结果。该试验受惯性力控制，以牛顿第二定律为基础进行推导，其加载时间换算依据相似定律推导得到：

$$t_p : t_m = 1 : \frac{1}{(NC_L)^{1/2}} \tag{3.2-1}$$

式中：t_p 为原型对应时间；t_m 为模型对应时间；N 为离心加速度；C_L 为原型和模型的几何比尺。

需要指出的是，除应满足上述时间比尺相似外，还应当满足 $\varepsilon_m / \varepsilon_p = 1$ 和 $\sigma_p = C_E \sigma_m$，即要求原型与模型材料的应力—应变曲线在弹-塑性范围内进行全过程模拟。对于模型材料来说，根据相似定理，有如下关系：

$$C_\sigma = \frac{1}{N} C_\gamma C_L , C_\sigma = C_E C_\varepsilon , C_\varepsilon = 1 , C_E = \frac{1}{N} C_\sigma C_L \qquad (3.2-2)$$

式中：C_σ、C_γ、C_L、C_E 和 C_ε 分别对应为应力（或强度）、密度（或容重）、几何长度、弹性模量（或变形模量）和应变比尺。

根据相似理论推导得到表 3.2-1 的岩石离心试验对应比尺关系。

表 3.2-1　　　　　　　　　　相似理论推导的岩石离心试验对应比尺关系

物理量	原型：模型	物理量	原型：模型
长度 L	$1:1/C_L$	应力 σ	$1:N/C_L$
面积 A	$1:1/C_L^2$	变形模量 E	$1:N/C_L$
体积 V	$1:1/C_L^3$	应变 ε	$1:1$
容重 γ	$1:N$	位移 u	$1:1/C_L$
质量 m	$1:1/C_L^3$	黏聚力 c	$1:N/C_L$
集中力 P	$1:N/C_L^3$	摩擦系数 f	$1:1$
加速度 g	$1:N$	泊松比 μ	$1:1$
时间 t	$1:1/(NC_L)^{1/2}$		

要制备满足上述相似条件的岩石模型材料难度很大，该试验着重研究一组陡倾裂隙和一组缓倾裂隙，在满足离心试验对材料要求的基础上，使材料与前述裂隙岩块的细观拉力学试验材料保持一致，突出裂隙结构对边坡变形破坏的控制性影响效应。

3.2.2　地质结构概化

结合河谷高边坡表生改造和时效变形史，河谷下切地质历史期由于卸荷作用于坡体内部会产生大量的卸荷裂隙，而这类卸荷裂隙产状多显现倾向坡外与角度高陡的特点，成为后期边坡时效变形的一类重要控制因素，同时，河谷高边坡在地质构造运动中会产生不同规模、不同倾角的构造结构面。在先期构造、卸荷等作用下形成的裂隙可能切穿岩层，此时破坏多沿已有裂隙发展；而当裂隙未切穿岩层时，裂隙的赋存状态对反倾层状边坡的变形演化就起到了强烈的促进和诱导作用。众多实例的统计分析和典型实例的工程地质分析发现，在大多数反倾层状岩质边坡中，存在至少一组陡倾（大于 45°）坡外的裂隙结构面，同时亦存在一组缓倾（小于 45°）坡外的裂隙结构面。一方面在细观上陡倾结构面诱导岩层弯曲拉裂的进一步发展并追索缓倾结构面搭接贯通形成弯曲拉裂破坏带；另一方面两组结构面的结构状态及规模状态会造就宏观上不同的折断破坏面形态。一般来说，高边坡的变形受控于坡体结构状态，而坡体结构状态中一个重要的组成要素即结构面赋存状态。因此，基于上述分析，针对反倾层状岩质边坡开展裂隙结构面控制下反倾层状边坡倾倒变形机制分析以及裂隙结构面对岩质边坡倾倒变形的影响效应研究，具有极好的理论及实践意义。

合理的地质结构模型是分析解决一类工程地质问题的前提。这需要建立在充分了解边坡内部工程地质特性和变形破坏地质-力学响应行为的基础上，通过对实例的归纳总结，理清各典型倾倒变形体地质模型中的共同点，剔除不同点，从模型几何因素选取，到结构面发育特征分析，再到变形破坏模式分区，最后建立基于裂隙结构控制的反倾层状岩质边坡地质概念模型。

在众多岩质高边坡中，经过对部分水电工程岩质边坡结构面的统计分析发现：由于原生地质成因或者后期地质改造作用，多数岩质边坡坡体内常会形成走向平行于坡面的至少两组陡、缓断续裂隙。这两组结构面的存在对岩质边坡的变形具有极大的影响，成为岩质边坡稳定性的一类主要影响因素，也是相关岩质边坡稳定问题分析所需关注的主要矛盾。当岩质边坡为顺向坡时，坡体在重力作用下容易发生沿缓倾裂隙滑移，导致缓倾裂隙间岩桥或陡缓倾裂隙间岩桥贯通而发生最终失稳；当岩质边坡为逆向坡时，坡体在重力作用下陡倾裂隙发生拉张，裂隙向根部发展延伸逐渐沟通缓倾裂隙，形成陡缓倾裂隙间岩桥拉张式贯通，最终引发裂隙上覆层状岩层的绕点旋转折断后的倾倒失稳。通过简化抽象表达，裂隙岩质边坡的地质结构模型如图 3.2-1 所示。

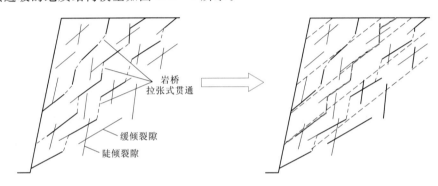

（a）顺倾断续裂隙岩坡破坏结构示意图

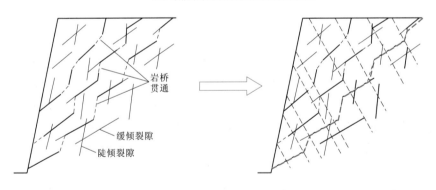

（b）反倾断续裂隙岩坡破坏结构示意图

图 3.2-1　裂隙岩质边坡抽象地质结构模型

基于上述论述，倾倒变形的发生是具有一定力学性质岩石材料的反倾层状裂隙岩质边坡在陡缓倾裂隙结构面耦合作用下岩桥贯通后的变形破坏结果。这一过程中陡缓倾裂隙的几何形态及物理力学性质具有重要的影响作用，尤其是形态参数的变化会带动岩质边坡破坏迹线的改变，是结构面效应中最需探索和认知的问题层面。故本书后续围绕这类结构特征，采用细观力学试验和物理模型试验，研究断续陡、缓倾裂隙倾角变化对倾倒变形破坏的影响效应。

3.2.3　离心机试验设计

3.2.3.1　试验仪器及基本技术参数

试验所用设备为成都理工大学地质灾害防治与地质环境保护国家重点实验室的 TLJ - 500 土工离心试验机（见图 3.2 - 2），能实现包括天然、地震、降雨和开挖等工况下的工程地质物理离心模型试验，其主要部件包括离心机主机、数据采集系统、监视系统和外设模型箱及机械手等设备。

（a）离心机　　　　　　　　　　　　　　　（b）2号刚性模型箱

图 3.2 - 2　离心试验设备

1. 离心机主机

TLJ - 500 土工离心试验机容重最大为 $500g \cdot t$，即在离心加速度 $100g$ 情况下，模型重量最大为 5t，$250g$ 离心加速度下最大为 2t，有效运行半径为 4.5m。主机从静止加速到 $200g$ 最快需耗时 15min，停机最快耗时 15min；离心机吊斗内吊装模型箱，模型箱内壁最大尺寸为 1.2m×1m×1.2m，最小尺寸为 1m×0.6m×1m，专用振动台模型箱尺寸为 100cm×60cm×70cm。

2. 数据采集系统

数据采集系统包括 80 通道的静态数据采集接口和 32 通道的动态数据采集接口，可采集包括应变、位移、压力等的动态变化或静态信号，数据采集间隔不大于 1s。

3. 监视系统

在离心机主要部位（如实验仪器室内、离心机吊斗、上仪器仓等关键部位）布置 8 路摄像机，监视离心机运行及试验情况，记录试验影像。

3.2.3.2　试验模型

试验采用成都理工大学地质灾害防治与地质环境保护国家重点实验室离心实验室的 2 号刚性模型箱，内部尺寸为 1000mm×600mm×800mm，前方采用可透视材料。根据试验所用吊斗的尺寸大小和承载能力、模型箱的尺寸以及试验选取的地质原型参数，确定试验模型与原型之间的几何比尺，进而确定离心机模拟试验的重力比尺，并采用配比试验得到的相似材料进行离心模型的设计。

选取几何比例 $N = 120$，选定原型边坡的长×宽×高为 120m×48m×84m，模型规格为 1.0m×0.4m×0.7m（长×宽×高），坡度为 60°，模型边坡长 657.74mm、宽 400mm、高 700mm，岩层厚 40mm，岩层倾角为反倾 60°。层内裂隙长 15mm，陡倾裂隙倾角为 80°，裂隙层内间距 80mm；缓倾裂隙倾角为 15°，裂隙层内间距 80mm（见图 3.2-3）。

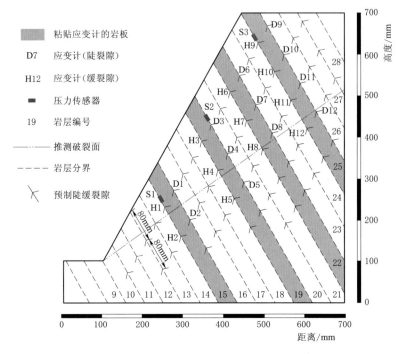

图 3.2-3　含裂隙反倾层状边坡离心试验模型设计图

3.2.3.3　试验材料选取

由于岩体并非连续均质体，而是岩石与不规则结构面的复合体，因此不能直接使用原型材料。岩石离心模拟材料往往是一种中等弹性模量、中等强度、高容重的材料。配合比的拟定是模型试验的关键性步骤之一，通常岩石离心模型试验中选取最接近满足相似条件的材料，才能较为真实地模拟边坡的实际工作状态，并得到较为准确可靠的数据。该试验着重突出陡缓倾双裂隙结构对反倾岩质边坡倾倒变形折断面形态演化的影响，因而除中等弹性模量、中等强度和高容重三指标外，还应当考虑以"应变传感器能否稳稳粘贴住和较好表现新生裂隙萌生和贯通破坏"为标准选取材料配比。

一般说来，物理模型试验材料的配置主要包括骨料、胶结材料和其他填料，骨料包括重晶石粉、石英砂等，其主要作用是调节容重和材料强度；胶结材料包括水泥、混合水的石膏、机油、混合水的膨润土；其他填料包括调节弹性模量的甘油、作为填料的氧化锌等。在模拟岩石材料时，通常选取水泥、石膏为胶结材料，石英砂、重晶石粉等为骨料，辅以其他填料配合使用。

该试验由于模拟反倾层状岩质边坡裂隙扩展及破裂面形成，材料制备采用一整块岩板整体灌注的方式，因此，用到的岩石相似材料必须保证一定强度。在配比试验中发现加入石膏无法满足强度要求，而通过调节水泥水灰比的方式可以很好地满足强度要求。水泥材料水灰比是决定混凝土强度、耐久性和其他一系列物理力学性能的主要参数。由表 3.2 - 2 可知，水灰比越低，水泥强度越高；水灰比越高，水泥强度越低。因而首先根据其抗压强度范围选取适合范围的水灰比，再调节骨料配制比例，配制之后进行相应的混凝土试件单轴抗压试验。经过多次材料配比试验，并结合前人试验经验总结得到一个基础配合比，即水泥∶水∶石英砂∶重晶石粉＝1∶0.75∶1∶0.5。其试验材料参数见表 3.2 - 3。

表 3.2 - 2　　　　　　　　　　水泥材料水灰比与抗压强度关系表

水灰比 （重量比）	黏度/s	单轴抗压强度/MPa			
		3d	7d	14d	28d
0.5∶1	139	4.14	6.46	15.3	22.00
0.75∶1	33	2.40	2.60	5.50	11.20
1∶1	18	2.00	2.40	2.40	8.90
1.5∶1	17	2.00	2.30	2.30	2.20
2∶1	16	1.66	2.50	2.50	2.80

表 3.2 - 3　　　　　　　　　　试 验 材 料 参 数

参　　数	弹性模量 E/GPa	单轴抗压强度 σ/MPa	密度 γ/(kg/m^3)
平均值	1.159	16.19	2400
标准差	0.023	1.38	42

综合考虑，试验以石英砂、重晶石粉为骨料，水泥为胶结材料，加一定配比的水混合。试验原型材料参数通过查阅最新的《工程地质手册》和《岩石力学参数手册》得到（见表 3.2 - 3）。经过多次配比试验，使模型材料物理力学性质与原岩尽量接近。

岩石相似材料配制通常应首先拟定一个基础配合比，使之满足密度和弹性模量要求，在此基础上调整黏聚力和内摩擦角，使之满足相应的相似比要求。

确定材料配比后，开始制作含预制裂隙的岩板，其中预制陡缓倾裂隙必须满足三个条件：①裂隙宽度尽可能窄（该试验切割出的预制裂缝宽度为 1mm）；②陡缓倾裂隙间的岩桥约为岩板宽度的 1/3，便于观察其贯通破坏；③裂隙间距应大于岩板宽度（该试验取岩板宽度的 2 倍）。具体制作步骤如下：

（1）根据岩板设计长宽尺寸范围，制作 5 种不同规格的木质模具，以玻璃板为底灌注完整岩板。

（2）将材料按配比混合拌匀后，均匀灌注入模具内，灌注前使用旧报纸在底部平铺一层，并刷上机油，方便岩板凝结后的拆卸；灌注后用玻璃棒来回搅拌使灌注浆体中的气泡得以释出，最后将模具内浆体表面抹平整，使之呈完整岩板状（见图 3.2 - 4）。

（3）所有岩板终凝完成后，集中切割预制裂隙。裂隙切割采用可控制切割角度和深度的电动切割机进行切割，切割机刀片厚度控制在 1mm 以下，使最终切割成型裂缝宽度保持在 1mm 左右。

（4）切割前在岩板裂隙设计位置用红笔画好平行裂隙线，使用平行夹固定一根钢条，切割机抵住钢条，确定要切割的裂隙位置。

（5）准备就绪后，开始切割。切割机固定好角度和深度，沿固定钢条切割出平行的预制裂隙（见图 3.2-5）。

图 3.2-4　制作的岩板　　　　　　　　图 3.2-5　裂隙切割

3.2.3.4　传感器布置及技术参数

1. 传感器布置原则

（1）保证仪器监测结果能很好反应所需验证的理论，且测试成果能与前人研究成果在某些方面对应。

（2）避免在仪器布置时的人为原因破坏模型完整性。

（3）在保证数据采集满足成果分析的基础上，尽量少地布置仪器。

（4）传感器埋设距离的控制应当保证两个传感器之间不会相互干扰，通常为传感器直径的 6 倍。

2. 传感器布置类型及要求

该试验采用的传感器主要有应变传感器、土压力传感器和基于 PIV（particle image velocimetry）粒子成像测速系统的高速摄像头。

（1）应变传感器。该离心模型试验采用 120Ω 箔式应变片，通过专门的胶水粘贴在被测物体上。试验采用两类应变传感器：

1）中航电测 THY 系列大塑性应变测量计［见图 3.2-6（a）］，主要应用于各种材料塑性应变测量和破断拉伸试验，能够测量 10%～15% 范围内的拉伸应变量。型号选用 THY120-5AA（15%）-X30，对平均电阻值公差不大于±3%，灵敏系数不小于 2.00，应变极限为 15%，敏感栅尺寸为 5.0mm×3.6mm，基底尺寸为 11.5mm×5.0mm。主要粘贴在陡倾裂隙处。

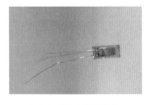

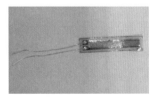

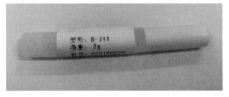

（a）大塑性应变测量计　　　　　　（b）通用应变计　　　　　　（c）B-711 胶黏剂

图 3.2-6　应变计及胶黏剂

2）中航电测 BQ 系列通用应变计［见图 3.2-6（b）］，基底薄而柔软，使用、粘贴方便，是一般应力分析尤其是混凝土结构分析的常用敏感元件。选用型号为 BQ120-20AA，对平均电阻值公差不大于±0.1%，灵敏系数 2.00～2.20，应变极限为 2.0%，敏感栅尺寸为 20.0mm×3.0mm，基底尺寸为 26.8mm×5.9mm。主要粘贴在缓倾裂隙前缘。

两种应变片采用 B-711 胶黏剂粘贴［见图 3.2-6（c）］。该胶黏剂是中航电测新研制的一种单组分改性氰基丙烯酸酯类常温固化耐高温贴片胶，具有耐温性和耐一定湿度的双重特性，固化速度快、黏接力强，蠕变、滞后较小。

（2）土压力传感器。该模型试验采用中国工程物理研究院总体工程研究所生产的土压力传感器（见图 3.2-7），直径分别为 8mm 和 9mm，量程为 2MPa，精度为 1%FS，电源供电 6～12V DC，输出电压 0～2V DC，允许过载 120%FS，使用温度 0～45℃。

（3）PIV 粒子成像测速系统。用于监测和计算边坡后缘及中部位移场变化，监测设备是高速摄像头（见图 3.2-8），其基本原理是在被测的流场中布撒示踪粒子，通过至少连续两次或多次曝光，粒子的图像被记录在电荷耦合器件（charge coupled device，CCD）相机上，采用光学自相关法或互相关法，处理 CCD 记录的图像，获得流场速度分布。

图 3.2-7　土压力传感器

图 3.2-8　高速摄像头

3. 传感器布置依据

该模型试验在岩层内预制裂隙埋设应变片 33 个，坡浅表设置土压力传感器 3 个，并使用 PIV 粒子成像测速系统监测边坡位移场。其布置充分参考前人离心试验研究成果以及底摩擦试验研究成果。该试验研究含陡缓倾裂隙反倾岩质边坡变形演化历程、新生裂隙贯通演化规律以及变形破坏现象，监测侧重于记录针对边坡不同部位的两组预制裂隙应变数据，并还原在试验过程中其受力状态。

传感器布置应围绕试验目的来进行，其具体布置如下（见图 3.2-9）：

（1）预测在陡预制裂隙处产生较大拉张破坏，采用大塑性应变测量计监测预制陡倾裂隙处的应变，在 15 号、19 号、22 号、25 号岩板上表面预制陡倾裂隙处，由浅至深分别布置 12 个应变计。

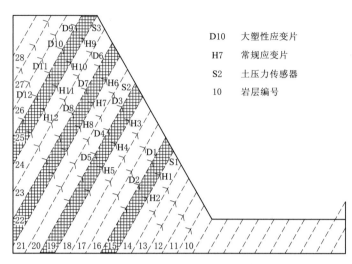

图 3.2 - 9　应变计位置示意图

（2）预测在缓倾裂隙处产生较小的拉张破坏，采用通用应变计监测预制缓倾裂隙处的应变，在15号、19号、22号、25号岩板下表面预制缓倾裂隙处，由浅至深分别布置12个应变计。

（3）在模型箱透明玻璃外侧架设高速摄像头，记录试验过程中坡体高清图像，通过PIV粒子成像测速系统计算整个坡体位移场。

（4）土压力传感器监测边坡浅表的压力变化，推测边坡最易破坏部位，分别在边坡表面前、中、后3个位置布置土压力传感器。

3.2.3.5　试验加载方案

反倾岩质边坡倾倒变形演化历程具有时效规律性，因此在离心试验加载过程中这也是必须要考虑的因素。该离心试验采用的最大加速度为 $N=120g$。采用梯级加载方案，分六级进行加载，每一级匀速加载 $20g$，每一级加载后稳定约 $5\mathrm{min}$，然后加载下一级。试验中离心加速度实际加载时程曲线如图 3.2 - 10 所示，加速度加载到 $120g$ 后，稳定 $10\mathrm{min}$。

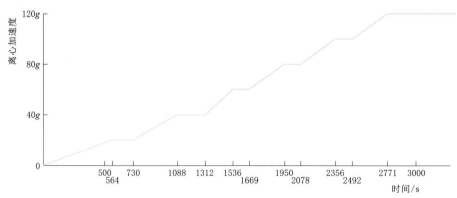

图 3.2 - 10　离心加速度实际加载时程曲线

3.2.3.6　模型制作流程及试验过程

（1）根据设计的材料配比配置好试验材料，为了使材料浆液混合均匀，应采用小型建筑材料搅拌机拌制。

（2）根据试验中每一块岩板尺寸组合不同规格的木质模具，将材料浆液灌入模具中，抹平表面，待其终凝后制成岩板，进行 28d 养护，并小心存放，用红油漆标注每一块岩板编号及上下表面位置。

（3）将养护存放好的岩板进行集中加工，切割成符合试验要求的含预制陡缓倾裂隙的岩板。

（4）在 15 号、19 号、22 号、25 号岩板，由浅至深分别在预制陡缓裂隙位置粘贴相应的应变片，并将导线与应变片端子连接好，并确认接线回路正常。

（5）按照试验设计要求，将岩板根据标号的编号依次垒搭，在垒搭过程中，注意区别岩板上下表面。模型底部用与岩板配比一致的水泥浆液固定，模型边坡前后紧靠模型箱左右侧，并同样用水泥浆液固定处理，以减小模型的"边界效应"。模型边坡两侧与模型箱前后箱壁保持 100mm 距离，最终搭建起反倾岩质边坡离心试验模型。

（6）确认微型土压力传感器完好，在岩板垒搭过程中，将其安置于岩板相应位置，用胶布将导线粘贴固定于岩板上，传感器接触头直接与岩板接触。

（7）将应变计和土压力传感器导线标好各自标号并缠成一股，将航空插头分别与导线焊接相连，其中应变计导线接 10 芯和 7 芯航空插头，土压力传感器接 4 芯航空插头，并确保每一个插头接线回路均正常工作。

（8）称量模型箱重量，并计算需要吊装的平衡配重，将模型箱吊入离心机吊斗内，吊入过程中使模型箱透明玻璃板一侧朝外。

（9）将传感器航空插头与数据采集接口相连，确保每一个传感器均能在数据采集系统中正常采集到数据，同时用布袋和尼龙扎带将导线绑好，固定在吊斗相应位置。

（10）在吊斗两壁固定好高速摄像头支架，并将高速摄像头固定于支架上，调整摄像头拍摄角度，使其完整准确覆盖模型边坡侧面。

（11）检查确认模型、仪器等安装齐备，并调试完毕，完成模型平衡配重，最后撤离所有场地内人员，关闭离心机舱室闸门，准备启动离心机。

（12）确认控制室内主机、摄像机、数据采集装置等一切准备就绪，各项目读数、记录、拍摄的人员明确到位。启动离心机，按设计离心加速度加载方案加载至设计加速度值。试验持续至模型滑面整体不再出现较大位移，模型内部仪器由于大变形无法继续测量为止。

3.2.4　边坡宏观变形破坏分析

3.2.4.1　试验典型变形破坏现象

通过对试验前后边坡坡形对比和试验结束后裂纹分布情况（见图 3.2-11）观察可见，主要存在四种明显的宏观变形破坏现象：①边坡整体发生向临空侧变形，并在后缘出现明显的向下凹陷；②边坡中后部岩层，发生明显的向后反向弯折现象；③边坡坡脚上约 200mm（即边坡坡高的 1/3）处产生数量较多、张开度较大的压致拉裂裂纹，坡脚处和边坡坡表中后部其裂纹数量较之偏少、张开度也较小；④边坡深部则表现出正常的倾倒变形现象，即裂纹从上表面张裂，并显示出上宽下窄的形态。

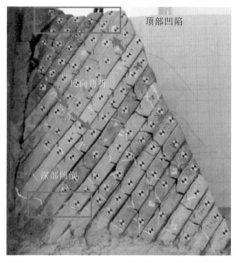 

（a）现象一   （b）现象二

图 3.2 - 11   试验典型变形破坏现象

3.2.4.2   位移场分析

该试验运用 PIV 粒子成像测速系统监测整个试验过程中位移场变化。PIV 粒子成像测速系统是一种在同一瞬时状态下记录大量空间点信息的流体力学测速方法，其基本原理是利用高速相机连续拍摄散布在流场中的示踪粒子，并通过互相关分析法得到含有位移信息的互相关函数，以分析很短时间的位移，间接分析流场内瞬时速度分布。

该试验通过模型箱外置高速摄像头以 10 帧/s 的速率拍摄试验实时高清照片，监控试验全过程，记录并计算试验中的位移场。通过对拍摄照片的时间和记录的加载时程区间进行比对，确定每个加载时程区间内的照片编号范围，对该区间的第一张和最后一张照片通过 PIV 技术处理得到该加载时程区间的位移场数据及图片。

通过 Matlab 程序编程并导入数据计算，得到各个阶段的位移场状态（见图 3.2 - 12～图 3.2 - 15），可见坡体内部发生弯折部位的位移矢量方向明显呈弧线形，并且内部位移矢量量值明显比边坡浅表位移量值更大。在离心加速度由 40g 加载至 60g 时（见图 3.2 - 12），由坡体内部矢量方向明显可见，破裂面附近位移矢量方向明显呈两段的折线形，破裂面后缘深部在离心力作用下整体呈现向下压缩的趋势。在 21 号岩板附近，位移矢量出现偏转，与竖直方向呈 70°夹角，并且水平方向的位移分量明显更大；在 19 号岩板附近位移量值又骤然减小，甚至某些位置位移可忽略不计。由于坡表位移量值较小，而坡内位移量值较大，说明岩板此阶段已经发生了反向弯折。在离心加速度由 60g 加载至 80g 时（见图 3.2 - 13），随着离心力增大，坡体后缘位移矢量保持垂直，同时，由于前一阶段经过比较大的位移变形后，这个阶段位移进入调整阶段，整体位移由于阻挡作用明显比前一阶段更小，其偏转的位移方向转变，即由 25°～30°转变为 50°～70°，说明此时开始破裂面逐渐转变为弧线形。在离心加速度由 80g 加载至

100g 时（见图 3.2 - 14），坡体顶部及后缘位移矢量继续保持向下垂直，坡体中部位移矢量相对上一阶段持续减小，坡体前缘位移矢量明显比前两个阶段都有所增加，说明在上覆岩体压力持续压缩下，裂纹部分贯通后出现向坡外的位移，从这个阶段开始，位移量值随时间逐渐趋于稳定。离心加速度由 100g 加载至 120g（见图 3.2 - 15），坡体中部位移矢量和前缘已逐渐趋于一致，后缘竖直向位移矢量则逐渐向坡顶延伸，说明此刻边坡正累积，并即将出现较大变形。

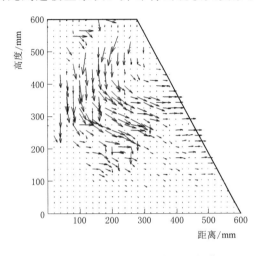

图 3.2 - 12　离心加速度由 40g 加载至 60g 的位移场状态

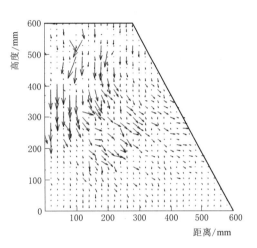

图 3.2 - 13　离心加速度由 60g 加载至 80g 的位移场状态

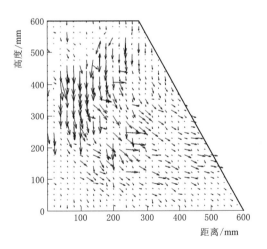

图 3.2 - 14　离心加速度由 80g 加载至 100g 的位移场状态

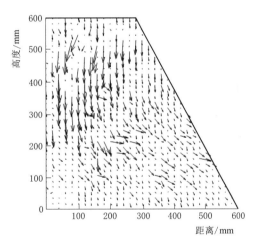

图 3.2 - 15　离心加速度由 100g 加载至 120g 的位移场状态

利用 Matlab 软件对数据进行处理得到各个阶段的位移云图（见图 3.2 - 16～图 3.2 - 19）。由位移云图可知，离心加速度由 40g 加载至 60g（见图 3.2 - 16），以坡体中部为中心位移量值最大，坡顶和坡体深部位移量值均较小，可见随着离心加速度增加坡体中部出现相对较大的位移，而浅表和深部位移呈递减的趋势；离心加速度由 60g 加载至 80g（见

图 3.2-17），整个边坡位移相对前一阶段明显变小，甚至在坡体顶部几乎没有出现较大位移；离心加速度由 80g 加载至 100g（见图 3.2-18），坡体顶部开始出现非常小的负方向位移，坡体中前部及深部位移场仅个别部位位移量值出现增大；离心加速度由 100g 加载至 120g（见图 3.2-19），坡体顶部负方向位移量值略微变大，坡体中部位移量值出现减小，整个坡体变形逐渐趋于相对稳定状态。

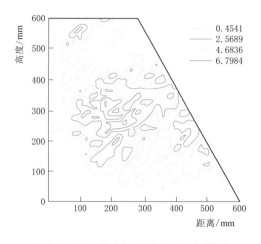

图 3.2-16　离心加速度由 40g 加载至
60g 的位移云图

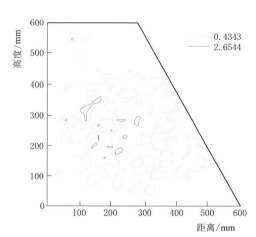

图 3.2-17　离心加速度由 60g 加载至
80g 的位移云图

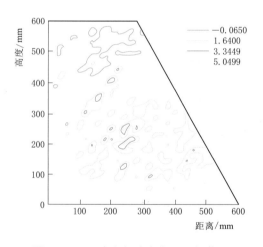

图 3.2-18　离心加速度由 80g 加载至
100g 的位移云图

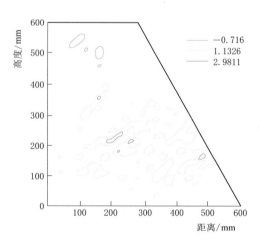

图 3.2-19　离心加速度由 100g 加载至
120g 的位移云图

　　综合位移场及位移云图成果可见，在离心加速度加载中前期，坡体中部的深处折断部位位移量值明显比坡表和前端更大，折断面呈"弧形弯折"的现象，而这种深部与浅表部位移场方向和量值的差异，使得宏观上深部变形较浅表部更快，因此，在折断面形成阶段会首先产生"反向弯折"的现象。随着离心力继续增加变形也逐渐趋于稳定，坡体进入变形调整阶段，坡体后缘变形随着变形调整逐渐向反方向变化，说明"反向弯折"现象引起的变形调整由深至浅传递，下伏岩层反向压迫上覆岩层。

3.2.4.3　坡体压力分析

试验中分别在坡体前、中、后 3 个位置的浅部各设置 1 个压力传感器，测试试验过程中坡体内部压力变化情况，并验证边坡破坏出口位置。

如图 3.2－20 所示，试验过程中，坡体中部的 TY2 传感器示数随着离心加速度增加而增长很快，并在第一级加载过程中的第 198 秒率先达到压力值临界点，并一直保持加载至 40g 完成，此时压力传感器被压坏；位于坡体前缘的 TY1 传感器初始状态压力值最大，但随着离心加速度增加，压力增加幅度小于 TY2 传感器，在第一级加载过程中的第 529 秒到达临界值，并在第二级加载过程中被压坏；位于坡体后缘的 TY3 传感器自离心力加载开始后变化缓慢，甚至其压力值一直保持在 0 点附近，在第六级加载过程中，传感器压力值出现陡然增加，并在 73s 内达到临界值。

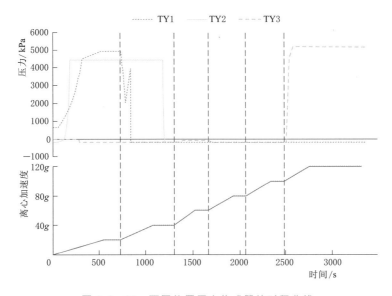

图 3.2－20　不同位置压力传感器的时程曲线

从试验过程中压力时程曲线来看，边坡浅部压力变化并非以坡脚为最大，而是在浅表中部为初始压力变化最快的部位。在变形初期，结合位移场特征来看，由于深部位移较浅表更大，浅表部发生相对的变形滞后效应，使得深部变形较大的岩层对应的浅表区（即边坡中部浅表）产生相对的反向变形，在上覆岩层压力作用和相对反方向压力共同作用下使得浅表中部压力在很短时间内迅速上升，并将土压力计压坏。边坡底部附近由于相应岩层深部位移较小，浅表相对深部的位移也更小，因而压力计变化幅度相对比中部更小。随着时间推移，加载的继续，使这种相对的反向变形逐渐向坡顶推移，因此，在压力曲线后期，边坡坡顶压力计也发生突然增大的变化。结合位移分析可知，试验加载的后期坡体后缘土压力数据量值的陡增并不是由于上覆岩层重力作用形成的，而是由于"反向弯折"现象引起的变形调整由深至浅传递，下伏岩层反向压迫上覆岩层导致的。

3.2.5　边坡细观裂纹破坏的应变分析

试验中一共粘贴 24 片应变片，分别粘贴在预制陡倾裂隙处、预制缓倾裂隙处和陡缓倾裂隙间的岩桥处，其中 23 片测得有效数据，仅位于 22 号岩板预制缓倾裂隙处的 H8 号应变计未测得有效数据。

3.2.5.1 试验全过程应变分析

对同一岩层中位于陡倾裂隙（或缓倾裂隙）的一列应变片监测数据进行分析，揭示其纵向（即平行岩板倾角方向）应变时程规律。

对位于 15 号岩板预制陡倾裂隙处的 D1、D2 应变时程数据进行分析，结果（见图 3.2-21）表明，D1 在第一级加载时即被拉断。D2 在第一级加载时处于受压状态，压应变值较小并较为稳定，在第二级刚开始加载时出现小幅受拉波动，而后恢复受压状态，在第三级和第四级加载时，压应变数值出现小幅上涨，但总体保持稳定，前四个阶段主要处于受压状态，在第五级开始加载时，应变突然转为受拉状态，在陡变之后保持稳定，在第六级加载时，拉应变值出现大幅陡增，加载区间后期，增长变缓，直至稳定。

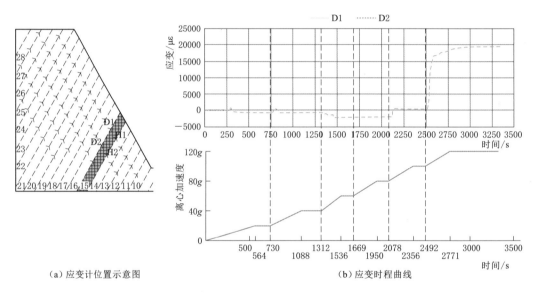

（a）应变计位置示意图　　　　　　　　　（b）应变时程曲线

图 3.2-21　预制陡倾裂隙 D1 和 D2 应变计位置和应变时程曲线

由此可知，15 号岩板上表面在上覆岩层压力影响下，位于浅部预制陡倾裂隙处于受拉状态，较深部岩体在离心加速度加载初期处于受压状态，随着河谷下切深度增加（即离心加速度从 80g 加载至 100g 之后），受压状态在某一时段陡变为受拉状态，并持续上升。

对位于 19 号岩板预制陡倾裂隙处的 D3、D4 和 D5 应变时程数据进行分析，结果（见图 3.2-22）表明位于浅部的 D3 在经过初始阶段后为持续受拉状态，但受拉量值保持在较小范围内，并且没有变化。位于中间部位的 D4 在第一级加载时处于受压状态，经过变形调整后达到稳定，在第二级加载时由压应变逐步转变为拉应变，在第二级加载平稳后突变为压应变，随后加载历程始终保持此状态。位于深部的 D5 在前两个加载历程中处于小幅度受压状态，在第三个加载阶段时陡变为量值很大的拉应变，最终陡降到峰值 1/3 的拉应变，在之后三个加载阶段，拉应变均小幅降低。

由此可知，19 号岩板上表面浅部岩体由于临空条件较好，处于稳定受拉状态；中部岩体伴随着应变调整，最终在整个试验期间以压应变为主；深部岩体在整个试验期间以拉

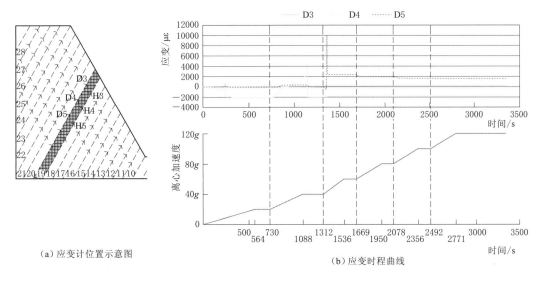

（a）应变计位置示意图　　　　（b）应变时程曲线

图 3.2 - 22　预制陡倾裂隙 D3、D4 和 D5 应变计位置和应变时程曲线

应变为主。从纵向应变时程来看，19 号岩板上表面基本受力状态由浅入深为"拉—压—拉"的状态。

对位于 22 号岩板预制陡倾裂隙处的 D6、D7 和 D8 应变时程数据进行分析，结果（见图 3.2 - 23）表明位于浅部的 D6 在前两个加载阶段处于可忽略不计的小幅受拉状态，第三、第四加载阶段转变为小幅受压，第五加载阶段转变为小幅受拉，第六加载阶段拉应变大幅增加。D7 在第一加载阶段处于小幅受压状态，第二加载阶段经变形调整后陡变为受拉状态，并在加载结束后达到峰值，第三加载阶段由拉应变陡降至缓慢下降阶段，其后三个阶段拉应变随时间稳定减小。D8 在第一、第二加载阶段处于压应变极缓慢增加阶段，在第三加载阶段转变为小幅拉应变，其后三个加载阶段拉应变均缓慢稳定地呈阶梯状增加。

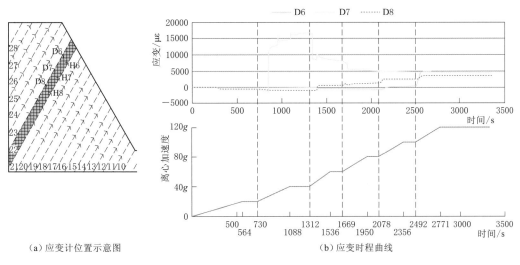

（a）应变计位置示意图　　　　（b）应变时程曲线

图 3.2 - 23　预制陡倾裂隙 D6、D7 和 D8 应变计位置和应变时程曲线

由此可知，22号岩板上表面浅部岩体在整个加载过程中，拉压应变反复调整，并在最后一个阶段转变为明显受拉；深部岩体应变随加载时程变化而由受压状态逐渐变化为受拉状态，并且深部岩体相对较浅处岩体进入受拉状态更晚。

对位于25号岩板预制陡倾裂隙处的D9、D10、D11和D12应变时程数据进行分析，结果（见图3.2-24）表明位于浅表部的D9和中部D11全程都在0点附近徘徊，无曲折，且处于受压状态。浅部的D10在前两个加载阶段中，在0点附近徘徊，第三加载阶段开始，陡变为拉应变，之后每加载一级，拉应变均出现陡增，直至第五加载阶段被拉断。最深处的D12在第一加载阶段，陡变为压应变，此后直至试验结束压应变基本保持平稳。

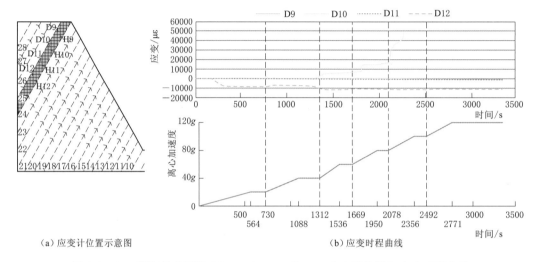

（a）应变计位置示意图　　　　　　　　　（b）应变时程曲线

图3.2-24　预制陡倾裂隙D9、D10、D11和D12应变计位置和应变时程曲线

由此可知，25号岩板上表面浅表部位由于紧靠后缘平台，上覆岩层对其压力较小，其后浅部岩层随着边坡高度增加逐渐表现为受拉状态，向深处存在拉压过渡区（即中部D11位置），而深部位于折断面处，受反向弯折作用而处于受压状态。

对位于15号岩板预制缓倾裂隙处的H1、H2应变时程数据进行分析，结果（见图3.2-25）表明H1在第一级加载时处于持续受压状态，直至突然被剪断。H2在整个加载阶段均处于负值，且压应变值曲折增加，说明是持续受压状态。

由此可知，15号岩板下表面由于上覆岩层压缩作用，处于持续受压状态。

对位于19号岩板预制缓倾裂隙处的H3、H4和H5应变时程数据进行分析（见图3.2-26），H3在第一加载阶段即被拉断。H4在第一加载阶段处于受拉状态，在H3被拉断同时，由于岩板浅表部出现断裂贯通，较深部经变形调整即突然转为受压状态，在第二加载阶段受压应变小幅上升，直至加载结束时突然陡变为受拉状态，并被拉断。深部的H5在第一加载阶段，处于小幅受拉状态，在第二加载阶段转变为小幅受压状态，第三加载阶段开始后陡变为受拉，并被拉断。

由此可知，19号岩板下表面在整个试验过程中，预制缓倾裂隙从受压状态陡变为受拉状态，并且表现出时间效应的特征，随着边坡高度的增加，岩板下表面伴随时间推移，由浅入深相继被拉断。

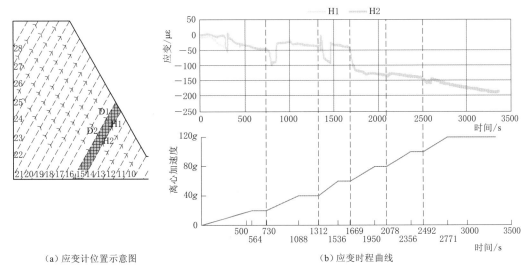

（a）应变计位置示意图 （b）应变时程曲线

图 3.2 - 25 预制缓倾裂隙 H1 和 H2 应变计位置和应变时程曲线

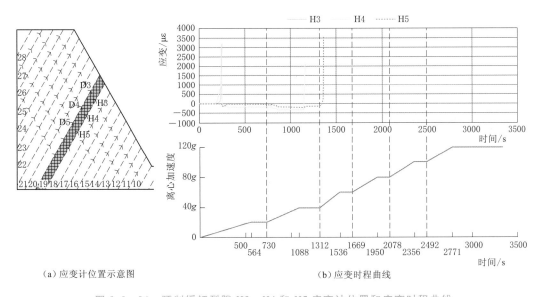

（a）应变计位置示意图 （b）应变时程曲线

图 3.2 - 26 预制缓倾裂隙 H3、H4 和 H5 应变计位置和应变时程曲线

对位于 22 号岩板预制缓倾裂隙处的 H6、H7 和 H8 应变时程数据进行分析，结果（见图 3.2-27）表明 H8 在试验开始时由于导线被拉断而未能测得数据，H6、H7 在第一加载阶段，保持小幅受拉状态，从第二加载阶段开始后，位于浅部的 H6 拉应变陡增，并被拉断，而同时由于浅部贯通断裂，使 H7 变形摆脱浅部岩体束缚而陡变为受压状态，之后出现 3s 的瞬时拉应变，而后恢复为持续受压状态，并随时间而增加。

由此可知，22 号岩板下表面在离心加速度加载过程初期处于受拉状态，而在浅部岩体拉断之后，深部岩体摆脱束缚而持续处于受压状态，说明由于浅表部受离心场作用相对深部较小，因而其压缩变形量相对深部更小，而受前端岩体阻挡，最终使浅部岩体以拉裂

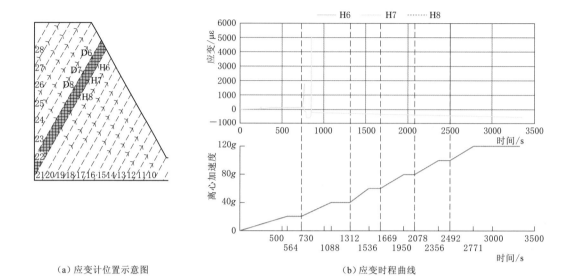

（a）应变计位置示意图　　　　　　　　（b）应变时程曲线

图 3.2-27　预制缓倾裂隙 H6、H7 和 H8 应变计位置和应变时程曲线

的方式变形。较深部岩体亦存在时间效应，深部相对浅部出现拉应变时间更滞后，而22号岩板 H7 部位由于形变微小没有产生足够应变计被拉断的位移量，而由于变形调整而瞬间恢复成受压状态。

对位于 25 号岩板预制缓倾裂隙处的 H9、H10、H11 和 H12 应变时程数据进行分析，结果（见图3.2-28）表明 H9 在第一加载阶段为小幅受拉状态，第二加载阶段之后转变为小幅受压，此后无较大变化。H10 在前两个加载阶段持续受压，并且压应变增长缓慢经过初始阶段后为持续受压，第三加载阶段时压应变陡增，第四加载阶段压应变量值小幅减小，在第五阶段增长后继续保持缓慢增加趋势。H11 在第一加载阶段为受拉状态，

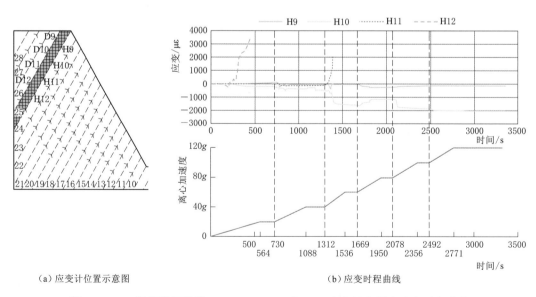

（a）应变计位置示意图　　　　　　　　（b）应变时程曲线

图 3.2-28　预制缓倾裂隙 H9、H10、H11 和 H12 应变计位置和应变时程曲线

第二加载阶段为受压状态,第三加载阶段陡增为拉应变,直至拉断。H12 在第一加载阶段由受压状态陡变为受拉状态,直至被拉断。

由此可知,25 号岩板下表面深部位于折断带上,受重力场作用首先被拉断,而后 H11 被拉断,由于此处处于边坡后缘,浅部岩体明显处于受压状态。

通过对纵向(即平行岩板倾角方向)应变时程规律进行分析,可以发现:①在陡倾裂隙处,各层岩体中部及较深处由最初的受压状态逐渐转变为受拉,且位于各层中间部位的 D10、D7、D4 为各层岩体中变化幅度最大的部位;后缘最深处的 D12 则始终处于受压状态;前缘则在初期和中期受压,而后期由于持续的岩体压力产生向外变形扩张而持续受拉;此外,浅表则表现出随高程增加,受拉作用逐渐减小的特征。②在缓倾裂隙处,后缘浅表由于临空较好而在倾倒作用下表现为持续受压,深部则表现为持续受拉,应变表现方式与相对应的陡倾裂隙处恰好相反;边坡中部和前部则由于上覆岩体压力表现为持续受压,当裂纹在持续受压而向临空方向发生张裂变形时,应变表现为瞬时受拉,随后继续为持续受压。

由此可见,边坡深部破裂面表现为岩板上表面受压而下表面受拉的反向弯折受力状态;前缘由于上覆岩体持续压力作用下产生压裂现象而发生向临空面的变形扩展;边坡较深处岩体在初期变形幅度较深部小,来不及产生较大变形而表现为和最深部类似的反向弯折受力特征,随着时间推移,在前缘发生变形扩展而使后部岩体出现变形空间时,较深处岩体的上覆岩体压力逐渐抵消甚至超过反向受力作用,而使得受力状态转变为上表面受拉而下表面受压的倾倒弯折受力状态。

3.2.5.2　各加载阶段应变时程分析

试验中的加载方式分六级依次加载,因此,在离心加速度恒定时,边坡各部位应变时程数据可分析其在相应时间演化过程中的变化规律,离心加速度越大,对应时间间隔越长。为更好反映应变值在各阶段变化规律,将该阶段每个时间点的应变数据均减去这个阶段的初始值,对该时间段应变与时间关系曲线进行分析。

如图 3.2-29 所示,通过对比后缘不同深度在不同时段的应变时程曲线可知,上下表面应变在离心加速度稳定时均呈近似线性的变化。前期由于浅表岩体位移远小于深部,反向弯折作用使浅表受双向压力而使上下表面均受压,较浅部岩体呈正常的倾倒变形状态;中后期由于上覆岩体压力逐渐增加浅表岩体也转变为正常的上表面受拉下表面受压的倾倒式受力状态,且随着时间增加,前中后期较浅部岩体应变率(应变/时间)也明显增大;较深部岩体则由于反向弯折作用使同一岩层随深度增加,倾倒变形受力逐渐减小,到最深部则转变为反向弯折。

如图 3.2-30 所示,通过对比边坡中部不同深度在不同时段的应变时程曲线可知,浅表部岩体在各个阶段均处于上表面受压下表面受拉的倾倒变形受力状态,应变率则随时间增加而减小;较浅部岩体在各个阶段也处于倾倒变形受力状态,但中前期由于深部位移相对较大,且正好位于弧形弯折带转折过渡部位附近,使得这部分岩体承受更大的上覆压力,并表现为上表面拉应力比两侧显著增大的特征;深部岩体随时间的应变率变化均较小,由前期反复拉压变化调整的状态转变为反向弯折受力状态。

如图 3.2-31 所示,通过对比前缘深部岩体应变时程发现,在试验各个阶段,岩体受

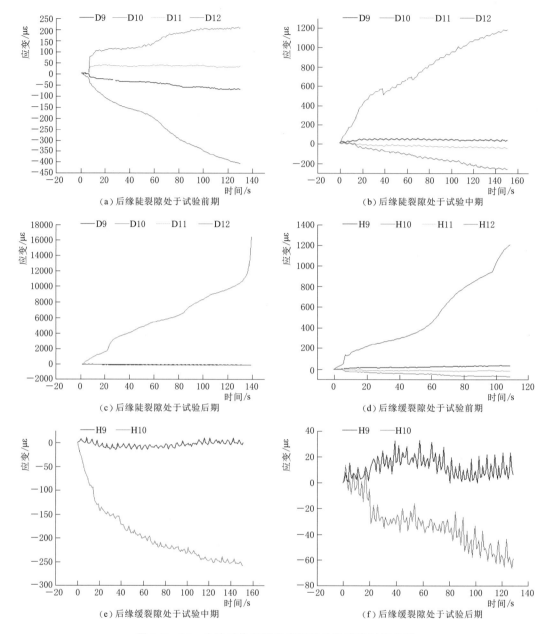

图 3.2-29　边坡后缘不同深度不同阶段应变时程曲线

力为倾倒变形的受力状态，并且应变率随时间增加而增大。

3.2.6　新生裂纹扩展类型初步分析

在上述纵向（即平行岩板倾角方向）应变时程规律分析的基础上，通过对模型各部位裂纹贯通形态进行对比，并结合相应部位应变曲线对裂纹变形扩展进行横向（即垂直岩板倾角方向）分析。从受力机制来看裂纹扩展可分为三类：①弯折型；②剪切型；③剪切-弯折复合型。

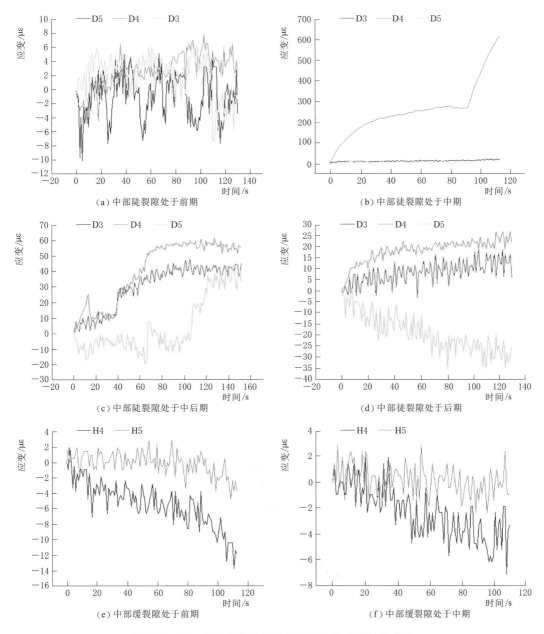

图 3.2 - 30　边坡中部不同深度不同阶段应变时程曲线

3.2.6.1　弯折型

弯折型主要分为两类：第一类张开度上宽下窄，明显从预制陡倾裂隙处起裂；第二类张开度下宽上窄，明显从缓倾裂隙起裂。

（1）第一类主要发育于边坡顶部浅表部和前缘浅表岩体，表现为从预制陡倾裂隙尖端起裂，向下呈弧形扩展或翼形扩展，并以弧面与缓倾裂隙尖端贯通。裂纹在坡体深部微张，浅表部由于向临空侧变形扩展，张开度较大。裂纹为典型拉伸型裂纹，如图 3.2 - 32 所示，张开度上宽下窄，表现为拉裂—倾倒—折断的特征。

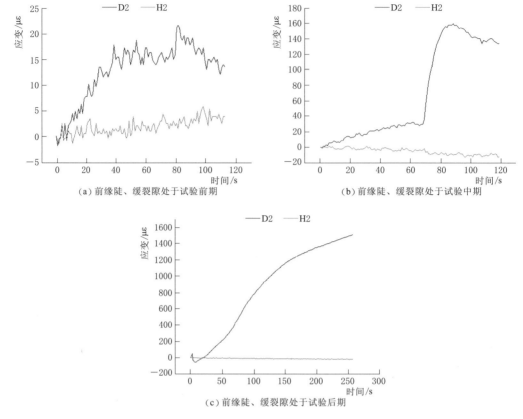

（a）前缘陡、缓裂隙处于试验前期

（b）前缘陡、缓裂隙处于试验中期

（c）前缘陡、缓裂隙处于试验后期

图 3.2 - 31　边坡前缘深部不同阶段应变时程曲线

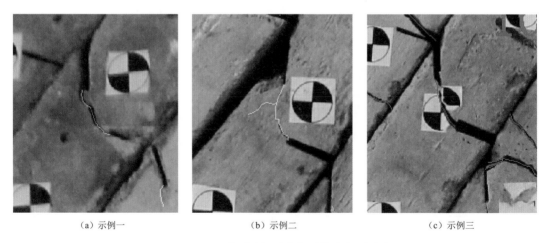

（a）示例一　　　　　　　　（b）示例二　　　　　　　　（c）示例三

图 3.2 - 32　典型陡倾裂隙起裂的弯折型裂纹

此类裂纹形成过程以位于前缘 15 号岩板的 D2、H2 和后缘 25 号岩板浅部的 D10、H10 的变形破坏现象及应变时程曲线为代表。

由图 3.2 - 33 可知，H2 整个试验过程中几乎没有变化，而 D2 为先受压后受拉。从裂纹扩展特征来看，陡倾裂隙 D2 没有从尖端开始扩展，而是在预制裂隙中部开始扩展，直至岩板下表面贯通，并未与 H2 贯通。说明边坡前缘深部在重力场作用下，存在倾倒变形特有的上表部拉伸，下表部压缩的变形特征。

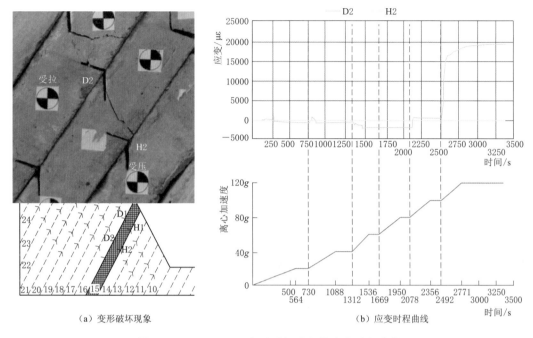

（a）变形破坏现象　　　　　　　　（b）应变时程曲线

图 3.2-33　D2、H2 变形破坏现象及应变时程曲线

由图 3.2-34 可知，D10 和 H10 表现为上表面受拉，下表面受压。从裂纹扩展特征来看，预制陡倾裂隙 D10 从尖端延伸，明显为倾倒受拉产生的裂纹，但尚未与 H10 贯通。

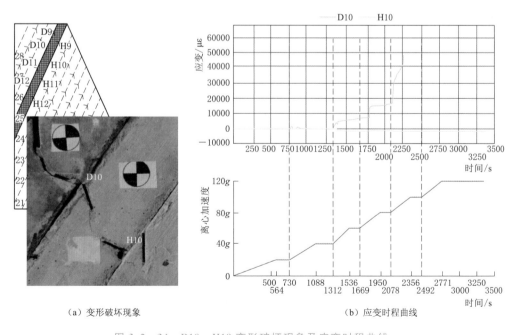

（a）变形破坏现象　　　　　　　　（b）应变时程曲线

图 3.2-34　D10、H10 变形破坏现象及应变时程曲线

（2）第二类主要发育于折断带中部及后缘和边坡中部及前缘浅表，表现为从预制缓倾裂隙尖端起裂，以弧线向下的弧形或近似直线的弧形向上延伸，在陡倾裂隙尖端近直线贯通，张开度下宽上窄（见图 3.2－35）。说明这类裂纹初始状态以剪切作用为主而从预制缓倾裂隙起裂，在坡体内部变形影响下，转向与陡倾裂隙贯通，伴随坡内变形调整而明显呈张拉特性，裂纹性质为张剪性裂纹。

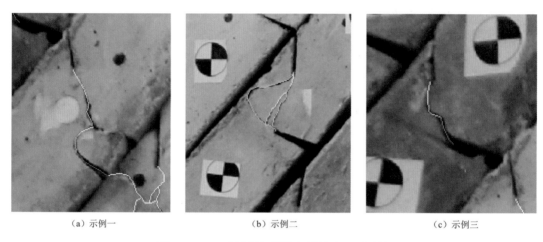

（a）示例一　　　　　　　　　　（b）示例二　　　　　　　　　　（c）示例三

图 3.2－35　典型缓倾裂隙起裂的弯折型裂纹

此类裂纹形成过程以位于前缘 15 号岩板的 D1、H1，中部 19 号岩板折断带附近的 D5、H5，以及后缘深部折断带的 D11 和 H11、D12 和 H12 的变形破坏现象及应变时程曲线为代表。

由图 3.2－36 可知，D1 为明显被拉断，H1 在受压过程中产生错位而剪断，由变形破

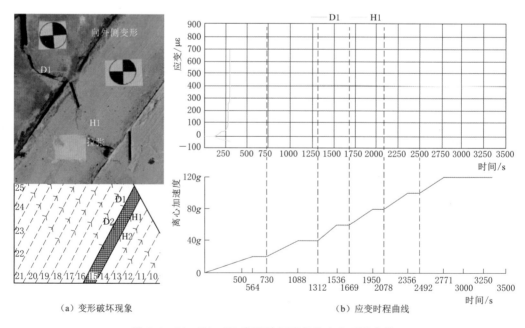

（a）变形破坏现象　　　　　　　　　　（b）应变时程曲线

图 3.2－36　D1、H1 变形破坏现象及应变时程曲线

坏现象来看缓倾裂隙 H1 处明显呈外宽内窄的拉张状态，裂纹从 H1 尖端延伸，近直线延伸至陡倾裂隙 D1 尖端，说明在试验初期其受力状态为正常的上层面受拉、下层面受压状态，随着离心加速度持续加载，浅部岩层在巨大的上覆岩层压力下，逐渐产生向临空侧的拉裂变形，而随着受破坏部位的结构变弱，前端岩层强度较强，因而产生类似 H1 部位的拉裂形态。

由图 3.2 - 37 可知，D5 和 H5 在前两个阶段均未产生较大应变，而在第三加载阶段开始后即同时产生突变式的大的拉张应变。从裂纹扩展特征来看，H5 尖端明显出现由拉张形成的翼形裂纹，D5 出现明显闭合的趋势。说明深部岩体会产生比浅部岩体更大的变形，在折断带附近则表现为在预制缓倾裂隙处受弯矩作用，形成拉张裂纹。

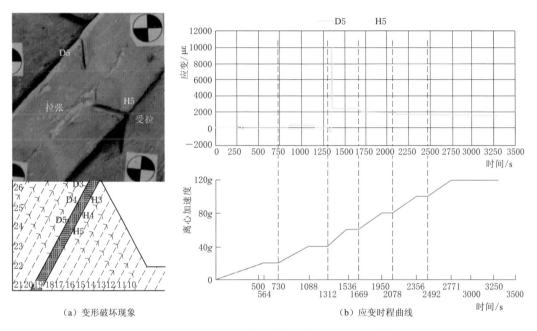

（a）变形破坏现象　　　　　　　　　　（b）应变时程曲线

图 3.2 - 37　D5、H5 变形破坏现象及应变时程曲线

由图 3.2 - 38 可知，D11 和 H11 表现为下表面受拉，上表面受压。从裂纹扩展特征来看，预制缓倾裂隙 H11 从尖端延伸出拉张裂纹，但尚未与预制陡倾裂隙 D11 贯通。

由图 3.2 - 39 可知，位于坡体破裂带后缘的 D12 和 H12 应变计表现为下表面受拉，上表面受压。从裂纹扩展特征来看，此处位于折断带上，裂纹总体呈现出拉张性质；从时程曲线来看，H12 最先起裂，而后其上的 H11 才继而产生拉裂，同时 H12 向下产生一条弧形裂纹在 H12 下侧贯通，下伏岩层由于折断后产生剪切位移，并在 H12 下侧产生应力集中，因而从下表面产生剪切裂纹，加之 H12 部位的受拉作用，使得预制陡倾裂隙追索剪切裂纹，而形成弧形。

3.2.6.2　剪切型

剪切型裂纹主要发育于边坡中前缘浅部和较深部，表现为从预制缓倾裂隙尖端起裂，不追索预制陡倾裂隙，而以近直线垂直层面（或与层面大角度相交）贯通，表明受强烈的剪切作用。位于前缘的裂纹形成后，伴随浅表岩体向临空方向的压缩变形而呈现出张裂特

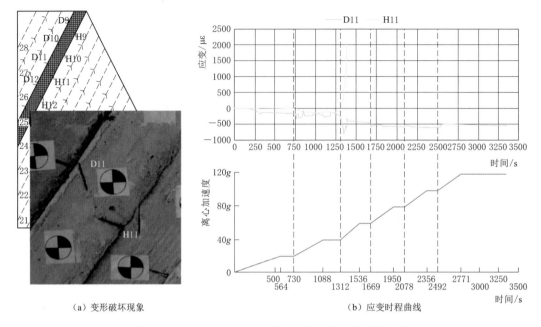

（a）变形破坏现象　　　　　　　　（b）应变时程曲线

图 3.2－38　D11、H11 变形破坏现象及应变时程曲线

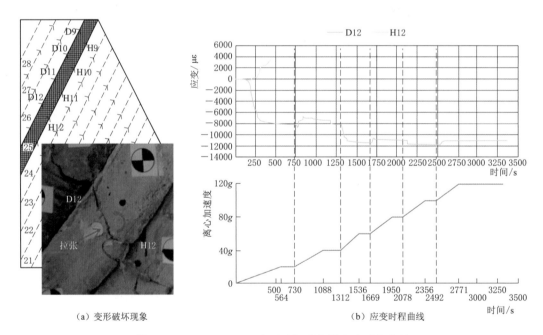

（a）变形破坏现象　　　　　　　　（b）应变时程曲线

图 3.2－39　D12、H12 变形破坏现象及应变时程曲线

征，裂纹性质为压剪性裂纹（见图 3.2－40）。

　　此类裂纹形成过程以位于前缘 19 号岩板浅表的 D3、H3，中部 22 号岩板浅表的 D6、H6 以及 D7、H7 的变形破坏现象及应变时程曲线为代表。

　　由图 3.2－41 可知，D3 在整个试验过程中处于拉应变小幅上升状态，而 H3 在第一

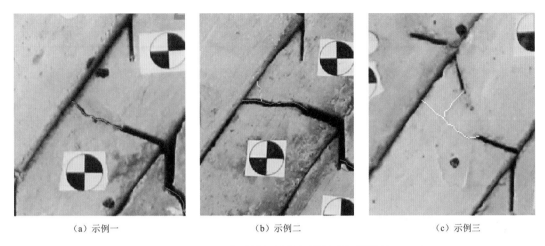

（a）示例一　　　　　　　　　（b）示例二　　　　　　　　　（c）示例三

图 3.2-40　典型缓倾裂隙起裂的剪切型裂纹

加载阶段即被拉断。从裂纹扩展发育特征来看，岩板主要受剪切作用，D3 处的新生裂纹呈横向发育，为明显的剪切性质裂纹，且位于浅表而明显张开，同时受向上的弯矩作用而呈现下宽上窄的特征。

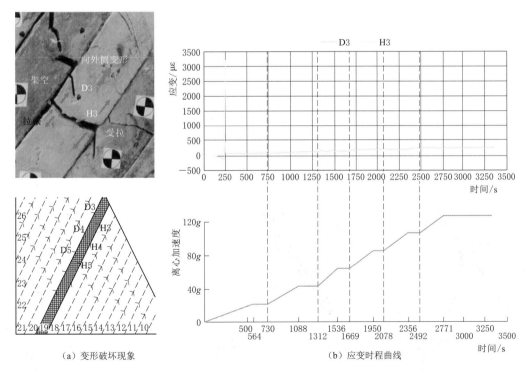

（a）变形破坏现象　　　　　　　　　　　（b）应变时程曲线

图 3.2-41　D3、H3 变形破坏现象及应变时程曲线

由图 3.2-42 可知，H7 在第一加载阶段为拉应变，D7 为压应变，而随着 H6 持续受拉，H7 和 D7 由于出现向临空侧的变形空间也产生拉应变，但由于浅部岩体并未产生较大的向外侧的形变，因而内部缺乏变形空间。从裂纹扩展特征来看，D7、H7 和 D3、H3

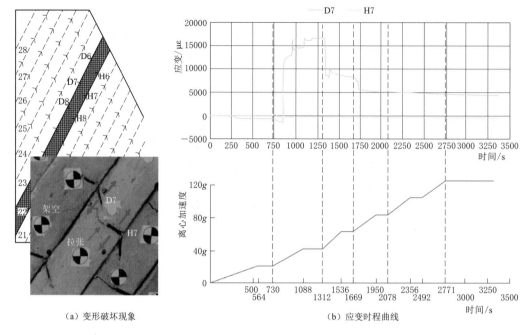

（a）变形破坏现象　　　　　　　　　　　　（b）应变时程曲线

图 3.2 - 42　D7、H7 变形破坏现象及应变时程曲线

较为类似，D7 下侧由于变形调整，出现微小的架空，并使架空部位承受弯矩作用，呈现出反向弯折变形，而不直接与陡倾裂隙贯通。

3.2.6.3　剪切-弯折复合型

剪切-弯折复合型主要发育于压缩剪切作用和倾倒弯折作用大致相当的边坡较深部及边坡浅表中上部。裂纹从预制陡倾裂隙和预制缓倾裂隙尖端分别开始起裂延伸，由于岩板内上表面受上覆岩体向下的压力，下表面受下伏岩体向上的反作用压力，两侧均受压，而产生向临空面的合力，使裂纹形态呈向外的弧形。伴随岩体压缩作用，两边预制裂纹尖端相对中部的张开度略大。裂纹性质为压剪性裂纹（见图 3.2 - 43）。

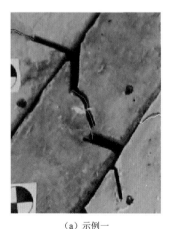

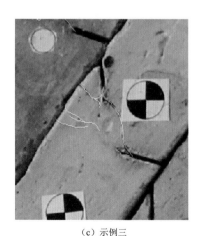

（a）示例一　　　　　　　　　　（b）示例二　　　　　　　　　　（c）示例三

图 3.2 - 43　典型剪切-弯折复合型裂纹

此类裂纹形成过程以位于前缘 19 号岩板中部的 D4、H4 的变形破坏现象及应变时程曲线为代表（见图 3.2 - 44）。

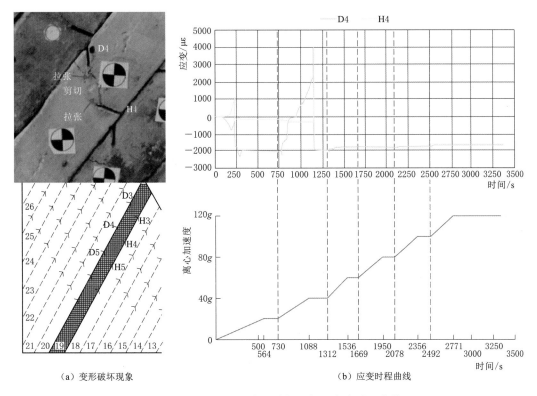

（a）变形破坏现象　　　　　　　　（b）应变时程曲线

图 3.2 - 44　D4、H4 变形破坏现象及应变时程曲线

由图 3.2 - 44 可知，D4 在第一加载阶段为受压状态，第二加载阶段转为受拉状态；H4 则正好相反，第一加载阶段为受拉状态，第二加载阶段为小幅受压状态，直至两者在第二加载阶段结束时的同一时刻出现陡增的拉应变，H4 被拉断。从裂纹扩展特征来看，H4 和 D4 尖端明显受拉张作用，中部两者之间存在剪切作用形成的裂纹相连。说明在第一加载阶段，缓倾裂隙 H4 受下伏岩层阻挡缺乏变形空间，因而朝最可能变形的位置发生变形，由于在浅部的 H3 被拉断的同时已经产生向外侧的形变，并导致裂隙张开脱离深部岩层的约束，进而深部的 D4 和 H4 在此刻均产生较大的应变，由于岩体本身不抗拉，因而 H4 产生拉张裂纹，随着第二加载阶段进行进一步产生向临空侧的拉张，因此 D4 也开始产生拉张裂纹，两者在中间以短小的剪切裂纹方式贯通，贯通后由于深部岩体缺乏更大的变形空间，且由于离心加速度加载而使岩层间摩擦力越来越大，使变形受到约束，因而转为受压状态。

3.2.7　破裂面形态分析

在试验结束后通过对新生裂纹进行宽度分级描绘（见图 3.2 - 45），图中红、绿、黄分别代表裂纹宽度大于 1mm、0.5～1mm、小于 1mm 三个级别，可以看出：①坡体前缘及边坡浅表部岩体，受上覆岩体压力作用及临空条件影响，新生裂纹张开量较大；②坡体前缘由于岩体受压较大而使得裂纹较为集中发育，后缘由于压力较小，加之前缘没有产生较大位移而缺乏变形空间而使裂纹较为稀疏；③坡体后缘及深部新生裂纹主要沿预制陡缓倾裂隙部位以缓倾裂隙起裂的弯折型贯通破坏为主，坡体前缘由于变形受到坡脚部位的阻碍，压剪作用较为强烈使得裂纹以剪切型贯通破坏为主，主折断面中部则以剪切-弯折型裂纹将前后两部分连通；④主折断面之上存在剪切型裂纹为主组成的缓倾次级折断面。

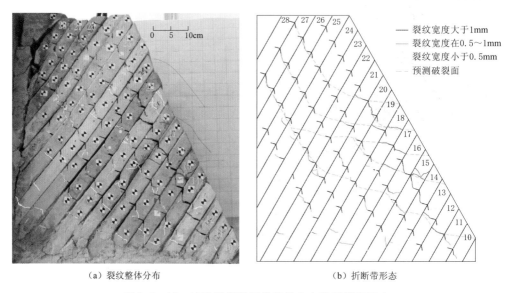

（a）裂纹整体分布　　　　　　　（b）折断带形态

图 3.2-45　试验后模型裂纹整体分布及折断带形态

综合新生裂纹扩展类型、时程规律及整体变形破坏现象，对追索新生裂纹延伸方向进行描绘可见，主折断面近似弧形，并存在受压剪作用控制的次级折断面。如图 3.2-45 所示，根据前述分析裂纹受力状态，以裂纹形态变化及裂纹扩展走向不同为区分标志，主折断面存在三个明显的分区：主折断面后缘为弯折区，范围从后缘顶部至中部 21 号岩板的第四层预制裂隙，以弯折型裂纹为主，新生裂隙由预制缓倾裂隙尖端起裂，呈弧线向下的形态弯折拉裂，追索预制陡倾裂隙尖端贯通；中部为过渡区，范围由 21 号岩板至 19 号岩板的第三层预制裂隙，以 21 号岩板和 20 号岩板之间的架空区为分区间隔，上下两区岩层受力状态明显不同，受上覆岩层压力和坡前缘岩体的反向作用力共同对岩板施加几乎一致的压力，并促使其向坡外压裂变形张开；前端为剪切区，范围从 19 号岩板至前缘 15 号岩板，该区裂纹以剪切型为主，裂纹与坡面大致呈 40°交角，并明显存在剪切滑移错动现象，前端 15 号岩板裂纹已向坡外剪切扩展，表明此处为潜在剪出口。

次级折断面主要受剪切作用影响，上覆岩层持续压缩变形，使岩层间空隙逐渐变小，受前端 15 号岩板阻挡，使上覆岩层在前端受剪切作用，而 15 号岩板顶端由于变形破坏产生朝向坡表的裂纹而向坡外有微小位移，使次级折断带以剪切型裂纹为主；边坡浅表由于存在两个剪切性质的破裂面，因而使次级折断面在前端呈两条发育，次级折断面前端与主折断面相连，由于前端 15 号岩板的位移，使临近岩层前端产生变形空间，因而出现倾倒弯折现象裂纹，而随着进一步变形使后续岩层缺乏变形空间，因而逐渐向剪切型裂纹过渡，最终与另一条次级折断面贯通。

3.3　岩体倾倒变形演化过程数值模拟

为验证物理模型试验正确性，在离心机物理试验分析成果的基础上，运用 PFC 模型对离心模型进行数值试验，深入揭示细观层面的裂隙扩展贯通的力学成因、宏观层面的破裂面整体贯通机理和变形破坏演化运动的全过程。

3.3.1　匹配物理模型试验的 PFC 模型建立

颗粒离散元方法基于分子动力学思想，由 Cundall 于 1971 年首先提出，其基本组成是圆盘或圆球颗粒，以微观颗粒接触来反映宏观问题，适用于研究岩体破裂及裂纹的萌生发展和最终形成破裂面。由于 PFC 模型在计算时不需要给材料定义宏观本构关系，而是通过定义微观颗粒接触的方式来反映，因而在计算边坡模型前需通过 PFC 模型内置的 fishtank 数值试验标定程序，使 PFC 模型中的微观颗粒参数和材料的宏观力学参数相匹配。

3.3.1.1　模型材料参数

图 3.3-1　单轴试验
模型构建

在进行离心机物理模型试验前，对相似材料使用单轴压缩试验取得相应参数，因此，本节使用双轴压缩试验程序模拟真实岩石试验中的单轴压缩试验，以求得数值试验和物理试验的力学参数及应力应变曲线基本吻合。

在试验过程中，设其侧限墙体围压为 0，上下压盘墙体以伺服程序控制其加载速率。单轴试验模型构建如图 3.3-1 所示。岩石颗粒材料接触采用平行接触模型，其微观接触参数及宏观力学参数对比见表 3.3-1。数值试验岩石变形破坏情况如图 3.3-2 所示。数值试验和实际力学试验应力应变曲线对比如图 3.3-3 所示。

可见，双轴压缩数值试验材料参数选取和实际单轴试验的力学参数较为接近，力学性质趋于一致，因此，模型所选参数满足实际材料性能要求，离心模拟数值试验具有可信性。

表 3.3-1　　　　　　　　微观接触参数及宏观力学参数对比表

颗 粒 参 数				黏 结 参 数		
密度 ρ /(kg/m³)	弹性模量 E_c /GPa	法向刚度/切向刚度 k_n/k_s	摩擦系数 μ	半径比 $\overline{\lambda}$	弹性模量 $\overline{E}_c$/GPa	法向刚度/切向刚度 $\overline{k}_n/\overline{k}_s$
2400	1.028	1.5	0.8	1.5	1.028	1.5

3.3.1.2　结构面参数设置

该离心试验中的结构面分为层面和预制裂隙两部分。层面接触以岩板间硬性接触为主，无黏结，新鲜接触；预制裂隙最大空隙仅 1mm，也可看作硬性接触、无黏结、新鲜接触。因此，在数值试验建模过程中运用 dfn 命令建立光滑节理模型，该模型可消除传统

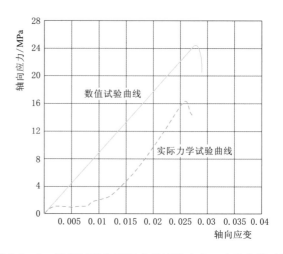

图 3.3－2　数值试验岩石
变形破坏情况

图 3.3－3　数值试验和实际力学试验应力—应变曲线对比

颗粒接触模型模拟节理时产生的"颠簸"效应，不考虑颗粒接触方位，最终再现节理真实的物理力学特性（见图 3.3－4）。

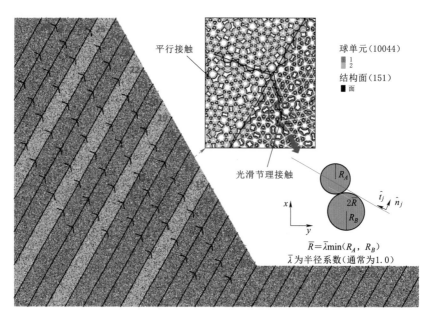

图 3.3－4　数值模型中的光滑节理接触示意图

由于结构面无黏结特性，因此，参考前人对 PFC 数值试验中的模拟成果，将剪切强度参数的黏聚力设置为 0，摩擦系数设置为 0.8。数值试验结构面参数选取可参考表 3.3－2。

表 3.3－2　　　　　　　　　　　　　　数值试验结构面参数选取

sj_kn/(N/m²)	sj_ks/(N/m²)	sj_coh/Pa	sj_ten/Pa	sj_fric(tanφ)
20E9	20E9	0	0	0.8

3.3.2　反倾岩质边坡破裂面形成演化过程分析

本节数值试验的主要目的是还原裂隙在整个试验过程中裂隙如何起裂、如何扩展及最终形成破坏面的整个过程，以揭示裂纹起裂扩展的力学机理。计算过程中对物理模型试验演化的各阶段进行模拟，对比验证是否与物理模型试验中得到的裂纹扩展类型一致，并得到裂纹扩展演化规律和最终形成破裂面的演化历程，在此计算结果的基础上进一步施加离心力进行计算，得到其最终变形破坏形态。

试验为拟合实际物理模型试验的加载时间，设定时间步长为 0.1s，每一个加载阶段设定时步为 6000 步，相应得到每一个加载阶段经历时间为 600s。计算分析中，以裂纹扩展性质分析为基础，辅以接触力矢量场（即某时刻颗粒受力方向和大小可近似代表该时刻颗粒加速度方向）、速度矢量场（即某时刻颗粒所具有的速度方向和大小）和位移矢量场（即某时刻的位移，可看作上一时刻的速度和加速度累积到本时刻的总位移）进行分析。

3.3.2.1　加载初期裂纹演化特征

40g 加载阶段的裂纹演化特征（见图 3.3 - 5）与速度场变化情况（见图 3.3 - 6）如下：18 号浅表层裂纹继续弯折延伸与陡倾裂隙贯通，在 17 号浅部第二层缓倾裂隙处进一步产生新的向后弯折型裂纹 [见图 3.3 - 5（a）]，随后压剪作用使 19 号岩板浅部第二层产生剪切型裂纹，深部由于剪切作用和上覆岩体压力共同作用产生由陡倾裂隙起裂的剪切弯折型裂纹 [见图 3.3 - 5（b）]。此时，整个边坡裂纹向前后的 17 号浅表和 19 号岩板扩展 [见图 3.3 - 5（b）]，其中 19 号岩板产生缓倾裂隙起裂的剪切裂纹，与 18 号岩板的陡倾裂隙剪切裂纹贯通，此处强烈的剪切作用使得裂纹在 18 号、19 号岩板贯通后，进一步向 17 号浅表延伸，表现为长大的缓倾剪切错动面 [见图 3.3 - 5（b）]。经如图 3.3 - 5（c）的 19 号岩板深部层间剪切错动后，如图 3.3 - 5（d）所示压剪作用使裂纹进一步向前后分别发展，向前延伸裂纹在前缘 16 号岩板浅表部产生缓倾裂隙起裂的弯折型裂纹；向后延伸裂纹在 20 号岩板深部产生由陡倾裂隙延伸的剪切型裂纹，而后演化为弯折型裂纹，同时在此处形成断续延伸的剪切裂纹 [见图 3.3 - 5（d）]，同时剪切作用使 19 号和 20 号浅部产生由陡倾裂隙起裂的剪切型裂纹，其中前者直接贯穿岩板后衍生出弯折性质的次裂纹与缓倾裂隙贯通 [见图 3.3 - 5（e）]，后者则逐渐演化为剪切弯折型裂纹，之后剪切弯折转折点处进一步衍生出剪切性质的次裂纹贯穿岩板。如图 3.3 - 5（f）所示，在裂隙进一步向前后延伸，在向前延伸过程中，前缘 16 号岩板深部产生陡倾裂隙起裂的弯折型裂纹，逐渐演化为向缓倾裂隙的压剪性贯通（倾倒型裂纹）；在向后延伸过程中，除浅表逐渐演化为剪切型裂纹外，深部也产生由陡倾裂隙起裂的剪切型裂纹。从位移场和速度场来看，边坡中前部 18 号和 19 号岩板的速度和位移量值明显较周围更大，并且随着时间向边坡前后逐渐发展，说明此时处于剧烈破裂变形发展的初期，在 18 号和 19 号岩板之间变形分异现象较上一阶段更为显著，即前部运动方向向边坡前缘运动，后部运动方向则与之相反。

由此可见，在反倾层状边坡破裂面形成演化初期，边坡内部的压剪作用是裂纹起裂的首要原因，裂纹首先从边坡中前部深处缓倾裂隙起裂，并在 18 号和 19 号岩板产生变形分

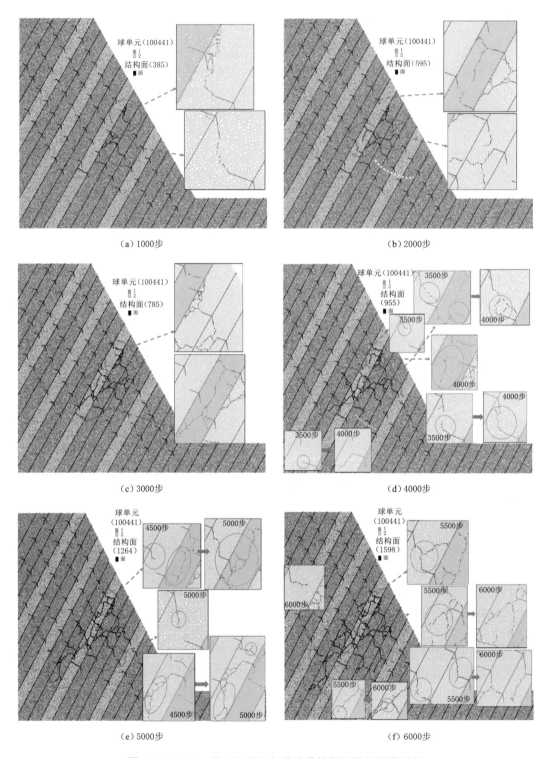

（a）1000步

（b）2000步

（c）3000步

（d）4000步

（e）5000步

（f）6000步

图 3.3 - 5　40g 离心加速度加载阶段的裂纹演化扩展过程

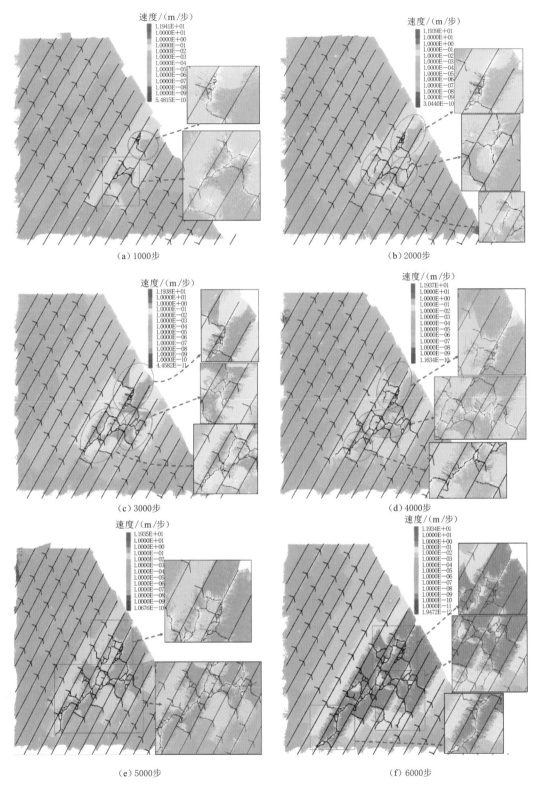

图 3.3 - 6　40g 离心加速度加载阶段裂纹扩展速度矢量云图

异现象，形成以剪切型裂纹（陡倾裂隙起裂或缓倾裂隙起裂的缓倾裂纹）为特征的贯穿型多级剪切带；弯折型裂隙是在前缘深部剪切型裂隙出现后，在浅部或浅表逐渐产生的弧形内弯型裂纹，贯穿陡缓倾裂隙间的岩桥。随加载进行，裂纹逐渐向前后扩展，向前扩展过程中，浅表产生向后弯折型裂隙，深部产生向前弯折型裂隙；向后扩展过程中，深部的向下压力逐渐比抵抗的反作用力大，使得深部出现剪切弯折型裂隙。当剪切作用强于反向弯折作用时，首先发生剪切型破坏，随后产生弯折型次裂纹；当剪切作用弱于反向弯折作用时，剪切破坏发展到一定程度转向弯折型破坏贯通，随后产生剪切型次裂纹。此时，边坡深部受裂纹逐渐扩展作用，成为变形最剧烈区域，这也验证了物理试验表现出的现象。

3.3.2.2　加载中期裂纹演化特征

$80g$ 加载阶段的裂纹演化过程（见图 3.3-7）与速度场变化情况（见图 3.3-8）如下：如图 3.3-7（a）~图 3.3-7（f）所示，前缘产生剪切为主的贯穿裂纹，并已逐渐延伸至坡脚。同时裂纹继续向后延展，23 号岩板浅部第二层首先产生陡倾裂隙起裂的中陡倾角裂纹［见图 3.3-7（b）］；随后，深部第四层产生缓倾裂隙起裂的弯折型裂纹，由于剪切作用影响衍生出剪切型次裂纹与陡裂隙贯通，浅表第一层则产生缓倾裂隙起裂剪切性质的贯穿裂纹［见图 3.3-7（c）］。如图 3.3-7（e）和图 3.3-7（f）所示，深部压剪作用较弯折作用更为强烈，而越向后缘陡倾裂隙首先发生剪切型起裂，而后转向与缓倾裂隙的弯折贯通；浅表的剪切作用使得裂纹直接贯穿岩板，而后才产生弯折次裂纹。从速度场矢量来看（见图 3.3-8），前一阶段发生破坏部位量值上继续增加，尤其是浅表部位向坡外鼓胀位移的幅度更大，并且在 13 号、14 号与 18 号、19 号两处产生较为集中的鼓胀变形破坏（裂纹上表现为该处岩体呈压碎状态）。

由此可见，在反倾层状边坡破裂面形成演化中期，边坡内部的压剪作用和岩板抵抗压缩而产生的反向弯折作用共同影响新生裂纹的形成。此阶段，裂纹在向坡脚延伸扩展过程中由浅而深扩展，在向后缘延伸过程中由深向浅扩展。浅表扩展裂纹受剪切作用影响较弯折作用更强，使得首先出现缓倾坡外的剪切型裂纹并贯穿层面，而后弯折作用产生弯折型次裂纹连接预制缓倾裂隙；中间深度扩展裂纹由于剪切作用和弯折作用相当，裂纹呈较平直的中陡倾角发育，表现出张剪性特征；深部弯折作用更为强烈，而产生贯穿陡缓倾裂隙岩桥的阶梯形裂纹。

3.3.2.3　加载后期裂纹演化特征

$120g$ 加载阶段的裂纹演化过程与速度场变化情况如图 3.3-9 和图 3.3-10 所示。坡顶强烈倾倒作用使得裂纹并不从预制裂纹处起裂，而是直接在 27 号岩板上表面产生垂直层面的拉张裂隙。随着裂纹扩展推进到坡顶，边坡整体裂纹体系基本形成。从速度场矢量来看（见图 3.3-10），18 号和 19 号岩板及坡脚碎裂岩体运动进一步加剧。

由此可见，在反倾层状边坡破裂面形成演化后期，裂纹扩展延伸向坡顶，倾倒作用和剪切作用成为控制裂纹扩展的主要因素。深部岩体在倾倒弯折和反向弯折作用下，裂纹呈现出近直角阶梯状；中部岩体在倾倒弯折和层间剪切作用下表现出长大陡倾破坏，并逐渐发育成与层面小角度相交的反倾裂纹；浅表岩体倾倒作用和剪切作用使其沿陡倾裂隙起裂后呈中陡倾角发育，而后转向缓倾角发育。

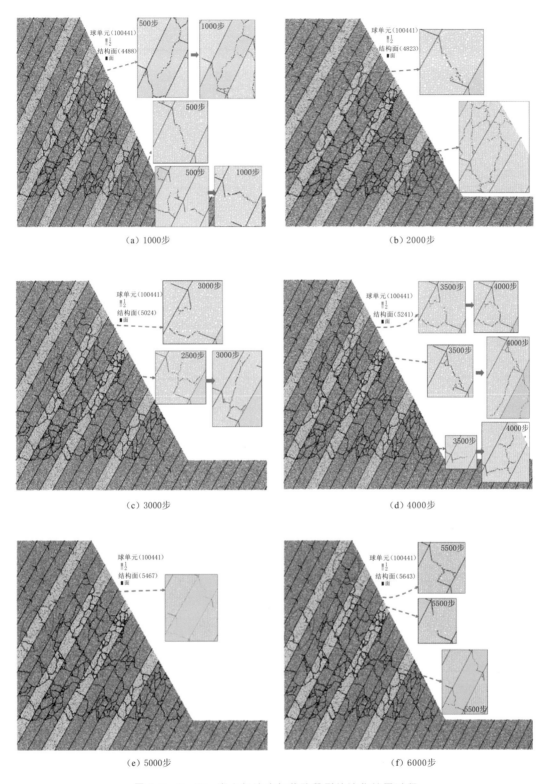

图 3.3 - 7　80g 离心加速度加载阶段裂纹演化扩展过程

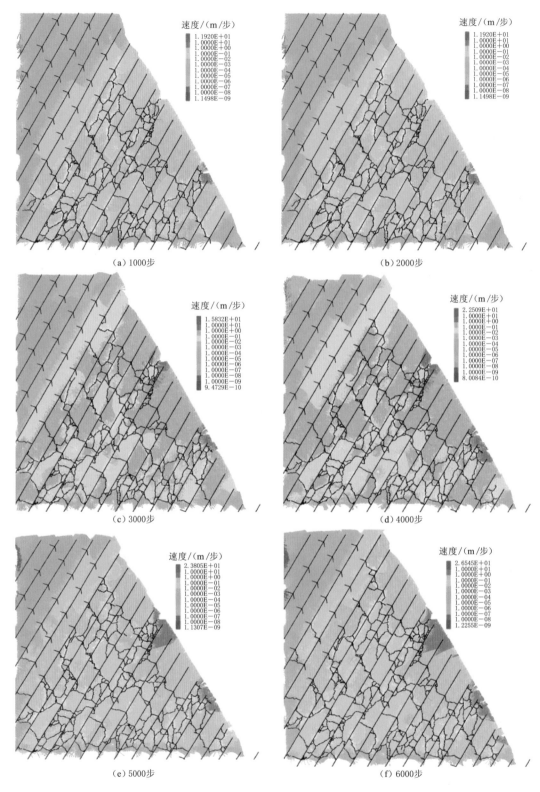

图 3.3 - 8　80g 离心加速度加载阶段裂纹扩展速度矢量云图

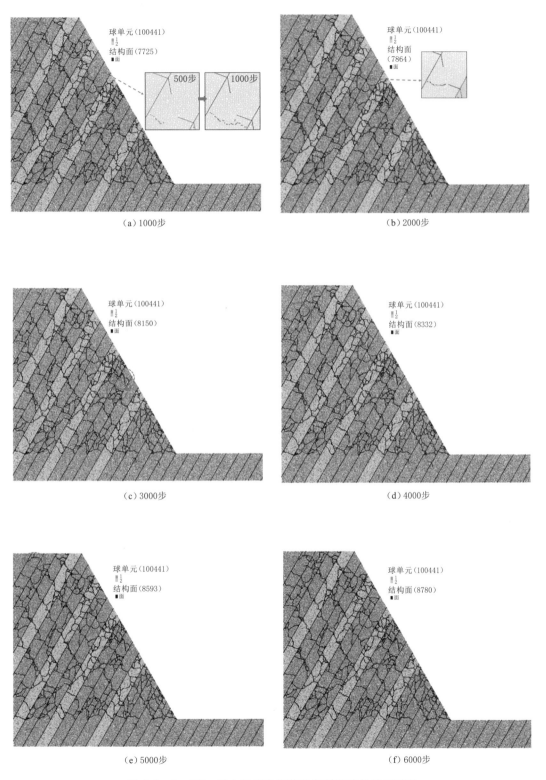

（a）1000步　　　　　　　　　　　（b）2000步

（c）3000步　　　　　　　　　　　（d）4000步

（e）5000步　　　　　　　　　　　（f）6000步

图 3.3 - 9　120g 离心加速度加载阶段裂纹演化扩展过程

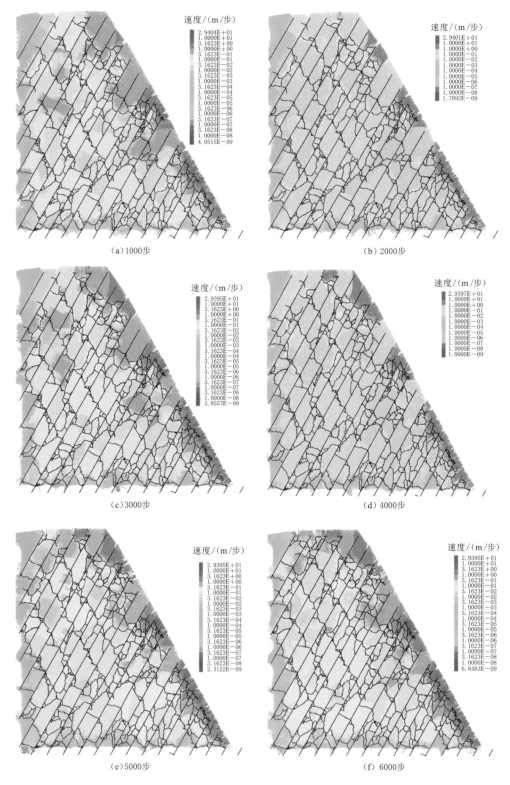

图 3.3-10　120g 离心加速度加载阶段裂纹扩展速度矢量云图

综上所述，通过对反倾层状边坡破裂面形成演化过程的分析，可以发现：

（1）在整个破裂面形成的演化过程中，边坡不同部位裂纹扩展控制因素有所差别。裂纹起裂受边坡内部压剪作用控制，剪切作用产生的向前运动受岩体阻挡的反作用力产生向后的弯折作用，前期和中期裂纹的演化主要集中在边坡中部、中后部和前缘，均受控于压剪作用和反向弯折作用的合力；后期裂纹演化推进到边坡后缘及坡顶，此时由于坡顶良好的临空条件使坡顶倾倒作用极为强烈，坡内的压剪作用和坡顶倾倒作用的合力成为控制性因素。

（2）边坡内部不同位置在各演化阶段受不同力控制，使得新生裂纹在不同部位也各具特征。在整个演化过程中，对整体破裂面形成有控制性影响的是各类顺倾向裂纹，而由于岩层与岩层间存在层间剪切作用，在岩板内部会形成与层面近平行（或小角度相交的）长大裂纹，边坡的破坏除坡顶拉张破坏受层面控制外，破裂面底部受顺倾向裂纹控制。

3.3.3　反倾层状边坡裂纹扩展类型分析

在整个破裂面形成的演化过程中，边坡不同部位裂纹扩展控制因素有所差别，不同位置在各演化阶段受不同力控制，使得新生裂纹在不同部位也各具特征。边坡岩体内部本身存在尺度不一的缺陷（孔洞或裂隙结构面），其整体破坏是基于细观尺度缺陷的各类裂纹贯通破坏模式逐渐发育形成的宏观尺度的整体贯通破坏。对含裂隙岩体的力学性质研究主要基于细观尺度的物理或数值力学试验，包括单轴压缩试验和三轴压缩试验等，取得了丰富的成果，如唐春安等（2003）对含 3 条缺陷类岩石材料裂纹演化进行数值分析，观察到 4 种贯通模式，即拉贯通、压贯通、剪贯通和拉剪混合型贯通；杨圣奇等（2008）对断续预制平行裂隙岩石试样进行单轴压缩试验，得到了 8 种不同的裂纹破坏类型（见图 3.3 - 11），其中 4 种为拉伸裂纹、2 种为剪切裂纹、1 种为压缩裂纹、1 种为次生拉伸裂纹，并对其力学特征进行深入研究；朱雷等（2017）通过细观试验分析压压荷载和拉压荷载组合下节理扩展准则和路径分析应力分布区规律，并进行宏观尺度的节理岩体物理模型试验，揭示了破裂面贯通破坏机理。但此类研究多集中于细观条件下的力学试验，并且预制裂隙多平行断续展布，对宏观条件下的含裂隙边坡整体裂纹演化破坏机理涉及较少。

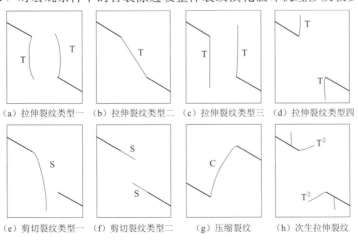

（a）拉伸裂纹类型一　　（b）拉伸裂纹类型二　　（c）拉伸裂纹类型三　　（d）拉伸裂纹类型四

（e）剪切裂纹类型一　　（f）剪切裂纹类型二　　（g）压缩裂纹　　（h）次生拉伸裂纹

图 3.3 - 11　断续预制平行裂隙裂纹类型

T—拉伸裂纹；S—剪切裂纹；C—压缩裂纹；T^2—次生拉伸裂纹

基于对演化进程中坡体内各部位裂纹演化特征及裂纹扩展机制的认识（即拉伸、剪切和压缩），结合对离心物理试验和数值试验的扩展裂纹分析，可发现8类裂纹扩展模式。

（1）裂纹类型Ⅰ：如图 3.3-12（a）所示，表现为裂纹从缓倾裂隙萌生，而陡倾裂隙不出现裂纹萌生。新生裂纹宏观上沿与预制缓倾裂隙共面延伸，裂纹面较平直。这类裂纹主要出现在裂纹扩展演化初期边坡低高程深部，受压剪应力控制。

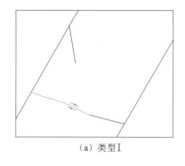 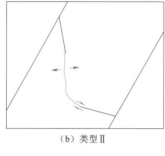 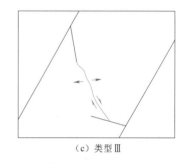

（a）类型Ⅰ   （b）类型Ⅱ   （c）类型Ⅲ

图 3.3-12　裂纹类型Ⅰ～Ⅲ

（2）裂纹类型Ⅱ：如图 3.3-12（b）所示，表现为裂纹从缓倾裂隙萌生，起裂时产生微小的剪切位移，受前端岩体阻挡后，转向以弧度向坡内的拉张裂纹与陡倾裂隙贯通。①在物理离心试验中，由于深部首先发生剪切型破坏，形成裂纹类型Ⅰ，并在深部产生较大剪切位移，使岩层间空隙趋于紧密，而伴随着剪切位移使深部岩体向前产生微小位移的同时，边坡前缘岩体在初始并未产生较大位移，使得上覆岩体缺乏持续剪切变形位移空间，而伴随着持续挤压，使岩桥间产生向临空面方向的张力，因此其主要发育部位集中在位移最大的深部，并形成一条弧形的破裂带；此外，在边坡前缘浅表存在另一种裂纹类型Ⅱ，形态上与裂隙类型Ⅰ相似，仅靠岩层上表面部位裂纹相较裂隙类型Ⅰ更向上偏转，这是由于前缘浅表部位移较深部小，裂纹向上弯折时未能与陡倾裂隙贯通，而是直接与层面呈一定角度贯通；②在数值试验中，岩层间较物理模型更为紧密，在深部的剪切破裂发生后，岩板前后均缺乏持续变形空间，使较浅部岩桥间产生向临空面方向的张力，因此其主要发育部位集中在边坡中前部的浅部一定深度范围。

（3）裂纹类型Ⅲ：如图 3.3-12（c）所示，表现为岩板上表面在倾倒变形的弯矩作用和剪切作用共同影响下，裂纹从陡倾裂隙起裂，以中陡倾坡外近平直的扩展方向延伸，与缓倾裂隙上缘贯通，属张剪型裂纹。这类裂纹主要出现在裂纹扩展演化中后期的边坡中后缘的浅部，受张剪应力状态控制。

（4）裂纹类型Ⅳ：这类裂纹主要受倾倒变形产生的弯矩作用，主要位于坡顶，根据深度位置而表现为不同特征。①如图 3.3-13（a）所示，表现为岩板受倾倒变形的弯矩作用，裂纹由岩板上表面受弯矩最大的部位起裂，裂纹扩展方向与层面近垂直，在裂纹延伸至岩板前端时，剪切作用使得裂纹角度向缓倾坡外偏转，并与初始产生的与层面近垂直方向裂纹呈小角度相交。这类裂纹主要出现在裂纹扩展演化后期的边坡后缘坡顶附近，在边坡下伏岩体变形破坏产生的微小位移累积使坡顶附近岩板具有更好的临空条件，形成"悬臂梁"拉张破坏，裂纹不受预制裂隙控制。②如图 3.3-13（b）所示，表现为岩板受倾倒变形的弯矩作用，裂纹从陡倾裂隙处起裂，自上而下拉张破裂，延伸至岩板前缘时，裂纹角度因剪切作用而逐渐向缓倾坡外偏转。这类裂纹主要出现在坡顶肩部的浅表位置。

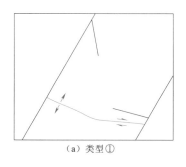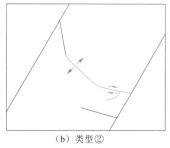

（a）类型①　　　　　　　　　　　　（b）类型②

图 3.3 - 13　裂纹类型 Ⅳ

（5）裂纹类型 Ⅴ：这类裂纹以与层面近平行的层间剪切作用为特征，分别伴随拉张和剪切复合作用而形成，主要表现为如图 3.3 - 14 所示的两种形式：①如图 3.3 - 14（a）所示，第一种表现为岩板下表面受缓倾坡外方向的剪切作用和层间剪切作用共同影响下，裂纹从缓倾裂隙起裂，向边坡深部延伸，在更深部岩体产生的剪切位移和前端岩体阻挡的影响下，变形逐渐转为层间剪切变形，这类裂纹在深部形成裂纹类型 Ⅰ 后，发育在该岩层的更浅部位置；②如图 3.3 - 14（b）所示，第二种表现为在岩层下表面缓倾裂隙产生剪切型起裂的同时，岩层上表面由于受倾倒变形的弯矩作用产生垂直于层面的拉张破裂，两者在延伸至岩板内部时，在中间形成间隔距离较短的脆弱岩桥结构，此时受层间剪切作用影响，岩桥发生剪切贯通，这类裂纹主要发育于边坡上部的浅表位置，此处在下伏岩体变形后临空较好，更易产生倾倒式的拉张破裂。

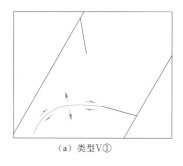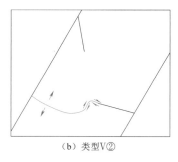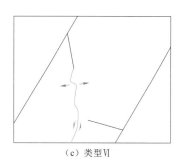

（a）类型Ⅴ①　　　　　　　（b）类型Ⅴ②　　　　　　　（c）类型Ⅵ

图 3.3 - 14　裂纹类型 Ⅴ 和 Ⅵ

（6）裂纹类型 Ⅵ：此类裂纹受竖直向应力控制沿轴向发展 ［见图 3.3 - 14（c）］，表现为岩板上表面在初始状态下受轴向应力控制，于陡倾裂隙起裂产生与轴向力方向近平行的裂纹，当裂纹发展至缓倾裂隙平面附近时，产生两种进一步的扩展：①在层间剪切作用影响强烈时，裂纹继续向深部扩展，方向逐渐转向与层面近平行，裂纹面与缓倾裂隙形成很短的岩桥，并在后期剪切贯通；②在层间剪切作用影响较弱时，此时裂纹与缓倾裂隙间较短的岩桥产生较大的应力集中，直接追索贯通。这类裂纹主要发育于后缘（非坡顶）和中前缘的浅部。

（7）裂纹类型Ⅶ：这类裂纹主要表现为缓倾裂隙剪切作用和陡倾裂隙倾倒作用共同影响的复合型裂纹。①如图3.3-15（a）所示，当剪切作用较强烈时，缓倾裂隙处更容易起裂剪切型缓倾裂纹，裂纹起裂后由于弯折作用使裂纹倾角逐渐变陡，在距上表面约层厚1/3处剪切作用和弯折作用产生的裂纹分别产生分支，剪切裂纹直接与层面贯通，弯折裂纹随后则与陡倾裂隙贯通，此类裂隙主要发育于受压剪应力主控的边坡深部和浅表剪切作用强烈处；②如图3.3-15（b）所示，当倾倒作用较强烈时，裂纹从陡倾裂隙处起裂更容易，在延伸至前端剪切贯穿后，由于相互错动位移使得缓倾裂隙处出现弯折作用，使得在距下表面层厚约1/3处产生弯折裂纹与缓倾裂隙贯通，此类裂纹发生在倾倒作用强烈的坡顶浅表近。

 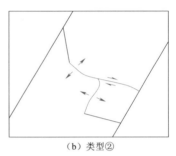

（a）类型① （b）类型②

图3.3-15 裂纹类型Ⅶ

（8）裂纹类型Ⅷ：这类裂纹主要表现为受上覆岩层重力作用和下伏岩层阻挡作用导致的压缩破坏，其形态表现为阶梯形，在坡体内主要集中在中部和后缘一定深度，因位置不同而表现出不同特征。①如图3.3-16（a）所示，当位于边坡中部较浅处及其浅表时，受压缩作用使得陡缓倾裂隙分别拉张起裂，并在岩层中间位置交汇，由于浅表部位临空较好，使裂纹在交汇处衍生出向坡表发展的反倾向裂纹；②如图3.3-16（b）所示，当位于边坡中部较深处和深处时，在深部压缩应力环境下产生分别由陡缓倾裂隙起裂的拉张裂纹，由于深部没有临空条件，裂纹在岩层中间交汇后没有继续衍生浅表部发育的反倾向裂纹；③如图3.3-16（c）所示，当位于边坡后缘较深处或深处时，岩层上表面由于倾倒作用而使裂纹区别于①和②而与岩层近垂直，由缓倾裂隙起裂的裂纹与缓倾裂隙和陡倾裂隙起裂的裂纹均呈近垂直关系。

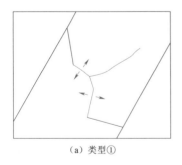 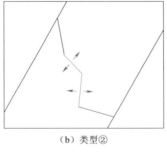 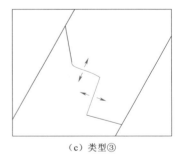

（a）类型① （b）类型② （c）类型③

图3.3-16 裂纹类型Ⅷ

由上述分析，分别将物理离心试验和数值试验中的各类型裂纹（见图 3.3 – 17 和图 3.3 – 18）归类，可见：

（1）在物理离心试验中，由于岩层间存在空隙，在试验过程中产生明显的反向弯折作用，使边坡岩层出现较为明显的位移，如图 3.3 – 17 所示，坡体内不同区域，受变形和不同部位的主控应力影响，裂纹发育规律可归纳为：①边坡深部受压剪应力场控制，产生以缓倾裂隙剪切型起裂为主的裂纹类型Ⅰ，当岩层前端存在空隙时，深部岩体有剪切变形空间，产生缓倾向的剪切位移；当前端变形受阻挡后，向相反方向的反作用力逐渐增加，使得裂隙与层面交点成为"转动轴"，越靠近坡脚反作用力矩越大，以裂隙与层面"交点"为轴发生反向弯折，产生从深部到坡顶的连续贯通的裂纹类型Ⅱ。②边坡中部在重力和下伏岩体反作用力作用下处于压缩应力状态，产生以裂纹类型Ⅷ为主的压缩型阶梯形裂纹。③边坡后缘及顶部由于仅受重力作用，反作用力影响较小，倾倒作用强烈，受张拉应力场控制，发育沿轴向力控制的裂纹类型Ⅵ；坡顶和靠近坡顶的浅表部倾倒作用较为强烈，发育裂纹类型Ⅳ和裂纹类型Ⅶ。④边坡中前部和坡脚的浅表部位，受深部岩体反向弯折作用影响，边坡中前缘浅表岩体首先出现应力集中（即表现为初期压力传感器的测量数据增大），并产生压裂裂纹（15 号岩板浅表），而反向弯折作用在浅表不同部位受岩板变形空间制约使裂纹表现出不同特征，在变形空间较大且变形剧烈部位，裂纹类型Ⅱ以与陡倾裂隙弧形贯通为特征，当变形空间不足（即受坡脚阻挡或边坡中部受倾倒作用而阻挡岩层进一步向上反弯）时，裂纹延伸时受压缩应力影响，而在上弯的同时不与陡倾裂隙贯通，直接与层面贯通。

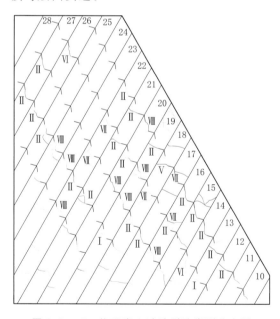

图 3.3 – 17　物理离心试验裂纹类型分布图

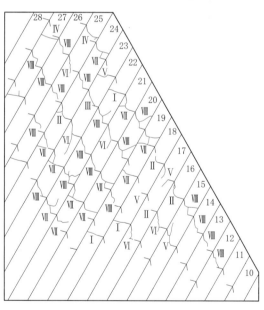

图 3.3 – 18　数值离心试验裂纹类型分布图

（2）如图 3.3 – 18 所示，在数值离心试验中，由于岩层间不存在空隙，在试验过程中，并未产生如物理离心试验的较大反向弯折变形。坡体内不同区域，受不同部位的主控应力影响，裂纹发育规律可归纳为：①边坡深部初始受压剪应力场控制，产生以缓倾裂隙剪切型起裂为主的裂纹类型Ⅰ，这和物理试验观察到的现象较为吻合，而不同点在于物理试验中由于剪切位移产生较大变形，而变形同时受到前端岩体阻挡而使剪切型裂纹没有如数值试验中较为理想的状态下发展为平直的剪切型裂纹，而是带有弯折向上的特征。②由于边坡深部低高程区域受压剪应力场主控，多发育裂纹类型Ⅶ和裂纹类型Ⅱ，表现为明显的缓倾剪切型裂纹和由缓倾裂隙起裂的弯折型裂纹。③边坡中部在压应力控制下则表现为裂纹类型Ⅷ的压缩型裂纹。④边坡顶部受倾倒作用而产生的拉张应力控制表现为裂纹类型Ⅳ。⑤边坡中上部处于压性、压剪性应力区和张性应力区过渡部位，表现为张剪性的裂纹类型Ⅲ。⑥边坡前缘浅表至坡脚部位受压缩应力控制表现为裂纹类型Ⅶ。⑦边坡中部浅表表现为受压剪性应力控制的剪切型裂纹为主，伴随发育压缩型裂纹。⑧而在前缘向深部过渡区域、张性应力区和张剪性应力区过渡区域，以强烈的层间剪切作用为主形成裂纹类型Ⅴ。

由离心试验和数值试验结果对比可见，数值试验在去除物理试验中大变形影响后更真实还原了边坡内不同部位受不同应力场控制的裂纹破坏模式，而在物理试验中，往往伴随着明显的变形破坏（如反向弯折变形和岩层间的剪切变形）而使原本受坡内应力场控制的裂纹扩展模式在局部转变为受变形控制。坡内各部位分别表现为：①边坡深部均受压剪性应力控制，并产生裂纹类型Ⅰ的剪切型裂纹，裂纹破裂形态以平直缓倾坡外为主；而实际上伴随着破裂后深部岩体位移较大而形成的反向弯折破坏效应，使得深部岩体在演化过程中表现出裂纹类型Ⅱ的特征。②边坡中部一定深度受压缩应力控制，产生裂纹类型Ⅷ为主的压缩型裂纹，裂纹破裂形态以阶梯形为主。③边坡顶部受倾倒变形的拉张应力控制，主要表现出裂纹类型Ⅳ的特点，裂纹破裂形态表现出后部垂直层面拉张、前端缓倾剪切的特征。④边坡前缘浅表在初期受压缩应力控制，表现出裂纹类型Ⅷ的特点，裂纹初始表现出阶梯状特征，随着重力持续作用，前缘浅表岩体逐渐转化为压致拉裂作用而形成碎裂岩体，而随着碎裂岩体的形成，初始裂纹形成的破裂面不再具有主控作用；而实际上由于深部岩体"反向弯折"作用向前缘浅表延伸，使得在演化初期裂纹表现出裂纹类型Ⅱ的特征。⑤边坡中前部浅表由于剪切作用强烈，表现为裂纹类型Ⅶ和裂纹类型Ⅱ。⑥层间剪切作用形成的裂纹由于倾向上和层面一致，在整体破裂面形成中不具有控制性作用。

3.3.4 反倾层状边坡破裂面成因类型分析

在分析反倾层状边坡破裂面演化过程及扩展类型的基础上，结合离心机物理模型试验分析成果，进一步对整体破裂面成因类型及形成机理做进一步分析。成因类型的分类主要考虑：①边坡不同部位破裂形成的力学机理；②边坡不同部位的变形破坏特征。

（1）压致拉裂型破裂面。主要是指在压缩应力作用下，边坡不再受原有的结构面控制，裂隙在压致拉裂作用下随机发展而形成碎裂岩体。如图3.3-19所示，其主要位于坡脚附近，裂隙倾角以反倾坡角和顺向中陡倾为主，顺向缓倾裂隙较少。由于没有形成长大贯通的缓倾角剪切破裂面，在压缩应力作用下，坡脚附近岩体宏观上在边坡前缘临空面产生鼓胀效应。

（2）缓倾角压剪型破裂面。如图3.3-20所示，主要是指在压缩应力作用下，由陡倾裂隙或缓倾裂隙衍生以缓倾坡外产状发育，力学性质为压剪性的破裂面。这类破裂面形成

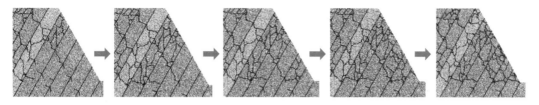

图 3.3-19 压致拉裂型破裂面演化

位置主要在边坡浅表和低高程的深部，前者逐渐发育为剪出口，并逐渐产生剪切位移而产生使上覆岩体发生倾倒变形破坏的空间；后者可认为是控制整体变形破坏的底界，裂隙倾角方向的延长线与坡脚相交。

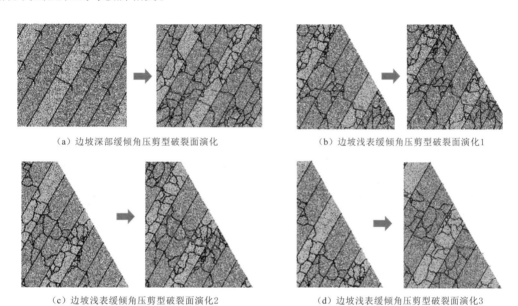

（a）边坡深部缓倾角压剪型破裂面演化 （b）边坡浅表缓倾角压剪型破裂面演化1

（c）边坡浅表缓倾角压剪型破裂面演化2 （d）边坡浅表缓倾角压剪型破裂面演化3

图 3.3-20 缓倾角压剪型破裂面演化

（3）压缩破坏型破裂面。如图 3.3-21 所示，主要是边坡中部和中后部的较深部及深部岩体在压缩应力作用下，由陡倾裂隙和缓倾裂隙同时衍生，以阶梯形贯通。

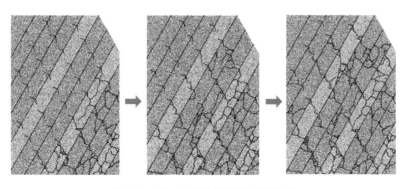

图 3.3-21 压缩破坏型破裂面演化

（4）拉张破坏型破裂面。如图 3.3－22 所示，主要是指边坡坡顶附近岩体由于临空条件较好，岩层主要受悬臂梁拉张应力控制，产生倾倒变形的弯矩作用形成典型的与层面近垂直的拉张破裂面。

图 3.3－22　拉张破坏型破裂面演化

（5）弯折破坏型破裂面。如图 3.3－23 所示，这类破坏面主要包括倾倒弯折破坏和反向弯折破坏，使陡缓倾裂隙间以弧面朝坡内的弧形形态贯通，并且此类破坏与岩层弯折变形密切相关。由底摩擦试验和离心模型试验中的现象可知，深部位移相对坡表位移变形更大使得宏观上表现为"反向弯折"现象，通常弯折破坏面与破坏面底界的缓倾角压剪破坏面交连，形成整体破裂面的转折段，也是变形位移最大的部位；在边坡靠近坡肩或凸起部位，主要发育由倾倒弯折成因的弧形破裂面。

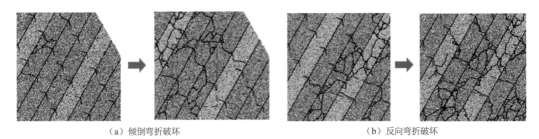

（a）倾倒弯折破坏　　　　　　　　　　　　　（b）反向弯折破坏

图 3.3－23　弯折破坏型破裂面演化

3.3.5　反倾层状边坡倾倒变形失稳破坏分析

由裂隙起裂演化全过程、裂隙扩展类型及成因分析和裂隙演化力学机制分析可知，在整个破裂面形成演化过程中，裂隙所处的应力环境复杂，除上述主要的裂纹贯通破坏类型外，还会因位移产生的大变形使应力状态发生变化，而影响裂纹破裂方向，但边坡不同部位，裂纹破坏有其大致规律可循：边坡上部部位受拉应力控制，裂纹多陡倾坡外（坡顶位置部分裂纹垂直层面）；边坡中部一定深度受张剪应力控制，裂纹多中倾坡外；边坡中部较深处受压应力控制，裂纹多呈阶梯状倾向坡外，而当边坡存在空隙等变形空间时，深部受变形控制使裂纹多呈陡倾坡外发育；边坡中部浅表由于剪切作用强烈，裂纹多呈缓倾坡外发育；边坡底部较深部受压剪作用控制，裂纹呈缓倾坡外发育；边坡前缘受压致拉裂作用控制，在初期形成阶梯状裂纹或受控变形形成中倾弧形裂纹后，逐渐形成碎裂岩体，此处的破坏面剪出位置受控于最易发生剪切破坏的裂隙面。

由此可见，上述规律发育的裂纹组成了反倾层状边坡失稳破坏的多级潜在破裂面，对PFC 数值模型进行进一步的计算，直至破裂面形成、张开、破坏。

如图 3.3-24 所示，计算 600000 步时，边坡浅表裂隙普遍张开，并且张开度均较大；前缘坡脚处出现剪断破裂的块体，并出现比较明显的大变形位移；边坡中部和坡顶附近岩体的较深部岩体沿陡缓倾裂隙间已形成的贯通面进一步张开，形成深部断续张开的贯通破坏带，宏观上张裂幅度较小，此时后缘与深部无明显的较大幅度的张裂。

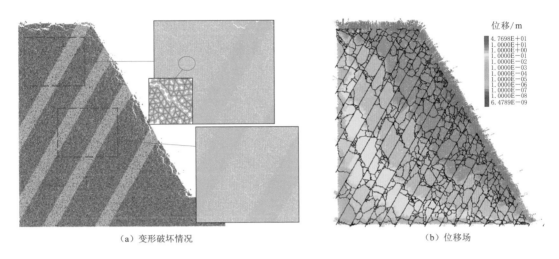

（a）变形破坏情况　　　　　　　　　　　　（b）位移场

图 3.3-24　计算 600000 步时边坡变形破坏情况及位移场

如图 3.3-25 所示，计算 2000000 步时，坡顶附近深部裂隙出现两条上陡下缓的张裂状态发育的弧形破裂面，向下延伸至边坡中部，张开度逐渐减小，宏观上呈陡倾连续延伸状态；浅表岩体破坏进一步加剧，前缘坡脚至 15 号岩板在上覆岩体压力下呈向外挤压凸出的鼓胀状态；由坡顶至 20 号岩板形成一条张开度较大的贯通性的拉裂破坏面，其水平深度由上至下逐渐变深，此破裂面下由坡顶至 18 号岩板浅表产生倾倒弯折变形，其倾倒角度由上至下逐渐增加。

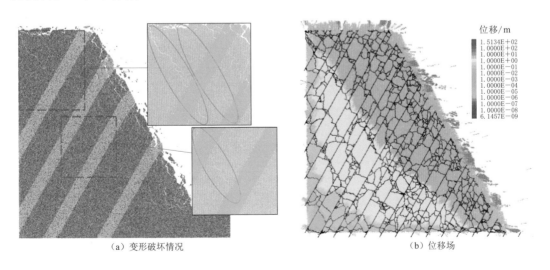

（a）变形破坏情况　　　　　　　　　　　　（b）位移场

图 3.3-25　计算 2000000 步时边坡变形破坏情况及位移场

如图 3.3 - 26 所示，计算 6000000 步时，边坡中部部分块体间出现锁固作用，使边坡内部整体变形位移降低；前缘由于持续挤压鼓胀，10 号岩层发生小块体剪切破坏，坡底出现两级弧形贯通破坏面，并延伸至 15 号岩层，其底部较平缓呈剪切破坏，向后的弧形贯通面呈拉张状态；伴随前缘的破坏加剧的较大位移，边坡浅表中上部岩体沿贯通破坏面进一步发生倾倒破坏，同时贯通破坏面进一步向前发展至 15 号岩层。

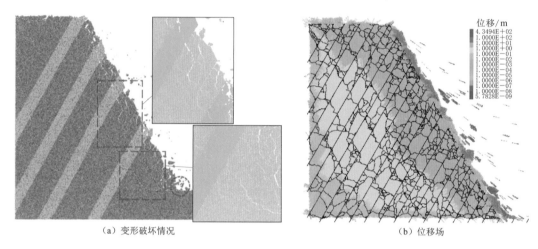

（a）变形破坏情况　　　　　　　　　　（b）位移场

图 3.3 - 26　计算 6000000 步时边坡变形破坏情况及位移场

如图 3.3 - 27 所示，计算 12000000 步时，浅表的破裂面由上至下已完全贯通，由于坡脚块体剪切破坏后形成不利临空面，上覆岩体以此弯折点为转角，沿靠近浅表的弧形破裂面，产生倾倒破坏，此时倾倒角度较小，宏观上依然表现为鼓胀凸出破坏，越向坡顶发展，倾倒变形角度越大；由坡顶至边坡中部较深部较连续的贯通面进一步呈阶梯形张裂；位于边坡中部较深处至前缘弧形破裂面位置形成以陡缓倾裂隙岩桥贯通破坏为特征的断续张开折断面。此时，浅表岩体破坏表现为倾倒-折断-坠覆-解体，深部破坏表现为倾倒-松弛、倾倒-折断。

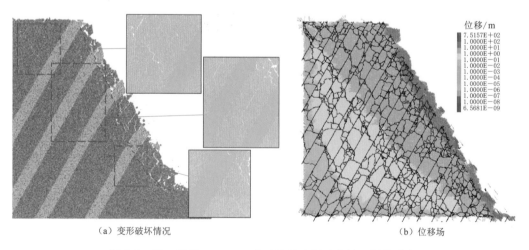

（a）变形破坏情况　　　　　　　　　　（b）位移场

图 3.3 - 27　计算 12000000 步时边坡变形破坏情况及位移场

　　如图 3.3 - 28 所示，计算至 17000000 步时，边坡浅表岩体沿已形成的浅表破裂面完全失稳，且岩层倾倒角度由下至上逐渐变大；表层岩体在坡顶附近表现为块状倾倒现象，个别部位出现反坡台坎现象；前缘的 10 号岩层块体在剪出后，在上覆岩体压力下继续沿浅表部的弧形破裂面发生倾倒破坏，并明显表现为沿岩层上表面陡倾裂隙张裂的倾倒破坏现象。边坡深部破裂面由于浅表失稳破坏后的卸荷作用，从坡顶至中部沿陡缓倾裂隙间的贯通面进一步张开，形成连续张开长大贯通破坏面，同时岩层间出现拉张破坏，有了进一步倾倒变形的条件；前缘至坡脚则表现为压致拉裂引起的断续张裂破坏状态，宏观上表现为以深部的弧形破裂面在坡脚贯通。

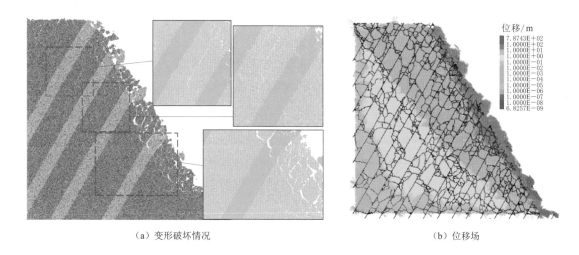

<table>
<tr><td>位移/m</td></tr>
</table>

（a）变形破坏情况　　　　　　　　　　　　　　　　　（b）位移场

图 3.3 - 28　计算 17000000 步时边坡变形破坏情况及位移场

　　综合上述破坏过程中贯通性裂隙演化及边坡位移场分析可知：①影响边坡倾倒变形破坏的整体破裂面与位移场中，其位移分界线基本和破裂面重合；②破裂面前缘受压致拉裂作用控制，在演化过程中逐渐发育成碎裂岩体，这部分岩体结构使破裂面前端形态表现为上陡下缓的弧形；③边坡中部以上的整体破裂面受控于边坡本身裂隙结构特征，宏观展布上与裂隙展布规律密切相关，试验中由于陡缓倾裂隙自上而下近直线规律分布，裂纹表现为沿陡缓倾裂隙间岩桥贯通破坏，因而宏观上呈近直线形态；④当坡脚压致拉裂作用发育的碎裂岩体未发生失稳破坏时，边坡中部浅表岩体由于发育明显的剪切型破裂面，极易产生剪切滑动破坏，进而导致上覆岩体的倾倒变形。反倾层状边坡多级潜在破裂面如图 3.3 - 29 所示。

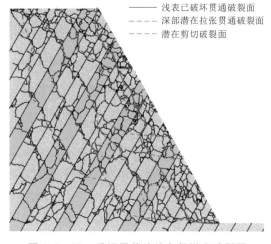

　　——　浅表已破坏贯通破裂面
　　- - - -　深部潜在拉张贯通破裂面
　　- - - -　潜在剪切破裂面

图 3.3 - 29　反倾层状边坡多级潜在破裂面

3.4　倾倒变形体的变形破坏模式与分类

3.4.1　传统分类与原则

3.4.1.1　传统分类

坡体的变形失稳模式通常包含变形破坏的地质力学机制和变形特征。失稳模式与地质原型之间有密切的关系。通常，在查清边界条件的基础上分析坡体的失稳模式，可以对坡体将来要发生的破坏形式与规模进行估计，并可以据此进行合理的治理设计。

前人已对倾倒变形体的失稳模式进行了一些卓有成效的研究，其中较为经典的是Goodman等（1976）根据边坡变形破坏的形态学特征进行的研究，将失稳模式主要分为三种，即岩块式倾倒、弯曲式倾倒以及岩块-弯曲式倾倒，这三种失稳模式被广泛地应用，得到了工程界的认可。

除了这三种主要的失稳模式，他们还发现在某些特殊结构的坡体中由于相邻岩土体发生运动而导致倾倒变形的实例，但由于这些失稳模式的划分没有统一的依据，应用起来比较困难，故没有得到广泛的应用。

国内在开展倾倒变形分类研究时，多以具体的工程实例为基准，根据不同部位的变形特征及不同时段的变形特征得到了不同的分类结果。如黄润秋等（1994）以某公路边坡倾倒变形体为例，依据变形分区特点将倾倒在空间上划分为倾倒折断区、强倾倒区及倾倒影响区；鲍杰等（2011）针对澜沧江某水电站倾倒变形体依循变形特征将其划分为倾倒蠕变、倾倒滑移及倾倒弯折三类。另外，近十年来，以黄润秋为首的学术团队在高边坡稳定性研究中对水电工程边坡倾倒进行了大量的统计分析研究，提出了大规模倾倒变形破坏的三种基本地质模式：互层倾倒型、软基倾倒型及倾倒错动型。

上述对于倾倒变形分类或者倾倒变形模式的归纳均对倾倒变形的认知研究起到了良好的启迪作用。但是随着水电工程、路桥工程等所遭遇的倾倒变形体越来越多，对于倾倒变形认知需要更加细化，特别是在包含时间场的四维空间中对倾倒变形体应有更为准确的判识。而以往对于倾倒变形体模式的研究仅仅集中在变形方式上，在时间场的认知上以及成因分析上都有所欠缺。

本节在倾倒变形体分类的基础上进行失稳模式的划分。对倾倒变形体进行分类便于全面地认识倾倒变形体的基本特征，在此基础上进一步通过坡体的变形特征与岩体变形破裂特征来总结坡体变形失稳的地质力学机制。

3.4.1.2　分类原则

由于倾倒变形体的复杂性，必须从多方面对其进行分类才能够较为完整、全面地描述倾倒变形体的特征。通常认为一个变形体应至少从三个方面进行描述，即坡体基本特征、成因机制和变形演化规律。

坡体基本特征，主要包括坡体物质组成特征和坡体结构特征，这也是导致坡体发生变形破坏的内在因素；成因机制主要是坡体发生倾倒变形的动力来源和力学机制，这是形成倾倒变形体的外部诱发因素；而变形演化规律描述的是坡体发生变形破坏的活动规律、变形特征、变形阶段及变形趋势等。

从单因素和多因素两个层次上对倾倒变形体进行分类，单因素的分类便于抓住倾倒变形体的某一主要特征，而多因素的分类有助于较为全面地把握倾倒变形体在某些方面的综合特征。

从坡体基本特征、成因机制和变形演化规律方面采用单因素的分类方法，按岩层倾向、成因、变形部位以及变形阶段等特征分别对倾倒变形体进行分类。这样的分类方法大致可以明确倾倒变形体的坡体结构、形成机制与变形破坏部位、当前活动性及所处的演化阶段。

当采用多因素的分类方法时，按岩性组合、变形及岩体结构特征和边坡坡体地质结构特征来对倾倒变形体进行分类。多因素的分类方法能较为完整地描述倾倒变形体多方面的特征，使倾倒变形体能被更全面地认识。

3.4.2　单因素分类

3.4.2.1　按岩层倾向分类

按岩层倾向分类主要针对具有层状结构的坡体。岩层倾向表征了岩层在空间上的方位，单一的倾向对于坡体的变形和稳定性没有意义，但当其与坡向相结合时，就表征了岩层在坡表的出露条件和变形空间，对于坡体变形及失稳模式的初步判断就显得非常重要。

当岩层倾角较陡立时，顺向坡和反向坡均可能产生倾倒变形破坏。虽然在某些横向或斜向坡体中也发育了倾倒变形体，但这部分边坡的坡表一般不完整，冲沟较发育，这些微地貌为倾倒变形的发生发展提供了空间，对于向真正的临空方向倾倒的坡体，仍然属于反向坡或顺向坡体。因此，按照岩层倾向这一单一因素，将倾倒变形体简单地分为反向坡倾倒变形体 [图3.4-1（a）] 和顺向坡倾倒变形体 [图3.4-1（b）]。

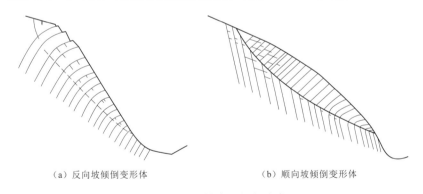

（a）反向坡倾倒变形体　　　　　　　　（b）顺向坡倾倒变形体

图 3.4-1　按岩层倾向分类

根据现场露头观察基岩产状与坡向的关系，便可轻松区分一个倾倒变形体属于反向坡倾倒变形体还是顺向坡倾倒变形体。由于反向坡和顺向坡发生倾倒变形的机理不同，故了解其类型之后对初步判定该倾倒变形体的形成机制也是有利的。

3.4.2.2　按成因与诱发因素分类

诱发坡体发生倾倒变形失稳的外部因素较多，主要有水库蓄水、河流侵蚀和人类工程活动。地震作为一个难以预见的因素，诱发大规模倾倒变形的实例较少，常见的情况是地震诱发岩体发生倾倒式崩塌，降雨则通常与其他因素一起诱使坡体发生变形。

人类工程活动最主要和最为常见的是人工开挖和人工加载。事实上，Goodman 等（1976）提出的次生倾倒中有几种就是在相邻岩土体发生位移时对潜在倾倒变形体进行加载或卸载造成的，因此无论是人工开挖和加载还是岩土移动影响，都可认为是在加载或卸载作用下形成的。

致使坡体发生倾倒变形最常见且一直存在的因素实际上是时间因素，即坡体在长期地质演变过程中伴随河谷下切，同时中上部坡体发生了表生改造和时效变形，岩体逐渐劣化形成倾倒变形体。由于河流侵蚀和时间效应一般是同步进行的，将它们归为一类，即自然演化。

根据以上分析，倾倒变形体的成因主要有蓄水诱发、加载或卸载引发、自然演化。此外，还可能有地震激发和降雨触发，但这两类为数不多，在较为极端的情况下才能见到，并非主要的诱发因素。因此，按照倾倒变形体的成因，将其分为自然演化型、水库浸润型、工程扰动型和地震激发型，如图 3.4-2 所示。

1. 自然演化型

自然界多数倾倒变形体的形成均是陡立层状岩层在重力弯矩的时效作用下发生弯曲或弯折变形，这些倾倒变形体在形成发育过程中所受的影响因素并不完全起主导作用，故将其归属为自然演化型。

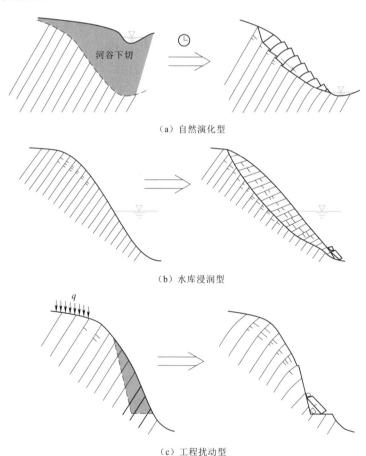

（a）自然演化型

（b）水库浸润型

（c）工程扰动型

图 3.4-2（一）　按成因分类

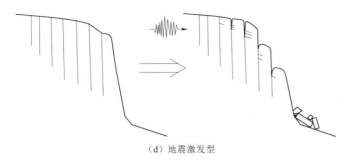

（d）地震激发型

图 3.4-2（二）　按成因分类

自然演化型倾倒变形体一般包含两种主要类型：一种类型是发育于陡倾坡内的薄层状板岩、泥质灰岩等相对较软的地层构成的边坡中，其特征为岩层在时效作用下发生延性弯曲，岩层不易折断，层序保持清晰；另一种类型则常发育于中～厚层状、中～陡倾角反倾坡内的相对坚硬岩层所构成的边坡中，其发育特征表现为岩层在时效变形期会经历岩层的脆性折断，岩层层序有时会因发生破碎挤压而失去原有叠置特点。除此之外，两类自然演化型倾倒变形体在发育深度上也相差较大，岩性相对越硬，其倾倒发育深度越小，而岩性越软，其发育深度越大，更有可能在极限弯曲变形处拉裂破坏转化孕育为大型滑坡。

由于自然演化型倾倒变形体在不同的岩性中发育不同的模式，故对其辨识应参考其变形特征，从发育深度，变形破裂的力学方式等角度进行综合判定。

2. 水库浸润型

水库浸润型倾倒变形体主要发生于水库沿岸陡立反倾层状坡体中，在部分陡立顺倾层状坡中亦偶有发育。而且该类型倾倒变形体多发育于岩性相对较软的岩层中。水库沿岸发育的反倾层状岩坡，特别当岩性较软弱时，由于水位的涨落导致坡体岩层受到渗透力及附加重力作用，促进了岩层发生弯曲或弯折，进而导致倾倒变形体的加速形成。

水库浸润型倾倒变形体发育受水位变动影响较大。当水位上涨时，水体由结构面进入坡体内部对岩层进行软化或弱化，改变岩体的物理力学性质，使岩性被动趋向于更软更弱状态。而当水位下降时，改性后的岩层在水的渗透力作用下发生损伤破碎，同时水体的滞后排出造成原有岩体增重，其重力弯矩增大促使倾倒变形的加速发生。

一般来说，水库浸润型倾倒变形体多发生于近水库岸坡位置，受水文变动影响作用显著，故相对而言，其辨识度较高。但原本已平衡的自然倾倒变形体，在水库浸润作用下的复活，则属于自然演化型。

3. 工程扰动型

工程扰动型倾倒变形体主要发育于人类工程活动涉及的陡立反倾层状坡体中。一般来说，对坡体稳定影响较大的工程扰动方式主要包括两种：上部堆载与下部开挖。两种工程扰动方式其实质是在增强坡体岩层的重力弯矩作用。而一般来说，以开挖方式的工程扰动发生较多，同时对坡体稳定性影响较大。陡立反倾层状坡体经过开挖，由于临空状态加剧造成岩层面分离，在坡顶则表现出拉张裂缝的形成。同时，由于岩层倾倒致使层面之间相互错动形成架空表现出反坡台坎的现象，台坎与坡顶上部裂缝走向一般保持与岩层走向一致。而开挖面则常常出现浅表层的鼓胀式变形塌裂。

工程扰动型倾倒变形实质为工程活动破坏了坡体倾倒的自然演化进程，主动加快了坡体的变形速率。同时，改变了原有坡体变形行迹，在坡体二次应力调整时导致了新的变形范围、变形深度及最终的弯折破裂带。该类倾倒变形体由于诱因明显，故其辨识度较高。

4. 地震激发型

地震激发型倾倒变形体多发育于直立、反倾硬脆性层状结构坡体。一般来说，岩坡动力倾倒破坏更易发生于岩性较硬、剖面形态较陡的坡体中。如直立岩坡，在被节理或裂隙结构面切割成近直立似层状坡体，在地震动力作用下极易发生倾倒式崩塌。再如陡立反倾层状坡，在地震动力作用下，一般先于坡顶发生张拉或剪切破坏，岩层产生倾倒转动位移破坏，进而逐渐向下及向坡体内部发展，形成统一连贯的破坏面，造成大范围转动倾倒破坏。

地震激发型倾倒变形体发育特征有别于静力状态下的倾倒变形体。静力状态下的倾倒变形体一般多发生坡脚先期的压缩破坏，造成上覆岩体失去支撑而逐渐向临空面弯折，致使后期层状岩体发生倾倒破坏。而地震激发型倾倒变形体其最初变形破坏多发生于坡顶局部岩层，坡顶部分岩层在张拉作用下发生开裂，并逐渐向坡体内部发展，多追索与层面相交的结构面形成连续贯通破坏面，进而孕发倾倒破坏。地震激发型倾倒变形体形成的根本原因是坡体内部各种原生结构面或者构造结构面被破坏丧失强度，故受坡体内部结构面网络发育控制会形成多条破坏面，具体沿着哪条破坏面发生倾倒破坏取决于地震动力幅度。另外，由于坡体内部结构面发育密度多呈现坡表向坡内逐渐减小的特征，故地震激发型倾倒破坏多发生于坡体浅层。

如前所述，地震激发型倾倒变形体其坡表变形剧烈且顶部破坏现象显著。因此，对地震激发型倾倒变形体的识别可以此为辨识依据。对于历史地震相隔时间较远的地震激发型倾倒变形体判识，可通过观察其折断面数量、岩体脆性破裂程度、岩体破坏位置分布综合定论。

按成因分类一般要建立在充分调查倾倒变形体形成背景的基础之上，特别是对倾倒变形的主要诱发因素的调查。这样分类的好处在于可以充分突出变形体是在哪种环境之下形成的，当提到这种类型时人们就能对其变形失稳的机理有初步的认识。

3.4.2.3 按变形阶段分类

坡体的变形破坏不是一蹴而就的，通常需要经历漫长的地质演化过程，在这个演化的过程中，会出现一些变形特征区别较明显的时间片段，这些片段就是坡体的不同变形阶段。变形阶段能够反映其活动情况，表征坡体经历的演化历史。此前已有许多学者对滑坡所处阶段进行了划分，刘广润等（2002）按演进阶段将滑坡分为孕育、滑动和滑后阶段。岩质边坡从形成到失稳破坏需经历表生改造、时效变形和失稳破坏阶段。倾倒变形体也一样，从其形成到失稳也要经历漫长的地质演化过程，其变形是一个动态变化的地质过程，可划分成多个阶段。

中国科学院地质研究所对金川露天矿边坡的倾倒变形阶段进行了划分，根据坡体的变形破裂迹象，将变形演变过程分为四个阶段：孕育阶段、滑移-倾倒体形成阶段、倾倒逐次推移阶段、下部严重坍塌滚石阶段，这是较早对倾倒变形进行阶段划分的案例。成都理工大学对苗尾电站坝址右岸倾倒变形体的变形破裂特征进行了详细调查，通过对岩体变形破裂迹象的调查和分析，认为岩体的变形破裂有以下几种形式：层间剪切错动、层内张拉破裂、切层张剪破裂以及剪切-滑移。同样地，在对拉西瓦水电站果卜岸坡倾倒变形体的调查（黄润秋等，2013）中也得出了相似的结论，岩体的破裂形式有：岩板倾倒、岩板折断、板内拉裂和切板剪切-滑移。这些变形破裂迹象是同一时期在坡体不同部位观察到的，代表了岩体在不同变形阶段的变形破裂特征，即这些部位的岩体变形速率或先后可能不同，从而导致在同一时期观察到不同阶段的变形现象。对倾倒变形阶段的划分已经有了一些卓有成效的研究成果，但多是针对具体地点，鉴于此，本节综合上述分析，将倾倒变形体发育的阶段进行扼要的概括，分为孕育阶段、形成阶段、倾倒阶段和蠕滑/滑移阶段，如图 3.4-3 所示。孕育阶段表征坡体有倾倒变形的条件，并已有一些初步的变形迹象；形成阶段表征岩体已发生明显的弯曲张拉破坏，但尚未切层，坡体表现出较明显的倾倒变形特征；倾倒阶段表征坡体中结构面逐步扩展并相互搭接；蠕滑/滑移阶段表征坡体中折断面基本贯通，坡体有整体下滑的趋势。

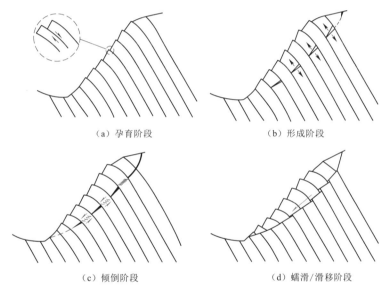

（a）孕育阶段　　　　　　　　　　　　（b）形成阶段

（c）倾倒阶段　　　　　　　　　　　　（d）蠕滑/滑移阶段

图 3.4-3　按变形阶段分类的图示

通过现场对倾倒变形体变形破裂特征的观察以及对变形的监测可以基本确定倾倒变形所处的阶段。倾倒变形的阶段指示着变形的强烈程度以及是否可能在短时间内失稳，对坡体的防治工作具有重要意义。值得注意的是，一个倾倒变形体所处的各个阶段并不是截然分开的，同一变形体不同部位的岩体可能处于不同的演化阶段。

3.4.3　按多因素分类

3.4.3.1　按岩性组合、变形及岩体结构特征分类

岩性是控制岩体强度和坡体物质组成的重要因素，岩性组合对坡体的变形特征和稳定性有着至关重要的作用。既有案例表明，单一薄层硬质岩发生弯曲变形时，通常表现为"折而立断"的脆性非连续变形特征，而软质岩则常常发生"折而未断"的连续变形特征。

当坡体由大量的层状岩板组成时，其整体变形特征可能表现出不同于单一岩层的现象。当坡体由细长的岩板组成时，总体呈现出连续的变形特征，岩层的倾角从坡表到内部逐渐增大，很少发生倾角突变的情况。当岩板厚度增加时，坡体很难发生这种完全连续的变形，岩体常常结合一组正交结构面发生似连续的弯曲变形。结构面间距进一步增大时，岩体通常在正交结构面的切割下，沿着角点发生块体转动。

一般而言，岩板的厚度与岩性是有一定的相关性的。诸如板岩、千枚岩等软质岩层相对较薄，而砂岩、灰岩等硬质岩可形成较厚的块体。因此，由层厚较小的软质岩组成的坡体发生倾倒变形时常表现为连续变形特征；由层厚较大的硬质岩组成的坡体发生倾倒变形时，常表现为非连续的块体转动变形；由软质岩和硬岩组成的夹层或互层状的边坡，在层厚不大的情况下，由于相邻软岩层的约束作用，硬岩层发生较大转动的可能性较小，这类结构的坡体常发生似连续状的弯曲变形。在上述分析的基础上，根据组成坡体的岩性条件和岩体结构特征，沿用 Goodman 等（1976）的分类方法，按照岩性组合、变形及岩体结构特征将倾倒变形体分为弯曲倾倒、块状倾倒和块状-弯曲倾倒 3 类，如图 3.4-4 所示。

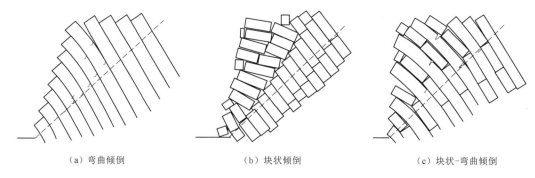

（a）弯曲倾倒　　　　　　　　　（b）块状倾倒　　　　　　　　　（c）块状-弯曲倾倒

图 3.4-4　按照岩性组合、变形与岩体结构特征分类的图示

（1）弯曲倾倒：陡立反倾边坡岩层于重力作用下发生向临空面方向的黏性弯曲变形。一般发生在强度较低、具有延性的地层中；变形之后的岩层具有较好的连续性，无明显的破坏断面及层间错动变形。

（2）块状倾倒：陡立反倾边坡岩层于重力作用下发生向临空面方向的脆性断裂倒伏变形。一般发生在强度较高、具有硬脆性特征的地层中；变形岩层具有明显的破坏断面，且倒伏的块体连续性差，断裂的块体一般沿着支点发生类似刚体的转动变形。

（3）块状-弯曲倾倒：陡立反倾边坡岩层在重力作用下发生向临空面方向的断裂-弯曲变形，是介于弯曲倾倒与块状倾倒之间的一类变形。一般发生于强度中等、延性与脆性相互平衡的地层之中。该类倾倒变形不仅兼具弯曲倾倒及块状倾倒的特点，地层在倾倒变形中产生似断非断的弯曲变形，变形后岩层既具有连续性特点，同时又能显现相应的断裂破坏面。

Goodman 等（1976）提出的三种主要类型得到了工程界的普遍认同，这样的分类是较为简单而经典的，当提到某种类型时，工程技术人员便可以初步了解到坡体的岩性组合、变形及岩体结构特征。

3.4.3.2　按坡体结构分类

坡体结构能够较为完整地概况边坡的岩性组合、岩体结构特征以及边界条件等。坡体结构对于坡体潜在失稳模式有着重要的控制性作用，常见的坡体结构有均质松散坡体结构、碎裂坡体结构、层状坡体结构、软弱基座坡体结构、板裂化坡体结构、整体状坡体结构等，其中陡倾层状坡、陡立结构面发育的软弱基座坡体以及板裂化坡体均可能发生倾倒变形。其中，陡倾层状坡体中发生倾倒变形的现象最为普遍，多数倾倒变形体发育在层厚不大的反倾陡立层状坡体中，近些年在陡倾顺层边坡中也出现了大量倾倒变形现象。这类坡体常由岩性较差的变质岩组成，且结构面发育，层厚不大；具有软弱基座的坡体，其下部软弱岩体在上部岩体的自重作用下发生不均匀压缩变形，导致上部岩体重心外移而倾覆。板裂化岩体常见于构造运动或卸荷较为强烈的坡体，其原岩一般为强度相对较高的均质岩，如拉西瓦果卜岸坡的花岗岩、美水电站的英安岩等，这类岩体在地质演变的长河中发生变形破坏，形成了陡立的构造或表生结构面，近坡表常发育缓倾结构面，导致坡体发生倾倒变形。

根据倾倒变形边坡的坡体结构，将其分为陡倾层状边坡倾倒变形体、软弱基座边坡倾倒变形体和板裂化边坡倾倒变形体，如图 3.4-5 所示。

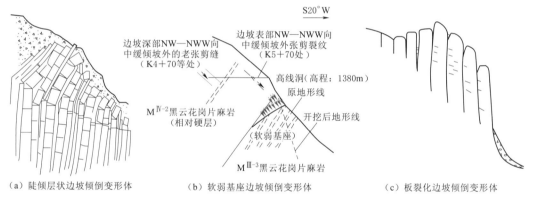

图 3.4-5　倾倒变形体按坡体结构分类的图示

坡体地质结构指示着边坡的组成条件，能初步明确岩性和变形边界，因此，通过坡体地质结构来对倾倒变形体进行分类能初步明确一个倾倒变形体的坡体地质结构、岩性组成以及变形失稳的机理。

3.4.3.3　按变形破坏方式分类

具有不同的坡体地质结构和岩性组成的潜在倾倒变形边坡，在地质演化过程中表现出的变形破坏现象和力学机制是有差异的，其地质力学模式不同。根据岩体变形破裂特征及其组合，岩体倾倒变形的地质力学模式主要有弯曲-拉裂和压缩-倾倒两大类。

易发倾倒变形的坡体结构主要有：陡倾反向边坡、陡倾顺向边坡、板裂化边坡、软弱基座边坡。根据坡体地质结构、变形破坏特征，结合岩体变形破裂地质力学机制，将倾倒变形体失稳模式分为弯曲-拉裂-剪切模式、倾倒-折断-剪切模式、卸荷-弯曲-倾倒模式、压缩-弯曲-倾倒模式 4 类，归纳于表 3.4-1 中。

表 3.4－1　　　　　　　　　　　　倾倒变形体失稳模式一览表

失稳模式	坡体地质结构	坡体变形特征	形成机理	典型实例
弯曲-拉裂-剪切	陡倾坡内层状边坡，由软硬岩夹（互）层组成，层厚不大	坡表形成与岩层走向较一致的裂缝和反坡台坎，岩层倾角从坡表向内逐渐增加，变形整体上呈连续弯曲	自重作用下硬岩发生弯曲拉裂和张剪破坏，裂缝追踪既有裂隙并切穿软岩，形成剪切面，剪切面逐渐贯通形成潜在蠕滑面	锦屏一级水电站倾倒体、苗尾水电站坝址右岸倾倒变形体、乌弄龙水电站倾倒变形体
倾倒-折断-剪切	板裂化硬岩边坡，结构面近直立，层厚不大	坡表形成与结构面走向较一致的裂缝和反坡向陡坎，岩层倾角从坡表向内增加，根部折断，有倾角突变现象，坡表多形成坠覆体	自重作用下岩层发生脆性折断、张裂，坡体逐渐松弛，裂隙追踪既有裂缝并切穿层，形成剪切裂缝，裂缝逐渐扩展形成潜在蠕滑面	拉西瓦果卜岸坡倾倒变形体、糯扎渡水电站倾倒变形体、小湾饮水沟倾倒变形体
卸荷-弯曲-倾倒	陡倾顺向边坡，由软岩或软硬岩互（夹）层组成，层厚较小，风化卸荷严重，常发育在河谷快速下切的地质环境中	近坡表的变形岩层倾向坡内，变形深度较小的坡体，岩层多在根部折断，倾角有突变；变形深度大的坡体，倾角一般呈连续变化	河谷快速下切卸荷造成岩层向临空方向初始弯曲变形，坡体在时效变形过程中逐渐松弛导致坡脚附近岩层应力集中，发生弯剪破坏，上部岩体在自重弯矩下进一步发生弯曲拉裂或折断	俄米水库1号变形体及格日边坡、白龙江流域的顺向坡倾倒变形体
压缩-弯曲-倾倒	坡体中下部发育软弱岩层（夹层）的反向层状边坡	下部软弱基座受不均匀压缩，近坡表部分变形较大。上部岩层弯曲变形，越靠近坡表变形越大，上部岩体变形量大于下部岩体	下部软岩在上覆岩体重力作用下发生不均匀压缩，近坡表变形大，导致上部岩层发生弯曲拉裂	紫坪铺水库倾倒变形边坡、小湾左岸高边坡

1. 弯曲-拉裂-剪切型失稳

弯曲-拉裂-剪切型失稳模式是在倾倒变形体中最为常见的，多发育在具有反倾薄～中厚层状的软硬互（夹）层坡体结构中。这类坡体坡高数百米，坡角常大于 $40°$，一般由板岩、千枚岩、片岩、泥岩等软弱岩体与砂岩等硬岩组成，岩层厚度不大，倾角一般为 $50°\sim90°$。在变形过程中，硬岩发生层内张拉破裂，或沿横切节理张开，软岩由于具有一定的柔韧性可限制裂隙的切层扩展，随着变形的发展，软岩在剪切力作用下逐渐被切穿，坡体发生蠕滑变形。坡体的变形破裂表现为延性破坏的特征，宏观上属于连续变形的范畴。其失稳示意图如图 3.4－6 所示。多数软硬互（夹）层的反倾层状边坡倾倒变形体都属于该类模式，以锦屏一级水电站、苗尾水电站、乌弄龙水电站等反倾岩质高边坡较为典型。本节主要以苗尾水电站坝址右岸

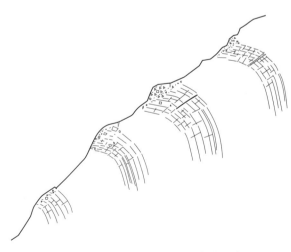

图 3.4－6　弯曲-拉裂-剪切型失稳示意图

倾倒变形体为该类失稳模式的典型代表，对其变形破坏特征和失稳机理进行分析。

苗尾水电站是澜沧江上游河段一库七级开发方案最下游的梯级电站，其坝址位于云南省云龙县旧州镇苗尾村境内的澜沧江干流上。近坝岸坡属纵向谷，右岸倾倒变形现象十分发育。坝址区出露基岩主要为侏罗系地层，岩性主要为板岩和砂岩。苗尾水电站倾倒变形体的形成经过了较为漫长的地质演化，倾倒变形后缘已扩展到分水岭，规模巨大。

（1）坡体地质结构特征。右坝肩边坡总体上为陡倾坡内层状结构边坡，岩层走向与河谷走向近一致，岩性呈软硬相间，受构造作用影响，层间错动带较为发育；坝址区工程岩体的岩性主要为中侏罗系花开左组板岩、片岩及变质石英砂岩，其间沿层面及裂隙侵入石英脉。板岩、片岩常见互层分布，板岩总体呈青灰色，岩体完整性较好，平均厚度 7m，单层厚度 5～40cm；片岩总体呈灰黑色～灰黄色，岩体较破碎，手掰可断，平均厚度 1m，单层厚度 1～2mm；变质石英砂岩总体呈灰白色～黄褐色，平均厚度 3m，单层厚度 5～40cm，层间多充填侵入石英脉，较破碎。构造活动强烈，岩层产状变化较大，正常岩层产状总体上为 N15°W/SW∠80°～85°。坡体两侧冲沟发育，总体切割较浅。坡体上部地形较陡，坡度 50°～60°，局部形成陡崖，下部地形较平缓，坡度一般为 15°～35°。

（2）坡体变形特征。右岸坝肩裂缝主要展布在近小溜槽沟侧山脊部位以及靠近心墙部位（见图 3.4-7），小溜槽沟附近的地表裂缝总体延伸长度较大、张开度大，最远延伸近百米、张开达半米；靠近心墙部位的裂缝延展长度较小，但数量较多。裂缝统计表明，右坝肩边坡的地表裂缝主要以 NWW 向为主，浅表部裂缝总体呈上宽下窄且逐渐闭合，填充物多为黏土和碎石，某些裂缝处可见反坡台坎，如图 3.4-8 所示。

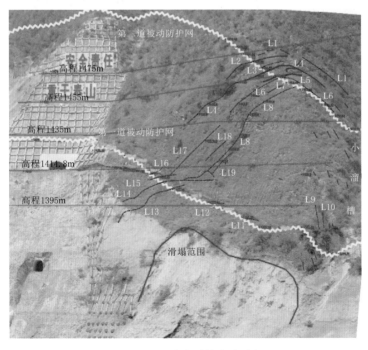

图 3.4-7　地表裂缝发育特征

图 3.4-8　坡表反坡台坎示例

由此可见，倾倒变形发生初期，其变形迹象与一般变形体并无较大区别，单凭现场踏勘不易分辨，较为复杂的变形体通常需要设监测仪器或采用勘探手段才能揭示其倾倒变形的实质。如二古溪倾倒变形体，其地面裂缝圈闭特征和坡面的马刀树发育特征均与一般大型滑坡较为相似，通过钻探和平硐才能揭示其倾倒变形的本质。坡体常常从临空条件较好的山脊部位开始变形，变形初期地表裂缝发育方向多与岩层走向一致，受地貌影响可能稍有偏转，裂缝常呈上宽下窄的楔形。随着变形的发展，坡体变形进一步增加，坡表逐渐形成反坡台坎，这是由于岩体出现错动并向临空方向转动造成的，反坡台坎是坡体发生倾倒变形的典型标志。在坡体变形增大过程中，坡表岩体逐渐松弛、破裂，浅表部岩体出现局部滑塌。

变形从坡表到坡体内部逐渐减小，总体上表现为延性变形特征。PD20 平硐中可见的内部变形主要集中在距离洞口水平距离约 13m 范围内，洞内发育有大量的层间错动带，层间剪切错动且张开填充岩块、岩屑，发育反坡台坎（见图 3.4-9），垂直错距约 5cm。在洞壁可见明显的切层张-剪破坏（见图 3.4-10）。

图 3.4-9　洞内反坡台坎示例

图 3.4-10　切层张剪破裂示例

据平硐揭露，0~12m 区间为极强倾倒变形区，该段岩体强烈倾倒折断，整体张裂松弛，局部架空，整体破碎，在重力作用下极易发生坍塌，采用工字钢对平硐入口进行了支护。同时在距离洞口 12.9m 位置形成了一个宽度约 40cm 的错动区，错动区内充填岩块、碎石以及岩屑，错动带两侧岩体倾角明显变化，是由岩体倾倒变形而形成的破裂面。

平硐统计表明坡体中上部倾倒变形的深度较大，而坡脚发育深度相对较小。这是由于坡体发生应力重分布后坡脚部位主要受剪切力，坡顶大范围受拉，且经历了充分的时效变形。岩层变形破裂主要表现为岩层的层间剪切错动、层内张拉破裂、切层张剪破裂以及剪切-蠕滑（见图 3.4-11）。

1）层间剪切错动。构造成因的层间错动带普遍发生倾向方向的剪切错动，岩板基本上不产生明显的张性破裂。

2）层内张拉破裂。岩体在变形的过程中，不仅沿着层间错动带发生相互剪切错动，并且层内岩板也发生了明显的张性破裂。这种变形主要出现在倾倒变形程度较强烈的坡体浅层岩体中，裂缝被限制在软弱岩层之间，一般不切层。

3）切层张剪破裂。岩体内产生一系列倾向坡外的张性剪切破裂面。张剪破裂具有强烈的拉裂和剪切-蠕滑变形迹象，并表现出较为明显的切层发展特征。

4）剪切-蠕滑。在坡体内部一些倾坡外的缓倾角结构面较发育的部位，上盘岩体在剪切下滑力作用下，沿着结构面向临空方向发生蠕滑变形。

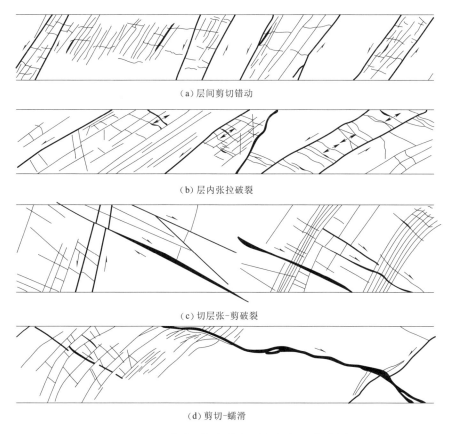

（a）层间剪切错动

（b）层内张拉破裂

（c）切层张-剪破裂

（d）剪切-蠕滑

图 3.4-11　弯曲-拉裂-剪切型岩体变形破裂特征

（3）易发此类倾倒变形的坡体特征。坡体具有反倾层状结构，层厚较小，多由板岩、千枚岩、泥岩、砂岩等软硬岩夹（互）层组成。岩层较陡立，倾角常在 50°以上，且以 70°～80°的坡体最为发育。坡体高陡，两侧受冲沟或河流切割，临空条件较好。

2. 倾倒-折断-剪切型失稳

倾倒-折断-剪切型失稳常发育在板裂化（节理化）硬岩边坡中，其岩板变形破裂主要表现为脆性破坏。岩体结构面通常较为陡立，是较完整的坚硬岩在构造运动或风化卸荷等作用下形成的构造节理或表生节理。这类坡体的岩性通常较为坚硬刚脆，通常为板裂化的花岗岩、英安岩或片麻岩等坚硬岩，节理发育密集，板厚通常较小。其变形过程与弯曲-拉裂-剪切型较为相似，最大的不同点在于岩板硬脆，稍有弯曲即发生折断。一系列脆性破坏的薄板在宏观上仍表现为似连续状的倾倒破坏，但在局部可观察到岩板的折断破裂，岩板倾角可发生突变，其失稳示意图如图 3.4-12所示。这类失稳模式以拉西瓦果卜岸坡、如美水电站、糯扎渡水电站、小

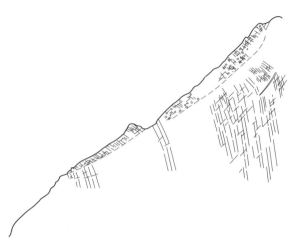

图 3.4-12　倾倒-折断-剪切型失稳示意图

湾水电站饮水沟等岩石高边坡倾倒变形体为代表。本节以拉西瓦果卜岸坡倾倒变形体作为该类失稳模式的典型代表，分析其变形特征与失稳机理。

拉西瓦水电站地理位置处于青海省贵德县和贵南县交界处，地处龙羊峡峡谷的出口段，果卜岸坡位于右岸坝前石门沟上游—黄花沟范围内。1980—1991 年，拉西瓦水电站工程开展前期勘测工作时发现果卜岸坡上部存在一错落体，体积为 3000 万 m^3。对于该错落体的特征及稳定性在水电工程的勘测阶段已进行了相应的工程地质勘测和分析、评价工作，总体认为错落体在天然条件下无新的变形，处于整体基本稳定状态。2009 年 5 月，工作人员在对岸坡巡视时发现果卜岸坡上、中部变形迹象明显。监测资料显示，果卜岸坡变形随库水位升降变化较敏感。根据现场调查结果与监测数据分析，果卜岸坡倾倒变形现象明显。

（1）坡体地质结构特征。果卜岸坡垂向高差 708m，边坡总体走向 NE18°～30°，倾向 NWW，总体坡角 44°。边坡岩体由印支期花岗岩构成，具有极为特殊的结构特征。花岗岩呈灰色～灰白色，中粗粒结构，岩石致密坚硬，具弹-脆性特征，节理发育，抗风化能力较差。该花岗岩体最突出的特征是具有极为显著的"板裂化"结构（见图 3.4-13），整个岸坡岩体均被近 NS 向及 NE 向两组共轭剪节理切割成厚度不均的"岩板"。后缘错落"陡坎"外侧（东侧），岩体"板裂"作用主要受近南北向剪节理控制，岩板厚度较大，实测一般超过 1.5m；下游侧（北侧）1 号山梁及青石梁岩体"板裂"作用受近 NS 向及 NE 向两组剪节理共同控制，岩板厚度一般在 0.8～1.1m；岸坡主体部分岩体"板裂"作用主要受近南北向剪节理控制，岩板厚度较薄，据实测一般不超过 0.8m，岩体完整性较差。坡表冲沟发育，坡面完整程度较差。风化卸荷强烈，坡表岩体张裂架空现象显著。

图 3.4-13　花岗岩"板裂化"特征

（2）变形破坏特征。坡表变形明显，

变形量大。坡体后缘发生明显的张裂-错动变形，沿一系列近 NS 向陡倾节理追踪发育，长 700 余米，总体表现出下错量大于水平位移量的特征，坡表发生累计变形量大于 30m。坡顶平台发育多条近平行裂缝，形成明显的"地堑式"陷落带，指示着两侧岩体水平变形的差异，同时，坡冠部位反坡台坎显著，对倾倒变形有着强烈的指示意义。坡表变形情况见图 3.4-14。

(a)后缘张裂-错落变形

(b)"地堑式"陷落带

(c)反坡台坎

图 3.4-14　坡表变形情况

由此可见，倾倒变形体坡表裂缝常追踪节理发育，坡体可发生很大变形而不出现滑动破坏，岩体间错动可剪断地表覆盖层，形成反向台坎。

坡体变形由坡内向坡表方向逐渐增强，岩体变形特征表现为岩板倾倒、岩板折断、岩板拉裂、切板剪切-蠕滑。岩板呈现出脆性破坏的特征，表现为"折而立断"的特点。

1）岩板倾倒。陡倾的板裂化岩体在自重弯矩作用下，向临空方向发生倾倒，并逐渐向坡内扩展。岩体内部沿早期构造结构面发生相互剪切错动。由于这类倾倒变形受控于岩板间的相互错动变形，且错动量不大，总体上表现为连续变形。

2）岩板折断。在较大的自重弯矩作用下，岩板的根部发生贯通性张裂，产生横切岩板的悬臂式折断破裂，形成一系列倾向坡外、断续延展的张拉折断带，倾角发生突变。

3）岩板拉裂。岩板在自重作用下持续向临空方向发生悬臂式倾倒，岩板间的相互剪切错动亦随之加剧。岩板发生拉断破裂现象，被拉裂成多段。这种变形主要发生于倾倒变形较为强烈的部位，拉裂面一般被限制在岩板内部，不产生切层拉裂。

4）切板剪切-蠕滑。倾倒岩体沿着缓倾坡外的张剪破裂面（带）向临空方向发生剪切-蠕滑变形。这类张剪破裂面主要包括先期形成的折断带、缓倾坡外断层带及中陡倾坡外节理面等。结构面类型主要为由单一裂隙构成的硬性结构面、有一定充填的断层带和由折断面发展形成的有一定厚度的角砾剪切带等。

需要注意的是,虽然脆性岩板在某些部位表现出倾角突变的情况,但大量薄板相互紧贴发生倾倒,在宏观上仍表现为似连续的弯曲变形,而厚度较大的岩板表现出的不连续性较为显著。

该类岩体变形破裂示意见图 3.4-15。

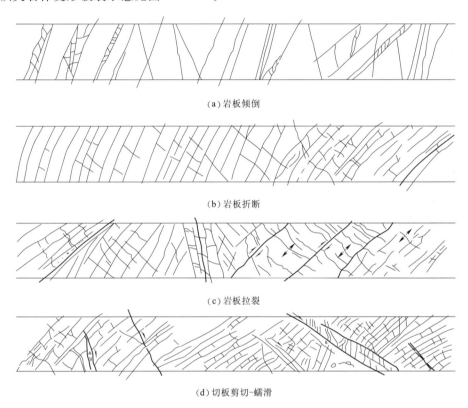

(a) 岩板倾倒

(b) 岩板折断

(c) 岩板拉裂

(d) 切板剪切-蠕滑

图 3.4-15 倾倒-折断-剪切型岩体变形破裂示意图

(3) 易发此类倾倒变形的坡体特征。坡体由岩性硬脆的板裂化岩体组成,岩板近直立,厚度较小。坡高较大,通常为数百米,且河流下切迅速,坡度较陡,前缘临空条件较好,岸坡卸荷比较充分,岩体松弛。

3. 卸荷-弯曲-倾倒型失稳

卸荷-弯曲-倾倒型失稳模式常发生在陡倾顺向边坡中,之所以强调"卸荷",这跟顺向坡倾倒变形发育的地质环境有着极为密切的联系。顺向坡倾倒变形常形成于河谷快速下切的强烈卸荷环境中,这是岩层发生初始倾倒变形的重要原因。软岩在河谷下切过程中发生卸荷回弹,导致岩层发生初始的向坡外的弯曲变形,与此同时坡体逐渐松弛,后缘坡体经长期变形逐渐有滑移趋势,并向前缘陡倾岩层施加土压力,使得已经发生初始弯曲形变的岩层在各种作用下进一步弯曲倾倒。卸荷-弯曲-倾倒型失稳示意如图 3.4-16 所示,以白龙江碧口水电站、黄河羊曲水电站、俄米水电站的各顺层岩石高边坡倾倒变形体为代表。本节以白龙江碧口水电站青崖岭滑坡为例说明该类失稳模式的坡体结构特征和失稳机理。

青崖岭位于碧口水电站上游的白龙江左岸，前缘形态呈弧形凸向白龙江。地形坡角 20°～35°。坡体中间高，两侧受冲沟切割。滑坡体前缘高程为640m，后缘高程约为1240m，纵长约1400m，后缘较窄，向前缘逐渐变宽呈喇叭形，倾倒体主要位于其中部及前缘部位。

（1）坡体地质结构特征。青崖岭岩性主要为长城组碧口群（Mtu）的

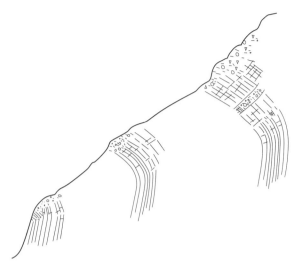

图 3.4-16　卸荷-弯曲-倾倒型失稳示意图

灰白色绢英千枚岩，夹少量凝灰岩，层厚较薄，在下游侧冲沟露头可见似层状岩体厚度仅2～7cm，岩层产状 N71°～86°E/SE∠65°～80°，倾坡外。坡体上游侧为深切冲沟，下游侧以黄鹿子沟为界，前缘较陡，坡体处于三面临空状态。可见，该类变形体常发育在岩层陡立、岩性软弱、厚度较小、坡体临空条件较好的环境中。

（2）变形破坏特征。从冲沟露头可以见到典型的倾倒变形现象，下游侧冲沟可见上部倾倒岩层产状为 N280°W/NE∠49°，倾向坡内；而下部基岩产状为 N55°E/SE∠70°，倾向坡外，如图 3.4-17 所示。

上游侧坡体中部道路边坡剖面可见上部千枚岩倾倒变形，层厚 7～10cm，岩层产状为 N75°E/NW∠85°，下部正常岩体产状为 N300°W/SW∠64°，倾向发生了明显偏转，如图 3.4-18 所示。

图 3.4-17　下游侧冲沟揭露倾倒变形

图 3.4-18　上游侧道路边坡揭露倾倒变形

与反向坡倾倒变形体有一定区别，该类变形体反坡向台坎较少见，通常不明显，这是由于岩层厚度较小，且通常呈连续柔性变形，不易错断坡表覆盖层。虽然岩质软弱，但常见根部折断现象，即倾角发生非连续变化，特别是倾倒深度较小且形成时间久远的变形坡体，分析认为可能是河谷快速下切导致倾倒变形体在较短时间内形成，且岩层转角过大，直接导致岩板折断。坡表岩体常较破碎，可见松动架空岩体，倾倒折断岩层倾向坡内。

（3）易发此类倾倒变形的坡体特征。坡体为顺向坡，坡体高陡，坡高数百米。岩性通常为软弱的板岩、千枚岩、砂板岩互层等，岩层厚度较小，风化卸荷强烈，岩体破碎。岩层倾角较陡立，通常为60°以上，坡体前缘一般较为陡立，纵剖面呈凸起形，冲沟发育，临空条件较好。河谷快速下切，岸坡强烈卸荷。

4. 压缩-弯曲-倾倒型失稳

该类失稳模式主要发生在具有软弱基座的倾坡内层状坡体中，下部软弱层状岩体在上部岩体压力作用下发生不均匀压缩变形，导致上部岩层逐步发生弯曲倾倒变形，示意图如图 3.4-19 所示。

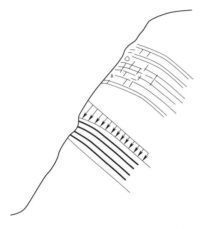

图 3.4-19　压缩-弯曲-倾倒型失稳示意图

这类变形失稳模式主要见于岷江紫坪铺进水口、溢洪道边坡等由砂岩和炭质页岩组成的软弱基座坡体，澜沧江小湾水电站左岸高边坡及金沙江虎跳峡龙蟠坝址右岸边坡等水电高边坡中。本节以紫坪铺电站 2 号泄洪洞进水口边坡为例说明该类失稳模式的坡体地质结构特征和变形失稳机理。

紫坪铺电站 2 号泄洪洞进水口边坡位于岷江右岸，岷江在沙金坝河段处出现近 180°的拐弯，使右岸形成孤立山脊，而泄洪洞进水口边坡就位于该孤立山脊上游。泄洪洞横穿孤立山脊，开挖过程中进水口边坡坡脚和中部的 L9、L10 软岩带上盘出现了显著的弯曲变形现象。

（1）坡体地质结构特征。边坡主要由砂岩夹煤质页岩和泥质页岩组成，砂岩坚硬完整，抗压强度高；页岩岩性软弱，易压缩，发育于不同规模的层间剪切带内，流变性好，是整个坡体的薄弱部分。

坡体为具有软弱基座的反倾边坡，发育不同规模的结构面，其中Ⅲ级结构面主要顺层发育，变形较剧烈，以 L9、L10 为典型代表。L9 厚 6～13m，位于边坡下部；L10 厚 5～9m，位于坡体中部。L9 和 L10 均由煤层和薄层状炭质页岩组成，且在褶皱构造中遭受了挤压剪切，完整性差。坡体中Ⅳ级结构面主要为层面和沿层面发育的硬性结构面；Ⅴ级结构面在坡体中广泛发育，且明显受岩性和构造部位控制。顺坡向结构面倾角 10°～30°，与层面近垂直，在砂岩中密集发育，延伸长度 5～10m。泄洪洞进水口边坡坡体结构示意如图 3.4-20 所示。

（2）变形破坏特征。该边坡在开挖前就已发生变形现象，坡体前缘出露同组岩层，但上部岩层的倾角明显小于下部，即上部岩层已发生了明显的弯曲，且越靠近坡表弯曲变形越严重，出现层间错动现象。

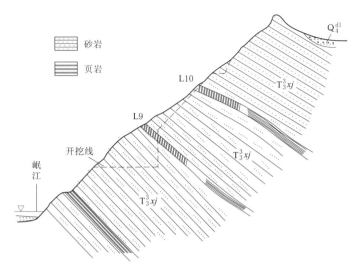

图 3.4 - 20　泄洪洞进水口边坡坡体结构示意图

开挖过程中坡体变形现象更趋明显，最初产生顺层裂缝，一般宽 $2\sim4cm$，有岩块岩屑充填，但受到一组陡倾角节理的限制，该陡节理间距 $1\sim2m$，主要集中在上覆砂岩、粉砂岩中，表现为张拉破裂，同时近坡表的缓倾坡外结构面也出现了错动现象。L9、L10软岩带在变形过程中表现出显著的非均匀压缩变形以及向临空方向的挤出，为上覆岩体的弯曲变形提供了空间。

（3）易发此类倾倒变形的坡体特征。坡体要发生此类倾倒变形，需发育有软弱基座，或坡体下部有采空区等。岩层倾向坡内，且上部岩层厚度不大，岩质较软弱，坡面较为陡立。

3.4.4　新分类初探

边坡的变形破坏均是在一定时间内发生，即边坡的变形破坏是兼具时效特性的。单一的岩块于恒载作用下，随时间的增长其应变会产生变化；而包含结构面的岩体于重力作用下，随着风化、卸荷等其他外动力作用导致其强度降低等影响，同样会产生随时间增长变形随之变化的时间效应。黄润秋等（1997）在研究西南地区高边坡变形破坏发育的动力过程中，提出了其时间序列演化进程的三阶段模式——表生改造阶段、时效变形阶段及破坏发展阶段，同时在空间垂直分带上给出了对应的变化区域（见图 3.4 - 21）。

倾倒变形同样属于边坡变形的其中一类，多发生于陡立反倾岩层中。其发育的过程依然遵循前述边坡动力发育演化的三阶段模式。因此，针对三类原生倾倒变形进行考虑时间场的分类研究是准确识别倾倒变形发育阶段的基础。基于边坡变形发育的动力过程，倾倒变形的现象通常处于时效变形阶段。一般来说，只有岩层发生明显的弯曲或者块状倒伏现象才能定义为倾倒变形。故三类原生倾倒变形于时间场的分类均应是处于边坡时效变形阶段之内及其后续阶段。依据众多倾倒变形体实例的总结分析，可以将原生倾倒变形体按照变形阶段划分为：表生改造型、等速时变型、加速时变型及破坏发展型。

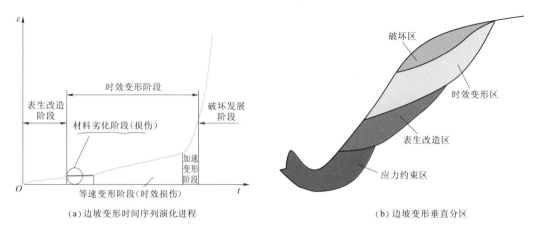

(a) 边坡变形时间序列演化进程

(b) 边坡变形垂直分区

图 3.4 - 21　边坡动力发育过程示意图

3.4.4.1　表生改造型

表生改造型是指边坡变形处于表生改造阶段时，由于坡体应力调整导致边坡岩层发生弯曲或者拉裂破坏倒伏现象。表生改造阶段是边坡变形的最初阶段，在这一阶段中，通过岩体卸荷导致的差异回弹会造成两种岩体结构的变化形式：一种是对原有构造或原生结构面的进一步改造；另一种是产生新的表生破裂体系。按岩体变形结果的表现形式则主要分为四种类型：水平卸荷裂隙的产生、垂直卸荷裂隙的产生、缓倾角断裂带的卸荷回弹错动以及板裂化改造。

由于高应力地区河谷在下切过程中会造成地应力集中及差异性卸荷回弹，在坡脚低高程段产生水平卸荷裂隙。而沿着边坡表层在原有的基体构造裂隙基础上由于卸荷拉张作用产生众多的垂直卸荷裂隙。一般来说，水平卸荷裂隙的发育深度不超过 20m，垂直卸荷裂隙的发育深度小于 10m。两种裂隙的组合在层状边坡中往往造成块体的破碎及倒伏，形成边坡表层倾倒。在坡体中上部区域，一些整体块状岩体被平行岸坡的垂直卸荷裂隙分割成板状，一般其宽度多在 20m，深度多在 30m。这些板裂化改造结果在同时耦合缓倾裂隙、水平裂隙时即转化为块状的倾倒。

一般来说，边坡变形的表生改造阶段多发生于边坡下部低高程处及中高程处。卸荷裂隙的水平发育深度小于 30m，而板裂化改造的发育深度小于 20m。因此对于发生在坡脚的由于卸荷裂隙切割的表层岩层倾倒其判识主要依据有：卸荷裂隙的分布、倾倒岩层的发育深度以及岩层发生倒伏时是否具有因上覆压力作用产生的碎裂充填。而对于发生在坡体中部的板裂化改造导致的倾倒其判识依据有：板裂化岩层是否有折断痕迹、板裂化改造的存在状态以及坡面符合板裂化改造特征的裂隙分布状态。

3.4.4.2　等速时变型

边坡变形在完成表生改造阶段后，会经历极长时间的时效变形。这一阶段的边坡变形示意如图 3.4 - 21 (a) 所示，分为三个不同特征时段。边坡的表生改造阶段时，通过卸荷作用其坡体内部应力重新调整到平衡状态。后期边坡的变形处于微起伏的平衡态，即一段时间内边坡的变形量较小（材料劣化阶段）。但在这一过程中，边坡受到外界地质营力的综合作用，组成边坡的各单元均趋向于劣化态。当各单元被劣化或弱化到阈值关口时，坡体内部开始产生损伤、破裂进而引导坡体内部应力继续调整。同时外界地质营力的综合弱化或劣化作用将同步持续施加。两种过程在同时进行时处于双系统博弈状态，当弱化作用系统结果大于坡体自身调整结果时，边坡开始发生变形量随时间增大而增大的时效变形。而在后续一段时间内，边坡变形的速率大致相等，边坡的变形呈现稳定增大的发展状态（等速变形阶段）。因此，等速时变倾倒主要指的即是边坡在等速时效变形阶段发生的倾倒变形，主要包括两个特征时间阶段：变形速率接近于 0 的材料劣化阶段及变形速率恒定的等速变形阶段。

从边坡变形的垂直分带性上来说，时效变形多处于边坡的中部。因此，等速时变倾倒的判识第一依据应从边坡垂向位置考虑。此外，处于等速时变阶段的倾倒多表现弯曲变形状态且无明显的折断破裂带出现。再次，基于一段时间边坡变形的定量监测可以判定倾倒变形的发展阶段。

3.4.4.3　加速时变型

无论是岩石还是岩体，当其内部损伤达到一临界值时，后期材料变形均将经历短时期变形急剧增大的发展演化阶段。于边坡倾倒而言，即岩体倾倒进入加速变形阶段（加速时变型）。此阶段内，岩体内部由于前期变形损伤产生的微裂纹逐渐连通、壮大形成更大一级的破坏裂面。该阶段岩体变形速率随着时间增长而增大。但该阶段一般历时相对等速变形阶段较短。

对于加速时变型倾倒变形体，其判别特征主要集中在是否形成断续的破裂面，或者弯曲变形剧烈段是否存在破裂连通现象。定量监测在判定加速时变型倾倒时亦可作为一种有效手段。基于一段时间内岩体变形速率及变形量值的测量，可判定倾倒变形体的时效变形模式。

3.4.4.4　破坏发展型

破坏发展型为边坡倾倒变形发展最终时的结果。该变形阶段所代表的倾倒变形体模式直接反映了倾倒破坏现象。一般来说，倾倒变形发展到该阶段，岩体基本上已产生了倒伏破坏或者滑动破坏。前期岩体弯曲部位基本全部折断，折断的岩层同时伴随次一级折断倒伏破坏，坡体表部岩层破碎现象亦较严重。同时，当坡体内部岩层发生折断破坏，而折断破坏部位形成连续贯通的破裂带时，破裂带上覆岩层亦可能转化为破碎滑体沿着破裂带发生剪切滑动破坏。

针对该阶段模式的倾倒变形体，其识别特征相对较为明显。一种为弯折破裂带形成且上覆层状岩层发生相对轻微破碎的倒伏；另一种为上覆层状岩层相对严重破碎后沿着弯折带发生滑动。故对第一种倾倒变形体其识别特征在于破坏上覆岩层是否还基本保留原状层序，仅仅围绕支点发生转动拉裂破坏；而对另一种倾倒变形体其识别特征在于弯折带是否具有剪切摩擦滑动迹象。

3.5　典型工程倾倒变形演化研究

3.5.1　二古溪倾倒变形体

二古溪倾倒变形体位于四川境内杂谷脑河上游峡谷，杂谷脑河上游及下游均为三叠系杂谷脑组灰色千枚岩、千枚状板岩与变质砂岩构成的峡谷，变形体所在区段河谷两岸山势极高，左岸附近最高峰海拔约 5000m，右岸附近最高峰海拔约 4800m。二古溪倾倒变形体位置如图 3.5－1 所示。杂谷脑河在研究区处形成一个大的转弯，在研究区上游杂谷脑河总体为近 NS 向，研究区附近河流呈弧形弯曲，河流流向由近 NS 向转为 NW—SE 向，研究区下游河流又向南稍稍折回，远观为不规则的曲线形。在二古溪变形体附近，局部岸坡呈突出的圆弧状。

图 3.5－1　狮子坪水电站二古溪倾倒变形体位置图

研究区地势总体呈西北高东南低，山脉沿 NW—SE 向展布，左岸坡顶高程略大于右岸坡顶高程，左岸坡顶高程 3800m 左右，右岸坡顶高程在 3700m 左右，河水位高程 2510～2520m，河谷岸坡高度 1200～1300m。该段杂谷脑河河谷地形陡峻、两岸山体比较雄厚，高程 2700m 以下基岩局部裸露。两岸与河流的相对高差比较大，岸坡呈上缓下陡的特征，高程 2700m 以上，自然坡度 25°～45°；高程 2700m 以下岸坡变陡，坡度 40°～60°，局部直立。两岸冲沟较发育，大部分冲沟切割深度不大，一般延伸 1～4km，少数冲沟切割深度大，延伸 10km 以上。一般水位条件下，研究区一带杂谷脑河的谷底宽为 20～40m，当水库正常蓄水位 2540m 时，变形体附近河谷宽一般为 80～180m，河床平均比降 18.4‰。研究区河段水流湍急，水位落差大。二古溪变形体边坡植被覆盖极好，多为第四系覆盖层所覆盖，仅在近河床附近局部可见基岩出露，出露岩体较破碎，倾倒变形迹象明显，坡表小冲沟发育较少，冲沟切割深度较浅，一般 5～15m，发育长度较短，一般接近边坡中部即不再延伸，无常流水。

从 A 区前缘地质结构来看（见图 3.5－2），1 号隧道部位以覆盖层堆积物变形为主、洞壁及底板变形模式应为受推挤作用使洞身偏斜内鼓、顶拱垮塌，同时底板自身抗力不足而隆起破坏；而 2 号隧道部位主要为基岩倾倒变形，使洞身在变形边界处受压受剪。受物质组成及特征变化差异的影响，将其进一步分为 3 个小区，现就变形主体 A 区内的小区分界及变形特征作一简介（见图 3.5 - 3～图 3.5 - 9）。

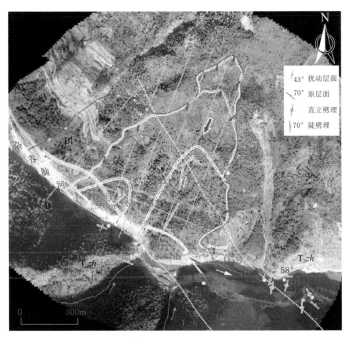

图 3.5 - 2　变形体平面形态（图中红色虚线为裂缝）

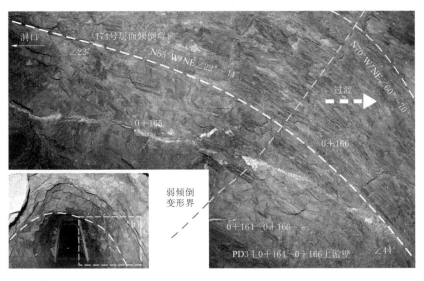

图 3.5 - 3　PD3 平硐 0＋166 倾倒变形底界

A1 区：上游边界在二古溪 1 号隧洞上游进口附近，上下延伸；下游边界为二古溪大桥左岸桥头下游侧裂缝，而后缘由于地表变形不明、未出现横向裂缝，根据钻孔内地质资料以及 ZK103 测斜孔上段（25～30m）位移突变现象来看，推测后缘在 ZK103 与 ZK104

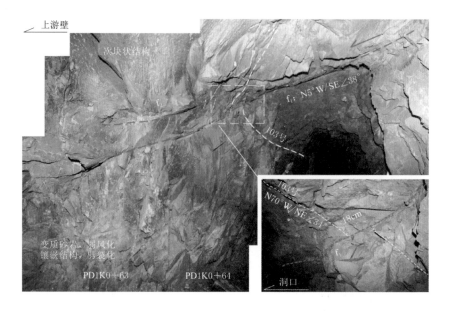

图 3.5-4　PD1 平硐弱倾倒区中段岩体结构及变形迹象

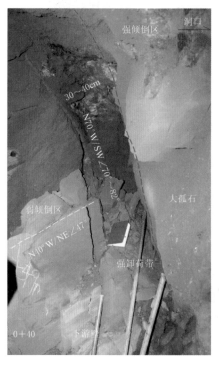

（a）下游壁强卸荷带分界

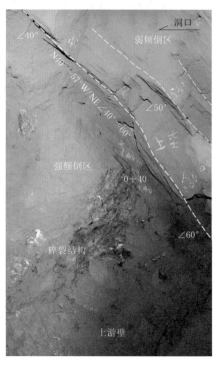

（b）上游壁完整岩体与碎裂结构分界

图 3.5-5　PD1 平硐 0+40 强、弱倾倒接触带

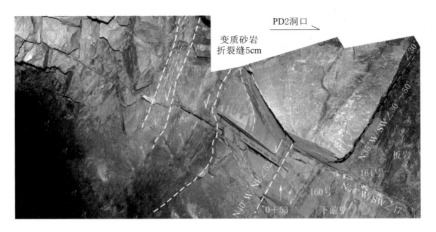

图 3.5 - 6　PD1 平硐 0＋52～0＋54 段中部倾倒变形体

图 3.5 - 7　PD1 山南部研究区全貌

图 3.5 - 8　山南部变形体变形区域

图 3.5-9   山南部 PD1 变形体上部拉裂处

之间，高程在 2900～2950m。平面上，该区整体呈扇形，顺河宽度约 500m，分布高程 2508～2950m，根据勘探调查显示，变形底界深度 30～80m，推测平均厚度约 45m，估计方量为 560 万～750 万 m³。其物质组成以含块碎石土为主，前缘拔河约 30m 高度将处于正常蓄水位以下，地表现已局部失稳，变形持续，分析其破坏模式以牵引式塌滑为主。

A2 区：系二古溪 2 号隧道所在的变形部分，上游界沿隧道外侧公路路面横向裂缝往上下延伸，下游界即隧洞出口外的裂缝处，往上通过隧道上方发现的小规模塌陷点，而后缘边界不明朗，推测在 2700～2750。该区整体呈宽扇形，沿河宽度约 320m，分布高程 2510～2750m，根据最新资料估计其方量为 139 万～162 万 m³，物质组成主要以强倾倒的变质砂岩及板岩为主，前缘将有 30m 位于蓄水位以下。该区变形迹象明显，除前述前缘公路挡墙出现剪裂、隧洞底板出现错台隆起、边墙顶拱剪切明显外，在 PD2 平硐内还发现一系列的倾倒折断变形及松弛带，其破坏方式以倾倒折断变形为主，沿折断面剪切下错。

A3 区：主要是 A 区中间的一大部分，坡体表层由崩坡积块碎石土以及坠覆体组成，下伏为倾倒变形基岩（变质砂岩、板岩）。该区地表变形迹象较弱，ZK103 钻孔 55m 深度内监测存在一定的变形，坡体内从 PD3 揭示看，也仅在 0+75 处及 0+80～0+90 段发育架空岩体或洞顶塌滑，其后缘除贯通的主边界裂缝外，未见其他明显变形现象。从其表部植被中发育的大量马刀树来看，该区表层经历过较漫长的缓慢变形。其前缘 G317 公路路堤布置有抗滑桩，对坡体变形发展有一定抑制作用。

B 区：附于 A 区上游侧（见图 3.5-2），呈长箕形，后缘以高程 2910m 附近发现的数条隐约贯通的裂缝为界，上游以 2 号隧洞进口的小型冲沟为界。沿河宽度约 280m，高程为 2510～2910m，变形厚度按 45m 推测，估计总体方量约 500 万 m³，其内部变形迹象不明显。

在山南部边界（北纬 41.94°、东经 74.095°）可以观察到与滑石形成直接相关的现象，这里有一个 500～600m 高的山脊的北坡，它由有明显的层理面的古生代沉积岩（边坡内部）组成，有许多数米高的上坡崖穿过（见图 3.5-7）。根据第一印象，整个岩石块在向南滑动。然而，这种印象是错的，事实上这些上坡陡坎表明几乎整个山脊的北坡都经历过缓慢的蠕变变形。

在某些情况下，崩塌可能引发灾难性滑坡，理论和实地研究旨在区分这两种崩塌方式，结果发现两种截然不同的表现：可延伸的自稳定性弯曲崩塌发生在有单一强大的节理组的脆弱岩石中；易爆的灾难性块体崩塌发生在牢固的岩石中，包含持续的、下倾斜的或水平的交叉点。这两种机制展示非常不同的滑前压力模式，然而，即使在上述两种机制的第一类现场，强烈的地震震荡也可能快速地导致边坡破坏。

二古溪倾倒变形体坡体相对高差约 750m，整体下部岩性以三叠系中统杂谷脑组板岩夹变质砂岩及灰岩为主，上部则以三叠系上统侏倭组变质砂岩、板岩韵律互层为主，坡体变形的整个区域基本属于软硬互层结构。坡体自然坡度大致处于 30°～35°，岩层反倾倾角 70°～85°。坡体岩层在重力弯矩下发生向杂谷脑河方向的弯曲倾倒，按照弯曲变形破坏程度由坡表向内划分为浅表层覆盖区、弯曲破坏坠覆区、强倾倒变形区及弱倾倒变形区。

通过平硐调查分析，二古溪倾倒变形体内部结构面发育，呈陡～中陡倾角，其优势结构面共计三组，其优势结构面产状及相应地质特征见表 3.5 - 1。由表 3.5 - 1 中结构面产状及地质特征可知，组别 2 结构面中陡倾向坡外，而反倾岩层在重力弯矩作用下产生弯曲拉裂，该组裂隙结构面的存在使得弯曲拉裂变形得到促进，并且追索裂隙向深部发展，进而接连下一条同组裂隙结构面，最终形成拉裂破坏带。由此可知陡倾坡外的裂隙结构面对倾倒变形体的发育可起到绝对的促进作用。

表 3.5 - 1　　　　　　　　　　优势结构面产状及相应地质特征

组别	产　状	地　质　特　征	备注
1	N35°～70°W/NE ∠40°～70°	宽 0.1～0.3cm，充填岩屑，胶结差，面较平直粗糙，延伸长度大于 10m，间距 10～30cm	"层面"倾角变化较大
2	N45°～80°W/SW ∠45°～60°	多微张，宽 0.2～1.5cm，充填岩屑、岩片，面较平直粗糙，一般被层面截断，间距 30～50cm，延伸 1～3m	多发育外倾中陡倾裂隙
3	N15°W～N10°E/NE 或 SW∠80°～90°	宽 0～0.5cm，无充填或局部充填岩屑，面较平直粗糙，延伸长度大于 10m，间距 0.5～2cm	较发育近 NS 向劈理

3.5.2　星光三组倾倒变形体

如图 3.5 - 10 所示，溪洛渡水库坝址区上游 32.5～33.8km 右岸为星光三组倾倒变形体。该变形体所在河谷狭窄，谷坡陡峻，多基岩出露。变形体两侧被 2 条冲沟切割与周边地形清晰分割开来。该倾倒变形体临河面边坡长约 1500m，高程为 410～1360m，相对高差约 950m，坡体平均坡度约 37°，地形走势呈现上缓下陡。坡体上发育数条小型冲沟，表部较缓地段堆积 0.3～1.0m 厚的坡残积物。

经过实地测量，临河面边坡岩层走向与河谷走向斜交，出露完整基岩，其产状 N0°～21°W/SW∠60°～80°。通过现场调查及平硐揭露，该变形体边坡下部高程 640m 下（水位线以下）岩性以奥陶系湄潭组（O_1m）和大箐组（O_2d）薄层状～中层状的泥灰岩、泥质细砂岩及砂质页岩为主；高程 640m 上（水位线以上）主要以寒武系西王庙组（$\mathcal{C}_2x$）和二道水组（$\mathcal{C}_3e$）中厚～厚层状的砂岩、粉砂岩、白云岩为主。

如图 3.5 - 11 所示，基于现场调查发现，于平硐 PD4 及平硐 PD1 上部 200m 范围内

图 3.5－10　溪洛渡星光三组倾倒变形体

图 3.5－11　变形体裂缝分布

图 3.5－12　反坡台坎式裂缝

出现多条拉裂性质变形裂缝。根据统计分析，裂缝大致延伸方向主要在 N20°E～N10°W 范围，与地层走向基本一致。地表部分裂缝横向分离距离较大，且兼具反翘特征，出现反坡台坎现象（见图 3.5－12）。同时边坡靠近上游冲沟位置，坡体前缘发生局部坡脚滑塌破坏。在分析裂缝出现的时间及水库蓄水时间相关性时，发现水库从 2003 年 5 月下闸蓄水至同年 10 月陆续出现 5 条张裂缝。由此说明水位的涨落对坡体变形具有强烈的影响作用。

　　此外，现场调查勘测发现，变形体边坡岩层产状在不同高程部位存在较大变化。下部岩层倾角整体上为 75°～85°，而坡体表部部分岩层倾角呈现偏转变缓趋势，倾角为 10°～45°。上游部分平硐内部岩层存在明显的弯折破碎现象，且岩层倾角存在较明显的过渡转变。

　　由上述变形现象及特征可以大致推断，该处变形体为一陡倾坡内的边坡在水体浸润环境中在长期的重力弯矩作用下发生向河道上游弯曲倾倒的变形体。原始坡体在自然历史期经上覆岩体不均匀压缩发生少许朝向河道临空方向的弯曲变形；随后水库蓄水水位上涨，水体沿着导水裂隙进入坡体内部浸润软弱岩层，同时加剧软弱岩带风化破碎，其结果为加剧边坡弯曲倾倒变形发展，表现在地表裂缝产生及前部坡脚滑塌；该倾倒变形体继续演化的进程可能导致弯曲剧烈带加速破碎并致使破碎裂隙相互勾连形成主体贯通破坏带最终在重力作用下形成大规模滑坡。

此外，可将星光三组岸坡发生倾倒变形的演化过程及在库水作用下的诱发机理概述如下：

（1）表生改造。在河谷下切、岩体卸荷-倾倒变形发展的初期，星光三组陡倾坡内的薄层状岩体在自重弯矩作用下发生悬臂梁式的压缩倾倒变形。

（2）时效变形。随着弯曲变形的进一步发展，薄层岩板所承受的拉张应力日趋强烈，当弯曲变形所引起的层内拉张应力达到或超过岩体弯曲强度时，岩体发生弯曲-折断，变形方向受岩体结构控制朝向上游山脊侧。水库蓄水后，星光三组岸坡蓄水位以下岩体遇水软化，边坡变形有所加剧，致使坡体出现宏观裂缝，此时边坡进入时效变形阶段。

（3）失稳破坏。随着变形量的持续增加，边坡岩体内逐渐形成贯通的切层折断带，并在重力或外界诱发因素下发生切层蠕滑，此时边坡变形将不再受岩体结构控制，转而受重力控制向最大临空方向发生变形，并最终导致失稳。

图 3.5-13 揭示出了星光三组岸坡倾倒变形过程，主要有以下几个阶段：①原始边坡的完整岩体；②自然历史时期岩层不均匀压缩造成的弯曲变形；③蓄水后边坡变形加剧，局部切层蠕滑；④倾倒折断面逐渐贯通，最终形成滑坡。

库水位上升对变形体稳定性的主要影响机理如下：

（1）库水位上升产生渗透力。库水位上升时，由于库水位与库边坡内水位形成水头差，并随着库水位不断上升，水头差增大，这样产生一个向坡内的渗透压力，方向垂直坡面指向坡内，增大了下滑阻力，有利于变形体的稳定。

（2）库水对岩体的软化泥化作用。随着库水位的上升，变形体边坡从干至湿的变化，使得岩土体含水量发生变化，受水浸泡以至达到饱和，使得边坡岩土体物理力学参数降低，岩体抗剪强度、黏聚力以及内摩擦角都减小，从而降低了下滑阻力，不利于变形体的稳定性。

（3）库水位上升产生孔隙水压力。随着库水位的上升，潜在滑动面上产生孔隙水压力并随着库水位的上升而增大，从而使得有效应力降低，不利于变形体的稳定性。

（4）库水位上升速度对变形体稳定性的影响。当库水位上升时，变形体的稳定性系数表现为随着库水位的上升先变小后变大的总体趋势；不同的库水位上升速率下，稳定性系数的变化总体趋势一致，但相同的库水位上升速率大的稳定性系数相对较小。

库水位上升过程中变形体稳定性变化主要取决于占主导的影响因素，如果有利因素占主导稳定性系数就变大，反之稳定性系数就变小。在整个过程中，由库水位上升引起的正负作用逐渐抵消，当库水位上升到某一高度时，使得边坡处于一个新的平衡状态。

综上所述，一方面库水对岩土体影响表现为岩体抗剪强度、黏聚力以及内摩擦角减小；另一方面库水位不同的上升速度产生孔隙水压力增大，使得有效应力降低。这些是使

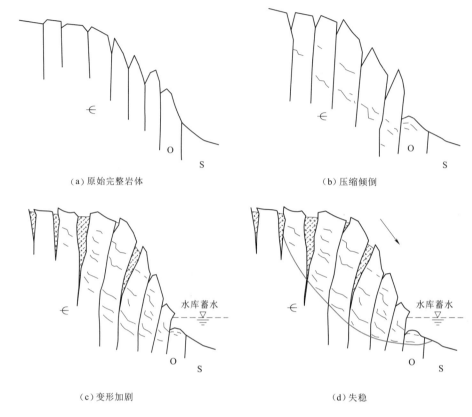

（a）原始完整岩体　　　　　　　　　　　　（b）压缩倾倒

（c）变形加剧　　　　　　　　　　　　（d）失稳

图 3.5－13　星光三组岸坡倾倒变形过程示意图
Є—寒武系地层；O—奥陶系地层；S—志留系地层

变形体垮塌或形成滑坡的主要因素。

而库水位下降对变形体稳定性的主要影响机理如下：

（1）库水的软化泥化作用。地下水使变形体岩土体发生软化和泥化作用，主要表现在潜在滑面中充填物的物理力学性质的改变，潜在滑动面中充填物随含水量的变化，发生由固态向塑态直至液态的弱化效应，软化和泥化作用使岩土体的力学性能降低，黏聚力和摩擦角都减小。

（2）库水位下降形成的渗透力。当库水位降低时，库岸变形体内的地下水水位高于库水位，地下水由坡体内向坡外排出，较大的水力梯度形成了较大的渗透力，增大了下滑力，很容易引起变形体发生滑塌或者形成滑坡。当库水位骤降时，变形体内地下水不易排出，浸润线严重滞后于库水位，形成较大的孔隙水压力，也会增大地下水渗流方向的下滑力，影响变形体的稳定性。

（3）时间效应。当库水位下降时，库水的作用产生的孔隙水压力是暂时的，形成新的孔隙水压力和岩土体软化需要较长的时间。变形体主要受岩土体软化的影响，岩土体软化需要的时间主要取决于岩土体的渗透性。当库区变形体岩土体的渗透性较好时，浸润线与库水位的下降保持同步或滞后，但滞后时间很短，引起的渗透力相对也较小；而当库区变形体岩土体的渗透性较弱时，浸润线严重滞后于库水位的下降，引起的渗透力相对也就大得多。

（4）库水位下降速度的影响效应。当库水位下降时，变形体的稳定性系数表现为随着库水位的下降先变小后变大的总体趋势；在不同的库水位下降速率下，稳定性系数的变化总体趋势一致，但在相同的库水位下下降速率大的稳定性系数相对较小。

综上所述，一方面库水对岩土体影响表现为岩体抗剪强度、黏聚力以及内摩擦角减小；另一方面库水位下降形成的向下的渗透力，尤其是骤降情况下，产生很大的向下渗透力、较大的孔隙水压力，增大下滑力。这些是使得变形体发生滑塌或形成滑坡的主要因素。

第 4 章

倾倒变形体识别与勘察

4.1 倾倒变形识别

4.1.1 倾倒变形识别要素

4.1.1.1 倾倒变形识别要素研究进展

倾倒变形是边坡变形破坏中的一种典型现象。其形成机制是（似）层状岩体，在自重产生的弯矩作用下，由前缘开始向临空方向作悬臂梁弯曲，并逐渐向坡内发展，最终发生倾倒破坏。就边坡的结构而言，反倾边坡应属于最稳定的类型。但随着人类工程活动的日益频繁及范围的扩大，在国内外的水利水电、矿山、铁路、城市环境灾害等方面，都涌现出了大量倾倒型滑坡失稳破坏的灾难性事故。如 1966—1990 年，金川露天矿边坡曾发生方式独特的变形破坏，即"倾倒-滑移"破坏，矿体上盘边坡条块状结构体反倾坡内，而边坡上部近 WE 向断层和 NE 向断裂组合，其交线倾向矿坑。采空区形成后，岩体的这种结构造成上部边坡有向矿坑滑移的趋势，但受到边坡中下部条块体的阻挡，自身重力作用下条块体中产生扭动力，当它克服了倾倒阻力后，便产生了倾倒-滑移的复合变形。在公路边坡及采矿中，也广泛地存在着倾倒变形破坏，正确认识倾倒变形体的稳定性状况，对保证工程正常的运行及人类的生命财产安全具有重要的意义。因此研究这种广泛存在的倾倒变形边坡的影响因素及其变形破坏机理具有必要性和紧迫性。

最早针对倾倒体早期的经验判别主要有两个方面，即基于岩体质量分级的思想和地质基础判别。对于岩体质量分级的思想来说，早在 19 世纪 70 年代，国内外的许多学者，从工程地质的角度出发，以工程实践经验为基础，较全面地考虑影响岩体质量的相关因素，利用简单的计算等方法，对岩体质量进行定性的或半定量的宏观评价。而对于地质基础判别来说，主要是针对发生倾倒变形的物质组成及坡体结构，即地质构造、地层岩性、岩性组合和地形地貌，这些是孕育倾倒变形体必不可少的条件。在典型倾倒变形边坡详细地质调查分析基础上，针对边坡倾倒变形的问题，以工程地质分析评价为主线，运用现代力学、数值模拟和物理模拟等手段，对西部山区边坡倾倒变形机理和影响因素等进行详细深入的研究。按照"典型倾倒变形体特征分析→倾倒变形体成因控制条件分析→倾倒变形力学机制分析→倾倒变形体早期识别指标选取→倾倒变形体的定量识别→建立倾倒变形体识别指标体系"的思路建立识别指标体系，并将其运用于工程实践，对倾倒变形体进行早期识别。

同时结合边坡结构和基本变形特征，总结边坡倾倒破坏模式（见表 4.1-1）也可以作为倾倒变形早期识别的一种研究手段。

（1）表层倾倒是常见的倾倒失稳模式，一般规模不大，主要发育在块状或厚层状的岩质边坡中，地形坡度近直立甚至反倾。陡倾的板状岩体在自重弯矩作用下向临空方向发生弯曲，当岩层所受拉力超过其抗拉强度，岩体就会折断、坠落，在坡脚形成堆积。

表 4.1-1　　　　　　　　　　　　　倾 倒 变 形 特 征 表

倾倒变形破坏模式	地质描述	典型特征	典型案例
表层倾倒	主要发育于块状或厚层状岩质边坡，地形坡度近直立甚至反倾；边坡结构主要受顺走向的结构面控制，同时发育一组平缓倾外的节理或裂缝；坡脚可见倒石堆	脆性破坏，硬质岩层中较为普遍，多发生在石灰岩、砂岩、含柱状节理的岩浆岩中。通常单一岩层厚度较大，发育与岩层近垂直的节理	小湾水电站饮水沟边坡
浅层倾倒	主要发育于中～厚层状、中硬岩层边坡，岩层陡倾内或近直立，可见非构造原因引起的岩层向外弯曲现象	脆性折断型，多为灰岩、变质砂岩、板裂花岗岩、片麻岩、英安岩等，坡度一般大于 40°，岩层倾角大于 65°	
深层倾倒	主要发育于中～薄层状、软弱岩体边坡，变质岩层中多见，岩层中陡倾内，可见非构造原因引起的岩层向外弯曲现象	延性弯曲型，常见于由陡倾坡内的薄层状碳质板岩、泥质灰岩等软弱地层构成的边坡中，地形坡度多大于 30°，岩层倾角大于 45°	苗尾水电站坝肩边坡；锦屏一级三滩河段岸坡；黄登水电站 1 号、2 号倾倒体；拉西瓦果卜岸坡

（2）浅层倾倒作为倾倒变形破坏失稳最常见的失稳模式，主要发育于中～厚层、中硬岩层边坡中，坡体高度一般小于 100m，最大弯曲深度一般在数十米的深度范围内，俗称"点头哈腰"的现象。如汤屯高速公路Ⅲ-2、Ⅲ-7、Ⅲ-9、Ⅲ-11 等都属于浅层倾倒，其具有明显的折断面，折断面一般呈直线形，一般演化成中小型滑坡。

（3）深层倾倒是近 20 年来在我国西南的高山峡谷地区被人们发现和揭露的弯曲-倾倒变形，深达近 200～300m 的一种大型倾倒变形，这种变形发展的最终结果为大型和巨型的深层滑坡。如四川雅砻江中游的锦屏一级三滩河段，沿江两岸长达 10km 范围内的三叠系变质砂、板岩地层发生大规模的倾倒变形（见图 4.1-1），在锦屏一级水电站左岸揭露的水平深度范围达到近 350m，在变形范围内，具有

图 4.1-1　雅砻江锦屏一级水电站岸坡倾倒变形

一定的分带性，折断面一般呈圆弧形。

4.1.1.2 早期识别指标研究

为了避免倾倒变形破坏灾害的发生，应对边坡倾倒变形进行早期识别。对于实际工程来说，边坡倾倒变形的早期识别属于地质灾害调查的早期阶段，介于区域评价和地质勘查阶段之间，主要通过对边坡地质地貌特征、坡体结构特性以及宏观的变形破坏迹象等的分析，并结合简单的室内外测试手段，获取倾倒变形破坏的早期识别指标，依据一些半定性半定量或定量的方法对倾倒变形破坏的潜在能力大小的预测。

1. 边坡倾倒变形早期识别阶段

边坡发生倾倒变形具有典型时效变形特征，从边坡的变形至破坏过程、从地质变形的角度来说，一般要经历三个阶段：表生改造阶段、时效变形阶段、累进性破坏阶段。当边坡完成表生改造而形成新的应力场体系后，应力场将转为以自重应力场为主的状态。这时，边坡可能有两种走向：一种是由于没有进一步变形的条件从而形成新的稳定结构而处于平衡状态；另一种是边坡内存在不良的地质结构，边坡将在自重应力的驱动下，继续发生随时间的变形破裂。而边坡发生倾倒变形是在表生改造完成之后，由于自身的不良地质结构，在进入时效变形阶段后，受重力的驱动，向临近方向发生的倾倒弯曲变形，层与层之间沿层面发生明显的剪切位移。当弯曲不断加剧，变形由坡体浅表部逐渐向深部发展。当超过岩体抗拉强度后，在坡体内部最大弯折带或者缓倾坡外节理面处继续倾倒或发生折断，在坡体中形成大量的倾向坡外的未贯通长大裂隙面。前期形成的未贯通长大裂隙将继续发展并逐步贯通，一个潜在滑动面逐渐形成，边坡就由时效变形阶段进入累进性破坏阶段。但是从运动学的角度来说，倾倒变形破坏是一个由量变到质变的渐进过程，同样可以分为三个阶段。表生改造阶段对应变形体的初始启动阶段，在边坡形成演化过程中，随着河谷下切及风化卸荷等表生改造作用，坡度不断变陡，坡体内应力不断调整。由于坡体应力释放，岩体发生卸荷回弹变形，产生卸荷裂隙，这个过程总体来说属于弹性变形。随着应力释放的结束，坡体的变形也逐渐减弱，因此初始变形阶段位移—时间曲线总体表现为"下凹曲线"。

边坡经过初始变形阶段之后，层状岩体在重力作用下，向临空方向发生弯曲变形，在此受力状态下，边坡发生连续倾倒变形，此时岩体应力调整主要集中在潜在折断面上。当集中在潜在折断面上的力超过岩体的抗拉强度，岩层发生弯曲破裂。当岩体折断面逐渐贯通，断裂岩体所受的下滑力缓慢增大，岩体应力调整的结果使得抗剪强度逐渐提高，并趋向峰值增长，因此折断面上的抗滑力由开始折断时小于下滑力的状态很快过渡到近似等于下滑力的状态。所以在等蠕速变形阶段位移—时间曲线总体表现为"倾斜直线"，宏观变形速率也基本保持不变。

边坡经过等速变形阶段的折断破坏之后，贯通折断面的抗剪强度达到最大值，此后逐渐降低至残余值，但折断岩层的下滑力仍在随着折断面的破裂而增大。因此加速蠕变形阶段，倾倒折断岩层的下滑力要明显大于抗滑力，其位移—时间曲线总体表现为"上凹曲线"，宏观变形速率也逐渐增大。若受到外界因素的诱发作用（如暴雨、地震），边坡可能突然失稳下滑。

通过上面的分析可以知道，从地质的角度和运动学的角度分析边坡倾倒变形破坏过程是相对统一的，每个阶段的变形速率是不一样的（见图 4.1-2）。表生改造阶段坡体变形具有与临空面形成同步的特点，一旦卸荷过程结束，变形即停止。这个阶段往往在边坡倾倒变形前形成的过程中早已完成。时效变形阶段坡体以稳定的速度变形，对于倾倒变形来说，倾倒变形前期的变形主要是由于岩层发生弯曲倾倒变形，还未产生折断破坏；在时效变形阶段后期，岩层折断，折断面部分贯通，坡体产生变形破坏。累进性破坏阶段折断面已经贯通，坡体随时可能发生失稳破坏。所以为了保障重大工程建设的正常实施和安全运营，在工程选址之前，就要对边坡进行前期全面地质调查，对倾倒变形进行早期识别，判断是否处于边坡发生倾倒变形前期，也即时效变形阶段的前期。在时效变形阶段的后期，边坡已经出现了一定程度的破坏，可以以监测坡体不同位置的位移和观察的宏观变形迹象作为边坡发生倾倒变形破坏的前兆判别，实现对边坡倾倒变形破坏的监测预警。进入累进性破坏阶段后，倾倒变形破坏形成的滑坡随时可能失稳破坏，应加密观测，实时掌握坡体变形动态，并根据新的监测结果和宏观变形破坏迹象，及时做出综合的预测和预警。为了避免灾害发生带来的不必要损失，实现对边坡倾倒变形的早期识别尤为重要。

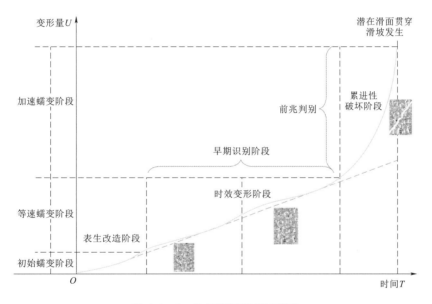

图 4.1-2　边坡变形破坏过程图

　　边坡倾倒变形的早期识别，主要考虑影响和孕育变形体成生的基本条件及其相互组合特征（即不良地质结构），并未考虑随机诱发因素的影响，同时结合观察边坡倾倒变形产生的宏观变形迹象，对边坡倾倒变形所处阶段进行判别。所以早期识别的结果主要用来评价边坡发生倾倒变形潜在能力的大小。因此，边坡倾倒变形的早期识别既可以用稳定性大小来表示，也可以用发育度来表示，两者具有对应性。

　　2. 边坡倾倒变形早期识别要素分类

　　影响边坡倾倒变形破坏的因素众多，在详细划分的情况下，影响因素可多达数十个。同时倾倒岩体的边坡稳定性问题受这些因素影响的机制复杂，很难将每个因素特征与边坡变形破坏机制及其发育特征进行有效的联系。从工程应用与科研分析的需求来看，一般可以将影响边坡变形破坏的因素分为两大类，即内在因素及外部诱发因素。每种类别的因素又分别包括多个指标因子，不同的指标因子选择与数据确定方法，将会影响边坡稳定性评价结论。因此，探讨有效的边坡稳定性指标体系，并在此指标体系的基础上科学地确定指标因子数据，仍是一项非常艰难的工作。根据对典型倾倒变形体的基本地质条件、边坡坡体结构、变形破坏特征的分析，结合倾倒变形边坡所具有的主要共性特征，并参考相关倾倒变形体稳定性分析的文献，同时考虑指标野外获取的难易程度，其早期识别指标主要分成三类：岩性及组合、边坡结构、边坡形态特征和岩体结构。边坡的变形特征最主要受其本身不良地质结构的影响，所以岩性及其组合与边坡结构是边坡变形的主控因素，而早期变形迹象作为显现因素能从宏观表现出边坡的变形破坏过程。所以在不考虑外部因素的诱发作用下，本书主要选择边坡的主控因素和显现因素对倾倒变形的早期识别指标进行分类。

（1）岩性及组合。发生倾倒变形的坡体一般都具有典型的层状或似层状结构。坡体中每一层岩体的岩性是整个坡体物质组成部分，坡体岩性及组合形式有效地控制边坡的长期变形趋势，从而影响坡体变形破坏机制。因而，需要将坡体地层岩性的类型、岩体的物理力学性质、地层岩性组合形式作为考虑因素纳入影响坡体稳定性的研究范围。从力学分析可以发现，不同岩层其岩体强度往往不同，如上硬下软的岩性组合在前期弯曲阶段的"叠合悬臂梁"模型中，由于软岩的抗拉强度低及弯曲变形能力强，在自重作用下底部易先发生压缩或剪切破坏，上部硬岩的受力模式转变为"独立悬臂梁"，当所受弯曲超过其最大承受弯矩时，就会发生沿各层追踪发育的短小节理发育而成的贯通裂隙发生脆性折断，这种折断通常是一个长期过程，变形后的岩层倾角相较于之前岩体会发生突变，从而在坡体内部形成明显的根部折断面。

（2）边坡形态特征和边坡结构。边坡形态特征主要包括边坡地形坡度、高度、边坡形态以及边坡的临空条件等，边坡结构是指组成坡体的空间轮廓及组成的岩体结构。根据大量的实例及变形过程的理论分析可知，边坡地形坡度、坡体形态直接影响倾倒变形的发生。倾倒变形体多发生在高差较大、坡度较大的高山峡谷。坡体高度越高、坡度越陡、临空面越发育，促使岩层更易发生弯曲变形，使坡顶拉应力区越大，顶部岩体裂隙越容易产生，越易发生倾倒。岩层厚度和岩层倾角为构成倾倒边坡的两大要素。岩层厚度越小，岩层的抗弯能力越弱，越易发生倾倒变形。岩层产生弯曲主要是由于重力产生竖直方向的分力。所以岩层倾角的大小会直接影响边坡倾倒变形的程度。

（3）早期变形迹象。与其他两个因素相比，倾倒变形坡体的地表宏观变形迹象是一项动态影响因子，通过对地表变形的实时观测可在一定程度上获取坡体变形发展的有效信息。在整个变形破坏过程中，从开始的变形启动到最终的整体失稳破坏，变形会在坡表得到充分体现，即产生明显可见的地表裂缝，而其发展演化现象是预测边坡变形、推测深部变形的有效地质信息。通常，随着倾倒变形的加剧，地表可见变形规模的增大和裂缝发育数量增多，坡体表部的裂缝分布也逐渐分散，甚至由于次级裂缝的发育，导致地表裂缝趋于零乱，追踪这些看似零乱的裂缝可以推测并确定其不同的形成与演化阶段，通过细致的分析可以将其变形迹象与变形阶段逐渐对应起来，一般而言这些裂缝都是自然发展的规律性较强的裂缝体系。通过对倾倒变形破坏迹象的早期识别调查，充分认识和掌握裂缝发展过程与变形阶段的机理，并将其一一对应起来，这种机制与现象的有效对应常常可以帮助人们定性判定倾倒变形所处的演化阶段、稳定性状况及发展演化趋势，从而将倾倒变形及稳定性分析上升到理论的高度。所以影响因素发育特征的有效分析，对于在野外对坡体进行综合判别有很重要的意义。根据上述定性对早期识别指标分类的分析成果，选取坡体高度、坡体角度、地层岩性及组合特征、岩层倾角、岩层厚度这五个现场调查时容易得到的因素作为倾倒变形主控识别的指标，选取坡顶拉裂缝、岩层折断、反坡台坎三个因素作为显现指标，

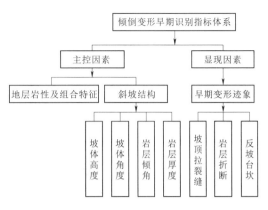

图 4.1 - 3　倾倒变形体识别指标体系

建立如图 4.1 - 3 所示的倾倒变形体早期识别指标体系，其中有的评价指标包含多个影响因子，它们相互作用共同组成倾倒变形体早期识别指标体系。

　　（4）野外倾倒变形体早期识别现象判断。由于倾倒变形体的野外早期识别从单一角度较难进行，但其仍有较多的表现特征，见表 4.1 - 2。

表 4.1 - 2　　　　　　　　　　　　　倾倒变形体早期识别

实 际 案 例	表 现 特 征
 陡倾岩体沿层面或裂缝拉裂分离	主要发育在块状或厚层状的岩质边坡中，岩体层面较清晰，且层面间无充填或为泥质充填，地形坡度近直立甚至反倾。陡倾的板状岩体在自重弯矩作用下向临空方向发生弯曲，当岩层所受拉力超过其抗拉强度，岩体就会折断、坠落，在坡脚形成堆积
 倾倒弯曲折断	岩体多呈脆性破坏，能明显看出倾倒折断体与母体产状的区别，且折断体一段较为破碎，岩体岩性多为灰岩、变质砂岩、板裂化花岗岩、片麻岩、英安岩，岩体较为陡直，且发育这种倾倒体的坡体一般为反向坡

实 际 案 例	表 现 特 征
 岩体反倾坡外，倾倒变形中形成多级折断面	岩体破坏多呈脆性折断，岩层产状发生变化，主要是倾角的变化，且其折断破坏发生不是一次发生，在历史上应发生多次，因此在岩层底部的岩体为原始岩体，岩体岩性多为灰岩、变质砂岩、板裂化花岗岩、片麻岩、英安岩等，地形坡度一般大于40°，岩层倾角大于65°
 倾倒体顶部拉裂缝	在陡倾岩体发生倾倒破坏时，边坡顶部可能会沿岩层层面或节理裂隙形成拉张裂缝，若倾倒幅度较大裂缝逐渐发育可能会形成坡体新的临空面
 岩体倾倒弯曲	岩体在地质历史上由于构造作用，岩体从陡倾直立出现"点头哈腰"的现象，但岩体未出现折断现象，这种情况岩体多属于软岩，岩体不会发生脆性破坏，多发生柔性破坏，且岩体产状变化是个循序渐进的过程

4.1.2 倾倒变形识别工程实例

4.1.2.1 黄河上游茨哈峡水电站 2 号倾倒体

黄河上游茨哈峡水电站为黄河干流龙羊峡以上、海拔 3000m 以下河段水电规划的最大的梯级电站，位于黄河上游青海省兴海县与同德县交界处的茨哈峡峡谷。电站初拟坝高为 250m 左右的面板（心墙）堆石坝，其正常蓄水位为 2980m，装机容量为 1800～2000MW。坝轴线左岸拟设地下厂房，右岸拟设有溢洪道，落水口位于 2 号倾倒体偏下游的对岸高程 2810m 位置。电站坝址区天然河水位高程为 2750m 左右，两岸边坡顶部平台高程为 3150m 左右,整个坝后边坡的垂直高差在 300～400m。地形平均坡度 41°,总体坡度略缓于岩层倾角,拟建大坝前后都有大量的变形体和滑坡发育,由于受地形地貌、临空方向以及岩层倾向的影响,左岸主要以倾倒变形体为主。其中左岸 2 号倾倒体位于坝轴线下游,距坝轴线位置 1km 左右。

2 号倾倒体位于坝后左岸位置,倾倒体上游和下游都以冲沟为界,其中上游的冲沟下切较深,边界较为明显(见图 4.1-4)。同时由于 2 号倾倒体的变形凸起,使得黄河在该位置出现明显的转折,在此处的流向由 N49°E 转向近 SN 向。坡体上发育有一条较大的山梁,山梁线走向与河道正交,近 WE 向,使得倾倒坡体成两面临空的地形地貌特征,从对岸的视角观察,倾倒体的坡体上游边界较平顺,而下游边界呈较为不规则形状,2 号倾倒体平面形态呈扇形。2 号倾倒体地形平均坡角为 41°,其中高程 2796～2807m 段坡度为 36°,高程 2807～3042m 段坡角为 44°,总体坡角略缓于岩层倾角。整个倾倒边坡表部受到的物理风化作用较强,同时坡体表部岩体极破碎,呈散体结构,物理力学性能较差,在雨水或者公路开挖等外界因素作用下,多处出现小规模的垮塌。

图 4.1-4　左岸 2 号倾倒体全景图

坝址区的岩性主要为薄层状～中层状板岩和砂岩,在重力的作用下边坡岩体会逐渐地向着临空方向发生倾倒,由于相对于河谷,左岸边坡岩层产状表现为反倾坡内,因此,在河谷左岸发育有多个倾倒变形体(见图 4.1-5～图 4.1-8)。通过对 2 号倾倒体表面进行现场调查,发现坡体上游边界以及坡脚处的裸露岩体倾倒现象非常明显。总体来说,边坡岩体倾倒幅度较大,坡体表面局部岩体变形破坏较为严重,岩体呈散体状结构。

4.1.2.2　澜沧江乌弄龙水电站坝址右岸倾倒变形

乌弄龙水电站为澜沧江上游河段规划方案的第二级电站,坝段位于云南省迪庆藏族自治州维西傈僳族自治县巴迪乡与德钦县燕门乡交界的澜沧江上。工程以发电为主,水库正常蓄水位 1906m,相应库容 2.72 亿 m³,电站装机容量 990MW。工程区属滇西纵谷山原

图 4.1-5　2号倾倒体下游边界岩体倾倒变形

图 4.1-6　2号倾倒体上游边界岩体倾倒变形

图 4.1-7　2号倾倒体前缘坡脚岩体倾倒变形

图 4.1-8　PD23 175.5m处下游壁岩体倾倒折断破坏

区地貌单元，总体地势北高南低，山脉总体呈 NNW 或 NS 向展布，江水由北流向南，北部属青藏高原，南部属云贵高原。区内较大的河流有金沙江、澜沧江、怒江、独龙江，前三江在平面上呈现出三江并流的地貌景观。澜沧江西侧与怒江相距 20～35km，分水岭为梅里雪山山脉—碧罗雪山山脉—崇山山脉，高程一般在 3000m 以上，最高处为梅里雪山的卡瓦格博峰，高程 6740m；澜沧江东侧与金沙江相距 30～55km，分水岭为云岭山脉，

图 4.1-9　乌弄龙坝址区呈典型的 V 形河谷

高程一般在 2500m 以上。澜沧江上游段河谷深切，河谷断面多呈 V 形，乌弄龙水电站库坝区山顶海拔在 4000m 以上，两岸岸坡自然坡度一般为 35°～55°，局部 60°～75°。两岸冲沟发育，地表植被较丰茂。坝址处于中高山峡谷区，位于结义坡村下游至南极洛河河口之间的澜沧江河段，全长 1.8km。坝址区河道顺直，江水流向为 SE113°～SE120°，河谷为横向谷，两岸山势陡峻，河谷深切，呈不对称的 V 形（见图 4.1-9）。左岸岸坡自然坡度一

般为 40°～50°；右岸高程 1910m 以下自然坡度为 60°～80°，高程 1910m 以上为 40°～45°。两岸山坡基岩出露较好，覆盖层面积占 30%～40%。枯水期河水位 1813～1815m，江面宽 40～60m，在重力坝轴线处平水期水面高程 1812.25m 时，江面宽约 49m，正常蓄水位为 1906m 时谷宽 211.58m。

右岸边坡高程 1940m 以上岩层倾倒，高程 1940m 以下陡崖岩层未倾倒在地形和高程上，右岸边坡上部较缓地带岩层倾倒，而下部高程稍低，陡崖段岩层未出现倾倒，坝线部位右岸边坡，在平硐 PD202、PD206、PD204 一带，岩层陡立，直观上就可以看出岩层未发生倾倒变形，而到陡岸上部稍缓边坡的眉峰带，岩层便出现倾倒折断（见图 4.1－10～图 4.1－15）。

图 4.1－10　右岸陡缓地形交界处
（PD204 洞口上方）岩层倾倒

图 4.1－11　上坝址左岸岸坡倾倒岩体典型断面

图 4.1－12　乌弄龙坝址右岸高高程岩层
出现大面积倾倒（横向谷）

图 4.1－13　PD206 20～30m 部位岩层
初始弯曲变形

岩层逐步弯曲
上部岩体：230°∠55°
下部岩体：247°∠69°

多级折断变形
岩层：290°∠69°
折断面：206°∠54°

图 4.1-14　PD230 上游支洞 10m
左右倾倒体底部逐渐弯曲变形

图 4.1-15　PD232 支洞倾倒体底界变形

4.1.2.3　拉西瓦水电站果卜岸坡倾倒变形

拉西瓦水电站坝址区为高山峡谷地貌，河谷狭窄、岸坡陡峻。上游稍开阔，坝基部位为峡谷收缩段，横剖面呈 V 形。谷底至岸顶相对高差达 680～700m。坝址河道顺直，平水期河水位 2234m 时，水面宽 45～55m，水深 7～10m，水流湍急，主流线偏左岸。高程 2400m 处谷宽 245～255m，正常蓄水位 2452m 处谷宽 350～365m，坝顶高程 2460m 处谷宽 365～385m。

果卜岸坡位于拉西瓦电站大坝上游右岸 500～1300m。该段河流流向为 NE50°左右，坝址处转为近 EW 向，经下游泄水消能地段后又折转 NE、SE 向。该段河谷呈 V 形，右岸坡度相对较缓，坡度 38°～46°；左岸地形较陡，坡度一般为 45°～55°，前缘天然河水面高程 2254～2257m，库水位为 2430m。岸坡顶部前缘部位区域三级夷平面向岸里 50～290m 处为一错落台坎，高差 20m 左右，长 750m，走向 NE20°左右。台坎上部向岸里即为广阔的原始三级夷平面草原。前期勘察时将此台坎下到高程 2750m 段岸坡定为果卜错落体，高程 2750m 处的 Hf104 为错落体的底部界面。错落体台面地形较平坦，高程一般为 2930～2950m，相对正常蓄水位 2452m 为 480～500m。

果卜岸坡由多条冲沟及山梁组成，最大的冲沟为上游的双树沟，其次为黄花沟，下游为石口沟；坡体内部发育的 1～4 号冲沟规模相对较小。最大的山梁为上游的双黄梁，下游为鸡冠梁、1 号梁；坡体中部 2～5 号梁较小。果卜岸坡全景见图 4.1-16。

1. 岸顶平台的变形破坏特征

果卜岸坡在高程 2930～2950m 处的平台内发育着 4 条具有一定延伸规模、顺河展布的拉裂陷落带，由内侧向外依次为 Lf56、Lf53、Lf54、Lf55，总体走向为近 N～NE30°（见图 4.1-17 和表 4.1-3）。其中以大致平行于后缘 Lf1 的 Lf56 规模最大，平台后期形成的拉裂缝基本沿早期陷落带或槽谷发育。

图 4.1-16 果卜岸坡全景

图 4.1-17 岸顶平台部位的拉裂陷落带

表 4.1-3 岸顶平台发育的主要拉裂陷落带特征

编号	走向	特 征 描 述
Lf56	NE2°~10°	位于平台最内侧,自上游黄花沟顶部延伸至下游青草沟顶部平台,延伸长度 400~450m,规模最大、贯通性最好,与后缘边界 Lf1 构成大的陷落带。平面形态呈中间宽、两边较窄的梭形,带宽 20~60m,带内拉裂缝发育相对较少。陷落带外侧拉裂缝呈外高内低的倾倒特征,有新近变形迹象
Lf53	NE17°~26°	位于平台中部,自上游黄花沟延伸至下游 1 号沟顶部平台附近,延伸长度约 400m,宽 25~50m。带内拉裂缝集中分布于平台上游侧近岸坡地带及陡壁附近、下游侧 2~4 号梁顶部平台部位。陷落带外侧拉裂缝呈微弯的 S 形,走向 NE4°~33°,延伸长度约 400m,错距 0.3~1.2m,产状 NE2°~58°/SE∠55°~80°,呈外高内低的倾倒特征。新近次级裂缝发育,延伸方向与 Lf53 相近,呈阶梯式错落
Lf54	NE16°~32°	位于平台的中前部,自上游黄花沟顶部平台部位延伸至下游 1 号沟顶部一带,延伸长度 400~450m,与内侧小山脊构成一槽谷地形,带内贯通性拉裂缝不发育。陷落带外侧拉裂缝呈外高内低的倾倒特征,次级小规模裂缝十分发育,且在平台中下游侧发育多个陷落坑

编号	走向	特 征 描 述
Lf55	NE15°～21°	位于平台的最前缘，自上游4号梁顶部平台一直延伸至下游2号沟顶部坡肩部位，延伸长度约150m，宽度30～35m，大致以2号沟为界分为上下两段。带内拉裂缝极为发育，2号沟上游侧坡体变形呈外高内低的倾倒特征、下游侧呈内高外低滑移型，带内平台前缘次级裂缝十分发育

在地质历史时期因某些因素触发，在岸坡顶部平台表面形成了与后缘拉裂壁近平行的拉裂、陷落带，这些带内的拉裂缝发育规模、组合形态及延伸等各具特点，但都因受陡倾内、外的结构面组合控制，在陷落带内形成不对称的地堑式破坏特征，均表现为中部低、倾岸里的裂缝内侧下降、倾岸外的裂缝外侧下降，可见反向台坎，即表现为向岸外发生倾倒变形（见图4.1-18～图4.1-21）。

图4.1-18 Lf56

图4.1-19 Lf53

图4.1-20 Lf54

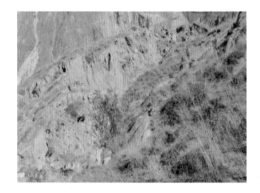

图4.1-21 Lf55

2. 前缘边坡的变形破坏特征

现场调查表明，坡体表部分布着松动变形体及大量的崩坡积物，变形破坏强烈，主要以拉裂、塌滑破坏为特征。坡体的拉裂变形主要集中在2号梁高程2550m以上和3～5号梁部位，自上至下呈带状集中分布于高程2780～2905m、2630～2785m及2550～2620m等区域。

1号梁部位的倾倒变形仅见于高程2800m以上的梁上部，板裂花岗岩发生较为强烈的倾倒变形（见图 4.1-22），但其中下部岩体并未发生明显的变形。2 号梁地形凸出部位岩体普遍发生较强烈的倾倒变形，变形岩体较破碎，呈碎裂～散体结构，尤其是在该梁下部的高程 2600m 附近，板裂花岗岩强烈的倾倒变形现象显著（见图 4.1-23）。3 号梁是果卜岸坡变形破坏较为强烈的部位，其后缘边界受平台拉裂陷落带 Lf55 控制，构成山梁的板裂花岗岩体呈碎裂～散体结构，板裂化的块状岩体受陡倾坡内的结构面控制整体发生较为强烈的倾倒变形，局部变形强烈者沿倾向坡外的张裂折断带产生强烈的坠覆、位移（见图 4.1-24）。

图 4.1-22　1 号梁花岗岩的倾倒变形现象

图 4.1-23　2 号梁花岗岩的倾倒变形现象

对岸坡前缘不同高程处呈带状集中分布的拉裂缝进行了详尽的调查。这些具有代表性的拉裂缝总体呈外侧高、内侧低的倾倒型特征，方向为 NW330°～355°及 NE20°～40°，与平台部位的拉裂、陷落带方向接近，也有一些斜切山梁及沟谷，延伸达几十米至上百米，地貌上表现为槽谷或凹槽状负地形，反映了果卜平台前缘岸坡随上部平台发生拉裂、陷落过程中，也不同程度地发生了拉裂变形，即岸坡的整体变形破坏明显表现为块状结构岩体的倾倒变形以及伴随倾倒变形而产生的分块塌滑破坏。

图 4.1-24　3 号梁中部花岗岩倾倒
拉裂变形特征

3. 岸坡深部的变形破坏特征

岸坡在上部平台的拉裂、陷落及坡体的倾倒变形过程中，必然会逐渐向坡内发展，使距坡表一定范围内的深部也有不同程度的倾倒型拉裂变形发生，尤其是位于岸坡高高程部位的平硐内，在不同洞深处可见因坡体变形引起的拉裂、错动特征。

PD1 号平硐中岩体受第②组陡倾坡内的结构面控制，在自重等作用下发生倾倒变形，同时倾倒岩体沿着发育的第③组结构面下错约 2cm（见图 4.1-25）。PD6 号平硐在桩号 0+55 处的拉裂错动呈三壁贯通，产状 NW330°/NE∠56°，可见长度 150～200m，泥质充填，泥质厚度 0.1～2cm，表面可见擦痕，呈外高内低的倾倒特征，错距 0.5～1.2mm（见图 4.1-26）；在桩号 0+15～0+25 的洞段，陡倾坡内组结构面发生倾倒变形，在洞内揭露的倾角为 $21°$，f_4 为 $45°$；随着洞深的增加，倾倒岩体的倾角逐渐减小，结构面趋于正常的陡倾角，如 L2－1 组为 $53°$，f_5 为 $66°$；越往洞内，陡倾坡内组结构面倾角逐渐恢复正常，最大的倾倒角度超过 $30°$，其倾倒变形程度较为强烈。PD7 号平硐内岩体倾倒变形较也明显，如桩号 $0+220\sim0+230$ 的洞段，主要位于 2 号梁部位，受平台四条规模较大的拉裂陷落带的变形影响，在该洞段内也可见明显的受陡倾坡内组结构面控制的倾倒变形，同样岩体的倾倒角度随着洞深的增加逐渐减小，最大的倾倒角度也超过 $30°$，倾倒变形程度也较为强烈。

图 4.1－25　PD1 号平硐中倾倒变形体特征　　　图 4.1－26　PD6 号平硐桩号 $0+55$ 处倾倒型拉裂错动特征

4.2　倾倒变形体勘察

4.2.1　勘察技术及其适用性

在边坡覆盖层较厚的情况下，受限于坡体露头较少及较多未知因素，倾倒变形体或倾倒边坡是不易被人们所发现与识别的。由于倾倒变形体多发育在大陆坡度陡降带河流岸坡，这些地区地势高陡，区域构造复杂，传统的地表调查手段受到工作环境的限制，难以获得准确充分的地质信息。

在勘察过程中，通过地表调查与测绘等基本工程地质勘察技术查明区域地理地质环境，采取无人机航测技术清楚获取变形体边坡全貌并通过解译精确成图。结合钻孔与平硐勘探手段，探明变形体坡体的空间结构特征。针对倾倒体对具体建筑物（比如隧洞）的损害，还可以采用三维激光扫描技术，对比分析确定倾倒体坡脚推力下隧道的变形破坏。综合以上各种勘察技术手段，能够准确客观地探明倾倒变形现象，进而查明倾倒变形体。

4.2.2　无人机航测

无人机航测技术属于航空摄影技术，在小区域和工作困难地区高分辨率影像快速获取方面具有显著优势。

无人机航测的优点在于：机动灵活，可自编程设计航线；工作周期短，如二古溪变形体航测用时 3 天；出图精度满足工程需求，获得了比例尺 1：5000 的地质图。无人机航测相对传统的遥感图与人工现场测绘更为高效、便捷。无人机航测现场工作图见图 4.2-1。

图 4.2-1　无人机航测现场工作图

以二古溪倾倒变形体为例，两岸山体陡峻，在地质图精度有限的情况下，为了能够更清楚地观察变形体全貌，更精确地绘制地质图从而有效地评估变形体的情况，因此采用了无人机航拍的手段对变形体进行调查测绘。采用 T10 大黄蜂航测无人机，测绘系统搭载的是佳能 EOS100D 单反相机，在海拔相对较高的位置使用弹射架的方式对其进行弹射起飞，飞机起飞处海拔约为 3600m，起飞后按事先设计好的航线盘旋爬升至海拔 4400m 左右后飞往作业区进行作业。T10 大黄蜂航测无人机规格参数见表 4.2-1。

表 4.2-1　　　　　　　　　　T10 大黄蜂航测无人机规格参数

外形尺寸（机身×翼展×高度）	1050mm×2500mm×150mm
动力	油动/电动
起飞方式	弹射
回收方式	伞降
最大起飞重量	7.5kg/10kg
载荷	1400g
飞行速度	50～170km/h
航时	50～70min（电动）
	90～120min（油动）
相对飞行高度	300～1500m
海拔高度	4500m
飞行半径	15～50km
抗风	5 级

图 4.2-2 为无人机航测的拼接图片。获得的高清图像可以很好地判识变形体总体的地形地貌特点（如明显的倾倒变形迹象），或者在地表严重下切的地方找到基岩。采用影像解译及校正等后处理方式可以生成大比例尺地形图，如图 4.2-3 所示。

4.2.3　地表调查与测绘

野外调查与测绘工作主要调查分析变形体的基本地质条件，包括变形体的地层产状、坡表变形基本特征、变形边界范围、形态规模以及变形方位（见图 4.2-4）。

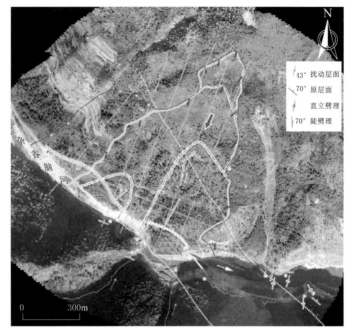

图 4.2-2 无人机航测影像

例如，通过溪洛渡星光三组倾倒变形体坡表 23 处露头岩层产状的统计分析，坡表岩体走向总体为 NW30°～NE20°，倾向坡内，倾角为 20°～60°，相比边坡正常岩层产状（N0°～20°W/NE∠70°～90°）走向基本一致，与坡向斜交，但倾角相对平缓，这指示着边坡发生了倾倒变形。

边坡坡脚部位岩层由中陡倾逐渐向上游侧过渡，至上游山脊部位岩层倾角变为缓倾，这表明上游侧边坡变形程度大于下游侧边坡（见图 4.2-5）。

通过对坡体裂缝进行统计分析发现，坡体裂缝的延伸方向主要在 N10°W 至 N20°E 之间，与地层走向大体一致，与最大临空方向（临江侧）斜交，表明目前边坡变形主要受下覆岩体结构控制，同样指示边坡向上游方向发生着变形，而并非最大临空方向，且部分裂缝具有反坡现象（见图 4.2-6 和图 4.2-7）。

除了以上坡表调查内容，在二古溪倾倒变形体，马刀树（见图 4.2-8）也是边坡长期变形的重要证据，表明边坡变形一段时间后进入了相对稳定状态。根据马刀树的生长发育情况，结合当地树木的生长速度等可以大致推测出其所在边坡发生变形破坏的时间。马刀树的形态分类见表 4.2-2。

二古溪变形体上的马刀树主要为逆向弯曲树，变形体向下缓慢蠕动过程中，树木同时向上生长。定义马刀树弯曲度 K 为弯曲段水平距离 S 与竖直距离 H 之比，即：$K=S/H$。典型马刀树测量示意见图 4.2-9。K 值越大，表示马刀树越贴近地面生长，则该处局部土体在变形体蠕动过程中位移幅度越大，滑动速度也越大。

马刀树研究的意义在于：马刀树弯曲的方向（凸向）代表了历史变形发生时变形的方向，或者稳定后在较长一段时期内缓慢滑动的方向。通过对每棵马刀树弯曲方向的测量，不仅可以得到变形体局部的变形信息，还可以宏观把握整体变形方向。

图 4.2 - 3　无人机航测解译地质图

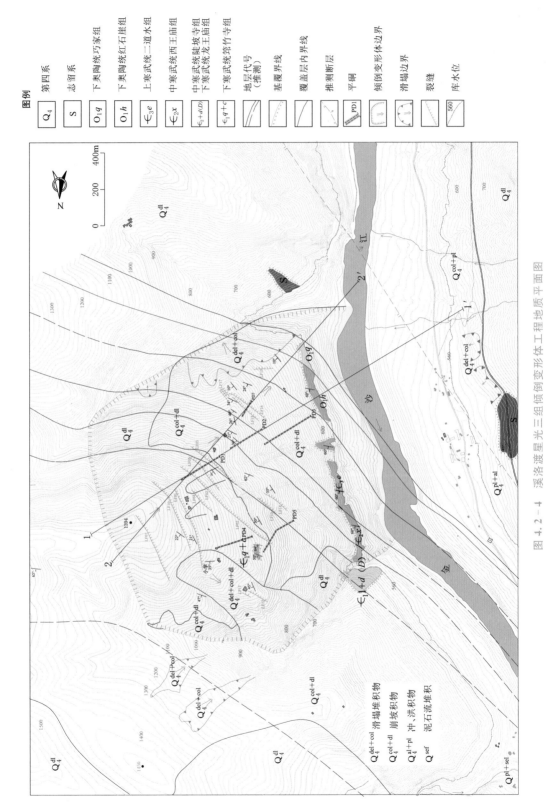

图例

Q_4	第四系	
S	志留系	
O_1q	下奥陶统巧家组	
O_1h	下奥陶统红石崖组	
$\in_3 e$	上寒武统二道水组	
$\in_2 x$	中寒武统西王庙组	
$\in_2 t+d(D)$	中寒武统陡坡寺组 下寒武统龙王庙组	
$\in_1 q+c$	下寒武统筇竹寺组	

地层代号（推测）

基覆界线

覆盖层内界线

推测断层

平硐 PD1

倾倒变形体边界

滑塌边界

裂缝

库水位 560

$Q_4^{del+col}$ 滑塌堆积物

Q_4^{col+dl} 崩坡积物

Q_4^{al+pl} 冲洪积物

Q^{sef} 泥石流堆积

图 4.2-4 溪洛渡星光三组倾倒变形体工程地质平面图

148

图 4.2 - 5　溪洛渡星光三组倾倒变形体坡脚岩层变化

图 4.2 - 6　溪洛渡星光三组倾倒变形体裂缝位置

（a）LF03反坡台坎

（b）LF05反坡台坎

图 4.2 - 7　溪洛渡星光三组倾倒变形体裂缝

图 4.2 – 8　二古溪倾倒变形体典型马刀树发育情况

表 4.2 – 2　　　　　　　　马 刀 树 形 态 分 类

类　型	特　　征
顺向倾倒树	凹向边坡上部的树木，树木上部新生成的枝干是竖直的，但下部老的枝干是倾斜的，说明树木的生长环境发生了某种变化，这是由下部滑体运动后坡体相对原来边坡变陡而形成
逆向倾倒树	凸向边坡上部的树木，同样，树木上部新生成的枝干是竖直的，但下部老的枝干是倾斜的，这是由下部滑体运动后坡体相对原来的边坡变缓而形成
顺向弯曲树	顺着边坡倾角变化方向发生弯曲的树木。在同一边坡的相邻部位，处于不同生长阶段的树木对同一次边坡变形的反应是不一样的。顺向弯曲树主要是由一些老树形成，由于树木上部枝干的重力大于树木向上生长的力量，因而上部枝干不断顺着边坡倾向弯曲。对于那些较柔软的树木，上部枝干则弯曲成不规则的弧形；而那些较刚硬的树木，则是上部枝干整体弯折
逆向弯曲树	弯曲方向与边坡倾角变化方向相反的树木，由处于生长阶段的较柔软的小树逆向弯曲生长而成

类　型	特　征
复合成因树	发生了二次或二次以上倾斜或弯曲的树木，反映了边坡的连续变形
不规则树	那些形态复杂、反映不了边坡变形历史的树木，这些树木或是本身生长不具明确规律性，或是对边坡角度、土壤、水等环境变化太过敏感，因而并不适合用于研究

在统计马刀树弯曲方向时，可借鉴节理玫瑰花图的思想方法。将在每个取样点测得的每棵马刀树的弯曲方向视作"倾向"，在节理玫瑰花图上表示出来，统计得到马刀树优势弯曲方向。根据二古溪变形体上马刀树弯曲方向的数据绘出的"倾向"玫瑰花图，如图 4.2 - 10 所示。由图 4.2 - 10 可看出，马刀树优势弯曲方向约为 220°，与目前变形方向 210°近一致。

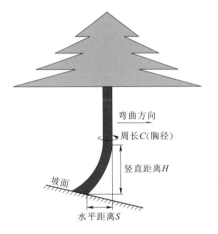

图 4.2 - 9　典型马刀树测量示意图

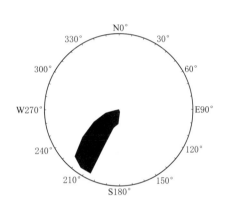

图 4.2 - 10　二古溪马刀树倾向玫瑰花图

马刀树的生长状态还可以在一定程度上指示变形体现在的运动情况。二古溪变形体上的马刀树，所有枝干都有轻微倒向坡下的角度，表明至今二古溪变形体仍处于缓慢变形过程当中。

4.2.4　平硐与钻孔

平硐与钻孔是高陡岩质边坡调查重要的勘察手段，也是获得变形体边坡地下空间地质信息的最直接最可靠的方法。

在前述地表调查测绘获得信息的基础上，根据揭露地质信息合理地布置平硐与钻孔位置，能提升获取地质信息的效率。

进行系统的变形现象调查、平硐及钻孔编录、岩性及产状数据统计以及地质素描等工作，结合原位及室内取样试验，可以获得坡体构造特征、岩性情况与基本物理力学指标、岩体结构特征、风化卸荷情况、倾倒变形程度以及地下水情况等地质信息，为基本查明变形体发育特征提供重要的地质资料。

（1）平硐调查得出的二古溪倾倒变形体 PD01 平硐岩性展示如图 4.2 - 11 所示。

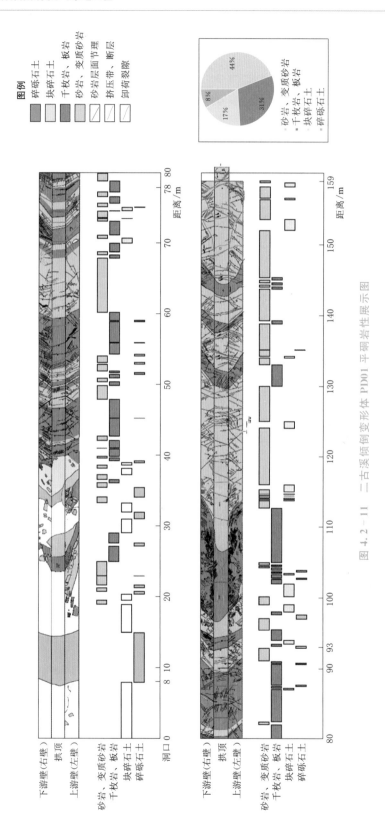

图 4.2-11　二古溪倾倒变形体 PD01 平硐岩性展示图

（2）以溪洛渡星光三组变形体为例，介绍平硐调查。

1）上游平硐岩体变形特征。勘探 PD07 平硐位于边坡上游侧山脊，平硐揭示岩体在重力弯矩作用下发生了明显的倾倒变形，且变形程度强烈，总体表现为岩层弯曲、拉张现象普遍，裂隙多张开。平硐 30m 和 70m 处岩体发生的倾倒变形，表现为脆性的弯曲-折断，并伴随竖向裂隙且呈正楔形架空（见图 4.2-12）。

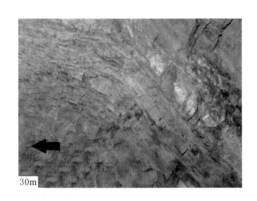

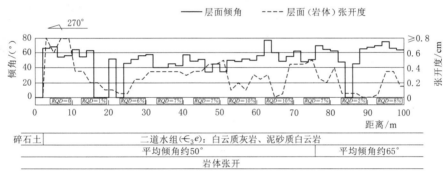

图 4.2-12　PD07 中 30m 与 70m 处倾倒-折断变形迹象

2）中游平硐岩体变形特征。PD01 平硐：平硐中最为明显的倾倒变形现象表现在 98m 处岩体因层间发生相对错动而在洞底形成的反坡裂隙 ［见图 4.2-13（a）］，且洞中随处可见岩体在重力作用下形成的张性压剪裂隙 ［见图 4.2-13（b）］。

此外，在 PD01 平硐 167m 处可见岩体沿张裂带发生了切层蠕滑 ［见图 4.2-13（c）］，并且在洞口段可见折断岩体的重力分异现象 ［见图 4.2-13（d）］，表现为倾倒折断后的岩体变形不再受岩体结构控制，转而受重力控制，其变形方向也由朝向上游侧转变为朝向最大临空方向（临江侧）。

PD02 平硐：在性质较软的西王庙组地层内可见柔性弯曲变形，部分伴随一定位错（见图 4.2-14），与 PD07 平硐中的硬质岩体的弯曲-折断现象有所区别。

PD03 平硐：变形迹象以层面拉张为主，层间挤压带极其发育，且 270m 处仍可见显脆性的弯曲-折断变形（见图 4.2-15）。275～301m 岩层倾角平均约 75°，与正常岩层倾角接近。

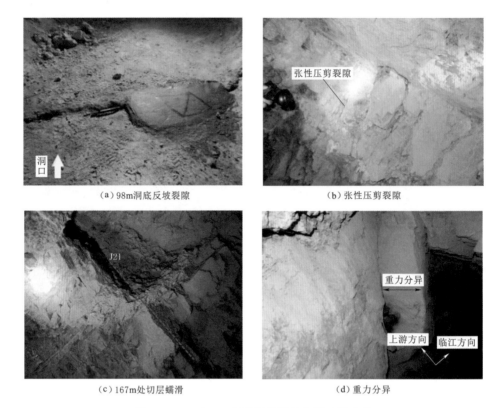

(a) 98m洞底反坡裂隙　　　　　　　　(b) 张性压剪裂隙

(c) 167m处切层蠕滑　　　　　　　　(d) 重力分异

图 4.2－13　PD01 平硐揭示岩体变形破裂迹象

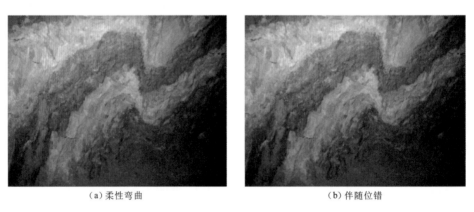

(a) 柔性弯曲　　　　　　　　　(b) 伴随位错

图 4.2－14　PD02 平硐中倾倒-弯曲变形迹象

3）下游平硐岩体变形特征。下游侧平硐（PD04、PD05）岩体变形迹象总体较弱（见图 4.2－16 和图 4.2－17），无明显的倾倒-弯曲现象。

综上坡表调查与平硐调查所揭示变形迹象及测量成果得出的结论是，边坡变形整体以倾倒为主，未发现影响边坡整体稳定性的顺坡向滑移弱带，且变形程度总体上上游侧大于下游侧。

（a）洞顶层面拉张

（b）270m岩体弯曲-折断

图 4.2-15　PD03 平硐中岩体变形破裂迹象

图 4.2-16　PD04 平硐完整岩板

图 4.2-17　PD05 平硐完整岩板

垂直分布上，边坡高高程平硐可见折断岩体的切层蠕滑及重力分异现象，且张裂带集中发育，在重力作用下岩体受压形成的张性压剪裂隙也随处可见，如 PD01 平硐；中高程平硐岩体变形以在重力弯矩作用下的倾倒弯曲变形为主，局部伴随一定位错，如 PD02 平硐、PD07 平硐；而低高程平硐岩体变形则以层间的普遍错动及拉张为主，如 PD03 平硐。

4.2.5　三维激光扫描

三维激光扫描技术又称实景复制技术，具有高效率、高精度的独特优势。利用三维激光扫描技术获取对象的真三维影像（三维点云）数据，可以用于获取高精度高分辨率的数字模型。与无人机航测相结合，可快速获得边坡高精度地形图，两者针对不同环境条件各有优势。

将具有空间面域特征的点云进行叠加比较分析，还可以得到整个扫描对象区域的变形特征，从而快速捕捉对象区的异常变形。将三维激光扫描的这一功能用于分析变形体造成的隧道洞壁变形，是一种具有独到优势的新方法。隧道变形点云数据现场采集示例如图 4.2-18 所示。

二古溪隧道变形情况如图4.2-19所示。变形不仅造成隧道整体被压歪，在洞内还出现了大量的剪切和拉张裂缝，并造成了路面隆起，最大隆起量约80cm。破坏最为强烈的路段，隧洞两侧壁和洞顶可见不同程度塌落，洞顶防护网上可见不同大小的落石。

针对上述洞内变形，采用徕卡 ScanStation 2 扫描仪进行了三维激光扫描，扫描仪规格参数见表4.2-3。

图 4.2-18　隧道变形点云数据现场采集示例

（a）隧道进出口顶部开裂

（b）1号隧道整体变形

（c）隧道内地面隆起

图 4.2-19　二古溪隧道变形情况

表 4.2-3　　　　　　　　　　ScanStation 2 扫描仪规格参数

规　格　参　数	参　数　取　值
采样速率	50000 点/s
全景 360°扫描 最快速度	296s（采集 120000 个激光点）
扫描距离	300m
扫描精度	8mm（100m 距离）
点密度	1mm（10m 距离）

规　格　参　数	参　数　取　值
扫描角度（水平×垂直）	360°×270°
接收信号数目	1 个
激光器安全等级	3R
防水和防尘等级	IP52

如图 4.2-20 所示，在隧道内布置典型断面进行洞壁变形分析，可见靠近隧道深部的断面变形破坏程度强于靠近坡表的断面。由切取的断面图可知隧道断面最大变形量为 1.08m，为断面 6-6′处。根据扫描点云数据可知沿洞轴线方向发生隆起部位主要有两处，分别距离 SE 侧隧道出口 61.6m 和 169.3m 处，通过点云数据量测隆起的高度分别为 0.80m 和 0.75m。

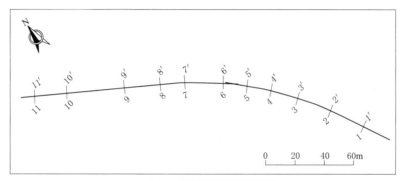

（a）二古溪1号隧道断面布置图

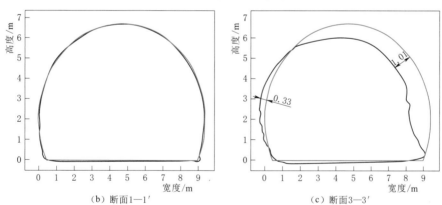

（b）断面1—1′　　　　　　　　　　（c）断面3—3′

图 4.2-20　激光扫描隧道断面变形图

第 5 章

倾倒变形体工程特性

5.1 倾倒变形体变形程度及岩体质量评价

5.1.1 倾倒变形体变形破裂类型

得益于向坡体内部、平行倾倒方向的勘探平硐的揭示，可以观察到反倾坡体内部岩体倾倒变形的多种迹象，调查研究倾倒变形破裂迹象有助于掌握坡体倾倒程度在空间上的分布特征。综合坡体工程地质条件和岩体结构特征，针对平硐所揭示的各种形式的变形破裂迹象，进行形成条件、岩性土质组成、块体构成及力学机理等方面的分析研究，以二古溪倾倒变形体和星光三组倾倒变形体为例，参考已有资料及前人研究成果，将发生倾倒变形破裂迹象的岩土体划分成表 5.1-1 中的六种。

表 5.1-1　　　　　　　　　　　岩体的倾倒变形破裂现象类型及其特征

类　　　型	特　　　征
顺层（层内）剪切错动岩体	岩板顺层正向错动，岩体连续倾倒变形，岩层倾角随洞深发生变化
倾倒-岩板拉张破裂岩体	倾倒岩板间发生张裂变形
切层-剪张破裂岩体	岩板内张剪破裂面贯通，形成缓倾坡外的滑移控制面
倾倒-折断破裂岩体	岩板发生岩层倾角突变的折断
倾倒-弯曲岩体	较软岩发生有一定曲率的弯曲
折断-坠覆破裂岩体	极为强烈的倾倒岩体沿折断带发生坠覆位移

1. 顺层（层内）剪切错动岩体

成因及发育情况：陡倾岩板在重力弯矩作用下向临空方向发生重力倾倒，并逐渐向坡内连续发展，岩体内部沿早期构造成因的结构面发生顺层（层内）相互错动，层间岩板基本上不产生明显的张性破裂。受控于岩板间相互错动，总体上表现为岩板倾角依次连续倾倒变化，无倾角突变现象发生，其力学性质应属连续变形类型。这类变形在不同倾倒程度的坡体内均可发育，如图 5.1-1 所示。

2. 倾倒-岩板拉张破裂岩体

成因及发育情况：板状岩体在自重弯矩作用下进一步向临空方向发生悬臂梁式倾倒，不仅顺层错动带发生剪切错动，而且层间岩板也发生明显的张性破裂。其力学性质属不连续变形范畴。这类变形主要发生于倾倒变形程度较为强烈的岩体内，拉断破裂通常被限制在岩

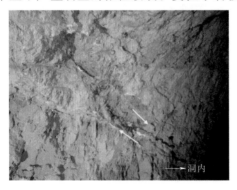

图 5.1-1　星光三组反倾边坡 PD01 下游壁
98m 处岩体沿软弱面的顺层错动

板内部（板理面之间），一般无切层发展。该破裂类型在各勘探平硐内有着较为广泛的发育，如图 5.1－2 所示。

（a）PD03平硐上游壁185～186m　　　　　　（b）PD03平硐上游壁186～187m

图 5.1－2　星光三组反倾边坡中的倾倒-岩板拉张破裂岩体

3. 切层-张剪破裂岩体

成因及发育情况：除了层间强烈的剪切错动、层间岩体强烈拉张破裂外，倾倒变形体沿倾向坡外的张剪性破裂面切层发展特征显著，向临空方向发生剪切位移变形。张剪性破裂面的组成主要包括先期形成的折断面、缓倾角断层及中陡倾角节理面等。这类变形主要发生于强烈倾倒变形的坡体浅层，如图 5.1－3 所示。

（a）PD07平硐上游壁69.5～70.5m　　　　　　（b）PD07平硐上游壁67～68m

图 5.1－3　星光三组反倾边坡中切层-张剪破裂岩体

4. 倾倒-折断破裂岩体

成因及发育情况：倾倒岩板中出现贯通性拉张破裂，并产生横切"梁板"的悬臂梁式折断破裂，形成倾向坡外、断续延展的张性或张剪性折断面，岩层倾角发生突变。折断破裂主要发生在倾倒变形体的底部以及不同变形区分界部位，如图 5.1－4 所示。

5. 倾倒-弯曲岩体

成因及发育情况：在性质较软弱岩体重力拖拽作用下未发生脆性折断，而形成柔性 S 形褶皱，多发育于岩性较软弱、岩层较薄的岩体中，特别是板岩、千枚岩组成的反倾边坡中易于发育。层间多夹软弱物质，也易形成此类 S 形褶皱。星光三组边坡中岩层弯曲现象发育于薄层粉砂岩、泥岩岩层中，薄层泥灰岩岩层中也偶见发育，如图 5.1－5 所示。

（a）PD02平硐上游壁140～141m

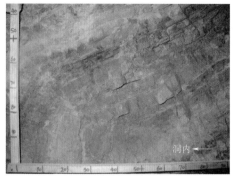

（b）PD03平硐上游壁277～278m

图 5.1-4　星光三组反倾边坡中倾倒-折断破裂岩体

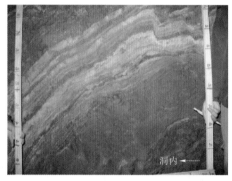

（a）PD02平硐上游壁128～130m处岩层弯曲

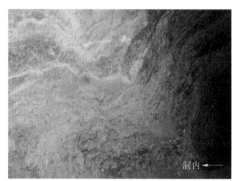

（b）PD03平硐上游壁298～300m处岩层弯曲

图 5.1-5　星光三组反倾边坡中倾倒-弯曲岩体

图 5.1-6　星光三组边坡 PD07 平硐下游壁
10～11m 处折断-坠覆破裂岩体

6. 折断-坠覆破裂岩体

成因及发育状况：倾倒岩体发生强烈的折断张裂变形，局部变形强烈者可沿陡倾坡外的张裂带产生不同程度的坠覆位移。这类破裂现象仅发生在倾倒变形极为强烈的坡面浅表层，如图 5.1-6 所示。

河谷边坡岩体倾倒变形破裂现象的产生，从河谷下切开始，经历岩体卸荷到倾倒弯折的漫长地质过程，可将边坡岩体倾倒变形的形成与演化概括为四个基本发展阶段，各阶段有着不同的变形现象，见表 5.1-2。

5.1.2　倾倒变形体变形程度分区

反倾边坡弯曲折断程度在空间上有一定的分布规律，甚至在坡体不同部位发生的变形破坏模式也不尽相同，造就了各区域岩土体具有不同的地质特征，使得岩土体表现出不

表 5.1－2　　　　　　　　　　　　　　发展阶段与主要的表现破裂形式

发展阶段	初期卸荷回弹-倾倒变形发展阶段	倾倒切层张剪破裂发展阶段	倾倒-弯曲、折断变形破裂发展阶段	极强倾倒破裂岩体折断张裂（坠覆）破裂阶段
主要的变形破裂	顺层（层内）剪切错动	倾倒-岩板拉张破裂、切层-张剪破裂	倾倒-折断破裂、倾倒-弯曲	折断-坠覆破裂

同力学效应。空间分布规律的研究实际上是掌握各区域岩土体特征的异同，倾倒程度分区类似于坡体均质区划分。

在一些学者的研究中，对一些典型倾倒变形案例进行了空间分布特征的分析。Goodman 等（1976）在最初研究倾倒变形简化计算模型时就已经对坡体上不同区段块体运动做出了区分，在假定的折断面上从坡顶至坡角依次是稳定区、倾倒区和滑动区。Varnes 等（1996）的滑坡分类方案中描述倾倒是一种陡倾节理分割的岩体向前旋转和倾覆，或者发生弯曲和向前旋转的边坡运动，同时也指出，倾倒也可能引发后续的大型滑坡，说明了倾倒问题在时间演变和空间分布上的复杂性。

对于大型的倾倒体，平硐勘探最能揭示内部的弯曲折断程度。杨根兰等（2006）在对小湾水电站饮水沟的倾倒变形研究中发现，此倾倒变形水平范围在坡体内部 150～200m，垂直深度约 200m。变形体结构具有明显的分带性，并根据变形的强烈程度不同，从里到外可分为直立岩体、倾倒松弛岩体、倾倒坠覆堆积体和松散堆积体（倾倒破坏前缘）。澜沧江小湾水电站饮水沟倾倒变形结构如图 5.1－7 所示。

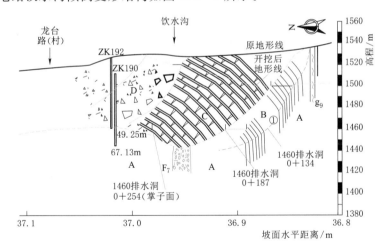

图 5.1－7　澜沧江小湾水电站饮水沟倾倒变形结构（杨根兰等，2006）

A—直立岩体；B—倾倒松弛岩体；C—倾倒坠覆堆积体；D—松散堆积体；

①—最大弯曲折断面；g_9—挤压面

王洁等（2010）和鲍杰等（2011）研究了澜沧江苗尾水电站坝址区两岸倾倒变形。坝址区工程岩体由浅变质薄层及板状碎屑岩系组成，其岩石构造包括板岩、千枚岩及变质石英砂岩及少量的白云岩，构造改造和表生改造形成一系列结构面体系。针对此倾倒变形，根据岩体变形特征、岩层倾角、最大拉张量、卸荷变形特征、风化特征、纵波波速建立了倾倒变形程度分级体系，划分为极强倾倒折断破裂区、强倾倒破裂区和弱倾倒过渡变形区，见表 2.1-1。

林华章（2015）研究了二古溪倾倒体的倾倒变形分区。对于二古溪变形体，仍根据变形特征、岩层倾角、最大拉张量、卸荷变形特征、风化特征进行倾倒变形分区，见表 5.1-3。

表 5.1-3　二古溪倾倒变形体倾倒变形程度分区

指　标	坠覆变形破裂区	强倾倒变形区	弱倾倒变形区
变形特征	强烈倾倒折断、坠覆，岩体张裂松弛、局部架空	强烈倾倒，层内强烈拉张，整体较松弛，张剪性裂面切层发育	倾倒变形较弱，层内错动带剪切位错，层内微量张裂变形
岩层倾角 α/(°)	0～40	41～55	56～65
最大拉张量 s/cm	5～20	1～5	<1
卸荷变形特征	强卸荷	总体强卸荷，下部弱卸荷	弱卸荷
风化特征	强风化	一般弱风化，局部强风化	总体弱风化

反倾岩质边坡的成因条件不同，演化过程、结果也不尽相同，主要受坡体自身特征控制。从上述案例中可以看到，影响显著的因素主要还是岩性和坡体结构，对比分析见表 5.1-4。三个坡体中未倾倒"岩板"倾内坡脚近乎陡立，均远远大于自然边坡坡度，未倾倒"岩板"层厚在 1m 以内。近年来的研究发现，层厚对倾倒的发生作用十分敏感，岩体被分割得越薄，倾倒越容易发生。同时注意到，强倾倒底界发育的位置也是强卸荷下限大致发育的位置。

表 5.1-4　倾倒变形程度分区对比

实　例		二古溪变形体	拉西瓦果卜岸坡	苗尾右岸坡
岩性		变质砂岩、板岩	花岗岩	变质砂岩、板岩、千枚岩
坡体结构	自然坡角/(°)	35～45	38～46	43～49
	未倾倒岩板倾角/(°)	60～70	85～87	76～90
	平均未倾倒岩板厚度/m	变质砂岩 0.5～1，板岩 0.3～0.5	0.8～1.5	0.3～0.6
极强倾倒底界（坠覆体底界）	距坡表水平距离/m	32～100	24	22～24
强倾倒底界		77～125	172～257	50～59
弱倾倒底界		157～184	270～370	104～114
强卸荷下限		110～134	200～250	13～85
弱卸荷下限		160～183	330～370	45～144
强风化下限		170～190	166～276	10～40
弱风化下限		210～250	320～370	52～110

5.1.3　倾倒变形体质量分级

工程上十分关注折断带碎裂岩体的质量好坏，在研究了折断带碎裂岩体工程地质条件的基础上，将其与岩体参数联系起来作一定的工程岩体分类，并借鉴已有的经验进行研究。其目的是要根据碎裂岩体质量进行赋值，并运用一定的数学方法建立岩体质量特性与力学参数之间的关系。

岩体质量主要受控于岩石自身的性质、岩体结构及岩体的赋存环境。这些因素不仅控制着岩体变形破坏的基本规律，而且决定和影响着岩体的力学性能和岩体质量的优劣。这些基本因素可通过现场地质调查及一些便捷的测试工作获得，即可以通过岩石的强度、岩体结构特征、风化及卸荷作用、岩体水力学环境、岩石质量指标 RQD 等，获得反映岩体质量的定量或半定量数据。

用于倾倒变形体的岩体质量评价方法主要有工程岩体分级标准、岩体 RMR 分类以及边坡岩体 CSMR 岩体质量分级体系等。但针对倾倒变形的特殊岩体，现有的分级标准与实际情况存在一定的差距。白彦波等（2009）在苗尾水电站坝区倾倒变形研究的基础上建立了倾倒变形体的 TMR（toppling rock mass）质量分级体系，较适用于倾倒变形体质量特征的评价。

5.1.3.1　岩体质量评价的基本要素

1. 岩体块度指数（RBI）与岩石质量指标（RQD）

胡卸文等（2002）借鉴了刘克远等（1989）提出的岩体块度指数概念，根据《水利水电工程地质勘察规范》（GB 50287—99）中对岩体结构分类的标准，提出 RBI 的定义。在平硐或钻孔中，以实测岩芯长度按 3～10cm、10～30cm、30～50cm、50～100cm 和大于 100cm 的岩芯获得率作为权值，与各自相应系数乘积的累计值，即为 RBI，用公式表示为

$$RBI = 3 \times Cr3 + 10 \times Cr10 + 30 \times Cr30 + 50 \times Cr50 + 100 \times Cr100 \qquad (5.1-1)$$

式中：Cr3、Cr10、Cr30、Cr50、Cr100 分别代表岩芯长度为 3～10cm、10～30cm、30～50cm、50～100cm、大于 100cm 的岩芯获得率，视为权值，3、10、30、50、100 为系数。

对前述几处折断带进行 RBI 值测量与计算，结果见表 5.1-5。

表 5.1-5　　　　　　　　　　　　　岩体块度指数 RBI 值

位　　　置	RBI
脆性折断型形式一：溪洛渡星光三组 PD07 67～72m	3
脆性折断型形式二：溪洛渡星光三组 PD02 137～142m	7
柔性弯曲型：二古溪 PD03 153～166m	3
混合型：溪洛渡星光三组 PD03 281～284m	3

RBI 是表征岩体块度大小及其结构类型的一个综合指标，反映了组成岩体的块度大小及其相互关系，RBI 也比 RQD 更能反映岩体结构的特点，RBI 值越大岩体完整性越好。RQD 值是指岩芯中长度等于或大于 10cm 的岩芯的累计长度占钻孔进尺总长度的百分比，它反映岩体被各种结构面切割的程度。GB 50287—99 规定用直径 75mm 的金刚石钻头、双层岩芯管钻进获得 RQD 值。RQD 值是美国工程师迪尔于 1964 年首先提出的，并用于岩体分级。RBI—RQD 关系曲线如图 5.1-8 所示。

在平硐壁上分段进行 RQD 调查，每 4m 为一段，每段中布置两条水平测线与三条竖直测线，然后计算该段内各测线上的 RQD 平均值，同时参考关系式的换算值获得 RQD 调查结果。RQD 调查结果见表 5.1-6。

表 5.1-6   RQD 调查结果

位 置	RQD/%
脆性折断型形式一：溪洛渡星光三组 PD07 67～72m	17
脆性折断型形式二：溪洛渡星光三组 PD02 137～142m	36
柔性弯曲型：二古溪 PD03 153～166m	24
混合型：溪洛渡星光三组 PD03 281～284m	31

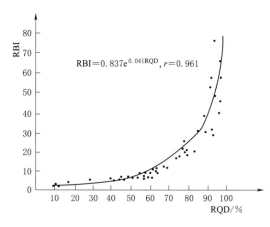

图 5.1-8 RBI—RQD 关系曲线

（胡卸文等，2002）

2. 结构面方位特征

（1）溪洛渡星光三组反倾边坡。坡体节理下半球投影等密图如图 5.1-9 所示。

坡体主要发育三组节理，如图 5.1-9 所示，节理优势方向为：①N52°～66°W/SW∠58°～69°；②N46°～62°E/NW∠48°～59°；③N69°～80°E/SE∠72°～82°。

坡体 582 条层面下半球投影极点如图 5.1-10 所示。通过 SPSS 软件 K-值聚类的方法可计算得聚类中心倾向为 81°（见图 5.1-11）。

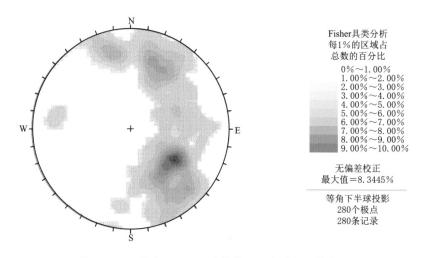

图 5.1-9 星光三组反倾坡体节理下半球投影等密图

星光三组坡体发育三组优势节理，其在勘探平硐中的出露如图 5.1-12 所示。②号结构面组走向与坡面走向 21°相交，并倾向坡外，可组成岩体向坡外下滑的底界，该组结构面对坡体稳定性是不利的。勘探平硐方向是与主倾倒方向接近的 300°。由②号与①号、③号结构面交切关系，洞顶易发生掉块。

（2）二古溪反倾边坡。对 1000 余条岩体层面、节理、片理等结构面进行统计，岩体结构面下半球投影等密图如图 5.1-13 所示。

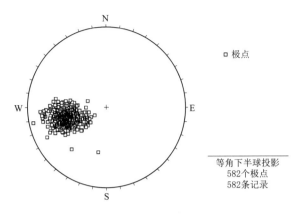

图 5.1-10　星光三组反倾坡体层面下半球投影极点图

由图 5.1-13 可得结构面优势产状区间：

1）N45°～80°W/SW∠45°～60°。多微张、宽 0.2～1.5cm，充填岩屑、岩片，面较平直粗糙，一般被层面截断，间距 30～50cm，延伸 1～3m，多发育为外倾中陡倾裂隙。

2）N15°W～N10°E/NE 或 SW∠80°～90°。宽 0.0～0.5cm，无充填或局部充填岩屑，面较平直粗糙，延伸长度大于 10m，间距 0.5～2cm，较发育近 SN 向劈理。

3）N35°～70°W/NE∠40°～70°。层面的走向较为集中，倾角变化较明显。宽 0.1～0.3cm，充填岩屑，胶结差，面较平直粗糙，延伸长度大于 10m，间距 10～30cm。

每个聚类中的案例数

聚类	1	223.000
	2	359.000
有效		582.000
缺失		0.000

图 5.1-11　层面倾向 K-值聚类分析

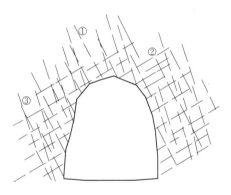

图 5.1-12　节理①、②、③在平硐中的交切关系

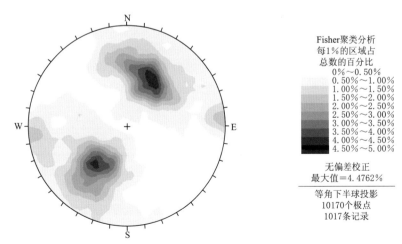

图 5.1-13　二古溪反倾边坡岩体结构面下半球投影等密图

溪洛渡星光三组反倾边坡岩层厚度调查结果如图 5.1-14 所示。脆性折断型形式一处岩层厚度 2～6cm，脆性折断型形式二处岩层厚度 4～12cm，混合型折断带处岩层厚度 5～12cm。二古溪反倾边坡柔性弯曲型折断带处岩性为板岩夹千枚岩，片理、劈理等密集发育，片理、劈理等发育间距 1～2cm。

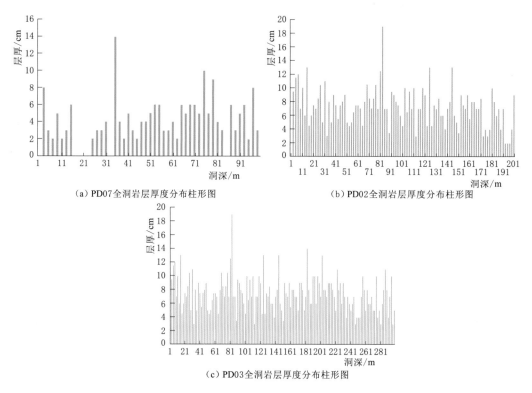

（a）PD07全洞岩层厚度分布柱形图　　　　（b）PD02全洞岩层厚度分布柱形图

（c）PD03全洞岩层厚度分布柱形图

图 5.1-14　溪洛渡星光三组反倾边坡岩层厚度调查结果

3. 张裂变形值与平均倾倒角度

在平硐中对岩体张裂变形值和平均倾倒角度进行调查，结果见表 5.1-7。倾倒角度是指发生倾倒的上覆岩体与未倾倒岩体倾角的差值。

表 5.1-7　　　　　　　　岩体张裂变形值与平均倾倒角度

位　　置	张裂变形值/cm	平均倾倒角度/(°)
脆性折断型形式一：溪洛渡星光三组 PD07 67～72m	0.1～0.5	34
脆性折断型形式二：溪洛渡星光三组 PD02 137～142m	0.1～0.7	34
柔性弯曲型：二古溪 PD03 153～166m	0.1	32
混合型：溪洛渡星光三组 PD03 281～284m	0.1	36

5.1.3.2　倾倒变形体质量评价标准

1. 工程岩体分级标准

《工程岩体分级标准》（GB/T 50218—2014）对岩体进行基本质量分级，依据岩石的坚硬程度和岩体的完整程度两个基本控制要素确定岩体基本质量 BQ 值。岩体基本质量指标 BQ 根据岩石单轴饱和抗压强度 R_c 和完整性指数 K_v 按式（5.1-2）计算：

$$BQ=90+3R_c+250K_v \tag{5.1-2}$$

运用此公式时应符合下列条件：

当 $R_c>90K_v+30$ 时，应以 $R_c=90K_v+30$ 和 K_v 代入计算 BQ 值。

当 $K_v>0.04R_c+0.4$ 时，应以 $K_v=0.04R_c+0.4$ 和 R_c 代入计算 BQ 值。

岩体基本质量分为 5 级，见表 5.1-8。

表 5.1-8　　　　　工程岩体基本质量分级（GB/T 50218—2014）

岩体基本质量指标 BQ 值	>550	550~451	450~351	350~251	≤250
基本质量级别	I	II	III	IV	V

2. 岩体 RMR 分类

岩体 RMR 分类是一种定量与定性相结合的多参数综合分类。以岩石强度、岩体完整程度、结构面状态及地下水状态为基本因素，结构面产状与工程轴线关系作为分类修正因素。岩石强度的量化指标采用岩石单轴饱和抗压强度，岩体完整程度则通过岩石质量指标 RQD 值与结构面间距量化。各参数根据地质描述和试验成果按表 5.1-9~表 5.1-15 取值，相加获得总评分 RMR：

$$RMR=R_1+R_2+R_3+R_4+R_5+R_6 \tag{5.1-3}$$

根据总分确定的岩体基本质量级别见表 5.1-16。

表 5.1-9　　　　　　　　　R_1 评分（岩石抗压强度）

点荷载/MPa	无侧限抗压强度/MPa	R_1 评分值
>10	>250	15
4~10	100~250	12
2~4	50~100	7
1~2	25~50	4
	5~25	2
	1~5	1
≤1 不采用	<1	0

表 5.1-10　　　　　　　　　　R_2 评分（RQD）

RQD/%	90~100	75~90	50~75	25~50	0~25
R_2 评分值	20	17	13	8	3

表 5.1-11　　　　　　　R_3 评分（最有影响的节理组间距）

节理间距/m	>2	0.6~2	0.2~0.6	0.06~0.2	≤0.06
R_3 评分值	20	15	10	8	5

表 5.1-12　　　　　　　　　R_4 评分（结构面状态）

结构面状态	很粗糙，不连续，闭合，新鲜	较粗糙，张开<1mm，微风化	较粗糙，张开<1mm，强风化	镜面或夹泥<5mm或张开 1~5mm；连续	夹泥厚>5mm或张开>5mm；连续
R_4 评分值	30	25	20	10	0

表 5.1－13 R_5 评分（地下水）

每 10m 洞长的流入量 /(L/min)	节理水压力与最大 主应力的比值	整体状态	R_5 评分值
无	0	完全干的	10
≤25	0.0～0.2	湿的	7
25～125	0.2～0.5	有中等压力水的	4
>125	0.5	有严重地下水问题的	0

表 5.1－14 R_6 评分（节理方向修正）

节理方向对工程影响的评价	R_6 评分值（对隧洞）	R_6 评分值（对地基）
很有利	0	0
有利	−2	−2
较好	−5	−7
不利	−10	−15
很不利	−12	−25

表 5.1－15 结构面方向对工程的影响

结构面走向与洞轴线关系		倾向及倾角	对工程影响的评价
结构面走向与洞轴线相垂直	顺着倾向开挖	倾角 45°～90°	很有利
		倾角 20°～45°	有利
	逆着倾向开挖	倾角 45°～90°	较好
		倾角 20°～45°	不利
结构面走向与洞轴线相平行		倾角 45°～90°	很不利
		倾角 20°～45°	较好
结构面走向与洞轴线无关		倾角 0～20°	较好

表 5.1－16 岩体 RMR 分类

RMR	81～100	61～80	41～60	21～40	0～20
基本质量级别	Ⅰ	Ⅱ	Ⅲ	Ⅳ	Ⅴ

3. 岩体 TMR 分类

TMR 分类体系是以岩石强度、RQD 值、节理间距、地下水状态、岩体完整性系数等作为基本分级指标（R_1～R_5），将反映倾倒变形特征及其对工程影响的张裂变形、节理方向及岩层倾倒角等特殊指标作为修正因素（D_1～D_3），根据地质编录和测试成果按表 5.1－17～表 5.1－22 进行单指标评分和修正值评分，相加即获得总评分：

$$TMR = (R_1 + R_2 + R_3 + R_4 + R_5) + D_1 + D_2 + D_3 \qquad (5.1-4)$$

最终按表 5.1－23 标准确定岩体质量的 5 级分类。

R_1 评分同表 5.1－9，R_2 评分同表 5.1－10，R_5 评分同表 5.1－13。

表 5.1－17　　　　　　　　　　　　　　　　R_3 评　分

节理间距/m	＞2	0.6～2	0.2～0.6	0.06～0.2	＜0.06
R_3 评分值	25	20	15	10	5

表 5.1－18　　　　　　　　　　　　　　　　R_5 评　分

岩体完整性系数	＞0.8	0.4～0.8	0.10～0.4	0.05～0.10	0.05～0.025	＜0.025
R_5 评分值	30	25	20	13	8	0

表 5.1－19　　　　　　　　　　　　　　　　D_1 评　分

张裂变形最大张开值/mm	≥21	9～21	6～9	2～6	≤2
D_1 评分值	－10	－8	－5	－2	0

表 5.1－20　　　　　　　　　　　　　　　　D_2 评　分

节理方向对工程的影响（参见表 5.1－21）	评分值（对隧洞）	评分值（对地基）
很有利	0	0
有利	－2	－2
较好	－5	－5
不利	－10	－10
很不利	－12	－15

表 5.1－21　　　　　　　　　　　节理方向对工程的影响

结构面走向与洞轴线关系	倾　向　及　倾　角		对工程影响的评价
结构面走向与洞轴线垂直	顺着倾向开挖（内）	倾角 45°～90°	很有利
		倾角 20°～45°	有利
		倾角＜20°	较好
	逆着倾向开挖（外）	倾角 45°～90°	较好
		倾角 30°～45°	不利
		＜30°（左岸）/＜40°（右岸）	很不利
结构面走向与洞轴线斜交	顺着倾向开挖（内）	倾角 45°～90°	有利
		倾角 20°～45°	较好
		倾角＜20°	不利
	逆着倾向开挖（外）	倾角 45°～90°	较好
		倾角 20°～45°	较好
		倾角＜20°	不利

表 5.1－22　　　　　　　　　　　　D_3 评分（倾倒角修正）

岩层倾倒角/(°)	≤0	0～12	12～23	23～40	＞40
D_3 评分值	0	－2	－5	－8	－10

表 5.1-23   岩体质量 TMR 分级

类　　别		岩体的描述	TMR
Ⅰ		极好的岩体	75～100
Ⅱ		很好的岩体	55～75
Ⅲ	Ⅲ₁	好的岩体	40～55
	Ⅲ₂	较好的岩体	25～40
Ⅳ		较差的岩体	10～25
Ⅴ		很差的岩体	0～10

5.1.3.3　折断带碎裂岩体的岩体质量评价

1. 基于工程岩体分级标准的岩体质量分级

根据工程岩体分级标准，对折断带岩体质量 BQ 分级结果见表 5.1-24。

表 5.1-24   折断带岩体质量 BQ 分级结果

位　　置	纵波波速 V_p/(m/s)	完整性指标 K_v	抗压强度 R_c/MPa	BQ 指标	分级
脆性折断型形式一：溪洛渡星光三组 PD07 67～72m	1120	0.23	60	328	Ⅳ
脆性折断型形式二：溪洛渡星光三组 PD02 137～142m	1800	0.33	40	293	Ⅳ
混合型：溪洛渡星光三组 PD03 281～284m	1508	0.30	50	315	Ⅳ

2. 基于 RMR 分类的岩体质量分级

根据 RMR 分类标准，对折断带岩体质量 RMR 分级结果见表 5.1-25。

表 5.1-25   折断带岩体质量 RMR 分级结果

位　　置	R_1	R_2	R_3	R_4	R_5	R_6	RMR 指标	分级
脆性折断型形式一：溪洛渡星光三组 PD07 67～72m	7	3	5	10	10	−5	30	Ⅳ
脆性折断型形式二：溪洛渡星光三组 PD02 137～142m	4	8	8	10	10	−5	35	Ⅳ
柔性弯曲型：二古溪 PD03 153～166m	4	3	5	10	7	−5	24	Ⅳ
混合型：溪洛渡星光三组 PD03 281～284m	6	8	8	20	10	−5	47	Ⅲ

3. 基于 TMR 分类的岩体质量分级

根据 TMR 分类标准，对折断带岩体质量 TMR 分级结果见表 5.1-26。

表 5.1-26   折断带岩体质量 TMR 分级结果

位　　置	性　状	R_1	R_2	R_3	R_4	R_5	D_1	D_2	D_3	TMR	分级
柔性弯曲型：二古溪 PD03 153～166m	岩体强度极低，完整性极差，结构面很不利于边坡稳定	4	3	5	7	8	0	−10	−8	9	Ⅴ

位　置	性　状	R_1	R_2	R_3	R_4	R_5	D_1	D_2	D_3	TMR	分级
脆性折断型形式一：溪洛渡星光三组 PD07 67~72m	岩体强度低，完整性差，结构面不利于边坡稳定	7	3	5	10	20	-2	-10	-8	25	Ⅳ
脆性折断型形式二：溪洛渡星光三组 PD02 137~142m	岩体强度低，完整性差，结构面不利于边坡稳定	4	8	5	10	20	-5	-10	-8	24	Ⅳ
混合型：溪洛渡星光三组 PD03 281~284m	岩体强度中等，完整性一般，结构面不利于边坡稳定	6	8	5	10	20	0	-10	-8	31	Ⅲ

4. 小结

各种岩体质量评价方法的评价指标中多有相同项，在现场可进行全面的指标数据收集，处理时利用多种岩体质量评价方法进行评价。半定量的岩体质量评价方法可以确定出岩体质量大致处于哪一级别，这对岩体质量好坏的整体认识十分有帮助，但却不能十分精确地评判出岩体质量评分接近的多处岩体的相对好坏。从以上评价内容可以看出折断带碎裂岩体多以Ⅳ级和Ⅴ级为主，为较差和很差的岩体，但在确定各处折断带岩体质量好坏程度的相对情况时，各方法评价结果略有不同，这与评价方法中考虑指标的重点不同有关。因此，若想确定相对好坏，不仅需结合坡体倾倒程度分区进行全方面考虑，还需要定量化的研究。Hoek - Brown 法是将岩体质量好坏与力学参数联系起来的常用方法。

5.2　动荷载作用下岩石力学特性研究

5.2.1　岩石动力三轴强度力学试验

5.2.1.1　试验仪器

采用成都理工大学地质灾害防治与地质环境保护国家重点实验室的 MTS 815 电液伺服岩石试验系统，该试验系统包括 Test star 数字控制器、油压源和主机等进行静力和动力三轴的岩石强度测试系统。MTS 815 电液伺服岩石试验系统如图 5.2 - 1所示，结构示意图如图 5.2 - 2 所示。

5.2.1.2　试验方案

1. 动力荷载输入设定

按照方案要求设定岩石对应的动力特征参数。根据前人的研究成果，在缺乏试验资料时，屈服强度可以取定为静不排水强度的 80%。

确定动力三轴试验的激励动力源输入统一遵循如下准则：

图 5.2 - 1　MTS 815 电液伺服岩石试验系统

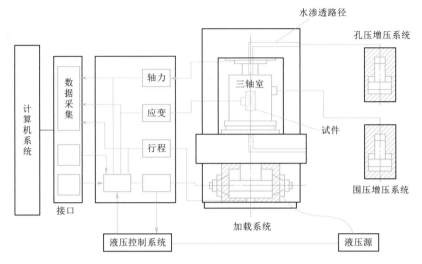

图 5.2-2　MTS 815 电液伺服岩石试验系统结构示意图

（1）鉴于实际地震中一次震动持时普遍较短，试验统一持时为 1min，即各频率对应的震动次数依次为 60 次（1Hz）、120 次（2Hz）以及 180 次（3Hz）。

（2）输入幅值以静力试验结果为基准，以各围压下的 80％极限轴力作为幅值上限，依次以 50％、60％、70％作为幅值下限。

（3）加载方式为：稳定围压→加轴压至 80％极限轴力→在指定幅值下限范围和指定频率的动力作用下持续振动 1min→振动完毕→继续施加轴力至破坏（见图 5.2-3）。

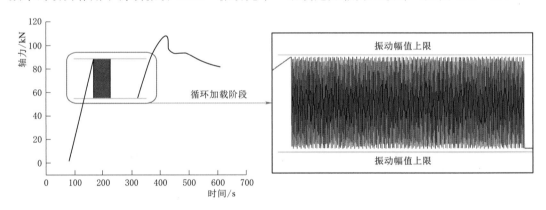

图 5.2-3　轴力加载全过程曲线图

2. 试验组分配

所有三轴试验共计 10 组（1 组静力＋9 组动力）、每组为 4 梯级围压（2MPa、4MPa、6MPa、8MPa），共计 40 个岩样。岩石静、动三轴试验方案见表 5.2-1。

5.2.1.3　试验准备和基本物理指标测量

1. 岩样制备

该试验岩样采自茂县石大关乡拴马村梯子槽，岩样按照标准试件直径 50mm、高100mm 进行制备，包括测试岩样共计 43 个（见图 5.2-4）。

表 5.2-1 岩石静、动三轴试验方案

岩样编号	围压/MPa	幅值/%	频率/Hz	岩样编号	围压/MPa	幅值/%	频率/Hz
J1	2	—	—	D5-2	2	60	2
J2	4	—	—	D5-4	4	60	2
J3	6	—	—	D5-6	6	60	2
J4	8	—	—	D5-8	8	60	2
D1-2	2	50	1	D1-2	2	60	3
D1-4	4	50	1	D1-4	4	60	3
D1-6	6	50	1	D1-6	6	60	3
D1-8	8	50	1	D1-8	8	60	3
D2-2	2	50	2	D2-2	2	70	1
D2-4	4	50	2	D2-4	4	70	1
D2-6	6	50	2	D2-6	6	70	1
D2-8	8	50	2	D2-8	8	70	1
D3-2	2	50	3	D3-2	2	70	2
D3-4	4	50	3	D3-4	4	70	2
D3-6	6	50	3	D3-6	6	70	2
D3-8	8	50	3	D3-8	8	70	2
D4-2	2	60	1	D9-2	2	70	3
D4-4	4	60	1	D9-4	4	70	3
D4-6	6	60	1	D9-6	6	70	3
D4-8	8	60	1	D9-8	8	70	3

2. 岩样的基本物理性质指标测算

岩样按照标准岩样的规格制备后，用外径千分尺和天平对其基本的物理参数进行测算。其中，几何尺寸的测定遵循：高度测定分 0°、60°和 120°三个方向的分位旋转进行 3 次测量，直径取试件上、中、下三个水平进行相互 3 次测量。取各自的均值再进行岩样体积的测算。最后，计算出 40 个岩样各自的密度，取均值得到该批次岩样的最终密度值，见表 5.2-2。

图 5.2-4 全试验采用岩样试件

5.2.2 动力作用下岩石的力学参数研究

5.2.2.1 岩样破坏情况

岩样的结构面展布与最大主应力方向近乎平行。由于千枚岩裂隙遍布，岩性不佳，试验中出现个别岩样在试验中受压至崩解的情况［见图 5.2-5（a）］，有类似情况的岩样编号为：D1-4、D3-6、D5-8 和 D3-2。此四个岩样的试验成果将在后续分析中剔除。

表 5.2－2 岩样物理参数测算表

| 编号 | 重量 m /g | 高度 h/mm | | | | 直径 d/mm | | | | 体积 /cm³ | 密度 | |
		0°分位值	60°分位值	120°分位值	均值	样底测值	样中测值	样顶测值	均值		g/cm³	kg/m³
J1	516	99.39	99.59	99.40	99.46	49.11	49.14	49.18	49.14	188.65	2.74	2735.16
J2	522	101.21	101.24	101.15	101.20	49.60	49.65	49.62	49.62	195.72	2.67	2667.03
J3	514	100.12	100.48	99.96	100.19	49.20	49.27	49.16	49.21	190.55	2.70	2697.47
J4	512	99.45	100.08	99.61	99.71	48.97	49.11	48.99	49.02	188.21	2.72	2720.33
D1－2	515	99.99	99.92	100.30	100.07	49.01	49.00	49.07	49.03	188.91	2.73	2726.14
D1－4	518	99.70	99.86	100.82	100.13	49.11	49.09	49.04	49.08	189.43	2.73	2734.52
D1－6	513	99.30	99.58	99.83	99.57	49.71	49.07	48.95	49.24	189.63	2.71	2705.23
D1－8	515	99.60	99.77	100.91	100.09	49.03	49.02	49.09	49.05	189.11	2.72	2723.29
D2－2	513	99.16	99.46	98.80	99.14	48.77	48.88	48.84	48.83	185.66	2.76	2763.15
D2－4	516	101.03	101.08	101.15	101.09	49.15	49.21	49.31	49.22	192.36	2.68	2682.40
D2－6	519	99.90	100.23	100.89	100.34	48.90	48.86	48.93	48.90	188.42	2.75	2754.51
D2－8	521	100.85	100.78	100.57	100.73	49.76	49.06	49.01	49.28	192.11	2.71	2712.01
D3－2	533	101.13	100.96	101.06	101.05	49.20	49.25	49.45	49.30	192.89	2.76	2763.17
D3－4	514	100.95	101.12	101.12	101.06	49.20	49.06	49.07	49.11	191.44	2.68	2684.97
D3－6	522	101.36	101.60	102.10	101.69	49.44	49.53	49.72	49.56	196.19	2.66	2660.70
D3－8	506	98.85	98.80	99.02	98.89	49.02	49.75	47.29	48.69	184.10	2.75	2748.45
D4－2	504	101.77	101.38	101.36	101.50	48.96	49.11	49.01	49.03	191.62	2.63	2630.24
D4－4	510	99.36	99.36	99.14	99.29	48.79	49.00	49.04	48.94	186.80	2.73	2730.25
D4－6	494	100.29	99.89	100.01	100.06	49.81	48.00	51.00	49.60	193.37	2.55	2554.70
D4－8	486	99.99	99.91	100.10	100.00	49.47	49.51	49.57	49.52	192.57	2.52	2523.73
D5－2	523	101.70	101.40	101.48	101.53	49.14	49.21	49.40	49.25	193.41	2.70	2704.08
D5－4	516	99.82	100.07	100.09	99.99	48.92	48.95	49.02	48.96	188.28	2.74	2740.61
D5－6	524	101.03	101.37	101.11	101.17	48.95	48.95	48.95	48.95	190.39	2.75	2752.23
D5－8	489	100.13	100.42	100.20	100.25	49.69	49.53	49.55	49.59	193.63	2.53	2525.49
D1－2	520	99.56	99.72	99.90	99.73	49.10	49.23	49.11	49.15	189.19	2.75	2748.62
D1－4	522	100.74	100.83	120.89	100.82	49.08	49.05	49.02	49.05	190.51	2.74	2740.03
D1－6	515	99.15	99.31	99.52	99.33	49.04	49.07	49.22	49.11	188.15	2.74	2737.23
D1－8	514	99.76	99.91	99.52	99.73	49.05	49.10	49.77	49.31	190.43	2.70	2699.21
D2－2	496	101.10	101.22	101.66	101.33	49.79	49.55	49.51	49.62	195.92	2.53	2531.70
D2－4	526	101.55	101.55	101.80	101.63	49.20	48.39	48.96	48.85	190.48	2.76	2761.41
D2－6	514	99.57	99.60	99.53	99.57	49.57	48.95	49.15	49.22	189.47	2.71	2712.80
D2－8	518	100.34	100.18	100.25	100.26	49.40	49.42	49.48	49.43	192.42	2.69	2692.07
D3－2	534	100.49	100.40	100.43	100.44	49.08	49.29	49.06	49.14	190.51	2.80	2802.95

编号	重量 m /g	高度 h/mm				直径 d/mm				体积 /cm³	密度	
		0°分位值	60°分位值	120°分位值	均值	样底测值	样中测值	样顶测值	均值		g/cm³	kg/m³
D3－4	526	100.06	99.91	99.78	99.92	48.85	48.95	54.85	50.88	203.18	2.59	2588.85
D3－6	514	99.51	99.42	99.51	99.48	48.88	48.91	48.90	48.90	186.80	2.75	2751.56
D3－8	509	99.97	100.02	100.12	100.04	49.05	48.88	48.55	48.83	187.31	2.72	2717.41
D9－2	511	99.45	99.61	99.70	99.59	49.21	48.22	49.28	48.90	187.05	2.73	2731.83
D9－4	495	101.18	101.22	101.20	101.20	48.65	48.59	48.77	48.67	188.28	2.63	2629.13
D9－6	515	99.23	98.98	99.04	99.08	49.14	49.03	49.02	49.06	187.33	2.75	2749.18
D9－8	513	101.00	100.79	100.61	100.80	48.99	48.92	48.91	48.94	189.62	2.71	2705.45
均值	513.9	100.22	100.28	100.34	100.28	49.17	49.07	49.30	49.18	190.50	2.70	2698.48

其余岩样在试验完成后，普遍整体较完整，试样压坏后仅产生各种压致裂缝，与最大主应力方向近乎平行［见图 5.2－5（b）］。

（a）D1-4　　　　　　　　　　（b）D2-6

图 5.2－5　岩样破坏情况

5.2.2.2　岩石变形指标计算成果

预期取得指标体积模量和剪切模量为数值模拟提供岩体参数取值依据，两者通过试验所测算的变形指标弹性模量和泊松比计算得到，计算结果见表 5.2－3。

表 5.2－3　　　　　　　　　　岩石变形指标计算成果表

岩样编号	弹性模量 E/MPa	泊松比 μ	体积模量 K/MPa	剪切模量 G/MPa
J1	7978	0.266	5684	3151
J2	9386	0.272	6869	3689
J3	9284	0.288	7308	3603
J4	9423	0.263	6619	3731

续表

岩样编号	弹性模量 E/MPa	泊松比 μ	体积模量 K/MPa	剪切模量 G/MPa
D1－2	8063	0.280	6103	3150
D1－6	9633	0.270	6994	3791
D1－8	8886	0.277	6655	3478
D2－2	9637	0.284	7447	3752
D2－4	9187	0.285	7119	3575
D2－6	9682	0.265	6875	3826
D2－8	8263	0.273	6074	3245
D3－2	8336	0.285	6451	3244
D3－4	8694	0.285	6787	3383
D3－8	8502	0.283	6529	3313
D4－2	8876	0.261	6194	3519
D4－4	8821	0.290	6992	3420
D4－6	9698	0.278	7267	3795
D4－8	8984	0.276	6675	3521
D5－2	8063	0.284	6217	3140
D5－4	8107	0.287	6354	3149
D5－6	9144	0.267	6545	3608
D1－2	9709	0.288	7638	3769
D1－4	9656	0.279	7298	3773
D1－6	9629	0.265	6818	3807
D1－8	9180	0.276	6817	3547
D2－2	8978	0.286	6980	3491
D2－4	9846	0.265	6984	3892
D2－6	9681	0.275	7169	3796
D2－8	8562	0.260	5955	3396
D3－4	9063	0.279	6387	3318
D3－6	9958	0.287	7791	3869
D3－8	9917	0.277	7422	3882
D9－2	9802	0.282	7491	3823
D9－4	8345	0.277	6237	3268
D9－6	8791	0.287	6886	3415
D9－8	8484	0.278	6744	3598
均值	9062	0.277	6788	3548

（1）弹性（割线）模量和泊松比计算公式：

$$E_{50} = \frac{\sigma_{50}}{\varepsilon_{h50}} \qquad (5.2-1)$$

$$\mu = \frac{\varepsilon_{d50}}{\varepsilon_{h50}} \qquad (5.2-2)$$

式中：E_{50} 为弹性模量，MPa；μ 为泊松比；σ_{50} 为 50％抗压强度的应力值，MPa；ε_{h50} 为应力为抗压强度 50％时的纵向应变值；ε_{d50} 为应力为抗压强度 50％时的横向应变值。

（2）体积模量和剪切模量计算公式：

$$K = \frac{E}{3(1-2\mu)} \qquad (5.2-3)$$

$$G = \frac{E}{2(1+\mu)} \qquad (5.2-4)$$

式中：K 为体积模量，MPa；G 为剪切模量，MPa；E 为弹性模量，MPa；μ 为泊松比。

四项变形参量并不随频率和幅值呈某种明显的规律性变化，而是在某一数量区间内相对随机地分布。因此取四项指标的均值作为后续数值模拟的基本参数。

5.2.2.3　岩石强度指标计算成果

以 σ_1 为竖向坐标，σ_3 为水平坐标，用最小二乘法作出 σ_3—σ_1 最佳关系曲线。再通过式（5.2-5）、式（5.2-6）求得岩石的 c、φ 值，求得结果见表5.2-4。

$$c = \frac{\sigma_c(1-\sin\varphi)}{2\cos\varphi} \qquad (5.2-5)$$

$$\varphi = \arcsin\left(\frac{k-1}{k+1}\right) \qquad (5.2-6)$$

式中：c 为岩石的黏聚力，MPa；φ 为岩石的内摩擦角，（°）；σ_c 为最佳关系曲线截距，MPa；k 为最佳关系曲线的斜率。

表 5.2-4　　　　　　　　　　岩石强度指标计算成果表

岩样组编号	内摩擦角 φ/(°)	黏聚力 c/MPa	岩样组编号	内摩擦角 φ/(°)	黏聚力 c/MPa
J	42.40	1.98	D-6	37.43	1.81
D-1	42.64	1.68	D-7	35.06	2.04
D-2	42.11	1.53	D-8	36.87	1.69
D-3	41.38	1.73	D-9	42.02	1.53
D-4	36.87	1.83	均值	39.88	1.72
D-5	44.55	1.63			

5.2.3　岩石的振动损伤分析

5.2.3.1　损伤理论和振动损伤计算

Krajcinovic 等（1982）将连续损伤理论和统计强度理论结合，提出了一个统计损伤模型。Lemaitre（1984）经典损伤公式是将岩石的初始状态和损伤后的状态表示出来。而未经振动的岩石状态即可视为初始状态，经历了振动荷载的岩石状态即为损伤状态。综合

经典损伤公式，岩石的振动损伤率 D_c、D_φ 计算公式为

$$D_c = 1 - \frac{c_f}{c_s} \tag{5.2-7}$$

$$D_\varphi = 1 - \frac{\varphi_f}{\varphi_s} \tag{5.2-8}$$

式中：D_c 为岩体黏聚力 c 的振动损伤率；D_φ 为岩体内摩擦角 φ 的振动损伤率；c_f 为经历振动荷载后的岩体黏聚力，MPa；φ_f 为经历振动荷载后的内摩擦角，(°)；c_s 为未受振动荷载的岩体黏聚力，MPa；φ_s 为未受振动荷载的岩体内摩擦角，(°)。

表 5.2-5　　　　　　　　　　　　岩石振动损伤计算表

岩样组编号	$\varphi/(°)$	D_φ	c/MPa	D_c
J	42.40	—	1.98	—
D-1	42.64	−0.006	1.68	0.153
D-2	42.11	0.007	1.53	0.229
D-3	41.38	0.024	1.73	0.128
D-4	36.87	0.130	1.83	0.076
D-5	41.38	0.024	1.68	0.154
D-6	37.43	0.117	1.65	0.171
D-7	35.06	0.173	2.04	−0.026
D-8	36.87	0.130	1.69	0.146
D-9	42.02	0.009	1.53	0.228

5.2.3.2　岩石强度的振动损伤分析

（1）全局比较。从表 5.2-5 分析，D_c 平均值为 0.140，大于 D_φ 平均值 0.068。各组横向——比较 10 组数据的 c、φ 振动损伤率，大部分组 $D_c > D_\varphi$。可见在外部振动荷载存在的情况下，黏聚力 c 普遍比内摩擦角 φ 对振动更敏感。

（2）分组比较。

1）同频率。按照方案，【D1，D4，D7】(1Hz)、【D2，D5，D8】(2Hz)、【D3，D6，D9】(3Hz) 3 组分别位于同一频率。按频率分为 3 组进行损伤率的均值和变化趋势比较，如图 5.2-6 和图 5.2-7 所示。

同频率分组 D_φ 规律为：D_φ 在组间的总体走向是随着频率的增大而轻微递减；同频率分组 D_c 规律为：D_c 在组间的总体趋势是随着频率的增大而增加。

同频率组对应平均折损率：$D_c > D_\varphi$。

2）同振幅。【D1，D2，D3】(50%)、【D4，D5，D6】(60%)、【D7，D8，D9】(70%) 分别位于同一幅值，按振幅分为 3 组进行损伤率的均值和变化趋势比较，如图 5.2-8 和图 5.2-9 所示。

同幅值分组 D_φ 规律为：D_φ 在组间的总体趋势是随着幅值的降低而轻微增大；同幅值分组 D_c 规律为：D_c 在组间的总体趋势是随着幅值的减少而减少。

同幅值组对应平均折损率：$D_c > D_\varphi$。

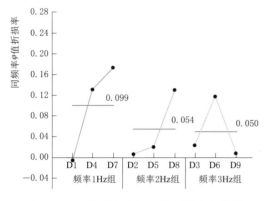

图 5.2-6 同频率分组 φ 值折损率趋势图

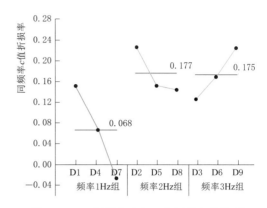

图 5.2-7 同频率分组 c 值折损率趋势图

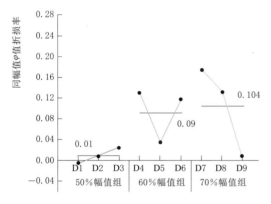

图 5.2-8 同幅值分组 φ 值折损率趋势图

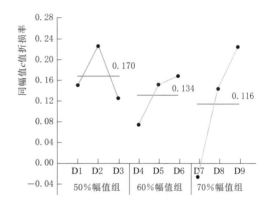

图 5.2-9 同幅值分组 c 值折损率趋势图

3）小结。通过 1）、2）的分析比较，可以得到如下结论：

a. 两指标（黏聚力和内摩擦角）在总体均值、同组水平、同频率均值和同幅值均值四种条件下的普遍规律均为 $D_c > D_\varphi$。

b. 由于 D_φ 相对于 D_c 普遍较小，因此相对于内摩擦角 φ，岩体黏聚力 c 对振动荷载的作用更敏感。

c. 黏聚力 c 和内摩擦角 φ 平均振动损伤率的变化率均小于 17%，普遍小于 10%，而模拟实验方案中所安排的主要因子的变化幅值均大于 50%。

根据前述成果，岩石 c、φ 值的损伤对于动力作用的敏感度较低（普遍小于 10%）。此外根据各个岩样在未压坏的压缩变形阶段（弹性极限与塑性极限之间的阶段）岩石轴向以及环向变形，其值数量级普遍在 10^{-2}mm 左右。结合以上研究成果可得，岩石本身强度的振动损伤（即岩石在振动前后的力学强度变化幅度）在坡体失稳破坏之前，对于坡体变形的影响较微弱。因此，岩石本身的强度折损对变形影响较小。即相对于宏观影响因素的变化（岩体的结构主控因素和动力主控因素）在振动作用下对变形的影响效果而言，微观影响主控因素（岩石的强度因素）在振前振后的折减对变形影响效果甚为微弱。

5.3 水-岩相互作用下岩石力学特性研究

5.3.1 长期饱水条件下岩石力学特性

5.3.1.1 实验方案

在野外地质调查阶段,从现场取回岩石样本制样。试件制备严格按照国际岩石力学学会(ISRM)对试样规格的要求,详见表5.3-1。

表5.3-1　　　　　　　　　　　　　　试　样　规　格　要　求

项目	参　　数
试样尺寸	$\phi50\times100mm$
试样切法	试样直径方向与岩石层面方向平行
精度要求	在试件整个高度上,直径误差不超过0.3mm;两端面的不平行度,最大不超过0.05mm;端面应垂直于试件轴,最大偏差不超过0.25°

将制得的样本分组,每组试件数量应对应不同围压条件。试样泡入水中(见图5.3-1)每隔10天取出一组,做岩石常规三轴实验。

图5.3-1　岩样保水实验照片

岩石的三轴压缩实验采用常规三轴实验的YSJ-01-00岩石三轴实验机。该实验机可以进行岩石常规三轴实验、单轴压缩实验等。实验开始前首先测量试件尺寸,用热缩套管包裹试样和受力底座的上下部件,用热风均匀吹向热缩管使其收缩,防止油样与试样接触;把包裹完好的试样放入围压室,放下围压缸,向缸内注油。试验开始后,以恒定速率施加围压。当围压值稳定且达到目标值之后,以恒定轴向位移速率施加轴向荷载,直至试样破坏。在实验的过程中,用电脑采集实验数据。实验完成后,取出试样,拍照并进行描述。

5.3.1.2 全应力—应变曲线特征研究

1. 全应力—应变曲线

试样在外荷载作用下发生变形、破坏的过程是一个渐进的过程。图5.3-2为板岩在不同围压、不同饱水时间下的全应力—应变曲线。

2. 饱水时间对岩石全应力—应变曲线的影响

岩石饱水后,水进入岩石中的裂隙或结构面,与之接触,并产生一系列的物理化学反应,导致岩石的力学性质变差。为研究饱水状态对岩石全应力—应变曲线的影响,应固定围压,采用单一变量分析法,运用岩石全应力—应变曲线图研究岩石在围压不变的情况下岩石全应力—应变曲线在不同饱水状态的特征。

以板岩为例,对比分析其在天然状态与饱水90天的全应力—应变曲线,见图5.3-3。

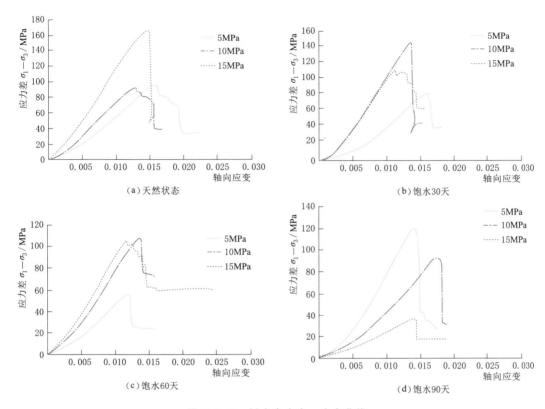

图 5.3-2　板岩全应力—应变曲线

结果表明：

（1）天然状态下板岩的全应力—应变曲线与典型曲线对比，无压密点。

（2）天然状态下 C 点对应的应变小于饱水 90 天状态下 C 点对应的应变，表明长时间饱水增加了板岩达到峰值强度所对应的应变，这是由板岩与水反应不敏感、试样具有离散性所致。

（3）CD 段在 X 轴上的投影长度大于 C'D' 段在 X 轴上的投影长度，表明长时间饱水增加了板岩应力软化阶段所对应的应变。

应当说明，以上讨论的岩石全应力—

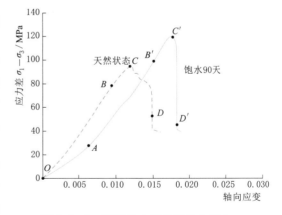

图 5.3-3　不同饱水状态板岩全应力—
应变曲线（$\sigma_3 = 10\text{MPa}$）

应变曲线是一条典型化了的曲线，自然界中的岩石，因其矿物组成、岩石结构、岩石构造各不相同，其全应力—应变曲线也各不相同。

5.3.1.3　饱水时间对岩石峰值强度影响研究

岩石峰值强度是指岩石在常规三轴压缩实验中，从试样外加荷载至试样破坏全过程中出现的最大应力值。岩石峰值强度是岩石力学性质表征的重要参数之一，一般意义上所述岩石的强度，指的就是岩石的峰值强度。以下以板岩、千枚岩为例进行说明。

1. 板岩

图 5.3-4 中的两条曲线分别给出了板岩峰值强度在两种不同围压下随饱水时间的变化。从曲线位置来讲，围压为 5MPa 时曲线位于图的下端，表明随着围压增大，板岩峰值强度提高。为研究饱水时间对板岩峰值强度的影响，使用单一变量法，在围压一定的前提下（分为 5MPa、15MPa），分析总结其变化规律。

从曲线的整体形态上看，板岩峰值强度大致在 50～160MPa 这个区间内波动。饱水状态下板岩峰值强度较天然状态有明显降低，随着饱水时间的延长，峰值强度在部分时段内保持了稳定，整体趋势是随着饱水时间的增加、板岩峰值强度呈逐渐降低的趋势，个别奇异点是由于岩石个体差异造成的，增加实验组数可以尽量减小个体差异的影响。

2. 千枚岩

图 5.3-5 给出了千枚岩峰值强度在不同围压下随饱水时间的变化，图中的两条曲线分别表示千枚岩试样峰值强度在两种围压下的随饱水时间的变化。从曲线位置来讲，围压越大，曲线位置越高，说明围压增大了千枚岩峰值强度。为研究饱水时间对千枚岩峰值强度的影响，使用单一变量法，在围压一定的前提下（分为 5MPa、15MPa），分析总结其变化规律。

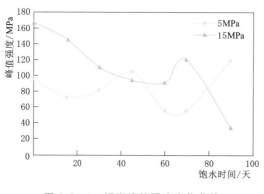

图 5.3-4　板岩峰值强度变化曲线

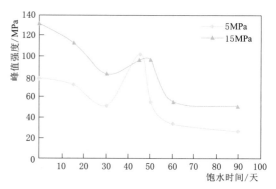

图 5.3-5　千枚岩峰值强度变化曲线

（1）围压 5MPa。图 5.3-5 给出了千枚岩在 5MPa 时，峰值强度随饱水时间的变化曲线。从曲线的整体形态上看，千枚岩峰值强度值随饱水时间的增加呈下降的趋势；天然状态的千枚岩峰值强度约为 80MPa；随着饱水时间的延长，千枚岩峰值强度出现了短暂的升高，而后快速降低；饱水 90 天，千枚岩峰值强度约为 26MPa；应当说，千枚岩峰值强度随饱水时间增加发生了极大的降低。

（2）围压 15MPa。图 5.3-5 给出了千枚岩在围压 15MPa 时，峰值强度随饱水时间的变化曲线。千枚岩峰值强度曲线在 50～130MPa 这个区间内波动；从曲线的整体形态上看，千枚岩峰值强度值随饱水时间的增加呈下降的趋势。天然状态的千枚岩峰值强度约为 136MPa。饱水 90 天，千枚岩峰值强度约为 52MPa。应当说，千枚岩峰值强度随饱水时间增加发生了较大的降低。

通过分析千枚岩在围压 5MPa、15MPa 时的峰值强度随饱水时间的变化曲线，可得到以下结论：总体上看，围压增加会导致千枚岩峰值强度增加。无其他因素影响时，饱水会导致千枚岩峰值强度降低。

5.3.2　干湿循环条件下岩石劣化特性

5.3.2.1　岩石干湿循环三轴试验

岩石三轴试验是在三向应力状态下测定和研究岩石变形和强度特性的一种试验。按应力的组合方式，可分为两种情况：①侧向等压的三轴压缩试验（$\sigma_1 > \sigma_2 = \sigma_3$），主要研究围压（$\sigma_2 = \sigma_3$）对岩石变形、强度及破坏的影响，测定岩石三轴抗剪强度指标；②三轴不等应力试验（真三轴，$\sigma_1 > \sigma_2 > \sigma_3$）。

三轴试验的设备采用成都理工大学地质灾害防治与地质环境保护国家重点实验室的MTS 岩石伺服试验机（见图 5.3-6）。试验系统由测试部分（试验主机）、加载部分（围压稳压系统）、控制部分（伺服控制系统）组成，运用于岩石、混凝土等材料的常规力学试验，主要的功能有：单轴应力应变全过程试验、三轴应力应变全过程试验和按特殊试验过程要求进行可编程单轴（或三轴）试验。MTS 岩石伺服试验机最大的优点是通过伺服控制系统，能够准确、及时地将试样的变形量和变形速率反馈给加压系统，用来控制加压的加载速度、位移和位移速度等参数，从而测试出试验峰值以后的变形和应力，试验过程中通过伺服系统可直接获得与试验同步绘制的应力—位移曲线，是当前国内较先进的试验仪器和试验方法。

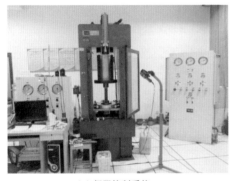 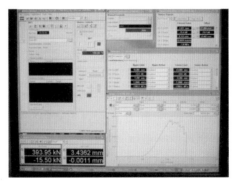

（a）伺服控制系统　　　　　　　　　　　（b）处理界面与应力—位移曲线

图 5.3-6　伺服控制系统及其处理界面与应力—位移曲线

该试验以长石石英砂岩及板岩为研究对象，岩样采回后加工成直径 50mm、高100mm 的标准圆柱体试件。将加工好的试件放在水中自然浸泡 24h，然后在 105℃烘箱中干燥 24h 后冷却至室温，至此完成 1 次饱水-干燥的干湿循环过程。按循环次数将试件分为 5 组，经过饱水-干燥循环作用分别为天然状态、饱水状态、5 次、10 次以及 15 次，每组 3 个试样，围压分别为 2MPa、4MPa、5MPa。试样制备好后，利用 MTS 岩石伺服试验机进行常规三轴试验，得到岩石不同状态下的弹性模量、抗剪强度参数值以及应力—应变曲线。

对于一般岩石来说，标准应力—应变关系曲线见图 5.3-7。可分为 5 个主要的阶段：

①微裂隙压密阶段（*OI* 段），这是由于细小裂隙受到压力作用闭合产生的。②弹性变形阶段（*IA* 段），该阶段应力—应变曲线呈线性发展，岩石表现出明显的线弹性特征。③屈服阶段（*AB* 段），进入该阶段后岩石内部微小破裂、裂隙不断累积、发展，直至试样完全破坏。*A* 点是岩石从弹性破坏阶段进入塑性阶段的转折点，也就是所谓的屈服点。该阶段上限应力为峰值强度（*B* 点）。④应变软化阶段（*BC* 段），试样达到峰值强度以后，应力随着应变的增加而下降，裂隙加速扩展，相互交错连接形成宏观破裂面；⑤塑性流动阶段（*CD* 段），试样破裂后岩石的承载能力并没有完全丧失，还具有一定的承载能力，至此强度减小到残余强度。

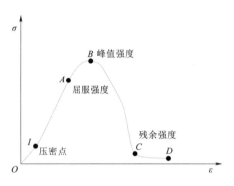

图 5.3-7　标准岩石应力—应变关系曲线

参考图 5.3-7，对图 5.3-8、图 5.3-9 中试件的应力—应变关系曲线进行两种思路方向的分析，即：定围压分析循环次数对应力—应变曲线的影响，定含水状态分析围压大小对曲线的影响。

通过破坏形态的细节分析发现，围压对砂岩破坏过程中的力学行为没有本质的改变，但增强作用明显。对不同围压下常规三轴试验加载过程中试件的应力—应变曲线进行了采集，如图 5.3-8、图 5.3-9 所示。可以看出，应力—应变曲线除图 5.3-8（a）和图 5.3-9（b），其他图中 3 条曲线的切线模量几乎一致。以图 5.3-8（b）为例，在弹性变形阶段（即线性变形阶段）割线模量分别为 6.9GPa、7.7GPa、9.1GPa，随着围压的增加有所增加；峰值强度分别为 51.4MPa、85.9MPa、103.3MPa，围压为 4MPa、5MPa 时砂岩的峰值强度分别为 2MPa 围压时的 1.7 倍、2 倍，这说明围压对应力有显著的增强效果。

在干湿循环过程中，岩石的变形决定于矿物颗粒本身的变形、颗粒间的滑移以及内部裂隙的压密，而水-岩作用使得矿物颗粒间胶结物弱化，同时岩石内部的微裂隙增加并扩张，在宏观上展现出的就是：应力—应变曲线发展速度放缓，压密段长度有所增加，并且

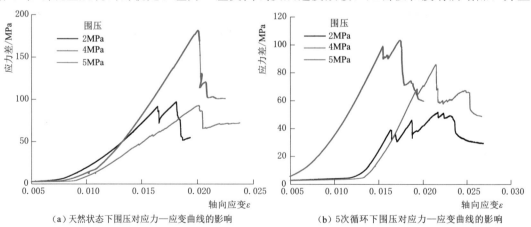

（a）天然状态下围压对应力—应变曲线的影响　　　（b）5次循环下围压对应力—应变曲线的影响

图 5.3-8（一）　砂岩应力—应变关系曲线

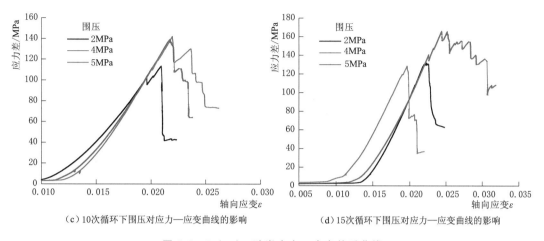

（c）10次循环下围压对应力—应变曲线的影响　　（d）15次循环下围压对应力—应变曲线的影响

图 5.3-8（二）　砂岩应力—应变关系曲线

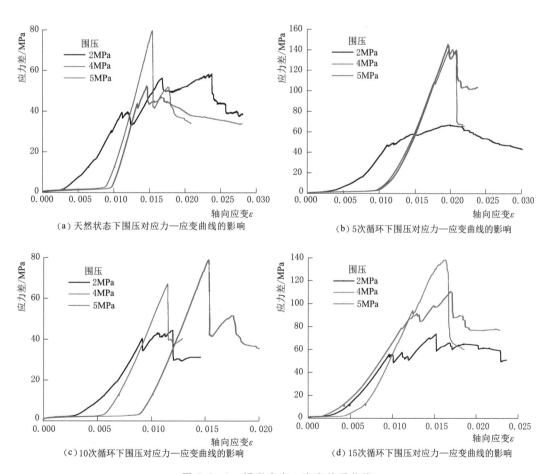

（a）天然状态下围压对应力—应变曲线的影响　　（b）5次循环下围压对应力—应变曲线的影响

（c）10次循环下围压对应力—应变曲线的影响　　（d）15次循环下围压对应力—应变曲线的影响

图 5.3-9　板岩应力—应变关系曲线

出现峰值强度时所对应的轴向应变增加。但由于岩石各向异性，且裂隙发育情况有所差异，个别岩样未能遵循应力—应变曲线发展规律。

常规三轴试验中，各试样基本都遵循上述的 5 个典型发展阶段（见图 5.3 - 10）。从图 5.3 - 10（b）、图 5.3 - 10（c）中可以看到，天然状态下的岩石试样的应力—应变曲线形状比较类似，而经过 5 次和 10 次干湿循环的试样的应力—应变曲线则有较大的变化。

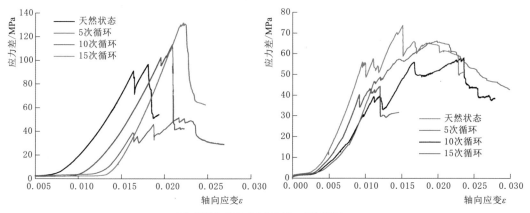

（a）围压为 2MPa（左为砂岩，右为板岩）

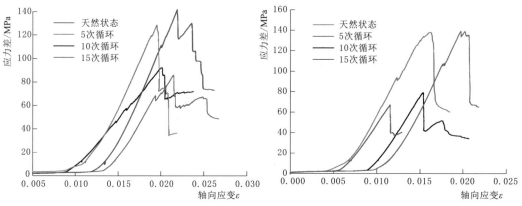

（b）围压为 4MPa（左为砂岩，右为板岩）

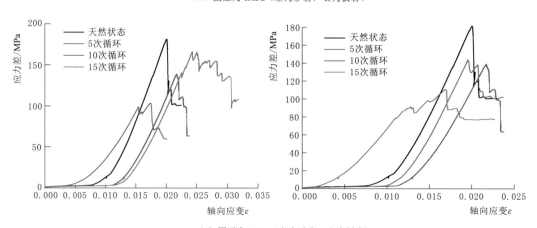

（c）围压为 5MPa（左为砂岩，右为板岩）

图 5.3 - 10　干湿循环作用下砂岩、板岩的应力—应变曲线

经过 5 次和 10 次干湿循环作用之后，砂岩和板岩的塑性特质有所增强，试件应力—应变曲线的直线段比较短，屈服阶段曲线比较波动且长。在峰值应力后，即进入应变软化阶段之后，在较大范围内，随着应变的增加，轴向应力只有很微小降低，应力下降比较平缓，岩样表现出很强的延展性，表明岩石试件的延性增强。而天然试件有明显的应力跌落，具有一定的脆性特征。

通过对试验结果的统计可以看到，常规三轴试验中，随着干湿循环次数的增加，弹性模量、抗剪强度参数（黏聚力、内摩擦角）也呈逐渐降低的趋势。从图 5.3－11 能够发现，在不同围压的作用下，砂岩、板岩试件的弹性模量有所差异，随着围压的加大（2MPa→5MPa），弹性模量（砂岩 6.5GPa→9.1GPa，板岩 5.5GPa→9.4GPa）有增大的趋势，最大增加比例分别为 24.1％（5 次循环）和 41.4％（饱水状态），但不呈线性关系。这主要是由于岩石的弹性模量与岩石的成分、岩性、致密程度以及内部的缺陷密切相关，围压的作用使得岩体内部孔隙、微裂隙等缺陷压密闭合，增大了岩石的刚度和内部裂隙面上的正应力，从而使得岩石试件变形需要更大的荷载，所以，弹性模量随围压增大而增大。从砂岩的弹性模量—干湿循环次数关系曲线中可以发现，在饱水-干燥交替作用的后期，岩样内部空隙、裂隙发育的相对更加充分，这种效应也显得更加明显。

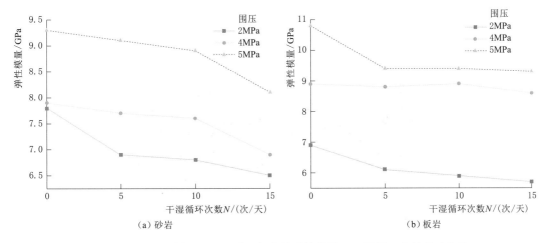

（a）砂岩　　　　　　　　　　　　　（b）板岩

图 5.3－11　干湿循环作用下砂、板岩的弹性模量—干湿循环次数关系曲线

从试验结果来看，试验得到的岩石抗剪强度参数为：黏聚力从 10.4MPa 到 22MPa 不等，内摩擦角则从 53°到 69°不等。

5 次干湿循环作用后黏聚力 c 产生了较大幅度的下降，见图 5.3－12。第一组循环作用后黏聚力砂岩降幅将近 14％，板岩为 20.6％，随着干湿循环次数的增加，黏聚力 c 的劣化逐渐加深，至循环 15 次后砂岩已达 30.8％，板岩为 36.3％。但每组循环作用的劣化逐渐减少，砂岩由初始的 14％/组，下降为 9.5％/组；板岩由初始的 20.6％/组，下降为 12.1％/组。可以看出，砂岩、板岩在干湿循环作用前期，水-岩作用造成岩石的物理、化学损伤效应较大，黏聚力受影响较为显著，呈现快速、大幅度下降的变化趋势。随着循环次数的增加以及作用时间的延长，水-岩作用给岩石造成的物理、化学损伤效应收敛，黏聚力受到的影响减弱，整体变化趋于平缓。

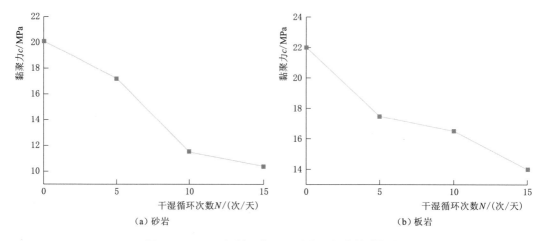

图 5.3-12　干湿循环作用下砂岩和板岩的黏聚力

　　试验完成后可知，循环不同天数后的试件在常规三轴试验后的破坏形式仍是以剪切破坏为主，试件随着剪切破坏裂隙扩张而发生破坏，并且破坏裂纹的特征较为明显。试件的破坏特征主要分成两种：①绝大多数破裂面是起始于试件上端面，然后终止于试件下端面的贯穿整个试件的一类剪切破坏面，见图 5.3-13（a）；②主剪切面贯穿整个试件，另外还存在少量的局部剪切破坏面，见图 5.3-13（b）。15 次循环试验结束后，对各个试件的破坏角作了统计，见表 5.3-2。

（a）单一剪切破坏面

（b）多个剪切破坏面

图 5.3-13　试件三轴试验破坏形式

表 5.3-2　　　　　　　　　　　不同循环次数下试样的破坏角

岩　性	围压 σ_3/MPa	不同循环次数下破坏角/（°）				
		天然状态	饱水状态	5 次	10 次	15 次
砂岩	2	88	87	87	85	86
	4	78	71	62	62	60
	5	75	73	64	63	63

岩　性	围压 σ_3/MPa	不同循环次数下破坏角/(°)				
		天然状态	饱水状态	5 次	10 次	15 次
板岩	2	84	83	83	73	71
	4	76	42	70	63	61
	5	74	68	65	65	70

通过比较分析砂岩、板岩试样破坏角与循环次数的关系（见图 5.3 - 14～图 5.3 - 19）可知，破坏角在有围压作用的状况下展露出一定的规律，即破坏角先逐渐减小，后趋于稳定；4MPa、5MPa 围压下的试件与 2MPa 围压下相比，破坏角的减小趋势更快，并且不同围压下的破坏角最后数值比较接近。

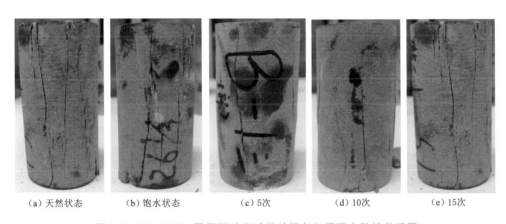

(a) 天然状态　　(b) 饱水状态　　(c) 5次　　(d) 10次　　(e) 15次

图 5.3 - 14　2MPa 围压下砂岩试样破坏角与循环次数的关系图

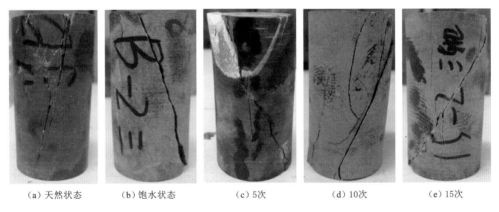

(a) 天然状态　　(b) 饱水状态　　(c) 5次　　(d) 10次　　(e) 15次

图 5.3 - 15　4MPa 围压下砂岩试样破坏角与循环次数的关系图

水对岩体主要有润滑作用和软化作用两方面。水对岩体产生的润滑作用反映在力学上，就是使岩体的内摩擦角 φ 减小。软化作用对岩体力学参数的影响体现在内摩擦角 φ 和黏聚力 c 的减小。试验中设计的 3 组试件循环次数不同，其间水分子会进入试件的孔隙内部。试件在前 5 次循环中，水分子逐渐进入试件的内部，加强对试件的损伤，内摩擦角

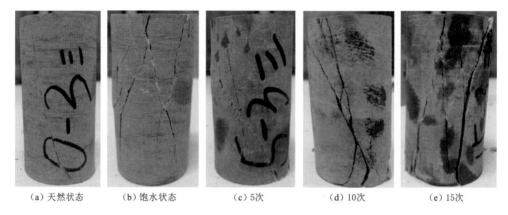

（a）天然状态　　（b）饱水状态　　　（c）5次　　　　（d）10次　　　　（e）15次

图 5.3－16　5MPa 围压下砂岩试样破坏角与循环次数的关系图

（a）天然状态　　（b）饱水状态　　　（c）5次　　　　（d）10次　　　　（e）15次

图 5.3－17　2MPa 围压下板岩试样破坏角与循环次数的关系图

（a）天然状态　　（b）饱水状态　　　（c）5次　　　　（d）10次　　　　（e）15次

图 5.3－18　4MPa 围压下板岩试样破坏角与循环次数的关系图

φ 就逐渐减小，所以破坏角 θ 就逐渐减小。10 次循环后水-岩作用速度相对放缓，水分子再难进入孔隙，内摩擦角 φ 不再发生大的变化，所以循环后期 θ 值趋于稳定，见图 5.3－20～图 5.3－23。

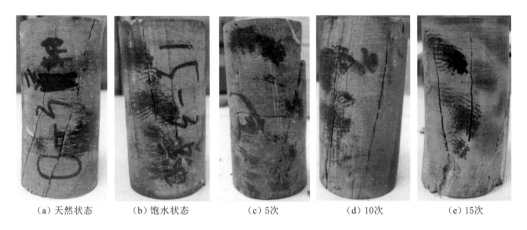

　(a) 天然状态　　　(b) 饱水状态　　　(c) 5次　　　　(d) 10次　　　　(e) 15次

图 5.3 - 19　5MPa 围压下板岩试样破坏角与循环次数的关系图

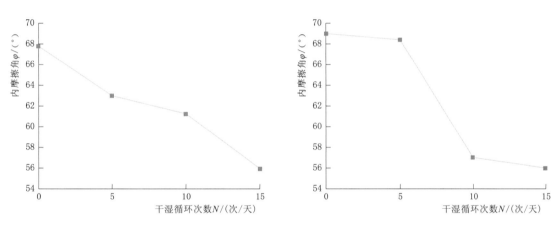

图 5.3 - 20　干湿循环作用下砂岩的内摩擦角　　　图 5.3 - 21　干湿循环作用下板岩的内摩擦角

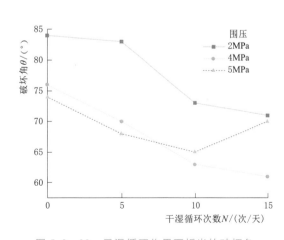

图 5.3 - 22　干湿循环作用下砂岩的破坏角　　　图 5.3 - 23　干湿循环作用下板岩的破坏角

不同干湿循环次数下常规三轴试验结果见表 5.3 - 3。

表 5.3 - 3   不同干湿循环次数下常规三轴试验结果

岩性	状态	循环次数	编号	σ_3/MPa	σ_1/MPa	弹性模量/GPa	c/MPa	φ/(°)
砂岩	干燥	0	1	2	96.58	7.8	20.1	67.78
			2	4	92.3	7.9		
			3	5	181.12	9.3		
	饱和	0	1	2	140.49	6.8	13.9	61.76
			2	4	70.28	7.1		
			3	5	123.34	7.3		
	干湿循环	5	1	2	51.43	6.9	17.22	62.98
			2	4	85.89	7.7		
			3	5	103.32	9.1		
		10	1	2	113.12	6.8	11.5	61.25
			2	4	141.92	7.6		
			3	5	139.11	8.9		
		15	1	2	132.12	6.5	10.4	55.95
			2	4	128.71	6.9		
			3	5	165.93	8.1		
板岩	干燥	0	1	2	57.98	6.9	22	69
			2	4	78.98	8.9		
			3	5	82.31	10.8		
	饱和	0	1	2	56.15	5.5	19.89	53.16
			2	4	65.38	7.7		
			3	5	97.83	9.4		
	干湿循环	5	1	2	66.21	6.1	17.48	68.41
			2	4	138.99	8.8		
			3	5	143.87	9.4		
		10	1	2	44.29	5.9	16.5	57.02
			2	4	67.07	8.9		
			3	5	82.19	8.9		
		15	1	2	73.67	5.7	14	56
			2	4	110.82	8.6		
			3	5	138.28	9.3		

5.3.2.2　岩石干湿循环单轴抗压试验

研究区倾倒体在蓄水、降水期间，坡脚岩体会历经雨水、大气、阳光及库水的交替作用，而砂岩、板岩受水的作用影响较大，岩体强度可能会发生明显变化，使得倾倒体的稳定性受到影响。从野外调查的情况能够发现，研究区边坡覆盖层较厚，整体结构较为松散，局部由于大块石的存在形成架空现象，倾倒体在入渗的雨水、库水位循环升降以及大气作用下掉块，掉下的岩石强度较低，在重点考量库水位升降作用影响的情况下，进行了岩石干湿循环抗压试验。

本次单轴抗压试验采用微机液压压力试验机。此仪器为上海华龙测试仪器有限公司生产的微机液压压力试验机，产品型号为 YAS-600，产品规格为 600kN。

试样规格同常规三轴试验采用的 $\phi 5cm \times 10cm$ 圆柱体。将试件加工好后放入水中自然吸水 24h 饱和，然后置入 105℃ 恒温烘箱内 24h 烘干，即为一个循环。试验按循环次数分为 4 组，分别为 0 次、5

图 5.3-24　单轴抗压试验机

次、10 次、15 次（0 次即视为天然状态），每组各 3 个试件。制备好试件后，利用压力试验机进行抗压强度试验，得到弱风化、弱卸荷砂岩和板岩在不同状态下的抗压强度值。单轴抗压试验机见图 5.3-24。

试验步骤均严格依照《水利水电工程岩石试验规程》（SL 264—2001）的规定进行，砂岩及板岩试件进行三次循环试验的抗压强度变化见图 5.3-25 和图 5.3-26。

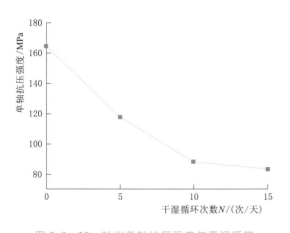

图 5.3-25　砂岩单轴抗压强度与干湿循环
　　　　　　次数关系曲线

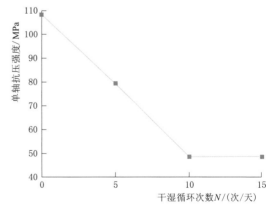

图 5.3-26　板岩单轴抗压强度与干湿循环
　　　　　　次数关系曲线

从图 5.3-25、图 5.3-26 可以看出，砂岩、板岩抗压强度均随着干湿循环次数的增多而逐渐减小，循环次数越多，其抗压强度越低，达到一定循环次数后，单轴抗压强度逐渐保持稳定或有少量下降。

试验描述：从试验破坏过程来看，砂岩和板岩破坏形式较为相似，主要是产生由顶到底的竖直贯通裂隙从而破坏。随着压力的不断增大，岩石中部有轻微的鼓胀，岩石局部剥落、掉块，最终裂隙贯通，岩石破坏，见图5.3-27。

（a）试验前　　　　　（b）试验中　　　　　（c）试验后

图 5.3-27　砂岩试件抗压试验前后对比图

不同干湿循环次数下单轴抗压试验结果见表5.3-4。

表 5.3-4　　　　　　　　不同干湿循环次数下单轴抗压试验结果

岩性	状态	循环次数	编号	压力/kN	抗压强度/MPa	抗压强度平均值/MPa
砂岩	干燥	0	0-1	358.20	182.43	164.41
			0-4	267.37	136.17	
			0-5	342.80	174.59	
	干湿循环	5	5-1	271.74	138.40	117.71
			5-2	201.34	102.54	
			5-3	220.28	112.19	
		10	10-1	292.85	149.15	88.3
			10-2	88.76	45.20	
			10-3	138.54	70.56	
		15	15-1	78.59	40.03	83.6
			15-2	303.65	154.65	
			15-3	110.24	56.14	
板岩	干燥	0	0-1	255.47	134.46	108.37
			0-2	189.45	99.71	
			0-3	172.79	90.74	

岩性	状态	循环次数	编号	压力/kN	抗压强度/MPa	抗压强度平均值/MPa
板岩	干湿循环	5	5-1	198.63	104.54	79.26
			5-2	98.42	51.78	
			5-3	154.77	81.45	
		10	10-1	115.49	60.78	48.58
			10-2	61.78	32.52	
			10-3	99.67	52.45	
		15	15-1	89.65	47.18	48.66
			15-2	66.51	35.01	
			15-3	121.21	63.81	

5.4　倾倒变形体力学参数研究

5.4.1　岩体力学参数获取方法

反倾边坡以倾倒变形的方式进行坡体的变形演化，坡体内部逐渐发育倾倒变形破坏迹象以反映坡体演化过程中的应力调整。一些反倾坡体经过一段时间的变形调整或者当外部影响因素消除后，坡体整体趋于稳定，不再对周围环境造成威胁；而另一些反倾坡体，变形量值较大，外部影响因素不能完全消除，这样的反倾坡体有一定的隐患。

变形量值较大的坡体，其坡体内部倾倒变形破坏迹象显著，在一些特殊的位置上，倾倒变形破坏岩体可能成为潜在的失稳滑带。大量案例显现出倾倒变形向大型深层滑坡的演化，黄润秋等（1994）对反倾变形破坏规律进行了总结，邱俊等（2016）总结了反倾变形向滑坡演化的实例。

5.4.1.1　碎块石体抗剪强度的影响因素

碎裂块体的抗剪力学性质有以下几方面影响因素。

1. 碎块的性状和碎块表面的粗糙程度

碎块外形会显著影响碎块体的抗剪强度，碎块体的棱角越分明、表面越粗糙碎块之间的相互阻碍就越大，相互之间的错动也就越难发生，普遍情况下抗剪强度随着块体棱角状与粗糙程度的增加而显著增加（Barton et al.，1981）。

2. 碎块的大小

碎块大小对抗剪强度的影响并没有明确的规律，有研究者报道抗剪强度随碎块大小的增加而降低；也有研究者有相反结论的发现，他们认为小尺寸的碎块在变形过程中更容易发生破裂，因此抗剪强度随碎块大小的增加而增加。Barton 等（1981）认为，当碎块体的密度以及碎块的几何外形相似时，碎块越小，碎块体的抗剪强度越大。

3. 碎块尺寸的分布

碎石体抗剪强度随不均匀系数的变大而增加。不均匀系数反映大小不同粒径的碎块的分布情况。不均匀系数越大，表示粒径的分布范围越大，碎石体越不均匀，较大的碎块之间被较小的碎块所充填，形成较好的连锁充填；同时由于粒径分布较广的碎块体，相互之间实际接触面积大于粒径分布较窄的碎块体，前者碎块间传递的有效应力就小于后者，使碎块更不容易破坏。

4. 压紧程度

抗剪强度随密度的增加而增加，随空隙率的增加而降低。普遍认为碎石体的抗剪强度与压紧程度呈正相关。可以用碎石体内部的锁固作用来解释，压紧程度越高，块石之间锁固越紧密。在剪切变形过程中，碎块越不容易自由地发生移动或翻转，抗剪强度就越高。

5. 应力水平

抗剪强度因随围压的增加而增加，导致剪应力—正应力曲线并不是一条简单的直线，而是一条通过原点的曲线。在较低围压状态下，碎块体之间的相互错动较为容易，剪胀作用也会较为显著，随着围压增高，剪胀作用将会因块体的碎裂而减弱。

6. 碎块的岩性

页岩等软弱岩石碎石体的抗剪强度低于花岗岩等硬性岩石碎石体。

7. 碎块岩石密度

碎块岩石密度与碎块岩石的矿物组成有关，显然矿物结合越紧密，岩石密度越高，岩石越不容易发生破坏。

8. 饱和度

饱和度对碎石体抗剪强度影响的试验研究还较少。

5.4.1.2 适用碎块石体的抗剪强度模型

通过分析发现脆性折断型折断带碎裂岩体与碎石体特点较为接近，可借助碎石体剪切力学性质的研究来探讨其适用情况。碎石体的剪切模型的研究总结见表 5.4－1。

表 5.4－1 　　　　　　　　碎石体剪切模型的研究总结（Emha，2011）

提出者	公　式	参　　数
De Mello（1977） Charles 等（1980）	$\tau = A\sigma^B$	A、B 取值分别为 4.4、0.81（砂砾石） A、B 取值分别为 4.2、0.75（硬岩碎石） A、B 取值分别为 1.4、0.90（软岩碎石）
Barton 等 （1981）	$\arctan \dfrac{\tau}{\sigma} = R\log\left(\dfrac{S}{\sigma}\right) + \varphi_b$	φ_b 为基本摩擦角，R 为等价粗糙度，S 为等价强度
Sarac 等（1985）	$\tau_{\max} = A\left(\dfrac{\sigma}{\sigma_0}\right)^B$	A 随抗压强度、不均匀系数、中值粒径、重度的增高而增高，$A = 0.7\sim1.5$； B 随抗压强度、不均匀系数增高而增高，随重度增高而降低，$B = 0.419\sim0.911$； $\sigma_0 = 1\text{MPa}$
Charles（1991）	$\arctan \dfrac{\tau}{\sigma} = C_1\log\left(\dfrac{C_2}{\sigma_3}\right) + \varphi_b$	φ_b 为基本摩擦角，C_1、C_2 为常数
Doruk（1991）	$\sigma_1' = \sigma_3' + \sigma_c\left(\dfrac{m\sigma_3'}{\sigma_c}\right)^a$	m、a 为与岩体有关的常数

提出者	公　式	参　数
Indraratna 等（1993） Indraratna（1994）	$\dfrac{\tau}{\sigma_c}=a\left(\dfrac{\sigma}{\sigma_c}\right)^b$	a、b 取值分别为 0.25、0.83（结合程度低），$\sigma=0.1\sim1\mathrm{MPa}$； a、b 取值分别为 0.71、0.84（结合程度高），$\sigma=0.1\sim1\mathrm{MPa}$； a、b 取值分别为 0.75、0.98（结合程度低），$\sigma=1\sim7\mathrm{MPa}$； a、b 取值分别为 1.80、0.99（结合程度高），$\sigma=1\sim7\mathrm{MPa}$
Hoek 等 （1997）	$\sigma_1'=\sigma_3'+\sigma_c\left(\dfrac{m\sigma_3'}{\sigma_c}+s\right)^a$	σ_c 为单轴抗压强度，m、s、a 为与岩体有关的常数
Lee（2009）	$\varphi=0.09UCS+35.2$	UCS 为母岩的单轴抗压强度（MPa），φ 为内摩擦角（°）

本节选取 Barton 模型与 Hoek - Brown 模型。

1. Barton 模型

Barton 模型（Barton et al.，1977；Barton，1976；Barton，1973）是基于大量试验建立的用于评价节理岩体、节理以及碎石体等的一系列剪切强度经验关系式。Barton 及其合作者对不同材料对象的剪切强度关系进行了系统性试验研究，总结出 $\tau[\tau=(\sigma_1-\sigma_3)/2]$ 与 $\sigma[\sigma=(\sigma_1+\sigma_3)/2]$ 之间经验关系式呈显著的非线性关系。

对于节理、碎石体以及岩体/堆石体接触面，Barton 及其合作者建立有以下经验关系式，这些关系式是非线性的。

节理：
$$\tau=\sigma_n\tan[\mathrm{JRC}\times\lg(\mathrm{JCS}/\sigma_n)+\varphi_r] \tag{5.4-1}$$

碎石：
$$\tau=\sigma_n\tan[R\times\lg(S/\sigma_n)+\varphi_r] \tag{5.4-2}$$

接触面：
$$\tau=\sigma_n\tan[\mathrm{JRC}\times\lg(S/\sigma_n)+\varphi_r] \tag{5.4-3}$$

式中：τ 为峰值剪应力，MPa；σ_n 为正应力，MPa；对于 φ_r，Barton 直接建议取残余摩擦角（Barton，2013），残余摩擦角一般比基本摩擦角小，当缺乏资料时，φ_r 可取 $20°\sim30°$；R 为碎石体等效粗糙度；S 为碎石块体等效强度。

可以发现以上三个公式具有相近的形式。由此可知，只需确定少量参数（R、S 和 φ_r）就可以绘出研究对象剪应力与正应力的关系曲线。

对于 R 值和 S 值的确定，可通过大型倾斜试验进行反算（Barton，2008），当试验不便进行时，可通过 Barton 等（1981）建立的 R 值与 S 值的经验值表格取值。根据块体来源、外形做了区分，块体来源有采石场、山麓岩堆、冰碛物、冰水堆积物与冲积物，块体从左至右区域由粗糙的棱角碎石到光滑的卵石（图 5.4 - 1）。块体外形的棱角程度或圆度的区分为：十分尖锐状、尖锐棱角状、棱角状、部分棱角状、部分近圆状、近圆状、圆状等，粗糙程度的区分有粗糙的和光滑的。图 5.4 - 1 中底部的横轴上表示空隙率由低至高。

图 5.4-1 为 S 值的经验表格图，根据碎石累计含量为 50% 的粒径值 d_{50} 来确定 S 与单轴抗压强度 σ_c 的比值。图 5.4-1 中不同 d_{50} 的 A、B 两点来说明取值方法，若单轴抗压强度为 150MPa，当 A 点 $d_{50}=23$mm 时，$S\approx150\times0.3=50$（MPa），当 B 点 $d_{50}=240$mm 时，$S\approx150\times0.2=30$（MPa）。

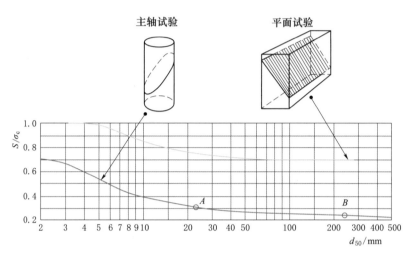

图 5.4-1 经验表格确定 S 值（Barton et al.，1981）

根据以上资料及相关数据，确定的参数取值见表 5.4-2。

表 5.4-2 Barton 模型参数取值

d_{50}/mm	UCS	S	R	φ_r/(°)
50	40MPa	10	10	29

Harton 模型 σ—τ 曲线如图 5.4-2 所示。

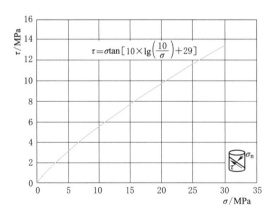

$$\tau=\sigma\tan\left[10\times\lg\left(\frac{10}{\sigma}\right)+29\right]$$

图 5.4-2 Barton 模型确定的 σ—τ 曲线

2. Hoek-Brown 模型

Hoek-Brown 模型适用于节理岩体强度的经验公式为

$$\sigma_1=\sigma_3+\sigma_{ci}\left(m_b\frac{\sigma_3}{\sigma_{ci}}+s\right)^a \qquad (5.4-4)$$

式中：σ_1、σ_3 为最大、最小主应力，MPa；σ_{ci} 为岩块的单轴抗压强度，MPa；m_b 为岩块性状；s 为曲线参数。

现单独对碎块石体建立 Hoek-Brown 模型。碎块石体应被认为是严重破坏的岩体，具有很低的 GSI 值，同时不具有抗拉强度。Hoek-Brown 模型参数取值见表 5.4-3。

获得的正应力—剪应力曲线如图 5.4-3 所示。

表 5.4-3　　　　　　　　　　　　　　Hoek-Brown 模型参数取值

现场单轴抗压强度估计	单轴抗压强度取值/MPa	材料参数 m_i	地质强度指标 GSI	干扰因子 D	岩石弹性模量取值/GPa	边坡高度/m	坡体平均容重估值/(kN/m³)
R3	40	9	50	0	6	950	2.4

3. Mohr-Coulomb 模型

Mohr-Coulomb 强度理论可表述为材料达到极限状态时，某剪切面上的剪应力达到一个取决于正应力与材料性质的最大值。当岩石中某一平面上的剪应力超过该面上的极限剪应力值时，岩石破坏，这一极限剪应力值，又是作用在该面法向压应力的函数 $\tau = f(\sigma)$。可以从两方面阐述 Mohr 强度理论，即一点的应力状态用 Mohr 应力圆来表示，联系起应力圆与强度曲线，建立 Mohr-Coulomb 强度准则。

材料中任意一点在某一平面上发生剪切破坏时，该点即处于极限平衡状态，根据 Mohr 应力圆理论，可得到材料中一点的剪切破坏准则，即岩石的极限平衡条件。运用强度曲线，可以直接判定岩石能否破坏。应力圆是否与强度线相切就成了判别岩石是否破坏的准则，即 Mohr-Coulomb 强度准则。根据应力圆和强度线是否相切这个特殊几何关系，可以推导出岩石强度准则的数学表达式，这些表达式因岩石强度曲线形状不同而不同。Mohr 强度理论中的包络线的形状是完全由试验结果确定的。有人为便于计算，提出关于包络线型式的各种建议，有双曲线型、摆线型、直线型等数学表达式，但直线最为通用。

前述 Barton 模型和 Hoek-Brown 模型均为非线性的模型，工程上常使用的强度参数是直线型的 Mohr-Coulomb 模型的参数，可以利用最小二乘法拟合直线函数，以获得直线型的强度参数，如图 5.4-4 所示。

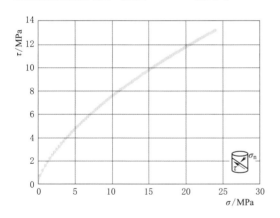

图 5.4-3　Hoek-Brown 模型确定的 σ—τ 曲线

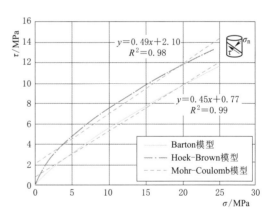

图 5.4-4　Mohr-Coulomb 模型的确定图示

Barton 模型所转换的内摩擦角为 24°，黏聚力 0.77MPa；Hoek-Brown 模型所转换的内摩擦角为 26°，黏聚力 2.10MPa。

注意到该组强度参数只是反映碎块石体的抗剪力学性质，因此其强度参数值较低，若要评价整个反倾坡体折断带的抗剪力学性质，还需考虑折断带在坡体中连通性的问题，这是研究的难点，也是下一步研究需加强思考的方面。

5.4.2 岩体力学参数取值方法的应用

将前述得到的折断带碎裂岩体抗剪力学参数用于节理有限元数值模拟，通过强度折减法计算边坡稳定性。计算案例为溪洛渡星光三组倾倒变形边坡。

取计算剖面 2—2′如图 5.4 - 5 所示。坡体由外向内分为坠覆体区、强倾倒变形区、弱倾倒变形过渡区和未倾倒区。分区界面在剖面上的位置由工程地质调查综合分析划定，且倾倒变形一般发育在从坡脚出发的、未倾倒层面的垂直直线以上区域。星光三组岩质坡体坡表覆盖层较薄，不存在坡脚处堆积厚度较大崩坡积物，因此坡脚位置处将分区界限划定在未倾倒层面的垂直直线以上。

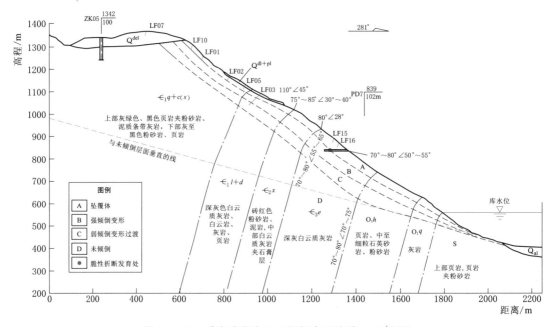

图 5.4 - 5　溪洛渡星光三组倾倒变形边坡 2—2′剖面

三处折断面岩体调查点位于分区分界面上，脆性折断型形式一折断带调查点位于坠覆体-强倾倒分界面，脆性折断型形式二折断带调查点位于强倾倒-弱倾倒分界面，复合型折断面调查点位于弱倾倒-未倾倒分界面。

PD01 中 95.7～98.5m 处调查发现有一条倾坡内层间软弱夹泥面 F_1（见图 5.4 - 6）。该处层间夹泥软弱面在 2015 年 12 月勘查平硐施工后被发现，逐渐发生滑移位错，面壁上可明显观察到擦痕，擦痕是垂直滑移面走向的方向，通过感触滑移面上的粗糙情况，可判定是上盘下移、下盘上移。从顶壁出露情况来看，宽 0.7～0.8m，由淡黄色糜棱岩、角砾、断层泥等组成，湿润，可塑，厚一般为 6～8cm。将该软弱夹泥面设置在坡体剖面 2—2′模型的相应投影位置。

根据坡体岩性、倾倒分区、折断面岩体性质以及库水位线位置创建剖面 2—2′节理有限元网格模型如图 5.4 - 7 所示。使用三角形网格单元，三角形网格单元边长大小为 3～30m，共划分 22334 个网格单元，41 个区域，3 条潜在滑移界面。左右边界是将水平方向位移进行限制，底边界则是同时将水平和竖直方向位移进行限制。

详图①

图 5.4 - 6　PD01 中 95.7～98.5m 处倾坡内层间软弱夹泥面 F₁

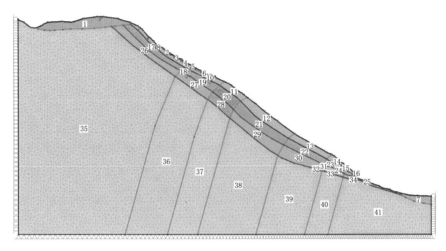

图 5.4 - 7　剖面 2—2′ 节理有限元网格模型

岩体材料选用理想弹-塑性材料类型，采用 Mohr - Coulomb 强度准则，理想弹-塑性介质下屈服即认为破坏，稳定性系数计算采用强度折减法，计算过程中岩板和滑面力学参数均产生折减。倾倒岩体力学参数建议值见表 5.4 - 4。

表 5.4 - 4　　　　　　　　　　　倾倒岩体力学参数建议值

倾倒分区	岩　性	地层	容重/(MN/m³)		泊松比	弹性模量/MPa	抗拉强度/MPa	内摩擦角/(°)		黏聚力/MPa	
			一般	饱和				一般	饱和	一般	饱和
坠覆体区	近似于散体结构的松散岩体		0.018～0.021	0.019～0.023	—	8～46	0.1～0.25	15～40	10～35	0～0.4	0～0.3
强倾倒变形区	页岩、页岩夹粉砂岩、泥质条带灰岩	$\in_1 q + c$、$O_1 h$、$S_1 l$	0.015～0.023	0.016～0.024	0.30～0.25	500～2500	0.4～0.6	30～40	25～37	0.4～1.0	0.3～0.8
	粉砂岩、泥质粉砂岩及泥岩	$\in_2 x$	0.016～0.023	0.017～0.024	0.33～0.26	800～2500	0.3～0.7	31～42	25～38	0.3～1.0	0.3～0.8
	白云质灰岩、灰岩、白云岩	$\in_1 l + d$、$\in_3 e$、$O_1 q$	0.018～0.024	0.019～0.025	0.35～0.26	1200～3500	0.4～0.8	34～45	30～42	0.5～1.2	0.4～1.0

倾倒分区	岩 性	地层	容重/(MN/m³)		泊松比	弹性模量/MPa	抗拉强度/MPa	内摩擦角/(°)		黏聚力/MPa	
			一般	饱和				一般	饱和	一般	饱和
弱倾倒变形过渡区	页岩、页岩夹粉砂岩、泥质条带灰岩	€₁q+c、O₁h、S₁l	0.016~0.024	0.017~0.025	0.30~0.25	2400~4700	0.45~0.8	35~45	32~46	0.6~1.3	0.4~0.9
	粉砂岩、泥质粉砂岩及泥岩	€₂x	0.018~0.024	0.019~0.025	0.30~0.25	3000~5000	0.4~0.8	36~47	33~42	0.6~1.3	0.5~0.9
	白云质灰岩、灰岩、白云岩	€₁l+d、€₃e、O₁q	0.020~0.025	0.020~0.026	0.30~0.25	3000~6000	0.5~0.9	36~50	32~45	0.6~1.3	0.6~1.0
未倾倒区	页岩、页岩夹粉砂岩、泥质条带灰岩	€₁q+c、O₁h、S₁l	0.020~0.024	—	0.30~0.25	4000~7800	0.7~0.9	36~50		0.7~1.9	
	粉砂岩、泥质粉砂岩及泥岩	€₂x	0.020~0.024	—	0.30~0.25	4000~8000	0.8~1.1	39~50		0.8~2.0	
	白云质灰岩、灰岩、白云岩	€₁l+d、€₃e、O₁q	0.022~0.025	—	0.25~0.20	5000~10000	1.0~1.2	42~53		0.9~2.2	

本书进行了代表点的折断带岩体力学性质研究，代表点（见图5.4-7）分别位于坠覆体-强倾倒分界面、强倾倒-弱倾倒分界面与弱倾倒-未倾倒分界，而由于折断带贯通性问题是一难点，研究点的折断带碎裂岩体抗剪力学性质并不能完全反映整条折断带或潜在滑移界面的抗剪力学性质。由本书第4章内容可知，紫红色粉砂岩中出现了脆性折断带岩体趋于碎块化的特征，因此图5.4-7中20号区域与28号区域的强倾倒-弱倾倒分界面设置为Barton模型的滑移界面。折断带力学参数取值见表5.4-5。

表5.4-5　　　　　　　　　　　折断带力学参数取值

界 面	抗剪断强度参数		法向刚度 k_n /(MPa/m)	切向刚度 K_s /(MPa/m)	抗拉强度 σ_t /MPa	残余抗剪断强度参数	
	内摩擦角 φ /(°)	黏聚力 c /MPa				内摩擦角 φ /(°)	黏聚力 c /MPa
坠覆体-强倾倒界面（一般）	25~50	0.4~0.8	5000	2000	0.1~0.2	22~40	0.1~0.3
坠覆体-强倾倒界面（饱和）	23~45	0.36~0.6	5000	2000	0.1~0.2	20~35	0.05~0.2
强倾倒-弱倾倒界面（一般）	29~55	0.5~1.2	5000	2000	0.15~0.3	30~50	0.15~0.3
强倾倒-弱倾倒界面（饱和）	29~50	0.5~1.0	5000	2000	0.15~0.25	26~45	0.15~0.25
弱倾倒-未倾倒界面（一般）	32~55	0.5~1.2	5000	2000	0.2~0.35	29~50	0.2~0.3
弱倾倒-未倾倒界面（饱和）	29~50	0.4~1.2	5000	2000	0.2~0.35	26~45	0.15~0.3
碎块石带	24~45	0.5~1.3	5000	2000	0.09~0.15	21~40	0.05~1.15
含泥软弱结构面	12~25	0.01~0.03	1500	500	0.01~0.05	9~15	0

当折减系数为 1.03 时（见图 5.4 - 8），主要的位移发生在坡体中设置的层间软弱夹泥面 F_1，坡体中发生屈服的位置只有 F_1。

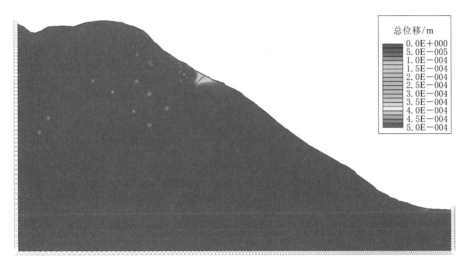

（a）坡体总位移图

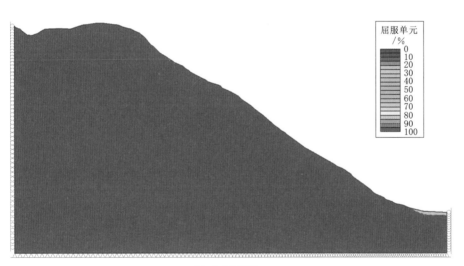

（b）坡体塑性区

图 5.4 - 8　折减系数为 1.03 时的计算结果

当折减系数为 1.04 时（见图 5.4 - 9），坡体中部弱倾倒-未倾倒界面出现小部分屈服，强倾倒-弱倾倒界面显示大部分屈服，屈服部分延伸至坡脚（红色线条部分即显示结构面屈服位置），同时强倾倒-弱倾倒界面以上坡体产生滑移变形，中部岩性相对较软的粉砂岩地层位移最大，坡体塑性区主要沿强倾倒-弱倾倒界面发育。由强度折减法计算得到的坡体稳定性系数为 1.03，坡体属于较为欠稳定的状态，与野外稳定性情况一致。选用的抗剪力学参数是合理的。

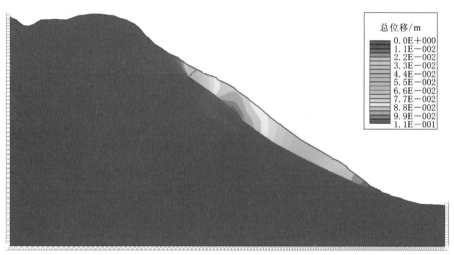

（a）坡体总位移图

（b）坡体塑性区

图 5.4-9　折减系数为 1.04 时的计算结果

第 6 章

不同影响因素下倾倒变形体的响应规律研究

本章以反倾边坡倾倒变形的主要影响因素为对象，对反倾边坡中倾倒变形的发育条件进行统计，分析反倾边坡的倾倒规律，归纳反倾边坡的倾倒优势条件，用于提取出典型的反倾边坡地质分析模型，进行边坡开挖分析。

6.1 开挖条件下倾倒变形体的响应规律

倾倒变形体自然边坡的形成是一个漫长的地质过程，但在开挖作用下，临空条件发生剧烈改变，改变的速率远远超过地质历史时期，应力调整产生新的平衡，某些尚处在形成初期的边坡开始出现强烈变形破坏现象。这一过程实质是岩体卸荷在起主导作用，岩体卸荷系临空面附近的岩体在天然或人类活动的减载作用下，内部应力应变场重新分布和调整的过程，此过程可以造成松弛效应和局部应力集中。受控于倾倒体复杂的地质结构，倾倒变形体开挖过程的变形破坏现象及发展问题一直备受关注。

6.1.1 开挖条件下倾倒变形体的变形演化规律

反倾边坡大多处于较稳定的状态，为工程活动中常遇到的一类边坡，早期相当长一段时间内被认为具有较好的坡体稳定性。通过 20 世纪 50 年代以来大量的实例发现，在一定发育组合条件下反倾边坡是能出现较大变形（倾倒变形）甚至整体失稳破坏的。

如无特别说明，出现的"倾倒"均指反向坡倾倒体，不含顺向倾倒。图 6.1-1 为反倾边坡分析模型结构示意图。为使本书符号指代清晰，现对图中边坡几何参数相关符号统一约定如下：

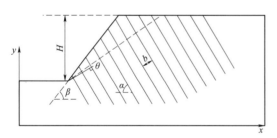

图 6.1-1　反倾边坡分析模型结构示意图

（1）α 为岩层倾角（层状）、主控节理倾角（似层状）。

（2）β 为边坡（切坡）坡角。

（3）b 为岩层厚度。

（4）H 为边坡坡高。

（5）θ 为基准面与岩层法平面夹角，一般取值为 $0°\sim20°$。

反倾边坡是岩质边坡中稳定性较好的一类边坡，其发生倾倒变形需要较苛刻的陡临空条件，地质演化过程形成这样的环境，需经历较长的河谷快速下切历史。而工程开挖活动的出现及日益频繁，使得反倾边坡的变形稳定问题变得愈发普遍。

6.1.1.1　开挖工况类型

反倾边坡中的工程开挖问题从开挖工况类型来看，主要有边坡开挖、洞室开挖、矿山采掘、公路切坡以及隧道开挖五类（见图 6.1 - 2），且并不总是单独存在。本质上来讲，边坡开挖与公路切坡为一类问题，差别在于开挖高度和深度；而洞室开挖和隧道开挖为坡内开挖问题，矿山采掘则多为坡脚关键部位开挖问题。相对较易诱发反倾边坡倾倒变形的为边坡开挖和矿山采掘两类工况。

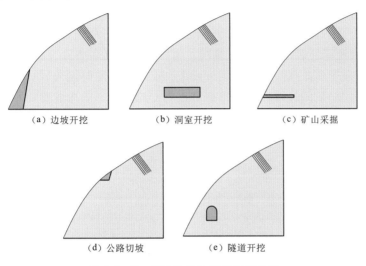

图 6.1 - 2　反倾边坡的开挖工况类型

水电工程活动中，遇到问题最多、影响最为重大的开挖问题莫过于边坡坡面开挖（后文开挖边坡主要指这类工况），这类开挖一般位于边坡岩体最破碎的坡表，遇到的物理地质现象（风化、卸荷）最为强烈，且开挖边坡高度动辄数百米以上，极大地改变了原始坡面条件，使河谷地应力场进行调整与重分布，进而引发边坡变形。

6.1.1.2　开挖反倾边坡的倾倒问题

反倾边坡开挖（主要指坡面开挖）时的倾倒问题，从变形与开挖的先后顺序来看，分为两类：第一类为反倾坡开挖后发生的倾倒变形；第二类为已倾倒边坡的开挖问题。

第一类因为改变了边坡相对低缓的自然坡度条件，原本稳定的坡体出现深度范围不大的倾倒变形，如西班牙瓦伦西亚露天矿、金川露天矿、抚顺西露天矿、凤滩水电站进水口边坡、龙滩水电站左岸倾倒体等。由于水电边坡的开挖支护比较到位，故这类边坡破坏事件在水电工程不如露天矿开挖中常见。

第二类开挖边坡在开挖前已经出现一定程度的倾倒变形，开挖后形成了新的开挖反倾边坡，当开挖深度小于倾倒发育深度时，则成了岩体结构较差的反倾边坡开挖问题。这类案例广泛分布于水电工程的坝区边坡中，如巴塘水电站左坝肩倾倒体、瀑布沟水电站库首右岸拉裂变形体、金川水电站左岸进水口边坡、糯扎渡水电站右岸导流洞进口边坡等。

应当说，开挖只是一种工况，它改变了边坡的原始坡体结构，开挖后的边坡倾倒问题，本质上起控制作用的依然是开挖后边坡的坡体结构条件。

6.1.1.3 边坡地质特征

前文的两类反倾边坡倾倒实例本质上均为反倾边坡的倾倒演化过程，控制性因素均为坡体结构及地质条件，开挖诱发倾倒的关键依然在于改变了坡体的原始结构（如坡角）。现将两类案例，按照发生倾倒时的坡体结构及地质条件（先开挖后倾倒则按开挖后坡体特征，先倾倒后开挖则按开挖前特征），分析反倾边坡的倾倒规律。

1. 坡体几何特征

依据前文对倾倒影响因素的阐述，以下主要从岩层倾角 α、边坡坡角 β、岩层厚度 b、边坡坡高 H 四个方面，对反倾边坡发育倾倒的优势几何条件进行分析。

图 6.1 - 3 为统计的岩层倾角分布情况，可见倾倒变形主要发育在倾角 $40°$ 以上的边坡中，以 $60°\sim80°$ 为最大分布区间。由图 6.1 - 3 可见两类案例倾角 α 的期望值存在差异，说明先倾倒后开挖的案例边坡岩层倾角相对于先开挖后倾倒的边坡要陡。

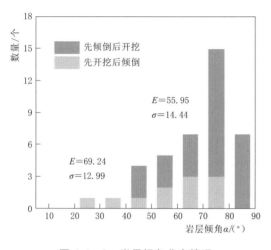

图 6.1 - 3 岩层倾角分布情况

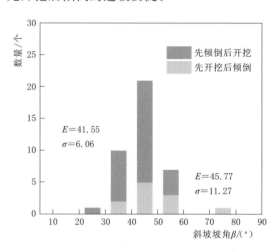

图 6.1 - 4 边坡坡角分布情况

图 6.1 - 4 为边坡坡角分布情况，需特别说明的是，对于开挖诱发的倾倒和倾倒体开挖边坡，边坡坡角以发生倾倒时的边坡坡角条件为准，故前者统计值为开挖后的坡角，而后者为开挖前的自然坡角条件，角度值以变形范围内平均值为准。由图 6.1 - 4 可见，边

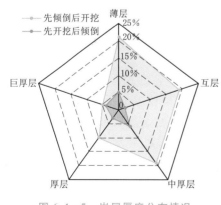

图 6.1 - 5 岩层厚度分布情况

坡坡角绝大多数（95%样本比例）分布在 $30°\sim60°$ 区间，并以 $40°\sim50°$ 时最为密集，与岩层倾角相反的是，先倾倒后开挖案例比先开挖后倾倒案例的边坡坡角要陡。

根据《水力发电工程地质勘察规范》（GB 50287—2016）的层状结构岩体分类标准，将岩层厚度分为五级：①薄层，$b<10cm$；②互层，$10cm\leqslant b<30cm$；③中厚层，$30cm\leqslant b<50cm$；④厚层，$50cm\leqslant b<100cm$；⑤巨厚层，$b\geqslant100cm$。

以收集实例中的层状岩体为对象，统计倾倒

层厚分布如图 6.1-5 所示，先开挖后倾倒的岩层厚度分布相对均匀，而先倾倒后开挖的案例则主要发育在薄～中厚层状边坡岩体中，间接说明岩层较薄的边坡中更易发生倾倒，究其原因是这类岩体完整性相对较差，岩层弯曲刚度更小，更容易出现错动弯折。

以岩层倾角 α、边坡坡角 β 为横、纵坐标，以气泡大小表征坡高 H，绘制得到边坡高、倾角、坡角组合分布如图 6.1-6 所示，可见岩层倾角与边坡坡角之和（$\alpha+\beta$）满足于 $85°\leqslant\alpha+\beta\leqslant130°$ 这个区间，且坡高较大的边坡往往 $\alpha+\beta$ 的值更大，这是因为坡高越大，河谷切割往往越强烈，坡度也自然更陡。通过图 6.1-6 还可以发现 $\alpha+\beta$ 趋近上限值时，案例全部为先倾倒后开挖型，说明 $\alpha+\beta$ 对反倾边坡倾倒变形至关重要。边坡越陡，岩层倾角越大，越易产生倾倒变形。

对 $\alpha+\beta$ 值进行统计，并绘制其直方图如图 6.1-7 所示，可知先开挖后倾倒边坡的 $\alpha+\beta$ 期望值略小于先倾倒后开挖的边坡。此外，$\alpha+\beta$ 值分布较符合正态分布，为验证这个推论，对 $\alpha+\beta$ 进行了单样本 K-S 检验，结果见表 6.1-1，渐进显著性为 0.2，远大于显著性水平值 $p=0.05$，即差异不显著，接受原假设，推论成立。

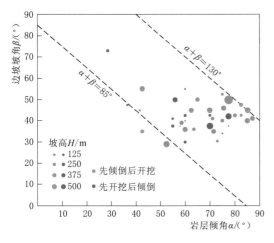

图 6.1-6　坡高、倾角、坡角分布规律

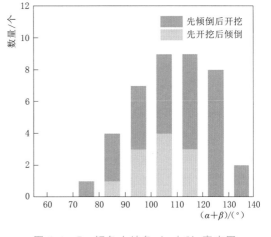

图 6.1-7　倾角+坡角（$\alpha+\beta$）直方图

表 6.1-1　　　　　　　　　　$\alpha+\beta$ 正态性的单样本 K-S 检验结果

个案数	正态参数[a,b]		最极端差值			检验统计	渐近显著性（双尾）
	平均值/(°)	标准差/(°)	绝对	正	负		
40	108.1625	14.15319	0.085	0.061	−0.085	0.085	0.200[c,d]

a　检验分布为正态分布。

b　根据数据计算。

c　里利氏显著性修正。

d　真显著性的下限。

图 6.1-8 为 $\alpha+\beta$ 正态性分析的拟合优度曲线，除较大值端尾部上翘，整体拟合性较好。尾部上翘说明分布函数呈负偏态，反映在直方图即为当 $\alpha+\beta$ 值达到 $130°$ 后，分布函数曲线陡直下降，这可以视为倾倒边坡结构角度组合的优势区间上限。

$\alpha+\beta$ 区间下限，可以参考图 6.1－9，根据 Aydan 等的研究，倾倒变形破裂面为过坡脚点与岩层法平面呈较小交角 θ 的直线，若近似取法平面，则当岩层面无限接近垂直坡面时，由直角三角形锐角互余定律可得 $\alpha+\beta=90°$ 极限值，考虑到自然边坡的复杂性，不妨偏保守取 $\alpha+\beta$ 区间下限值为 $85°$。

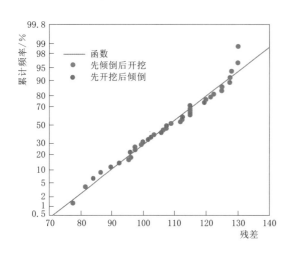

图 6.1－8　$\alpha+\beta$ 正态性拟合优度曲线

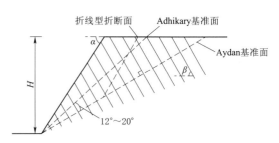

图 6.1－9　倾倒变形破裂基准面（母剑桥，2017）

2. 岩性特征

分析上述 40 个统计实例的岩性条件，发现从物质成分上来讲，这些边坡中的岩性特征分为均一岩性条件、组合岩性条件两类。前者以软岩（片岩、片麻岩等）为主，部分为变质岩或节理化严重的火成岩，如板裂化花岗岩；后者为两种以上岩性以互层或夹层的形式存在，主要包含砂岩-板岩、砂岩-泥/页岩-碳酸盐岩、砂岩-千枚岩、花岗岩-片（麻）岩四类组合模式。

从力学特性来讲，组合岩性条件又以"软硬互层""上硬下软"两类结构最为常见，因为这两类结构更能为坡体提供变形空间。相对而言先倾倒后开挖类边坡在上述几种岩性条件下均可发生倾倒。狮子坪水电站二古溪倾倒体（谭洵，2017）岩性条件为"软硬互层"。而先开挖后倾倒型在"上硬下软"型组合岩性条件下更易出现，如清江隔河岩电站厂房后边坡（哈秋舲，2001）（见图 6.1－10）。

黄润秋等（2017）对青藏高原东麓倾倒易发区地层岩性进行了统计，统计的敏感性地层岩性为变质砂岩、板岩、千枚岩、花岗片麻岩等，与本书统计结果基本

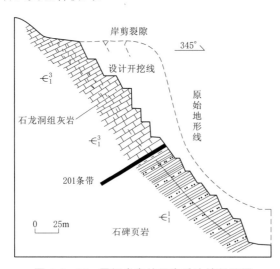

图 6.1－10　隔河岩电站厂房后边坡剖面图
（上硬下软，先开挖后倾倒）

一致。

　　3. 微地貌

　　区别于一般边坡或滑坡，倾倒变形边坡有其较为特殊的微地貌特征，可以概括如下。

　　在发育位置上，倾倒边坡多位于河流转折或交汇处，这样的部位往往能形成三面临空，这是倾倒边坡最主要的微地貌特征；由于坡体缺少了两侧地层的约束，边坡形态上多呈突出山梁（脊）状，当岩层为近陡立条件时可能在山梁两侧分别形成顺、反双面倾倒体，如金沙江流域的巴塘水电站左坝肩倾倒变形体（见图 6.1 - 11）；在边坡坡面上，倾倒边坡常被多条冲沟切割，形成槽脊相间"梳状"或"爪状"地形。

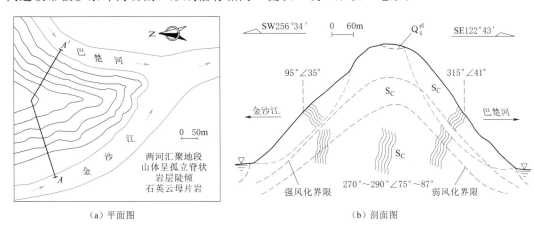

（a）平面图　　　　　　　　　　　　　　（b）剖面图

图 6.1 - 11　巴塘水电站左坝肩双面倾倒变形体平面图和剖面图

6.1.2　不同开挖因子对反倾边坡变形的影响

6.1.2.1　数值试验方案设计

　　研究倾倒边坡一般多采用离散元方法，为了弱化边坡模型对原型的依赖，且又能充分观察边坡开挖后的变形破裂现象，故本章利用 PFC2D 作为数值分析手段，以边坡开挖因子为要点，研究开挖条件对反倾边坡变形的影响。

　　依据开挖反倾边坡的倾倒发育统计规律，为分别研究两类开挖反倾边坡对开挖工况的变形响应差异，采用中倾角边坡模型代表先开挖后倾倒型、陡倾角边坡模型代表先倾倒后开挖型，分别建立反倾层状边坡概化模型如图 6.1 - 12、图 6.1 - 13 所示，模型总宽 340m，总高 140m，为均质等厚反倾层状理想边坡模型。边坡结构参数分别为：①中倾角岩层倾角 45°，边坡坡角 50°，边坡有效坡高 90m，岩层厚度为 2m；②陡倾角岩层倾角 70°，边坡坡角 37.5°，边坡有效坡高 90m，岩层厚度为 2m。

　　PFC 颗粒元主要通过指定接触模型来模拟岩土材料。颗粒间采用平行黏结模型（linear parallel bond），层面则采用在黏性颗粒上覆盖裂隙的方式，并插入光滑节理模型（smooth - joint contact），生成数值模型如图 6.1 - 14 所示。

　　本章参数取值主要参考前人采用 PFC 模拟反倾边坡类似案例的成果，依据文献（母剑桥，2017）对开挖边坡岩体参数取值，颗粒流模型细观参数和颗粒材料宏观力学参数分别见表 6.1 - 2 和表 6.1 - 3。

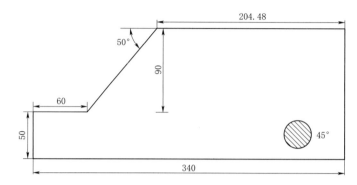

图 6.1 - 12 均质等厚反倾层状边坡概化模型（中倾角组，单位：m）

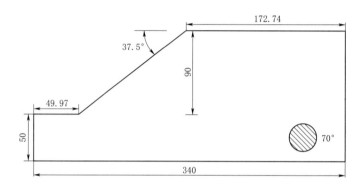

图 6.1 - 13 均质等厚反倾层状边坡概化模型（陡倾角组，单位：m）

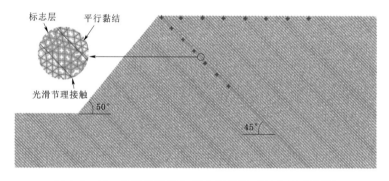

图 6.1 - 14 边坡颗粒流数值分析模型（以中倾角为例）

表 6.1 - 2 颗粒流模型细观参数（母剑桥，2017）

模型参数类别	取值	模型参数类别	取值
颗粒密度 $\rho/(\mathrm{kg/m^3})$	2800	平行黏结刚度比 $(k_{\mathrm{Nb}}/k_{\mathrm{sb}})$	1.2
孔隙率 n	0.15	平行黏结黏聚力 pb_coh/MPa	10
颗粒接触模量 E_c/GPa	20	平行黏结内摩擦角 $pb\_fa/(°)$	45
颗粒刚度比 $k_{\mathrm{N}}/k_{\mathrm{s}}$	1.2	平行黏结拉伸强度 pb_ten/MPa	7
颗粒摩擦系数 μ	0.9	光滑节理黏聚力 sj_coh/MPa	0.3
平行黏结模量 E_b/GPa	18	光滑节理内摩擦角 $sj\_fa/(°)$	17

表 6.1 - 3　　　　　　　　　　　　颗粒材料宏观力学参数

弹性模量 E/GPa	泊松比 μ	黏聚力 c/MPa	内摩擦角 φ/(°)	抗拉强度 σ_t/MPa
31.42	0.22	4.1	31.8	3

在边坡开挖方案设计中，涉及的开挖要素有开挖部位、开挖高度、开挖坡度、开挖速率及开挖平台。开挖部位、开挖高度、开挖坡度、开挖速率为开挖设计的必要条件，故本书以这 4 个因子作为对象研究开挖方式对反倾边坡变形的影响；部分存在开挖平台的边坡，其可视为多个简单边坡的组合即可，本书不做过多探讨。

因此，开挖影响反倾边坡变形稳定性主要体现在开挖部位、开挖高度、开挖坡度、开挖速率 4 个因子上。中倾角边坡开挖方案示意见图 6.1 - 15。

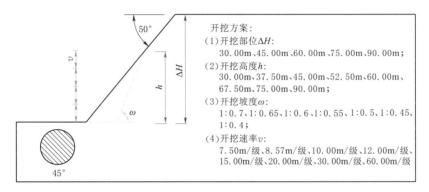

开挖方案：
(1) 开挖部位 ΔH:
　　30.00m、45.00m、60.00m、75.00m、90.00m;
(2) 开挖高度 h:
　　30.00m、37.50m、45.00m、52.50m、60.00m、67.50m、75.00m、90.00m;
(3) 开挖坡度 ω:
　　1:0.7、1:0.65、1:0.6、1:0.55、1:0.5、1:0.45、1:0.4;
(4) 开挖速率 v:
　　7.50m/级、8.57m/级、10.00m/级、12.00m/级、15.00m/级、20.00m/级、30.00m/级、60.00m/级

图 6.1 - 15　中倾角边坡开挖方案示意图

中倾角组和陡倾角组数值试验方案参数取值分别见表 6.1 - 4 和表 6.1 - 5。

表 6.1 - 4　　　　　　　　　　中倾角组数值试验方案参数取值表

编号	开挖部位 ΔH/m	开挖高度 h/m	开挖坡度 ω/(°)	开挖速率 v/(m/级)	备注
P1 - 0					天然工况
P1 - 1	30.00	30.00	68.20	10.00	开挖部位
P1 - 2	45.00	30.00	68.20	10.00	开挖部位
P1 - 3	60.00	30.00	68.20	10.00	开挖部位
P1 - 4	75.00	30.00	68.20	10.00	开挖部位
P1 - 5	90.00	30.00	68.20	10.00	开挖部位
P1 - 6	90.00	30.00	63.43	7.50	开挖高度
P1 - 7	90.00	37.50	63.43	7.50	开挖高度
P1 - 8	90.00	45.00	63.43	7.50	开挖高度
P1 - 9	90.00	52.50	63.43	7.50	开挖高度
P1 - 10	90.00	60.00	63.43	7.50	开挖高度
P1 - 11	90.00	67.50	63.43	7.50	开挖高度
P1 - 12	90.00	75.00	63.43	7.50	开挖高度

编号	开挖部位 $\Delta H/m$	开挖高度 h/m	开挖坡度 $\omega/(°)$	开挖速率 $v/(m/级)$	备注
P1－13	90.00	90.00	63.43	7.50	开挖高度
P1－14	90.00	45.00	55.01	15.00	开挖坡度
P1－15	90.00	45.00	56.98	15.00	开挖坡度
P1－16	90.00	45.00	59.04	15.00	开挖坡度
P1－17	90.00	45.00	61.19	15.00	开挖坡度
P1－18	90.00	45.00	63.43	15.00	开挖坡度
P1－19	90.00	45.00	65.77	15.00	开挖坡度
P1－20	90.00	45.00	68.20	15.00	开挖坡度
P1－21	90.00	60.00	63.43	60.00	开挖速率
P1－22	90.00	60.00	63.43	30.00	开挖速率
P1－23	90.00	60.00	63.43	20.00	开挖速率
P1－24	90.00	60.00	63.43	15.00	开挖速率
P1－25	90.00	60.00	63.43	12.00	开挖速率
P1－26	90.00	60.00	63.43	10.00	开挖速率
P1－27	90.00	60.00	63.43	8.57	开挖速率

表 6.1－5　　　　　　　　　　陡倾角组数值试验方案参数取值表

编号	开挖部位 $\Delta H/m$	开挖高度 h/m	开挖坡度 $\omega/(°)$	开挖速率 $v/(m/级)$	备注
P2－0					天然工况
P2－1	30.00	30.00	45.00	10.00	开挖部位
P2－2	45.00	30.00	45.00	10.00	开挖部位
P2－3	60.00	30.00	45.00	10.00	开挖部位
P2－4	75.00	30.00	45.00	10.00	开挖部位
P2－5	87.28	30.00	45.00	10.00	开挖部位
P2－6	87.28	15.00	42.27	7.50	开挖高度
P2－7	87.28	30.00	42.27	7.50	开挖高度
P2－8	87.28	45.00	42.27	7.50	开挖高度
P2－9	87.28	60.00	42.27	7.50	开挖高度
P2－10	87.28	75.00	42.27	7.50	开挖高度
P2－11	87.28	87.28	42.27	7.50	开挖高度
P2－12	87.28	45.00	38.66	7.50	开挖坡度
P2－13	87.28	45.00	39.81	15.00	开挖坡度
P2－14	87.28	45.00	41.01	15.00	开挖坡度
P2－15	87.28	45.00	42.27	15.00	开挖坡度

续表

编号	开挖部位 $\Delta H/m$	开挖高度 h/m	开挖坡度 $\omega/(°)$	开挖速率 $v/(m/级)$	备注
P2-16	87.28	45.00	43.60	15.00	开挖坡度
P2-17	87.28	45.00	45.00	15.00	开挖坡度
P2-18	87.28	45.00	46.47	15.00	开挖坡度
P2-19	87.28	60.00	41.01	60.00	开挖速率
P2-20	87.28	60.00	41.01	30.00	开挖速率
P2-21	87.28	60.00	41.01	20.00	开挖速率
P2-22	87.28	60.00	41.01	15.00	开挖速率
P2-23	87.28	60.00	41.01	12.00	开挖速率
P2-24	87.28	60.00	41.01	10.00	开挖速率
P2-25	87.28	60.00	41.01	8.57	开挖速率
P2-26	87.28	60.00	41.01	7.50	开挖速率

6.1.2.2 自然边坡变形分析

为探讨边坡的变形与开挖卸荷的相关性，需先进行开挖前边坡变形特征的分析，以作为参照。针对设计的边坡模型，先进行了自然坡形工况下的数值模拟（P1-0、P2-0），计算结果如下。

1. 中倾角反向坡

中倾角反向自然边坡的变形特征见图 6.1-16，坡顶位置处最大合位移量值为 0.00249m，未出现宏观破裂，边坡较稳定。

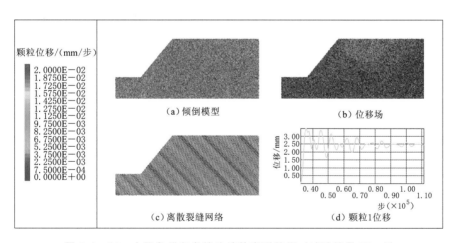

图 6.1-16 中倾角反向自然边坡的变形特征（试验编号 P1-0）

由模拟结果的位移场［见图 6.1-17（b）］可见，边坡的变形较均匀，呈现出重力变形特征，受岩层层面影响不明显，换言之，该边坡在天然工况下的变形并不具倾倒变形特征。

虽然该模型边坡坡角、岩层倾角满足条件，但二者之和靠近区间下限，且岩层厚度取值较大、坡高取值较小，即岩层柔度系数（位伟等，2008）（$\lambda = H/b$）较小，这是不利于边坡发生倾倒的，故变形较小且呈现出受重力控制的特征。

2. 陡倾角反向坡

陡倾角反向自然边坡的变形特征见图 6.1-17，最大位移出现在坡顶位置处，合位移量值为 6.32m，边坡 Aydan 基准面以上出现大量破裂现象，边坡最终能够计算收敛且整体不失稳。

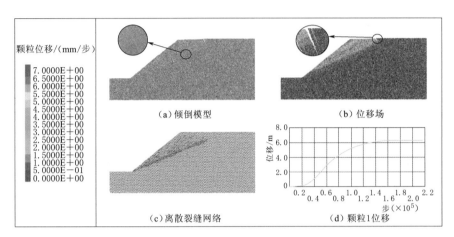

图 6.1-17 边坡陡倾角反向自然边坡的变形特征（试验编号 P2-0）

由模拟结果图 6.1-17（a）可见，边坡坡顶发生显著的沉降变形，沉降后的边坡高度为 87.28m（原始高度 90m）；岩层沿 Aydan 基准面附近出现折断现象，破裂由该基准面坡脚部位开始发生，而后延伸至坡顶平台，并最终形成一个破裂集中带［见图 6.1-17（c）］；由图 6.1-17（b）可见，边坡的变形在坡顶位置处最大，边坡变形沿着层面方向递减，位移场等势线与层面基本垂直，呈现出典型倾倒变形特征，故该边坡在天然工况下可以认为发生了倾倒变形。

对比两组模拟结果，两边坡除岩层倾角 α 与边坡坡角 β 外，其他参数取值均完全一致，但结果显著差异，不妨对比两者的 $\alpha+\beta$ 值，前者为 95°，后者为 107.5°，这也间接对倾倒组合条件进行了印证。

6.1.2.3 中倾角反向坡

1. 开挖部位对变形的影响

工程活动中遇到的边坡开挖问题，并不都是一坡到顶开挖的，因此，首先需要考虑开挖部位的不同，对反倾边坡变形的影响。

为探讨开挖部位的影响，以 30.00m 作为开挖高度，68.20°（坡比 1:0.4）作为开挖坡角，采取 3 级开挖方案（即开挖速率为 10m/级），选择了 ΔH 分别为 30.00m、45.00m、60.00m、75.00m、90.00m 五组试验，探讨开挖部位为反倾边坡变形的影响。试验结果分别如图 6.1-18～图 6.1-22 所示。

五组试验最大位移值均出现在坡顶位置，根据该部位监测点 hist1（ball 208049）的监测数据，不同开挖部位的最大位移变化趋势如图 6.1-23 所示。由图 6.1-23 可见，初始开挖阶段变形差异不明显，随着开挖的进行，ΔH 越大，位移量值越大，并呈现线性递增关系。

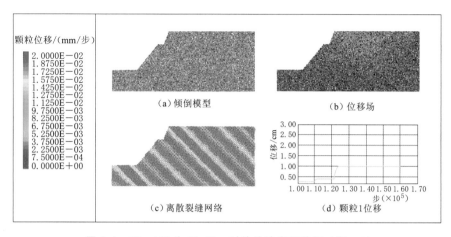

图 6.1 - 18　ΔH 为 30.00m 时的边坡变形特征 （P1 - 1）

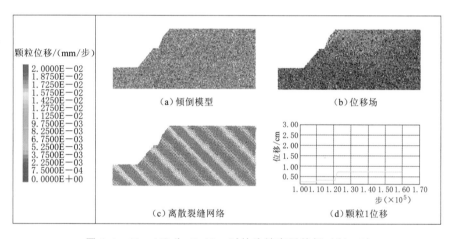

图 6.1 - 19　ΔH 为 45.00m 时的边坡变形特征 （P1 - 2）

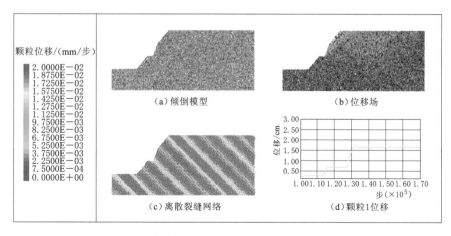

图 6.1 - 20　ΔH 为 60.00m 时的边坡变形特征 （P1 - 3）

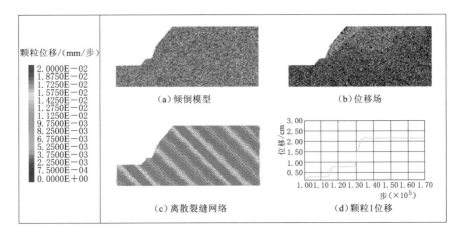

图 6.1-21　ΔH 为 75.00m 时的边坡变形特征（P1-4）

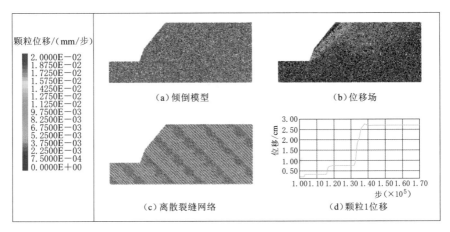

图 6.1-22　ΔH 为 90.00m 时的边坡变形特征（P1-5）

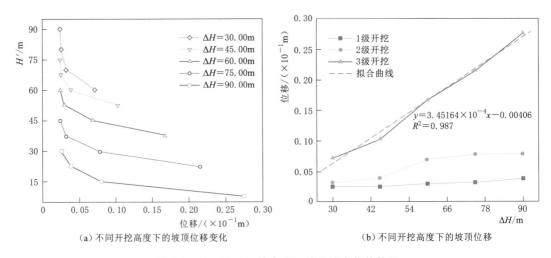

图 6.1-23　不同开挖高度下的位移变化趋势图

综上，边坡开挖部位与坡顶的垂直距离越大，则开挖工况对边坡的变形量及变形区域越大，以坡脚开挖影响最为显著，而实际工程中也大多为坡脚开挖，故后文均以坡脚开挖为前提进行探讨。

2. 开挖高度对变形的影响

开挖高度 h 以开挖面顶点与开挖基底面的竖直高度为表征量，为保证变形量值可观且具可比性，选择 30.00m、37.50m、45.00m、52.50m、60.00m、67.50m、75.00m 七组开挖高度作为变量，开挖坡比控制在 1∶0.5，开挖级数为 3 级，开挖部位位于坡脚，分别进行试验，结果如图 6.1 – 24～图 6.1 – 30 所示，此外还进行了一组全坡高 （90.00m）开挖试验，结果如图 6.1 – 31 所示。

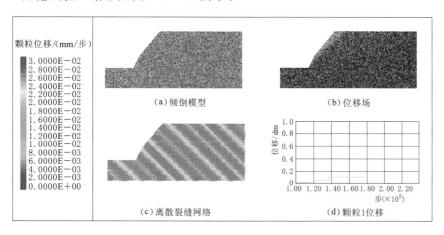

图 6.1 – 24　h 为 30.00m 时边坡变形特征（P1 – 6）

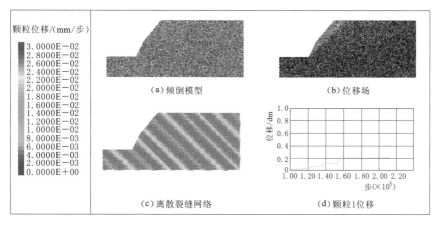

图 6.1 – 25　h 为 37.50m 时边坡变形特征（P1 – 7）

首先看前六组试验（h 为 30.00～67.50m，P1 – 6～P1 – 11），通过观察标志层，均未出现较大的弯折现象，变形量值较小；其次，各组试验最大变形部位均位于坡顶转折处，位移场等势线与岩层层面近于垂直；再次，30.00m、37.50m、45.00m 开挖高度边坡中无宏观不连续破裂产生，而 52.50m 及以上开挖高度试验组中，坡脚则出现了明显剪切裂缝变形，对比各组坡顶位移监测点，最大位移量值与开挖高度呈正相关。

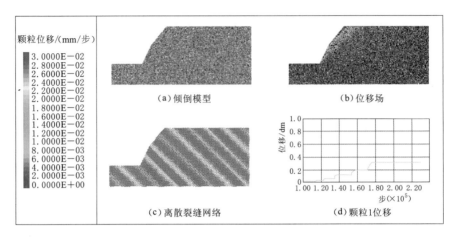

图 6.1-26　h 为 45.00m 时边坡变形特征（P1-8）

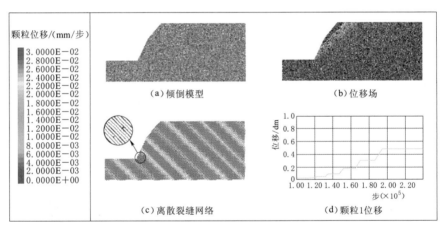

图 6.1-27　h 为 52.50m 时边坡变形特征（P1-9）

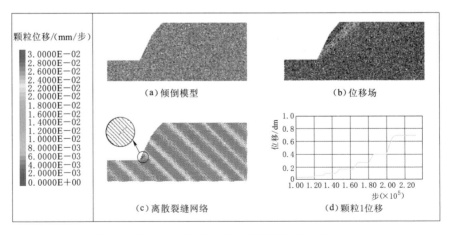

图 6.1-28　h 为 60.00m 时边坡变形特征（P1-10）

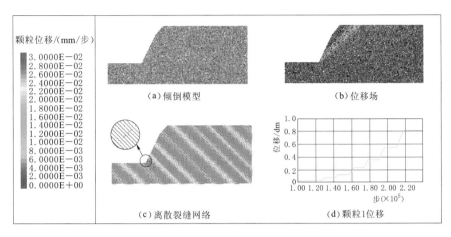

图 6.1-29　h 为 67.50m 时边坡变形特征（P1-11）

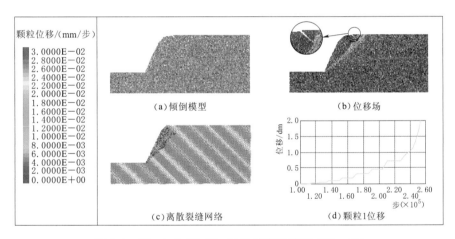

图 6.1-30　h 为 75.00m 时边坡变形特征（P1-12）

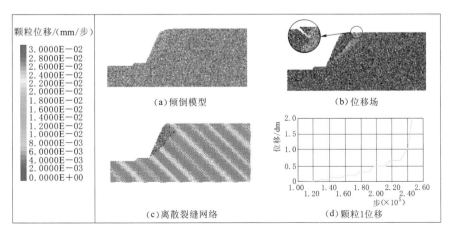

图 6.1-31　h 为 90.00m 时边坡变形特征（P1-13）

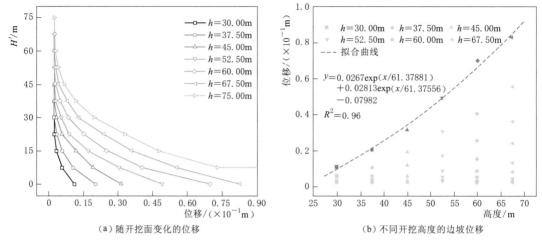

（a）随开挖面变化的位移 （b）不同开挖高度的边坡位移

图 6.1-32　不同开挖高度 h 时的位移特征图

由图 6.1-32（a）可见，对于确定开挖高度的反倾边坡，边坡从开挖面顶点开挖至基底面的过程，变形增长过程基本呈指数倍率增长趋势，当相邻两级增长幅度达一定值，即出现破坏失稳，这种关系可用于指导边坡开挖阶段变形预测。

再由图 6.1-32（b）所示，针对不同开挖高度边坡，随着开挖高度的增加，变形量值呈现出加速增长趋势，即开挖高度的影响非常显著，故工程开挖设计中，在保证边坡稳定的前提下，应尽量控制边坡的开挖高度。

3. 开挖坡度对变形的影响

开挖坡度 ω 在工程实践中常以坡面比降的形式被提及。本组试验将开挖高度 h 控制在 45.00m，开挖部位位于坡脚，开挖级数为 3 级，选择了 1:0.7、1:0.65、1:0.6、1:0.55、1:0.5、1:0.45、1:0.4 这七组坡比，即开挖坡度为 55.01°、56.98°、59.04°、61.19°、63.43°、65.77°、68.20°，分别进行数值计算，结果分别如图 6.1-33、图 6.1-34、图 6.1-35、图 6.1-36、图 6.1-37、图 6.1-38、图 6.1-39 所示。

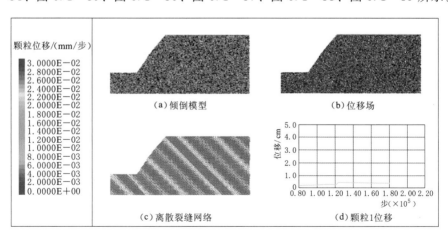

（a）倾倒模型　　　（b）位移场

（c）离散裂缝网络　　　（d）颗粒1位移

图 6.1-33　ω 为 55.01° 时边坡变形特征（P1-14）

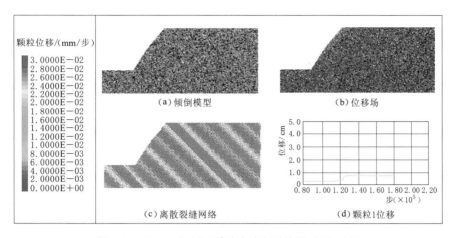

图 6.1-34　ω 为 56.98°时边坡变形特征（P1-15）

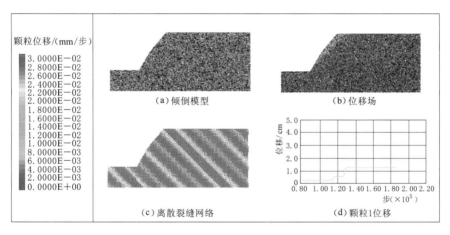

图 6.1-35　ω 为 59.04°时边坡变形特征（P1-16）

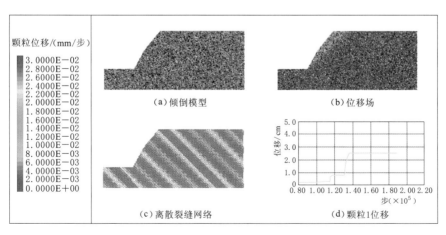

图 6.1-36　ω 为 61.19°时边坡变形特征（P1-17）

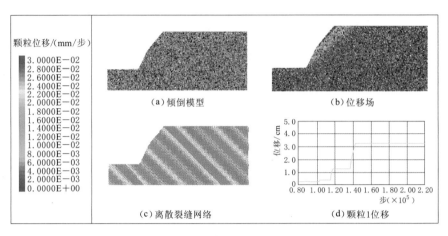

图 6.1 - 37 ω 为 63.43°时边坡变形特征 (P1 - 18)

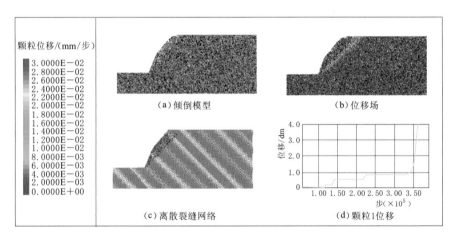

图 6.1 - 38 ω 为 65.77°时边坡变形特征 (P1 - 19)

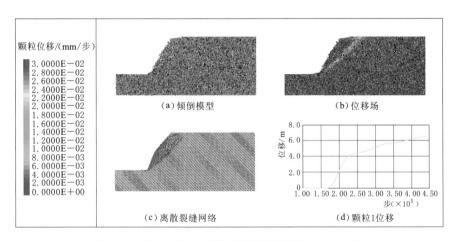

图 6.1 - 39 ω 为 68.20°时边坡变形特征 (P1 - 20)

当开挖坡度不超过 63.43°时（前 5 组，P1-14~P1-20），边坡位移量值较小，未出现明显弯折变形，随着开挖坡度的变陡，位移场特征由重力作用主导逐渐过渡为受岩层层面控制，位移场等势线与岩层层面近于垂直，边坡未出现宏观变形破裂迹象，最大变形量均出现在坡顶部位（ball 208049），最大位移量值与开挖坡度呈正相关性。

当开挖坡角为 65.77°时（P1-19），边坡开挖完成后变形较小，坡脚部位零星出现破裂迹象；当计算至 21.6 万步时，坡脚出现宏观剪切裂缝，坡顶位移开始突变增长，而后趋于平静收敛；若继续执行计算，至 32.5 万步时，坡脚部位裂缝开始朝坡顶方向切层扩张，坡顶位移再次出现突变，切层裂缝贯通，最终失稳破坏。

当开挖坡角达到 68.20°时，开挖完成后边坡变形急剧增长，坡体出现显著倾倒变形，呈 V 形弯折，其宏观破裂迹象最早为坡脚切层剪切裂缝，沿岩层法平面往上发展，至坡顶平台开始出现拉张裂缝，宽度达 1.38m。随着变形破裂扩张，浅部坡体呈碎块状，并在坡前产生垮塌现象。从坡顶位移监测曲线来看，该边坡变形先是由于开挖而急剧增加，出现一定倾倒变形后，变形增长趋势减缓，并以这种低速增长趋势持续直至破裂贯通，边坡整体失稳。

绘制的不同坡度条件下各开挖阶段边坡变形的增长情况见图 6.1-40。由图 6.1-40（a）可知，开挖坡度对边坡变形的影响，与开挖面积的大小呈现良好的对应关系，故在考量开挖坡度对变形的影响时，一定程度上可以参考开挖面积的大小。

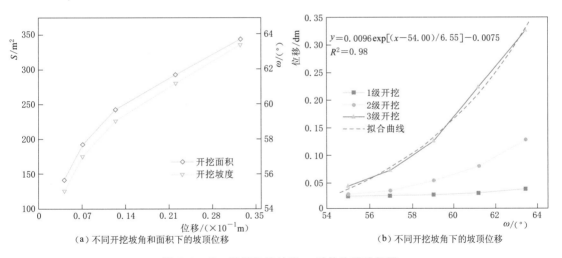

（a）不同开挖坡角和面积下的坡顶位移　　（b）不同开挖坡角下的坡顶位移

图 6.1-40　不同开挖坡度 ω 时的位移特征图

由图 6.1-40（b）可见，初始开挖阶段变形差异不大，随着开挖步的进行，开挖坡度的影响越来越显著。将各开挖坡度条件的最终变形量进行数学拟合，拟合公式为

$$y=0.0096\exp[(x-54.00)/6.55]-0.0075 \qquad (6.1-1)$$

因此，边坡变形阶段（不含失稳情况）的最大位移值与边坡坡度呈指数递增关系，随开挖坡度变陡，边坡变形呈加倍增长趋势。

4. 开挖速率对变形的影响

前三种开挖因子反映的是开挖边坡几何形态对边坡变形的影响。实际开挖工况中，开挖施工方法也一定程度上影响着边坡稳定，这里主要研究开挖速率对边坡变形的影响。

为探讨开挖速率的影响，将边坡模型开挖高度控制在 60m，开挖坡度控制在 63.43°（坡比 1∶0.5），开挖部位为坡脚开挖，以开挖级数控制开挖速率，分别选择 1～8 级八种开挖方案，即开挖速率 v 分别为 60m/级、30m/级、20m/级、15m/级、12m/级、10m/级、8.57m/级、7.5m/级，计算结果如图 6.1-41～图 6.1-48 所示。

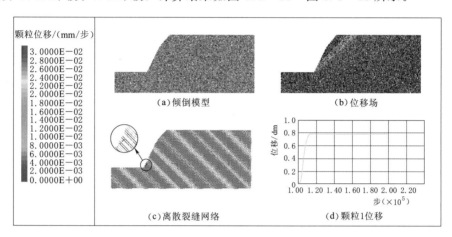

图 6.1-41　1 级开挖时的边坡变形特征（P1-21）

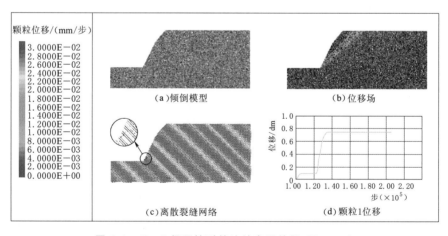

图 6.1-42　2 级开挖时的边坡变形特征（P1-22）

八种开挖速率条件下，边坡地层未出现显著弯折变形，边坡变形量值较小，最大变形部位均位于坡顶转折处，位移场特征均以岩层层面影响占主导地位；从边坡起裂变形来看，边坡坡脚部位率先出现了剪切裂隙，但并未扩展至坡体深部，整体处于倾倒变形早期阶段；对比各组坡顶位移监测点，最大位移量值与开挖速率呈负相关。

不同开挖速率试验组的最大位移特征见图 6.1-49，其中 H' 为边坡相对于开挖坡脚的高差。

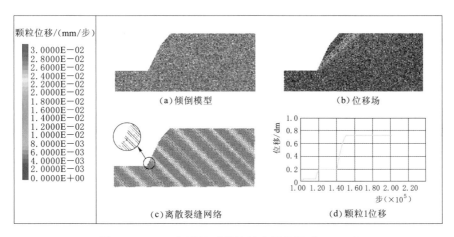

图 6.1 - 43　3 级开挖时的边坡变形特征（P1 - 23）

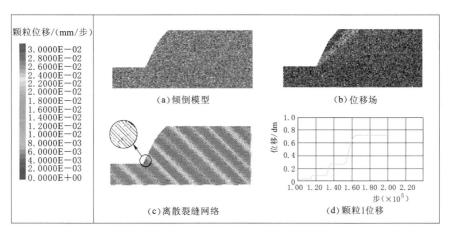

图 6.1 - 44　4 级开挖时的边坡变形特征（P1 - 24）

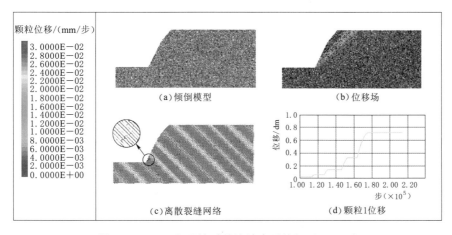

图 6.1 - 45　5 级开挖时的边坡变形特征（P1 - 25）

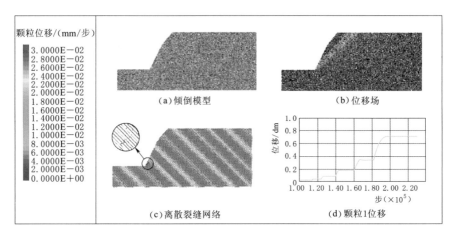

图 6.1-46 6 级开挖时的边坡变形特征（P1-26）

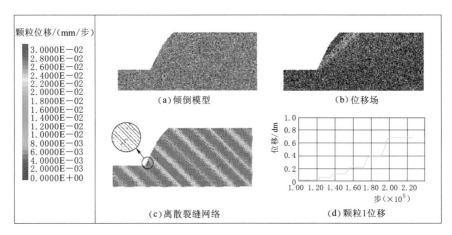

图 6.1-47 7 级开挖时的边坡变形特征（P1-27）

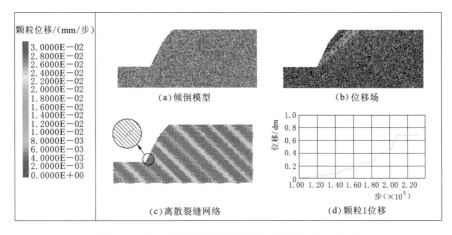

图 6.1-48 8 级开挖时的边坡变形特征（P1-10）

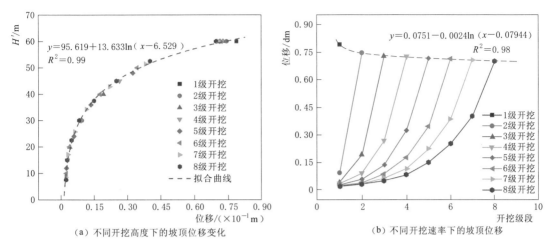

（a）不同开挖高度下的坡顶位移变化　　　　　（b）不同开挖速率下的坡顶位移

图 6.1－49　不同开挖速率时的位移特征

由图 6.1－49（a）可见，在边坡自开挖顶点开挖至坡脚的过程中，变形增长过程呈指数倍率趋势（图中拟合为对数函数，取反函数即为指数函数），而开挖速率的不同并不会改变这种增长的趋势。

而图 6.1－49（b）则反映了不同开挖速率条件下边坡开挖最终变形值的差异，可见开挖速率越慢，边坡开挖完成后的变形越小，这种关系大致呈对数函数递减，达到数级开挖后，递减趋势非常细微。故设计开挖方案时，根据具体边坡情况开挖速率合适即可，开挖级数无须分得过多。

6.1.2.4　陡倾角反向坡

1. 开挖部位对变形的影响

为探讨开挖部位对陡倾角反向坡的影响，以 30.00m 作为开挖高度，45°（坡比 1：1.0）作为开挖坡度，采取 3 级开挖方案（即开挖速率为 10m/级），进行了 ΔH 分别为 30.00m、45.00m、60.00m、75.00m、87.28m 这五组试验，探讨开挖部位对反倾边坡变形的影响，试验计算结果分别如图 6.1－50、图 6.1－51、图 6.1－52、图 6.1－53、图 6.1－54 所示。

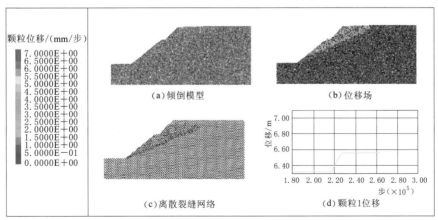

图 6.1－50　ΔH 为 30.00m 时的边坡变形特征（P2－1）

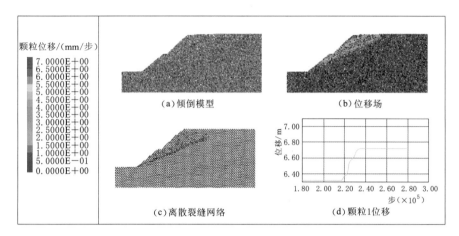

图 6.1-51　ΔH 为 45.00m 时的边坡变形特征 (P2-2)

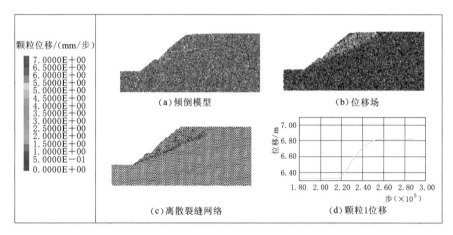

图 6.1-52　ΔH 为 60.00m 时的边坡变形特征 (P2-3)

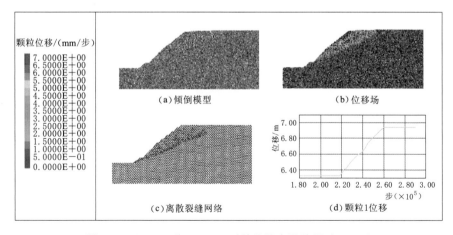

图 6.1-53　ΔH 为 75.00m 时的边坡变形特征 (P2-4)

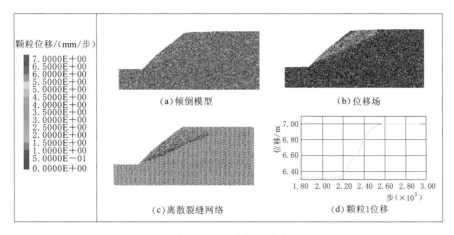

图 6.1-54　ΔH 为 87.28m 时的边坡变形特征 （P2-5）

五组试验弯折变形与宏观破裂迹象较天然状态下均有增加，且增加部位逐渐由 Aydan 基准面扩展至边坡浅表部，变形及破裂随 ΔH 的增大而增多。开挖后边坡依旧处于倾倒发展阶段，即暂时不会出现边坡整体失稳。

五组试验最大位移值均出现在坡顶位置，根据该部位监测点 hist1 （ball 168100）的监测数据，初始开挖阶段变形差异不明显，随着开挖的进行，ΔH 越大，位移量值越大，并呈现对数倍率的递增关系。

综上，边坡开挖部位与坡顶的垂直距离越大，则开挖工况下边坡的变形量及变形区域越大，以坡脚开挖影响最为显著，与中倾角组结论基本一致，只是增长关系曲线函数类型不同，中倾角组为直线型，陡倾角组为对数型。

2. 开挖高度对变形的影响

通过试算选择 15.00m、30.00m、45.00m、60.00m、75.00m、87.28m 这六组开挖高度作为变量，确定开挖坡比为 1∶1.1 （42.27°），坡脚开挖，开挖级数控制在 3 级，分别进行试验，其结果分别如图 6.1-55、图 6.1-56、图 6.1-57、图 6.1-58、图 6.1-59、图 6.1-60 所示。由图 6.1-55～图 6.1-61 可见，各组试验弯折变形较天然边坡的变化

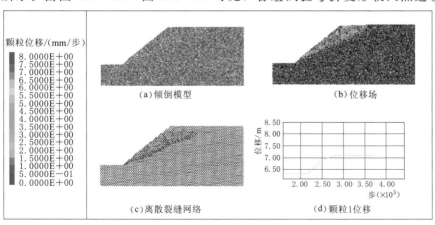

图 6.1-55　h 为 15.00m 时边坡变形特征 （P2-6）

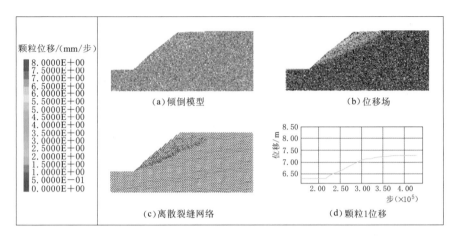

图 6.1-56　*h* 为 30.00m 时边坡变形特征（P2-7）

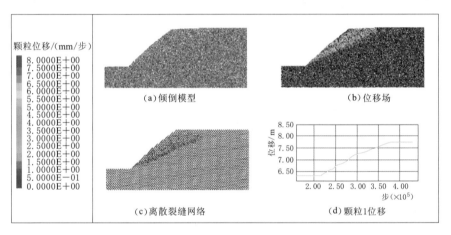

图 6.1-57　*h* 为 45.00m 时边坡变形特征（P2-8）

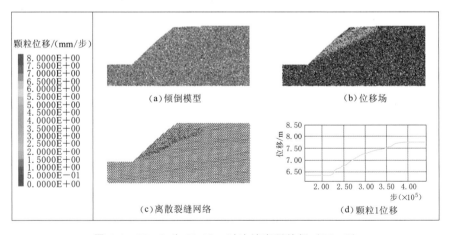

图 6.1-58　*h* 为 60.00m 时边坡变形特征（P2-9）

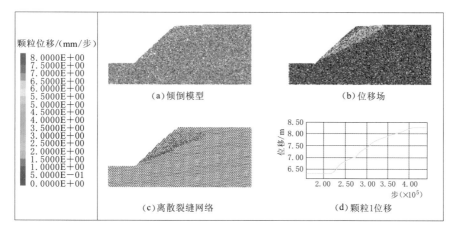

图 6.1-59　h 为 75.00m 时边坡变形特征 （P2-10）

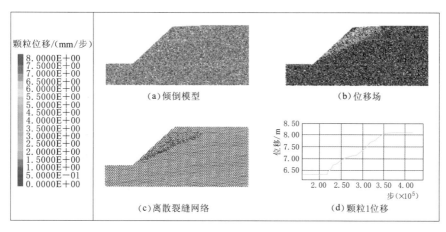

图 6.1-60　h 为 87.28m 时边坡变形特征 （P2-11）

难以直观辨别，但坡体宏观破裂迹象的增加则相对明显，增加部位均位于折断带至坡表范围内，变形及破裂增长趋势与开挖高度 h 呈正相关性。

在这六组开挖条件下，开挖后边坡依旧处于倾倒发展阶段，即边坡暂时不会出现整体失稳。观察不同开挖高度试验组的最大位移特征曲线可以发现，对于确定开挖高度的反倾边坡，边坡从开挖面顶点开挖至基底面，变形增长过程呈阶梯形增长趋势，曲线中的阶梯位置（突变处）基本与 H' 有关，h 则主要影响累计变形，可以推测造成这种趋势的原因为自然边坡坡体结构的不均匀性，相较于中倾角组，该类现象在自然界中更符合实际情况，实际过程中开挖变形的预测与边坡坡体结构关系密切。

此外，针对不同开挖高度边坡，随着开挖高度的增加，变形量值呈现出减速增长趋势，只是这种增长关系依然存在一定的波动性，直观表现为曲线拟合度明显低于中倾角组。

3. 开挖坡度对变形的影响

为探究开挖坡度对陡倾角反向坡的影响，本组试验将开挖高度 h 控制在 45.00m，开挖部位均为坡脚开挖，开挖级数选定为 3 级，选择了 1∶1.25、1∶1.2、1∶1.15、1∶1.1、1∶1.05、1∶1.0、1∶0.95 这七组开挖坡比，即开挖坡度为 38.66°、39.81°、41.01°、42.27°、43.60°、45.00°、46.47°，分别进行数值计算，计算结果分别如图 6.1-61、图 6.1-62、图 6.1-63、图 6.1-64、图 6.1-65、图 6.1-66、图 6.1-67 所示。

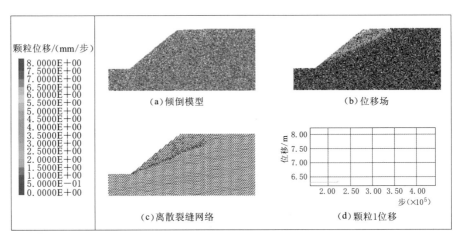

图 6.1-61 ω 为 38.66°时边坡变形特征（P2-12）

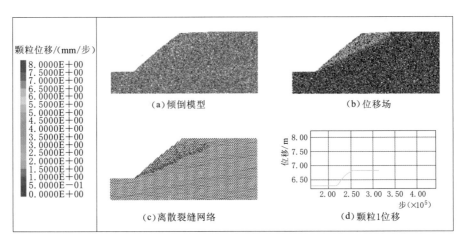

图 6.1-62 ω 为 39.81°时边坡变形特征（P2-13）

由图 6.1-62～图 6.1-68 可见，各组试验弯折变形以及坡体宏观破裂迹象较天然边坡有所增加，增加部位位于折断带以上坡体浅表部，坡体最大变形部位仍位于坡顶转折处，变形及破裂增长趋势以及坡顶位移量值，均与开挖坡度 ω 呈正相关。

针对这七组开挖条件，开挖后边坡依旧处于倾倒发展阶段，即边坡暂时不会出现整体失稳。绘制不同开挖坡度试验组的最大位移特征曲线，如图 6.1-68 所示。

观察图 6.1-68（a），其中 S 为单位厚度的边坡开挖面积，与中倾角组类似，边坡开挖坡度对边坡变形的影响，与开挖面积的大小呈现良好的对应关系，需对比说明的是开挖高度试验组则无法绘制出这种曲线。

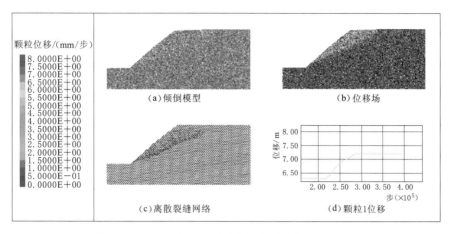

图 6.1 - 63　ω 为 41.01°时边坡变形特征（P2 - 14）

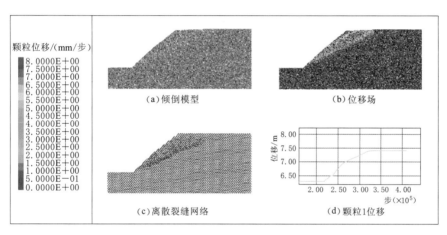

图 6.1 - 64　ω 为 42.27°时边坡变形特征（P2 - 15）

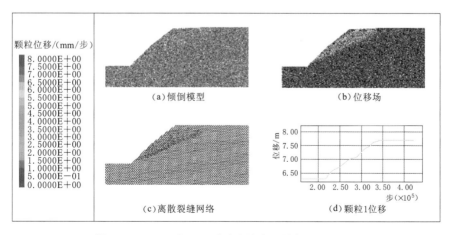

图 6.1 - 65　ω 为 43.60°时边坡变形特征（P2 - 16）

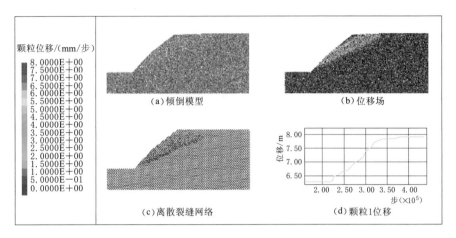

图 6.1-66 ω 为 45.00°时边坡变形特征 （P2-17）

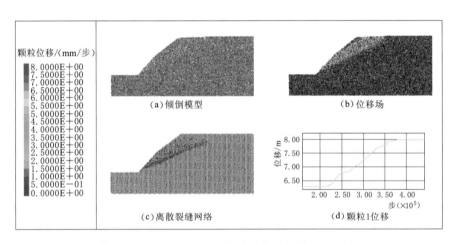

图 6.1-67 ω 为 46.47°时边坡变形特征 （P2-18）

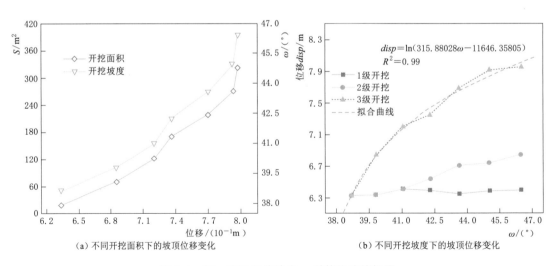

（a）不同开挖面积下的坡顶位移变化   （b）不同开挖坡度下的坡顶位移变化

图 6.1-68 不同开挖坡度 ω 时的位移特征图

绘制的不同开挖坡度条件下，各开挖阶段边坡的变形增长情况见图 6.1-68（b），可见初始开挖阶段变形差异不大，随着开挖步的进行，开挖坡度的影响越显著。将各开挖坡度条件的最终变形量进行数学拟合，拟合公式为

$$disp = ln(315.88028\omega - 11646.35805) \tag{6.1-2}$$

因此，边坡变形阶段（不含失稳情况）的最大位移值与边坡坡角呈对数递增关系，即随开挖坡度变陡，边坡变形呈减速增长趋势。

4. 开挖速率对变形的影响

为探讨开挖速率的影响，将边坡模型开挖高度控制在 60.00m，开挖坡度控制在 41.01°（坡比 1∶1.15），开挖部位为坡脚开挖，以开挖级数控制开挖速率，分别选择 1~8 级 8 种开挖方案，计算结果分别如图 6.1-69、图 6.1-70、图 6.1-71、图 6.1-72、图 6.1-73、图 6.1-74、图 6.1-75、图 6.1-76 所示。

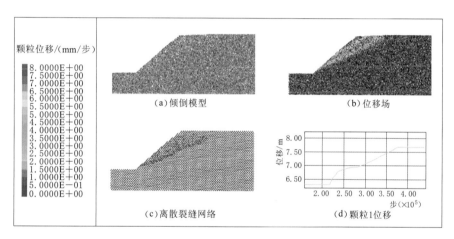

图 6.1-69　1 级开挖时的边坡变形特征（P2-19）

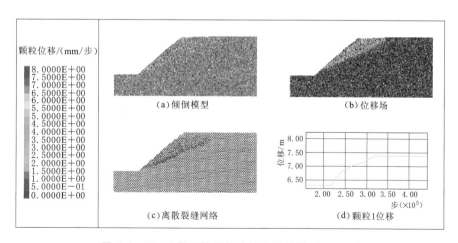

图 6.1-70　2 级开挖时的边坡变形特征（P2-20）

在 8 种开挖速率条件下，边坡岩层弯折变形及变形破裂现象较天然边坡均有所增加，增加部位均位于折断带至坡表范围内，但各级开挖速率下的最大合位移增长没有稳定的趋势，

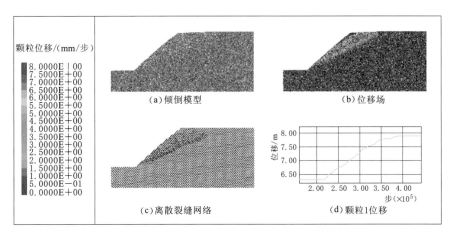

图 6.1-71 3 级开挖时的边坡变形特征 (P2-21)

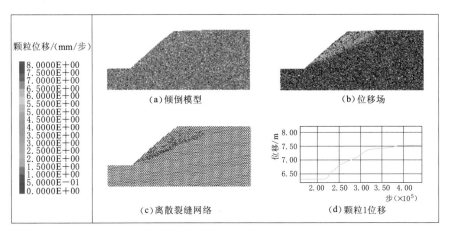

图 6.1-72 4 级开挖时的边坡变形特征 (P2-22)

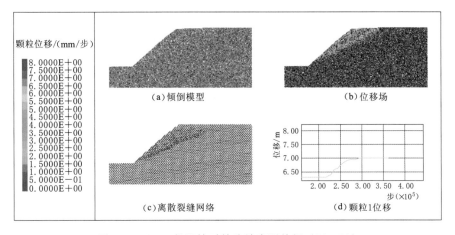

图 6.1-73 5 级开挖时的边坡变形特征 (P2-23)

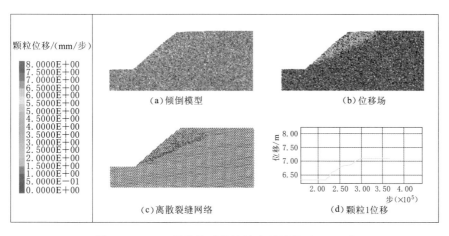

图 6.1-74　6 级开挖时的边坡变形特征（P2-24）

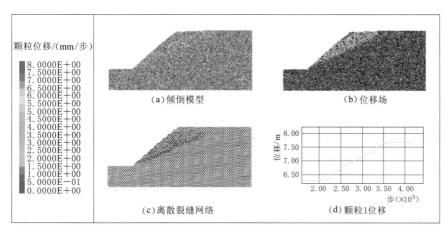

图 6.1-75　7 级开挖时的边坡变形特征（P2-25）

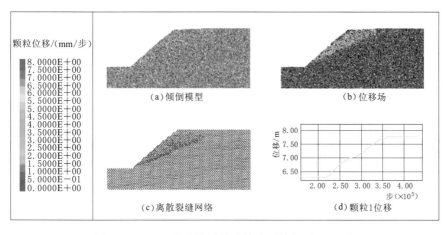

图 6.1-76　8 级开挖时的边坡变形特征（P2-26）

即开挖速率的快慢与变形的增长情况并无单调关系，并非开挖越慢变形越小。分析造成这种现象的原因，可以联系开挖高度实验组，边坡自开挖顶点挖至基底面的过程，变形增长并不是稳定增长的（如阶梯状增长），这归根结底是边坡的不均匀性造成的。

同样将不同开挖速率试验组的最大位移绘制于图 6.1-77，其中 H' 为边坡相对于开挖坡脚的高差。

由图 6.1-77（a）可见，虽然仍能拟合出与中倾角组类似的变形指数倍率增长的趋势，但拟合程度已有显著的降低，但开挖速率并不会对这种变形增长趋势产生质的改变。图 6.1-77（b）中，坡顶最大位移与开挖速率则没有明显的拟合关系，但整体来看，并非开挖最快变形最小，更非开挖最慢变形最小，即边坡开挖变形的控制选择合适的开挖速率才是最佳的，而这个合适开挖速率的大小与实际坡体结构有关。

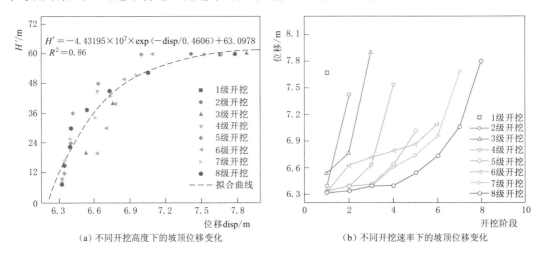

（a）不同开挖高度下的坡顶位移变化　　（b）不同开挖速率下的坡顶位移变化

图 6.1-77　不同开挖速率 v 时的位移特征图

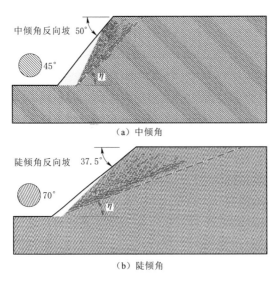

图 6.1-78　反向坡倾倒折断面位置图

6.1.2.5　开挖条件下反倾边坡变形规律

归纳前文大量的数值试验成果，并结合案例统计结论，对开挖条件下的反倾边坡变形规律总结如下：

（1）如图 6.1-78 所示，反倾边坡发生倾倒变形的变形范围均位于岩层法平面（Aydan 基准面）以上坡体中，开挖条件并不会改变这种特性。

（2）反倾边坡变形发展过程出现的破裂迹象有：坡脚剪切裂缝—岩层弯折—后缘拉裂缝—坡顶沉降变形—坡面垮塌崩塌等。

（3）岩层倾角越陡边坡越容易出现倾倒变形，岩层倾角对倾倒难易程度的影响大于边坡坡角；对于中倾角边坡理论上存在一个安全坡角，即当坡面或开挖面坡度不超过 Aydan 基准面倾角时，边坡不存在倾倒变形区。

（4）中倾角、陡倾角反向坡均出现倾倒变形时，前者极容易整体失稳，后者能够出现较大变形（位移可达 10m 以上）但整体不失稳。造成这种现象的是两者发生倾倒后的折断破裂面倾角 $\eta_{中} > \eta_{陡}$，当 η 大于破裂面摩擦角时，则出现剪断失稳。

（5）中倾角反向坡发生倾倒时的变形深度一般较陡倾角反向坡浅，但变形失稳更具突发性。

6.1.3　开挖条件下倾倒变形体变形响应特征

随着水电工程开挖的进行，处于倾倒变形演化进程的天然边坡状态打破原有平衡状态。此外，开挖过程中发现该边坡为反倾坡，而反倾坡往往较其他边坡稳定，故该边坡的开挖并未引起重视，因而导致了边坡变形失稳灾害的产生。

本节针对典型开挖反倾边坡，就该边坡开挖后变形响应特征进行详细分析，可为类似工程提供经验及参考。

6.1.3.1　开挖后的边坡变形破裂现象

1. 变形裂缝

某水电站边坡在 2015 年 1 月中旬经历连日雨雪天气后，于 2015 年 1 月 21 日开始出现宏观变形裂缝，主要分布于 2 号公路路基、2 号公路开口线外侧坡面及高程 3255m 和高程 3240m 马道。

（1）坡顶裂缝。变形体边坡顶部裂缝主要发育在 3307m 平台上及后缘截水沟内侧，共发育 40 余条，长度数米至数十米，最长一条约 40m，宽度一般为 1~2cm，个别宽 4~5cm，呈间断连续发育，雁列行分布，未形成连续的弧形拉裂缝，现场调查及实地测量最多处出现 8 条基本平行的裂缝，间距 2~3m，最远距边坡开口线距离约 40m，顶部裂缝见图 6.1-79 和图 6.1-80。

图 6.1-79　边坡顶部 L22 和 L23 裂缝发育情况

图 6.1-80　边坡顶部 L34 裂缝发育情况

（2）2 号公路裂缝。2 号公路路基及后坡裂缝宽 0.5～1cm，路基裂缝位于公路中间（见图 6.1-81），顺公路断续延伸 20～30m，未贯穿到公路外缘，做混凝土砂浆条带后仍继续拉裂张开 0.5cm；2 号公路内侧切坡裂缝基本平行于走向发育（见图 6.1-82），最长一条断续延伸长达 30m，裂缝宽约 0.5cm。

图 6.1-81　2 号公路路基裂缝　　　　　图 6.1-82　2 号公路侧坡裂缝情况

（3）开挖马道裂缝。边坡高程 3255m 马道（见图 6.1-83）及高程 3240m 马道（见图 6.1-84）内侧坡面发育拉裂缝，裂缝宽 0.5～1cm，位于锚墩及锚杆下侧，未贯穿锚索间框格梁，呈横向展布，断续延伸达 10～30m。

图 6.1-83　高程 3255m 马道内侧坡裂缝发育情况　　图 6.1-84　高程 3240m 马道内侧裂缝发育情况

（4）裂缝特征统计。图 6.1-85 为该边坡坡体结构赤平投影分析图，可见较符合反向倾倒的空间组合特征。针对边坡三大部位发育的显著变形裂缝，进行了裂缝的延伸方向及裂缝的延伸度特征统计，发现典型宏观裂缝 88 条，大多位于开挖边坡后缘及高程 3240m、高程 3255m 马道。条坡变形裂缝特征统计图如图 6.1-86 所示。由图 6.1-85 和图 6.1-86 可见，裂缝延伸优势方向为 NE～SW 向，与等高线近乎一致，主要为横向裂缝，裂缝延伸度多在 20m 以内。

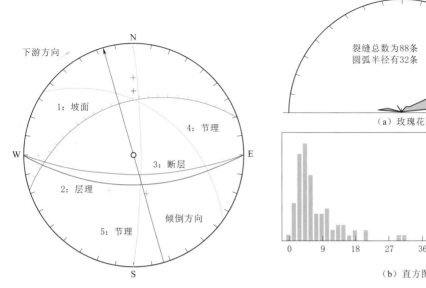

图 6.1-85　坡体结构赤平投影分析图（下半球）　　图 6.1-86　边坡变形裂缝特征统计图

2. 前部垮塌

2015 年 1 月 21 日至 2 月 4 日早晨，裂隙持续发展；2015 年 2 月 4 日上午 8:40，坡面出现滚石掉块；至 8:46，边坡上、下游侧坡脚 3233m 马道下部岩体首先出现破坏，随即坡体出现下坐、垮塌破坏，整个破坏过程历时约 2min。

2015 年 2 月 4 日，发生首次失稳后，边坡进行了应力调整，至 2015 年 2 月 9 日上午，边坡的下游影响区又发生下坐破坏。失稳破坏部位为：桩号（渠）0－320～（渠）0－168 高程 3203～3308m，开挖边坡前部垮塌后面貌见图 6.1-87。

图 6.1-87　开挖边坡前部垮塌后面貌

根据上文边坡垮塌情况及地表裂缝发育部位，可以推断边坡变形主要始于边坡中上部（高程 3240m 以上），且边坡上游侧受 1 号冲沟切割侧缘临空的影响，变形强于下游侧，故边坡的变形监测应结合边坡变形情况有针对性的进行。

6.1.3.2 开挖条件下边坡变形监测分析

1. 首次开挖后的监测分析

（1）监测布置。边坡首次开挖开始出现变形后，随即对坡表变形进行应急监测（临时监测），监测仪器布置如图 6.1-88 所示。

图 6.1-88 开挖边坡监测仪器布置图

共布置有 A—A、B—B、C—C 三条监测剖面，各剖面分别布置 6 个表观位移监测点，1 月 28 日开挖爆破后变形开始加剧，故在 B—B 剖面补充 11-1、12-1 两个监测点。

在 A—A、B—B、C—C 监测剖面高程 3289m 马道上方 2m 处、公路上方 2m 处、高程 3255m 马道上方 2m 处各布置一套多点位移计，在 2—2 监测剖面高程 3240m 马道上方 2m 处布置一套多点位移计，共计 10 套，编号为 M1～M10。

（2）表观监测。监测采用独立坐标系计算，x 方向垂直于边坡，往河床中心（临空面）变形为正；y 方向为顺河方向，往下游变形为正；h 方向指沉降变形，向下为正。监测成果精度为 $\pm(2\sim3)$mm。首次开挖后 A—A 剖面、B—B 剖面、C—C 剖面表观变形监测成果分别如图 6.1-89、图 6.1-90 和图 6.1-91 所示。

2015 年 1 月 25—27 日监测数据显示，边坡开口线变形量在 5～10mm/d，自 28 日起变形速率由 15mm/d 起急剧上升，至 2 月 3 日凌晨增加至 2.1mm/h，2 月 4 日塌方前，最大变形量增加至 20mm/h。

（3）内观监测。2015 年 2 月 4 日边坡发生破坏前，各剖面安装的多点位移计接近完成，图 6.1-92 为 C—C 剖面高程 3289m 马道一台（M8）2 月 3 日的观测数据，多点位移计钻孔深度为 67m，孔内 4 个测点分别距孔口 10m、25m、45m 和 65m。

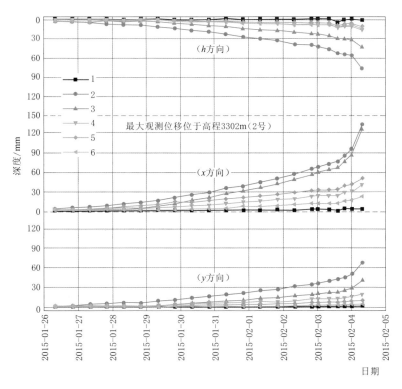

图 6.1-89　首次开挖后表观变形监测成果曲线（A—A 剖面）

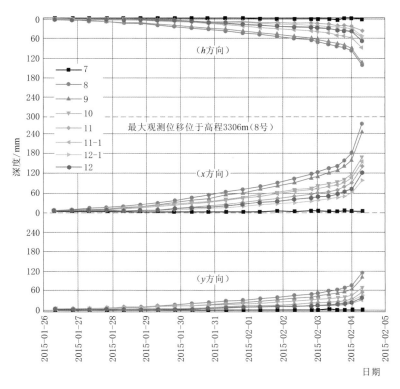

图 6.1-90　首次开挖后表观变形监测成果曲线（B—B 剖面）

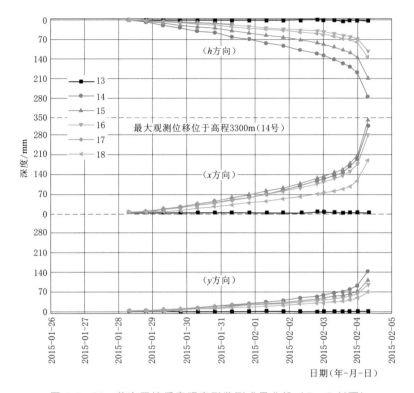

图 6.1-91　首次开挖后表观变形监测成果曲线（C—C 剖面）

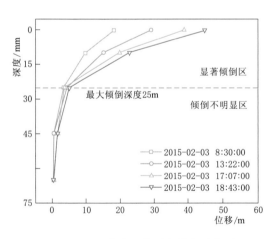

图 6.1-92　首次开挖后内观变形监测
成果曲线（C—C 剖面、M8）

根据图 6.1-92，边坡浅表约 25m 范围内出现了位移，说明边坡该段附近发生倾倒变形破坏的深度在 25m 以内。

2. 边坡变形加固处置措施

首次开挖后，边坡变形破坏岩体多呈碎裂和散体结构，稳定性较差，边坡的处理需按照适当的坡比挖除该区段岩体，并考虑蓄水对边坡稳定的影响。据此，拟定如下处置措施。

（1）边坡清挖（二次开挖）：全面清挖边坡变形破坏区域，挖除中上部破坏松动岩体，清除中下部部分变形岩体（坡脚段垮塌时尚未开挖完成，垮塌影响深度不大，可沿用首次开挖）。根据实测的后缘拉裂变形范围及地质预测的变形松动岩体深度，对其进行清挖，开挖坡比放缓为 1:1，局部采用 1:0.5，并在高程 3295m、3275m 附近、3255m、3233m 分别设置马道。根据开挖揭示的岩体破坏深度，动态调整下一梯段开挖坡比。

边坡二次开挖后的典型断面及支护方案见图 6.1-93。

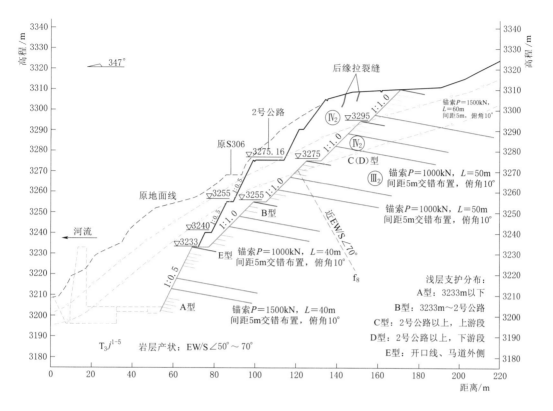

图 6.1 - 93　边坡二次开挖后的典型断面及支护方案图

（2）边坡支护：全面系统支护，加强锁口、拦腰、固脚。

浅层支护：高程 3233m 以下锚杆采用 $\phi25$、$L=4.5m$ 和 $\phi28$、$L=6m$、间排距 1.5m 布置（A 型）；3233m～2 号公路高程锚杆采用 $\phi25$、$L=4.5m$ 和 $\phi28$、$L=6m$、间排距 2m 布置（B 型）；2 号公路—开口线上游段采用 $\phi28$、$L=6m$ 和 $\phi32$、$L=9m$、间排距 2m 布置（C 型）；2 号公路—开口线下游段采用 $\phi28$、$L=6m$ 和 $\phi32$、$L=9m$、间排距 1.5m 布置（D 型）；边坡开口线及每级马道外侧采用 $3\Phi28$、$L=12m$、间距 2m 锁口锚筋束进行锁口（E 型）。

深层支护：边坡采用锚拉板进行系统支护，在每级马道以上布置 2 排预应力锚索。2 号路以上锚索设计吨位 150t，张拉锁定吨位 120t，锚索长度 40～60m；2 号公路路基至高程 3233m 马道边坡锚索设计吨位 100t，张拉锁定吨位 75t，锚索长度 40m；高程 3233m 马道以下边坡锚索设计吨位 150t，一次张拉锁定至设计吨位，锚索长度 40m。锚索水平间距 5m，局部采用 4m。下游侧开口线附近覆盖层边坡布置框格梁进行支护。

（3）动态设计：结合开挖揭示地质条件和监测资料，动态调整开挖支护设计参数。

3. 二次开挖后的监测分析

边坡首次开挖后出现了变形失稳，为保证水电工程建设及运行的正常进行，针对该边坡进行了破碎体的清除及边坡坡度放缓，即二次开挖。二次开挖坡比整体放缓为 1:1，首次开挖未完成的坡脚段保留原开挖坡比。边坡二次开挖表观监测点布置如图 6.1 - 94 所示。

图 6.1-94　边坡二次开挖表观监测点布置图（临时）

鉴于首次开挖后的重视程度不足，边坡二次开挖（加固）过程中及开挖施工完成后，随即开展了对边坡的变形监测工作，监测内容分为表观位移监测与内观监测两方面。

表观位移监测主要利用变形观测墩，按照监测时效分为边坡主体部位的永久变形监测以及边坡后缘及下游影响区的临时监测；内观监测主要采用了埋设多点位移计、锚杆应力计、锚索测力计三种手段进行协同监测。

各监测措施布置及监测成果分析如下。

（1）表观位移监测。

1）临时监测。2015 年 2 月 4 日边坡失稳后，为查明该开挖边坡以上破坏影响区的变形情况，在变形区域后缘测点以外新增 3 个测点（19~21 号），在下游变形边界外新增 1 个监测剖面 D—D（22~26 号测点），以及保留加固前位移较小的 1 号、7 号、13 号测点（首次开挖监测剖面的最顶部监测点），共计 11 个外观监测点，监测点布置见图 6.1-94。

后缘影响区和下游 D—D 剖面二次开挖后表观变形临时监测成果分别如图 6.1-95 和图 6.1-96 所示。

由图 6.1-98 和图 6.1-99 可见自边坡首次开挖失稳后至边坡二次开挖基本完成这段时间，边坡开挖倾倒影响区位移量值较小，过程线较平稳，除受开挖机械施工的影响局部轻微突变，无其他变形异常增长迹象；进入雨季后，垂直方向上有沉降迹象，h 向位移整体呈分段收敛特征。

2）永久监测。开挖边坡上布置 JC1~JC4 共 4 个监测剖面，在边坡下游布置 JC5~JC7 共 3 个监测剖面。在 JC1~JC4 各监测剖面边坡开口线后缘及高程 3295m、3275m、3255m 马道附近各布置 1 个外部变形观测墩，边坡上共计 16 个，编号为 TP1~TP16。边坡下游外观监测布置：在 JC6 监测剖面（桩号 0+105.00）高程 3255m、3225m 马道各布置一个外部变形观测墩，共计 2 个，编号为 TP17 和 TP18。

综上，边坡共计布置 18 个永久表观监测墩（见图 6.1-97）。

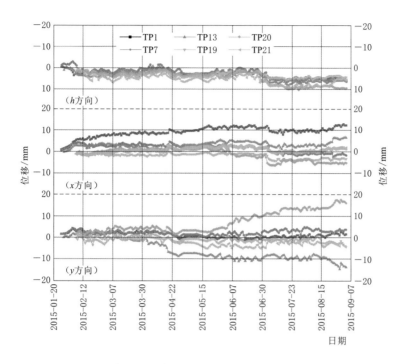

图 6.1 - 95　二次开挖后表观变形临时监测成果曲线 (后缘影响区)

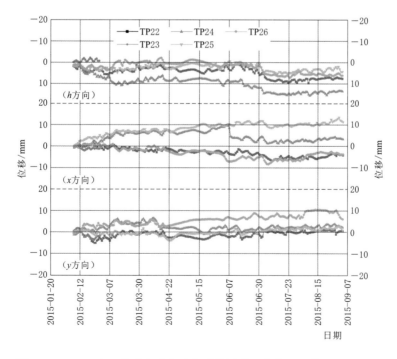

图 6.1 - 96　二次开挖后表观变形临时监测成果曲线 (下游 D—D 剖面)

图 6.1-97　边坡二次开挖表观监测布置图（永久）

边坡主要部位二次开挖后表观变形监测成果如图 6.1-98～图 6.1-100 所示，支护区域内的表观监测点各方向未见显著位移，过程线较平稳，说明二次开挖边坡变形趋于稳定收敛，边坡稳定状态良好。

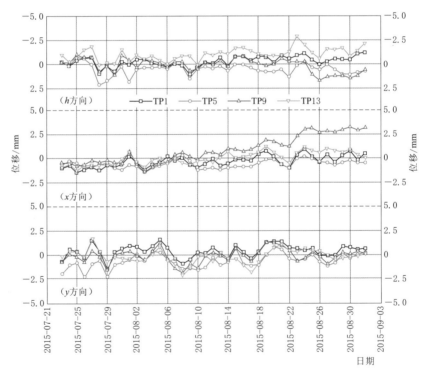

图 6.1-98　二次开挖后表观变形监测成果曲线（后缘开口线高程）

（2）内观监测。

1）监测布置。边坡二次开挖的内观监测仪器包含多点位移计、锚索测力计、锚杆应力计三类，监测点布置如图 6.1-101 所示。

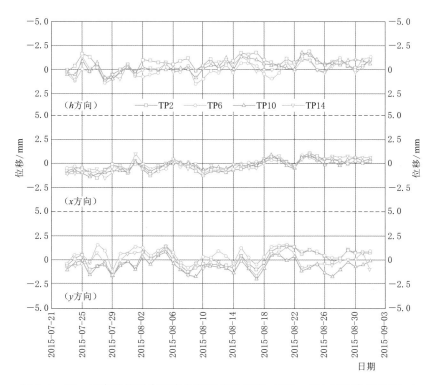

图 6.1-99　二次开挖后表观变形监测成果曲线（JC1～JC4 剖面高程 3295m）

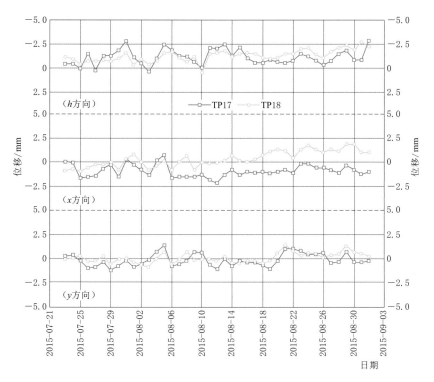

图 6.1-100　二次开挖后表观变形监测成果曲线（下游侧 JC6 剖面）

图 6.1 - 101　边坡二次开挖内观监测点布置图（永久）

a. 多点位移计：在边坡 JC1～JC4 监测剖面高程 3295m 马道上方、3275m 马道上方、3255m 马道下方、3233m 马道下方各布置 1 套多点位移计，共计 16 套，编号为 JM1～JM16；边坡下游 JC6 监测剖面（桩号 0－105.00）高程 3248m、3230m，JC5 监测剖面（桩号 0－140.00）高程 3230m 各布置 1 套多点位移计，共计 3 套，编号为 JM17～JM19。

b. 锚索测力计：在边坡 JC1～JC4 各监测剖面高程 3298m、3267m、3248m、3218m 锚索上各布置 1 套锚索测力计，共计 16 套，设计编号为 JP1～JP16；同时抽检 5%～10% 的锚索作为监测锚索用来检查支护荷载变化情况，共计 8 套锚索测力计，编号为 JP17～JP24。

c. 锚杆应力计：选取 JC2、JC3 监测剖面，在高程 3275m、3255m、3233m 马道下方各布置 1 支锚杆应力计，共计 6 支（JR1～JR6）。

综上，边坡二次开挖内观监测布置共计 19 套多点位移计、24 套锚索测力计、6 支锚杆应力计。

2）多点位移计。二次开挖后内观变形监测成果如图 6.1 - 102 所示，多点位移计监测结果显示位移均在 5mm 以内，过程线整体较平缓。从细微增长趋势来看，边坡每一级开挖后短时间内的边坡变形呈上升趋势，而后趋于稳定。不同部位变形上升的幅度也不尽相同，整体位于边坡中上部，且上游侧上升幅值大于下游侧。边坡变形呈现出由地表往下逐渐递减的趋势。

如图 6.1 - 103 为下游侧 JC6 剖面的两个多点位移监测点，可见最大位移量值均位于孔口，变形均呈缓慢增长趋势，最大位移不超过 3mm。

3）锚索测力计。选择变形较大且布置相对较早的高程 3298m、3267m 两位置的 8 个锚索测力计监测点，应力监测成果如图 6.1 - 104 所示。该开挖边坡锚索测力计受力均呈损失状态，当前最大损失率为 4.8%，应力损失过程较平稳，说明锚索加固措施运行良好，二次开挖后边坡暂趋稳定。

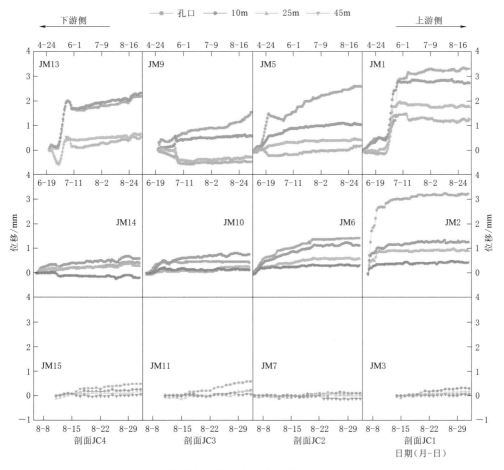

图 6.1 - 102　二次开挖后内观变形监测成果曲线（多点位移计，开挖边坡）

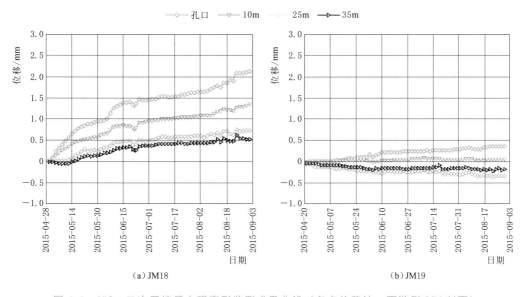

（a）JM18　　　　　　　　　　　　　（b）JM19

图 6.1 - 103　二次开挖后内观变形监测成果曲线（多点位移计，下游侧 JC6 剖面）

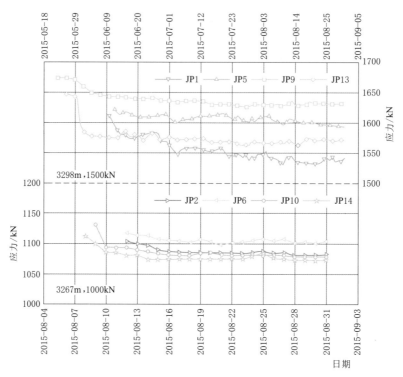

图 6.1-104　二次开挖后内部应力监测成果曲线（锚索测力计）

4）锚杆应力计。2 号公路下方 4 支锚杆应力计监测成果曲线如图 6.1-105 所示，锚杆受力最大为 15.98MPa（编号 JR1），远小于锚杆屈服强度，说明锚杆发挥作用且运行良好。其他锚杆应力计受力不明显。

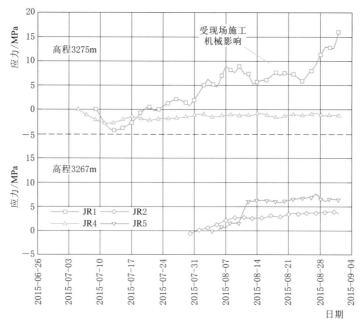

图 6.1-105　二次开挖后内部应力监测成果曲线（锚杆应力计）

综合以上变形监测成果，可以得出如下结论：

a. 二次开挖后，边坡变形监测时间曲线基本趋于稳定收敛，除受施工机械影响局部轻微起伏外，未出现不良变形趋势。

b. 边坡开挖范围内变形主要分布于高程 3255m 马道以上，且上游段（JC1、JC2 监测剖面）大于下游段（JC3、JC4 监测剖面）。

c. 开挖边坡下游侧及边界外的监测成果（JC5、JC6、JC7）显示，变形增长趋势不明显。

d. 变形监测成果与前节裂缝发育特征推测结果基本一致。

6.2　库水作用下倾倒变形体响应规律研究

从 20 世纪初开始，倾倒变形体的负面影响逐渐在水利工程建设中被发现。如雅砻江锦屏水电站普斯罗沟左岸边坡发育的倾倒变形体，左岸边坡的倾倒变形与松弛现象给水电工程的顺利开展带来了严重的问题；澜沧江黄登水电站，发育于坝址区右岸岸坡的陡倾薄层状倾倒岩体发生了强烈的倾倒变形，制约着水电工程的顺利开展；板裂化发育的花岗岩倾倒变形破坏在黄河拉西瓦水电站的库岸边坡被发现，这种地质破坏现象，严重危害大坝的运营安全。由此可见倾倒变形体的倾倒变形破坏对水电建设工程危害巨大，蓄水条件下倾倒岩体受饱水作用影响巨大，极有可能出现更多问题。但是，蓄水条件下倾倒岩体破坏变形研究实例较少，前人对这方面研究比较少。因此对于倾倒变形体而言，预测其蓄水条件下的变形破坏就十分重要。

6.2.1　库水作用下倾倒变形体变形演化规律

倾倒变形体在水库蓄水时，其变形特征受到了蓄水条件这一因素的极大影响。水位的改变影响主要包括两方面作用，即力学作用和物理作用。以下以狮子坪水电站水库为例，研究不同蓄水条件下对倾倒变形体变形特征及失稳模式的影响。

6.2.1.1　库水升降条件下倾倒变形体变形特征及失稳模式

1. 正常蓄水时边坡的变形特征及失稳模式

狮子坪水电站水库的设计正常蓄水位为 2520m，而处于水库尾端的二古溪倾倒变形体前缘水位高出自然河水面 5～10m。根据边坡前缘典型观测点变形过程曲线（见图 6.2 - 1）可知，库水位在上升到 2520m 过程中，前缘没有产生向任何方向的变形，变形速率几乎为 0。该阶段边坡主要变形将是来自自重所产生的固结位移变形与少量由于河谷缓慢下切向临空面所产生的卸荷回弹变形。

而前缘被水淹没的部分在风浪掏蚀坡脚的作用下，破坏失稳过程如图 6.2 - 2 所示，呈以下特点。

（1）蓄水以后，边坡前缘被库水淹没的堆积体部分，岩土体产生软化效应及悬浮减重效应，抗剪强度参数值大大下降，导致岩土体的稳定性降低，发生坡脚局部失稳，垮塌。

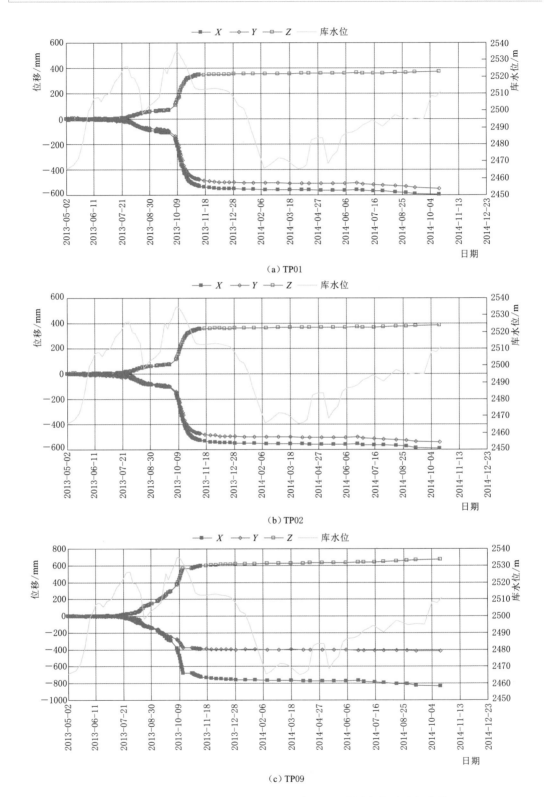

（a）TP01

（b）TP02

（c）TP09

图 6.2-1（一）　TP01、TP02、TP09 和 TP31 观测点变形过程曲线

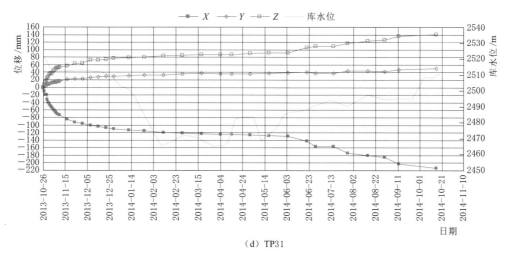

（d）TP31

图 6.2-1（二）　TP01、TP02、TP09 和 TP31 观测点变形过程曲线

（2）在水流及波浪的掏蚀作用下，图 6.2-2（a）中 A 部分岩土体被掏蚀带走，从而导致在重力作用下后缘产生陡倾张性破裂面（后缘裂缝），并逐渐扩展、拉开，同时地表水流的渗透和冲蚀作用下将促使其进一步张开扩大，并向深部发展，最后剪断结构面根部和掏蚀凹腔之间的岩土体，导致图 6.2-2（b）中部分岩土体失稳破坏。

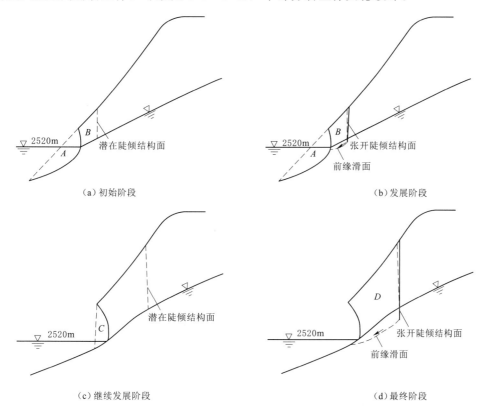

（a）初始阶段　　　　　　　　　　　　（b）发展阶段

（c）继续发展阶段　　　　　　　　　　（d）最终阶段

图 6.2-2　风浪掏蚀坡脚破坏失稳过程图

图 6.2 - 2（b）中 B 部分岩土体的失稳破坏将使得水流和波浪进一步侵蚀图 6.2 - 2（c）中 C 部分岩土体，重复图 6.2 - 2（a）中掏蚀的作用，C 部分岩土体被掏蚀带走后，导致原处于闭合状态的其他裂缝开始张开扩展，最后导致 D 部分岩土体也随之失稳破坏。

2. 最高蓄水位时边坡变形特征及失稳模式

狮子坪电站水库的设计最高蓄水位为 2540m，此时二古溪倾倒变形体前缘有 30m 左右会被库水淹没，在此阶段，将有一个水位不断抬升的过程，因此岸坡失稳破坏既包含有水位抬升引起的物理力学作用，也同时包含有风浪的掏蚀、磨蚀作用。

水位的抬升影响主要包括两方面作用，即物理作用和力学作用。物理作用主要是降低了岩土体的力学强度，这一点无论是蓄水过程还是水位降低过程，其影响程度和方式都较为相似，而电站蓄水过程与水位骤降过程岸坡地下水位的变化规律及其排泄和补给方式存在较大的差别，由此产生的对前缘堆积体的力学作用也存在一定差异，所引起的岸坡岩土体变形破坏特征也存在一定程度的差异。

根据边坡前缘典型监测点变形过程线（见图 6.2 - 1）可知，2013 年 9 月 22 日至 11 月 1 日的近一个半月时间，库水位从 2500m 开始上升达到 2525m 时，变形速率随之加大，边坡前缘产生向坡外（右岸）、向上下游的变形，而且还伴有下沉的迹象。此阶段也是二古溪大桥出现险情的时候，桥台产生往理县方向的变形，桥墩柱出现裂缝等，严重影响了二古溪大桥的运营安全。

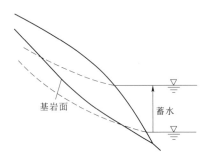

水位抬升过程中库水位快速上涨，而受岩土体渗透特性的影响，岸坡地下水位不可能保持与库水位同样的上涨速度，其上涨速度较库水要慢得多，这样就形成了图 6.2 - 3 所示的库水对岸坡地下水的补给关系。如此一来产生了水对岩土体稳定性的物理力学方面的影响。

图 6.2 - 3　蓄水过程库水对岸坡
地下水的补给关系

边坡的变形破坏特征和失稳模式呈以下特点：

（1）首先由于地下水位的抬升，使得原处于地下水位以上的前缘堆积体处于水位以下，从而导致其力学强度降低（水位抬升前其物理力学参数应为天然状态参数，水位抬升后应为饱水状态参数），具体表现为容重增大，而抗剪强度参数降低；堆积体前缘产生较大的浮托力，导致其有效应力降低，使得前缘岩土体阻滑能力降低。

（2）伴随库水位的不断上涨，处于水位以下的岩土体就会因为物理力学强度的降低和不断增大的浮托力的影响而出现以后缘切穿变形体、前缘沿基覆界限为滑面的失稳下滑方式。随着库水位的不断上涨，前缘阻滑能力的不断降低，就可能使得堆积体依次出现后退式失稳破坏，当然也有可能当库水位上升到某一高度时，由于堆积体前缘阻滑能力大幅度降低，从而出现沿基覆界限的整体式失稳破坏。

（3）除此之外，由于岸坡坡度较陡且边坡主要是由表层的第四系覆盖层或坠覆体区松散碎石土和中密碎石夹土组成，受库水冲刷掏蚀坡脚作用，有可能形成反坡或空穴，在自重的作用下，岩土块体发生崩落或坍塌，变形以竖向位移为主。这类破坏方式会降低岸坡整体稳定性。这是该倾倒边坡前缘岩土体库岸再造的主要形式。

　　库岸再造是水库蓄水后必然会产生的现象，只是由于库岸不同的岩土体性质和工程地质条件有所差别，库岸再造影响范围（见图 6.2-4）在库水位以上 30～50m，个别可以达 60～80m。如此大的范围内，由于边坡前缘的坍塌与库水的掏蚀作用，边坡的稳定性会受到强烈影响。

　　3. 水位骤降时边坡变形特征及失稳模式

　　在库水位骤降的过程中，由于受坡表覆盖层堆积物以及坠覆体区破碎岩体渗透特性的影响，其内部地下水位的下降速度要比库水位的下降速度慢得多，这样形成地下水对库水的补给方式与蓄水过程正好相反，就会在堆积体内产生特殊的水力学效应。在这一过程中，岸坡内部前后两次水位处会形成一定的水头差，使得岸坡内地下水位线变陡，水力坡度变大，这样一来就会导致前缘堆积体内部的孔隙水压力显著增大（见图 6.2-5）。

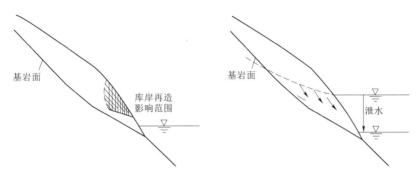

图 6.2-4　库岸再造影响范围　　图 6.2-5　水位骤降产生的动水压力

　　根据边坡前缘典型的变形观测点过程曲线（见图 6.2-1）可知：变形体在 2013 年 7 月 21 日至 8 月 20 日和 10 月 9 日至 11 月 1 日这两次库水位骤降期间经历了两次快速变形阶段。

　　可以看出，在水位降低期间，经历了两次快速变形阶段，边坡前缘在 X 方向主要产生向坡外（右岸）的变形，而在 Y 方向上既有向上游的变形，也有向下游的变形破坏，而且还伴有下沉的迹象。变形体以扩容解体变形为主。

　　水位骤降过程中当库水位从最高蓄水位降至正常水位某一中间水位时，边坡内地下水将产生如下变形破坏及失稳模式：

　　（1）在这一过程中由于岩土体渗透特性的影响，其内部地下水位的下降速度要比库水位的下降速度慢得多，这样形成地下水对库水的补给方式与蓄水过程正好相反，在地下水补给库水的过程中，随着地下水的不断向外流动不可避免地在变形体内产生一定的渗透压力。

　　（2）库水位骤降的过程中，由于两点之间堆积体内的地下水向外排泄而产生渗透压力，同时两点间孔隙水压力显著增大，从而导致库水位上部堆积体产生后缘沿基覆界限、前缘切穿覆盖层或坠覆堆积体的失稳下滑模式，如此随库水位的不断下降，则倾倒边坡会出现这种逐渐递进式下滑的失稳模式。

　　通过以上分析可知倾倒边坡在不同蓄水条件下的变形破坏特征与失稳模式如下：

　　（1）在水库正常蓄水位下（2520m），边坡前缘被库水淹没的堆积体部分，岩土体将产生软化效应及悬浮减重效应，抗剪强度参数值大大下降，导致岩土体的稳定性降低，发生坡脚局部失稳、垮塌。在水流及波浪的掏蚀作用下，形成反坡或空穴；在自重的作用下，岩土块体发生崩落或坍塌。

（2）在水位不断上涨到最高蓄水位2540m过程中，处于水位以下的岩土体就会因为物理力学强度的降低和不断增大的浮托力的影响而出现后缘切穿变形体、前缘沿基覆界限为滑面的失稳下滑方式。随着库水位的不断上涨，前缘阻滑能力的不断降低，就可能使得堆积体依次出现后退式失稳破坏，当然也有可能当库水位上升到某一高度时，由于堆积体前缘阻滑能力大幅度降低，出现沿基覆界限的整体式失稳破坏。

库水位骤降的过程中，堆积体内的地下水向外排泄而产生渗透压力，同时两点间孔隙水压力显著增大，从而导致库水位上部堆积体产生后缘沿基覆界限、前缘切穿覆盖层或坠覆堆积体的失稳下滑模式，如此随库水位的不断下降，倾倒边坡则会出现这种逐渐递进式下滑的失稳模式。

6.2.1.2 干湿循环作用对倾倒变形体的影响

1. 干湿循环作用下的倾倒变形体失稳破坏模式

水对边坡稳定的影响历来受到人们的重视。早在20世纪六七十年代，Terzaghi、Müller、Stimpson等认为边坡中的水能够通过以下几个途径来影响边坡的稳定性：①通过物理和化学作用影响节理充填物中的孔隙水及其压力，从而改变充填物质的强度指标；②节理面中作用的静水压力减少了作用在它上面的有效正应力，从而降低了沿潜在破坏面上的抗剪强度；③由于水对颗粒间的抗剪强度的影响，引起抗压强度降低。实际上，这三条途径中已经涉及水-岩相互作用的三大作用过程，即物理、化学和力学作用，这是水-岩相互作用对边坡工程影响的最初认识。对于库岸边坡，消落带中的干湿循环作用将更为强烈。在水库形成以后，沿岸地区自然条件将发生显著变化，水位的升高造成河流局部侵蚀基准面和地下水位的抬高，并引起水文动态变化，使库岸遭受强烈改造。而岩石学、地貌学和岩土工程对同一个研究对象——库区消落带赋予了不同的研究目的和内涵。地貌学、岩石学和岩土工程的研究范畴比较示意如图6.2-6所示。

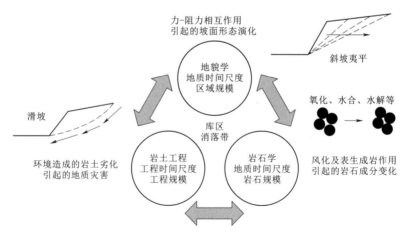

图6.2-6　地貌学、岩石学和岩土工程的研究范畴比较示意图

相对地貌学和岩石学，岩土工程研究的时间尺度小很多，而空间尺度介于两者之间。对于库岸边坡，室内模拟试验无论从时间上还是空间上均无法达到实际的尺度，在进行模拟的时候，尚需借助地貌学和岩石学的观点对室内试验结果进行外推和内延。

2. 库水反复涨落对倾倒变形体稳定性的影响

库水反复涨落对边坡稳定性的影响主要包括：①库水反复涨落将影响含有易溶解矿物的岩石，波动的水位对岩石力学性质的蚀变和周期性变化有着显著影响，进而影响边坡的稳定性。②库水反复涨落和降雨作用是库岸变形滑动的最重要因素。王志旺等（2003）对清江水库库岸台子上滑坡进行了敏感性分析，结果表明，滑带抗剪强度参数、地下水位对滑坡稳定安全系数的影响较为敏感。③库水位的剧烈变动，会产生极大的动水压力和孔隙水压力，对边坡稳定性造成影响。

3. 库水反复涨落对倾倒变形体破坏模式的影响

库水升降作用下岸坡变形破坏模式示意图如图 6.2-7 所示。

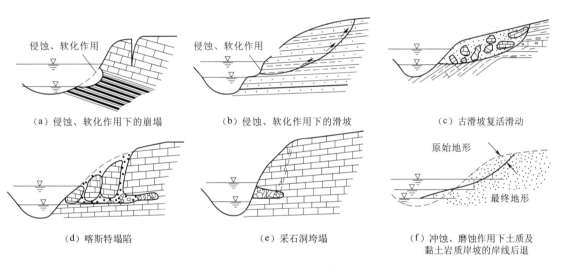

（a）侵蚀、软化作用下的崩塌　　（b）侵蚀、软化作用下的滑坡　　（c）古滑坡复活滑动

（d）喀斯特塌陷　　（e）采石洞垮塌　　（f）冲蚀、磨蚀作用下土质及黏土岩质岸坡的岸线后退

图 6.2-7　库水升降作用下岸坡变形破坏模式示意图

4. 库水反复涨落对库岸再造的影响

水库建成后，在水库的上游段，尤其是比较狭窄河谷的水库中，水流仍可具有一定流速，改造岸坡的地表水作用仍以流水作用为主；水库的下游段，尤其在水面比较开阔的水库中，波浪则可能成为地表水改造库岸的主要营力，库岸在波浪作用下将具有与海湖库岸类似的演变规律。库岸再造可以是导致岸坡崩滑破坏的一个主导因素，这也为新安江水库运行多年的经验所证实。

水库蓄排水对库岸再造的影响主要包括以下内容：

（1）渐进滩蚀作用引起的库岸再造。在水库消落带范围内，库岸边坡前缘受到库水冲刷、浪蚀的影响，特别陡的岸坡渐进滩蚀作用能引起很大的塌岸，从而对库岸进行再造。

（2）岸坡再造的形式可分为三种类型（以三峡库区奉节河段为例）——冲刷塌岸型、整体滑移型、岩坡崩塌型，且前两种是主要的再造形式。

（3）组成岸坡的岩体类型、性质是决定库岸再造的最主要因素，地形地貌因素次之。

6.2.2 库水作用下倾倒变形体流固耦合模型

本小节通过对二古溪倾倒变形体边坡工程地质条件、岩土体结构特征的分析,对边坡的岩体质量进行了评价并选取了参数,接着研究了边坡在蓄水条件下的变形破坏特征与失稳模式。

6.2.2.1 数值计算基本原理及技术方法

采用的计算软件 Flac3D 是大型国际通用的数值分析软件之一,渊源于流体动力学,用于研究每个流体质点随时间变化的情况,即着眼于某一个流体质点在不同时刻的运动轨迹、速度及压力等。快速拉格朗日差分分析将计算域划分为若干单元,单元网格可以随着材料的变形而变形,即所谓的拉格朗日算法。这种算法可以准确地模拟材料的屈服、塑性流动、软化直至有限大变形,尤其在材料的弹塑性分析、大变形分析以及模拟施工过程等领域有其独到的优点。

Flac3D 程序的基本原理和算法与离散元相似,但它却像有限元那样适用于多种材料模式与边界条件的非规则区域的连续问题求解。与现行的数值方法相比,其具有以下几方面的优点:

(1) 在求解过程中,采用迭代法求解,不需要存储较大的刚度矩阵,比有限元方法大大地节省了内存,这一优点在三维分析中显得特别重要。

(2) 在现行的程序中采用了"混合离散化"技术,可以比有限元的数值积分更为精确和有效地模拟计算材料的塑性破坏和塑性流动。

(3) 采用显式差分求解,几乎可以在与求解线性应力-应变本构方程相同的时间内,求解任意的非线性应力-应变本构方程。因此,与一般的差分分析方法相比大大地节约了时间,提高了解决问题的速度。

(4) 可以比较接近实际地模拟岩土工程施工过程。采用差分方法,每一步的计算结果与时间相对应,因此可以充分考虑施工过程中的时间效应。它采用人机交互式的批命令形式执行,在计算过程中可以根据施工过程对计算模型和参数取值等进行实时调整,达到对施工过程进行实时仿真的目的。

为尽可能准确、真实地分析变形体在蓄水前后的应力场、变形场的变化情况,从而准确地对边坡稳定性情况作出判断,构建的数值计算模型必须尽可能真实地反映岸坡实际情况,但是从数值计算的角度出发,构建的模型过于复杂,可能导致计算结果不收敛,因此,为方便数值计算,模型构建过程中必须对地质模型作出一定的简化。

强度折减法的基本原理是将材料的强度参数 c、φ 的值同时除以一个折减系数 RF,得到新的强度参数 c'、φ',然后作为新的材料参数进行试算,通过不断地增加折减系数 RF,反复分析研究对象,直到达到临界破坏,此时得到的折减系数即为稳定性系数 K。

6.2.2.2 三维力学模型的建立

根据已有的勘察资料及地质分析,考虑到计算范围的相对独立性,将倾倒变形体复杂的地质原型概化为三维地质模型(见图 6.2-8)。

（1）对建模范围内边坡岩土体介质概化为覆盖层＋坠覆体区、强倾倒体区、弱倾倒变形区、未倾倒区。其中坡脚部分的覆盖层＋坠覆体区还将其分为库水位以上与库水位以下两部分，并且库水位以下还分为正常蓄水与最高蓄水两种情况。

（2）模型中 Z 方向为竖直方向，X 方向为顺河方向，Y 方向为垂直于河流方向，共划分了 89683 个单元，20242 个节点（见图 6.2－9）。

（3）本构模型及屈服准则：本次模型计算采用较常用的弹塑性本构模型，屈服准则采用 Morh－Coulomb 准则。

（4）模型的计算中考虑：①蓄水前天然工况；②正常蓄水工况（蓄水位为 2520m）；③最高蓄水工况（蓄水位为 2540m）。

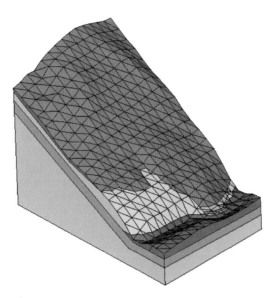

图 6.2－8 二古溪倾倒变形体边坡三维地质模型

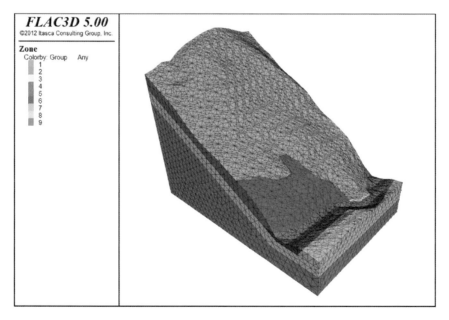

图 6.2－9 二古溪倾倒变形体三维模型网格剖分情况

（5）边界约束条件：边坡应力场按自重应力场计算，模型侧缘边界采用单向约束条件，底面边界采用固定端约束条件，边坡表面为自由边界条件。

6.2.2.3 岩体物理力学参数综合选取

现场勘察工作在平硐内进行了 RQD 测量、回弹测试，并取样进行了点荷载试验，最后根据岩体质量评价体系对边坡岩体质量进行了分区评价，并借助半理论、半经验的方法对岩体力学强度参数的取值范围进行估算。结合前期浅表部堆积层现场密度试验以及中国电建成都勘测设计研究院前期完成的研究区岩土物理力学参数试验成果、《水力发电工程地质勘察规范》（GB 50287—2016）的附录 D "岩土物理力学性质参数取值"的规定以及类似工程经验对比，对二古溪变形体的岩土体力学参数进行综合取值。

1. 岩体质量评价得到的参数

根据两种典型的岩体力学参数估算方法对研究区倾倒边坡岩体力学参数进行估算，结果见表 6.2－1。

表 6.2－1　　　　　　　　　　二古溪倾倒变形体岩体强度参数估算结果

方　法	指　标	坠覆体区	强倾倒区	弱倾倒区	原始地层区
RMR 法	黏聚力 c/MPa	0.4	1.5	2.5	3.5
	内摩擦角 φ/(°)	15	20	30	38
	变形模量 E_m/GPa	0.9	3.3	8.6	15.3
Hoek－Brown 准则	黏聚力 c/MPa	0.3	0.4	1.0	1.5
	内摩擦角 φ/(°)	28	33	40	45
	变形模量 E_m/GPa	1.1	2.5	5.2	11.2

2. 国标中岩体分类对应参数值

《水力发电工程地质勘察规范》（GB 50287—2016）中附录 D 对部分岩体的力学参数进行了小幅度的修改，对部分参数可参照国家标准进行选取，不同类别岩体强度和变形参数建议值见表 6.2－2。

表 6.2－2　　　　　　　　　　不同类别岩体强度和变形参数

岩体分类		I	II	III	IV	V
岩体	f'	$1.60 \geqslant f' > 1.40$	$1.40 \geqslant f' > 1.20$	$1.20 \geqslant f' > 0.80$	$0.80 \geqslant f' > 0.55$	$0.55 \geqslant f' > 0.40$
	c'/MPa	$2.50 \geqslant c' > 2.00$	$2.00 \geqslant c' > 1.50$	$1.50 \geqslant c' > 0.70$	$0.70 \geqslant c' > 0.30$	$0.30 \geqslant c' > 0.05$
	f	$0.95 \geqslant f > 0.80$	$0.80 \geqslant f > 0.70$	$0.70 \geqslant f > 0.60$	$0.60 \geqslant f > 0.45$	$0.45 \geqslant f > 0.35$
	c/MPa	0	0	0	0	0
变形模量 E_0/GPa		> 20.0	$20.0 \geqslant E_0 > 10.0$	$10.0 \geqslant E_0 > 5.0$	$5.0 \geqslant E_0 > 2.0$	$2.0 \geqslant E_0 > 0.2$

注　1　表中岩体即坝基基岩。

　　2　f'、c' 为抗剪断强度，f、c 为抗剪强度，均为饱和峰值强度。

　　3　表中参数限于硬质岩，软质岩应根据软化系数进行折减。

3. 物理力学试验成果

（1）浅表部土体物理力学性质。浅表部堆积层坑探工作主要集中在变形体前缘 G317 改线公路附近，现场试验、取样坑点选在二古溪 1 号隧道外侧的小路边。现场密度试验及含水率成果见表 6.2－3，主要针对的是表层土体（根植层）。

表 6.2 - 3　　　　　　　　　　　现场密度试验及含水率成果表

试坑编号	描　　述	质量 /kg		体积 /cm³	密度 /(g/cm³)	含水率 /%
1 - 1	灰色含根植碎石土	8.5	22.0	11600.0	1.897	7.38
1 - 2		13.5				—
2 - 1		12.5				
2 - 2	棕色含根植碎石土	9.0	32.1	18200.0	1.764	7.79
2 - 3		10.6				—
3	灰色含根植碎石土	12.6		6100.0	2.066	7.44
4	灰色含根植碎石土	11.5		6000.0	1.917	7.28
5	棕色腐殖土	11.6		7300.0	1.589	密度偏低未测
6	棕色腐殖土	8.2		6000.0	1.367	密度偏低未测

　　试验结果表明，表层崩坡积土天然密度为 1.764～2.066g/cm³，含水率较均一、在 7.50% 左右。根据其性状差异，大体分 1.85g/cm³、2.00g/cm³ 两级密度值，在重塑后进行中型直剪试验时，即以两种密度制样试验。对 1～3 号试坑中 3 组试样的颗分分析表明，其粒度组成基本一致，砾粒（60～2mm）主要为中细砾（20～2mm），含量为 46.0%～51.0%，2～0.075mm 的砂粒含量为 16.0%～20.0%，小于 0.075mm 的细粒组含量为 0.2%～0.4%。不均匀系数为 1.77～1.94，曲率系数为 1.22～1.31，分类定名为级配不良的砾石土。

　　1 号坑天然试样重塑中剪切试验成果如图 6.2 - 10 和图 6.2 - 11 所示。

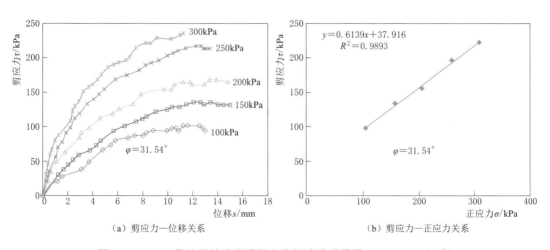

（a）剪应力—位移关系　　　　　　　　　　（b）剪应力—正应力关系

图 6.2 - 10　1 号坑天然试样重塑中剪切试验成果图 （$\rho = 1.85$g/cm³）

　　试验表明，从剪应力—位移曲线看，试样剪切时基本不存在应力降。表层砾石土的天然抗剪峰值强度指标内摩擦角 $\varphi = 31.54°～37.54°$、黏聚力 $c = 38～57$kPa；饱水峰值抗剪

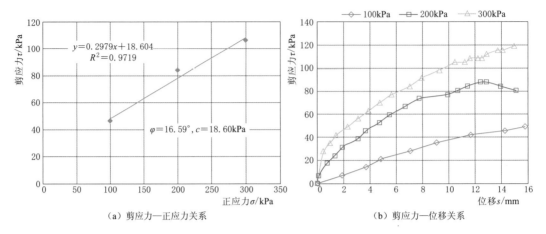

（a）剪应力—正应力关系　　　　　　　　（b）剪应力—位移关系

图 6.2-11　1 号坑饱水试样重塑中剪切试验成果图

指标 $\varphi = 16.59°$、$c = 18.60$kPa。

（2）基岩岩石物理力学性质。主要参考坝区附近同一地层的岩石试验成果，该次研究主要靠类比分析确定岩体参数取值。

砂岩平均干密度为 2.76g/cm³、饱和密度为 2.77g/cm³、孔隙率平均值为 0.93%、吸水率平均值为 0.22%、单轴干抗压强度平均值为 98MPa、饱和抗压强度平均值为 82MPa、软化系数平均值为 0.80，抗剪断强度平均值为 $c' = 2.9$MPa，$f' = 1.48$，变形模量平均值为 12.68GPa。

板岩平均干密度为 2.82g/cm³、饱和密度为 2.82g/cm³、孔隙率平均值为 0.66%、吸水率平均值为 0.12%、单轴干抗压强度平均值为 92MPa、饱和抗压强度平均值为 78.0MPa、软化系数平均值为 0.84，抗剪断强度平均值 $c' = 2.7$MPa，$f' = 1.48$，变形模量平均值为 13.71GPa。

4. 岩土体物理力学参数综合选取

根据前述分析，控制变形体稳定的边界当属其倾倒各区分界面（带）附近的破碎岩（土）体。组成物为变质砂岩、板岩变形后形成的块碎石，原岩结构已被破坏，局部架空，以碎裂结构为主的局部散体结构。根据规范岩体应为Ⅳ类、Ⅴ类岩体。其中，坠覆体的组成物质大多为呈散体结构的碎石、砾石夹细粒土，属Ⅴ类岩体，取值时基本上都按覆盖层土体来保守估计。

结合前期浅表部堆积层现场密度试验以及前期完成的研究区岩土物理力学参数试验成果等，用于评价所建立的地质模型稳定性的参数综合取值见表 6.2-4，其中饱和参数取值采用经验值，一般取天然参数的 85% 左右。

6.2.3　库水作用下倾倒变形体流固耦合分析

6.2.3.1　蓄水前变形分析

特别要说明的是，以下的所有计算结果中，压力矢量的表示方法与弹性力学中相同，即"＋"表示拉应力，"－"表示压应力；位移矢量的表示以坐标轴方向为准，即 X、Y、

Z 轴方向的正方向为正，负方向为负。

表 6.2 - 4　　　　　　　　　　　倾倒变形体物理力学参数取值

分区名称	泊松比	容重 /(kN/m³)	弹性模量 /MPa	内摩擦角 /(°)	黏聚力 /MPa	抗拉强度 /MPa
坠覆体＋覆盖层	0.32	20.0	800	30	0.4	0.2
覆盖层（饱水时）	0.35	21.5	680	28	0.2	0.1
强倾倒区	0.30	25.0	900	30	0.4	0.2
弱倾倒区	0.22	26.0	12000	40	1.0	0.5
原始地层区	0.20	27.0	15000	45	1.5	0.5

图 6.2 - 12 为天然状态系统不平衡力随迭代时步的演化过程曲线。系统不平衡力是指计算模型中所有节点的不平衡力的总和。对计算结果而言，如果一个系统的不平衡力随迭代时步的增加逐渐趋于一个常量甚至是趋于 0，则说明计算模型在外力作用下，经过一段时间的应力和变形调整，可以维持自身的平衡状态，系统是稳定的。从图 6.2 - 12 中可以看出，随着迭代时步的进行，系统不平衡力逐渐衰减，即边坡系统经过变形及应力的调整，能够达到自我稳定状态。

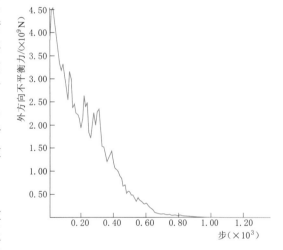

图 6.2 - 12　天然状态下不平衡力随迭代
时步的演化过程曲线

图 6.2 - 13 是蓄水前倾倒变形体边坡总体受力特征、体积应变增量特征以及 X、Y 方向位移场特征的计算结果。从图 6.2 - 13 中可以对变形体在天然状态下应力场的特征得出以下基本认识：

（1）总体而言，边坡应力场特征表现出明显受重力场控制的河谷应力场特征。由于边坡岩土体类型和结构特征的控制，边坡应力场在岩性相对坚硬、岩体结构相对完整的基岩和表层岩性软弱、松散破碎的第四纪堆积体之间出现应力值的变化带，而岩土体相对均匀的部位应力值变化较为均匀。

（2）从图 6.2 - 13（a）可以看出，边坡整体受压，坡体内部应力与重力方向近于一致，靠近边坡表层应力方向产生明显偏转，逐渐转至与坡面近于平行，应力量值也由内向外逐渐降低，近坡面位置逐渐趋于 0，并且在边坡顶部局部出现拉应力。最大压应力为 5MPa，最大拉应力为 0.03MPa。从图 6.2 - 13（b）可以看出倾倒变形体未出现较大的压缩变形，说明倾倒变形体整体稳定。

（3）从图 6.2 - 13（c）可以看出，变形体位移主要发生在 A1 区的覆盖层＋坠覆体层与强倾倒体内，Y 向最大位移值约为 6cm，方向朝向边坡临空面，其余部位位移值较小；从图 6.2 - 13（d）可以看出，边坡在重力方向上仍然表现为坡体顶部的位移量变化最大，

Z 向最大位移值为 6cm，方向与重力方向一致。从位移云图可以了解到，边坡的位移变形与现场调查监测结果相吻合，尤其是在 A1 区边坡前缘部分，变形体主要向临空方向与重力方向发生扩容变形。

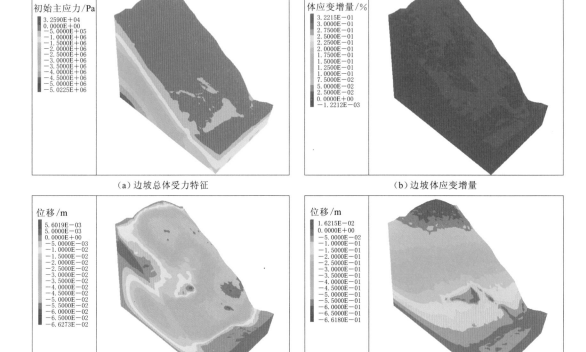

（a）边坡总体受力特征 　　　　　（b）边坡体应变增量

（c）边坡水平 Y 向位移云图 　　　　　（d）边坡垂直 Z 向位移云图

图 6.2－13　蓄水前倾倒变形体三维数值模拟结果图

图 6.2－14 为蓄水前倾倒变形体典型Ⅱ—Ⅱ剖面数值模拟结果图，由于平硐 PD1、PD3 分别分布于Ⅱ—Ⅱ实测剖面的中下部与中部，平硐很好地揭示了边坡的坡体结构特征，且剖面方向为变形体变形的主控方向，因此选取此剖面作来分析边坡的稳定性最具代表性的。

（1）图 6.2－14（a）和图 6.2－14（b）为倾倒变形体Ⅱ—Ⅱ剖面的 Z 向（重力方向）和 Y 向（剖面方向）的位移云图，可以看出，重力方向上仍然表现为坡体顶部的位移量变化最大，边坡整体受压，并且强倾倒区浅表层变形均大于弱倾倒区，但位移量较小。Y 向上的位移变化量最大为 5cm 左右，主要集中在坡体中前缘覆盖层＋坠覆体部分，变形向临空方向发展。

（2）从图 6.2－14（c）剖面最大主应力分布特征可以看出，边坡整个范围都表现为压应力，暂时没有出现拉应力特征，靠近边坡表层应力方向产生明显偏转，逐渐转至与坡面近于平行，应力量值也由内向外逐渐降低。在天然状态下，边坡处于稳定的状态。从图 6.2－14（d）可以看出，坡体浅表层以及强倾倒区应变均大于弱倾倒区，但是应变量都非常小，

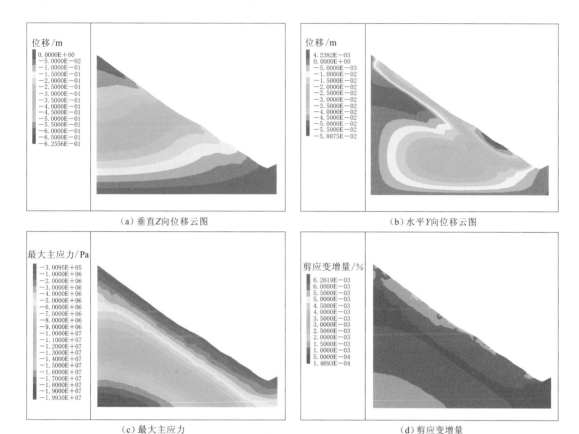

（a）垂直 Z 向位移云图　　　　　　　　（b）水平 Y 向位移云图

（c）最大主应力　　　　　　　　（d）剪应变增量

图 6.2 - 14　蓄水前倾倒变形体典型 Ⅱ—Ⅱ 剖面数值模拟结果图

并且经过强度折减法计算，得到 Ⅱ—Ⅱ 剖面在蓄水前天然工况下稳定性系数为 1.10。

综合上述对边坡天然应力、应变增量以及位移特征的分析，得出的结论是蓄水前天然状态下岸坡能够保持整体稳定，只有坡顶局部范围出现拉应力特征；浅表层以及强倾倒区的位移以及应变都大于弱倾倒区，虽然量值都非常小，但是可以预见蓄水后，在库水对岸坡前缘坡脚岩土体的软化、剥蚀作用及地下水位抬升引起的孔隙水压力的作用下，将可能导致库岸边坡岩土体失稳破坏。

经过强度折减法计算，得到 Ⅱ—Ⅱ 剖面在天然工况下稳定性系数 K 为 1.10，1.05≤K<1.15，满足库区 B 类 2 级边坡的最小安全系数要求，在天然工况下，边坡处于基本稳定状态。

6.2.3.2　正常蓄水时变形分析

图 6.2 - 15 是倾倒变形体在正常蓄水（2520m）时总体受力特征、体应变增量特征以及水平 X 向、Y 向位移场特征的计算结果，从中可以得出以下基本认识：

（1）从图 6.2 - 15（a）可以看出，边坡整体仍然受压，内部应力与重力方向近于一致，靠近边坡表层应力方向产生明显偏转，逐渐转至与坡面近于平行，应力量值也由内向外逐渐降低，近坡面位置逐渐趋于 0，而由于蓄水的影响，边坡 A1 区坡脚局部明显出现了拉应力，但值不算大，约为 0.05MPa，A2 区和 A3 区相对于蓄水前基本没有太大变化。从图 6.2-15（b）可以看出 A1 区坡脚的覆盖层堆积体＋坠覆体在蓄水后变形有所增加，并且范围有所扩大（浅蓝色范围），但是边坡整体未出现较大的压缩变形，说明倾倒变形体开始由基本稳定向欠稳定状态发展。

（2）从图 6.2-15（c）可以看出，相比蓄水前，变形体整体向河谷方向的位移有所增加，特别是 A1 区坡脚部分位移量比蓄水前增加了约 10cm，方向朝向边坡临空面。从图 6.2-15（d）可以看出，边坡在重力方向上仍然表现为坡体顶部的位移量变化最大，Z 向最大位移值约为 6cm，方向与重力方向一致，但是坡脚部分的位移明显增加，尤其是 A1 区坡脚浅表层出现向重力方向沉降的趋势，A2、A3 区靠近坡脚部分的位移也相比蓄水前有所增加。

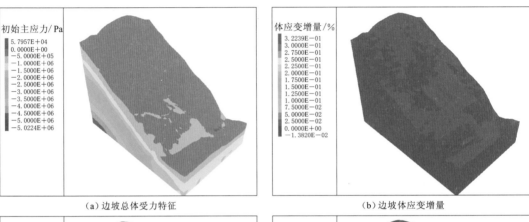

（a）边坡总体受力特征　　　　　　　　　　　　（b）边坡体应变增量

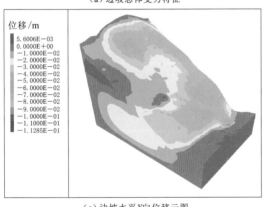

（c）边坡水平 Y 向位移云图　　　　　　　　　　（d）边坡垂直 Z 向位移云图

图 6.2-15　正常蓄水时倾倒变形体三维数值模拟结果图

图 6.2-16 为正常蓄水时倾倒变形体 Ⅱ—Ⅱ剖面数值模拟结果图。

（1）图 6.2-16（a）和图 6.2-16（b）为倾倒变形体 Ⅱ—Ⅱ剖面的重力方向和剖面方向的位移云图，可以看出，蓄水后重力方向上仍然表现为坡体顶部的位移量变化最大，边坡整体受压，但是变形趋势开始向坡体前缘发展，尤其是坡脚部位，Z 向与 Y 向变形都有所增加。Y 向上的位移变化量达到 10cm，变形向临空方向与重力方向发展。

（2）从图 6.2-16（c）剖面剪应变增量特征可以看出，坡体中上部应变主要出现在边坡的浅表层以及强倾倒区内，表明这些部位会出现小变形。坡脚部分由于蓄水影响应变增大，并且有沿着强倾倒区底界向坡体上部发展的趋势，并且经过强度折减法计算，得到 Ⅱ—Ⅱ剖面在正常蓄水工况下稳定性系数为 1.03。从图 6.2-16（d）可以看出，边坡中部与前缘坡脚浅表层和强倾倒区出现拉张屈服和剪切屈服。

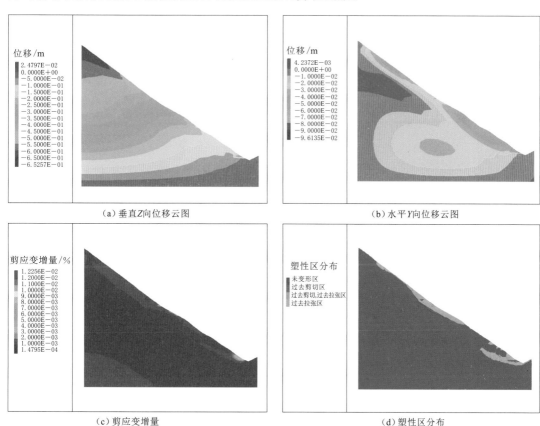

（a）垂直 Z 向位移云图　　　　　　　　（b）水平 Y 向位移云图

（c）剪应变增量　　　　　　　　　　（d）塑性区分布

图 6.2-16　正常蓄水时倾倒变形体 Ⅱ—Ⅱ剖面数值模拟结果图

综合分析，边坡在正常蓄水时，边坡整体虽然能够保持稳定，但坡体前缘到坡脚堆积体部分位移以及应变都有所增加，并且塑性区也有沿着强倾倒区底界向坡体上部扩展的趋势，浅表层以及强倾倒区的位移以及应变都大于弱倾倒区，说明蓄水后，受水对坡脚岩土体的软化作用及地下水升降引起的孔隙水压力的影响，前缘堆积体产生显著的变形，并且将会向下产生剪切失稳破坏。

经过强度折减法计算，得到 Ⅱ—Ⅱ剖面在正常蓄水工况下稳定性系数 K 为 1.03，$K < 1.05$，不满足库区 B 类 2 级边坡的最小安全系数要求，边坡处于欠稳定状态。

6.2.3.3　最高蓄水时变形分析

图 6.2-17 是倾倒变形体在最高蓄水（2540m）时总体受力特征、体应变增量特征以及 X、Y 向位移场特征的计算结果，可以得出以下基本认识：

（1）从图 6.2-17（a）可以看出，边坡整体仍然受压，但边坡 A1 区坡脚拉应力范围扩大，并且在边坡中部、局部也出现拉应力。拉应力值最大值为 0.14MPa。从图 6.2-17（b）可以看出倾倒变形体在蓄水位进一步抬升后，边坡浅表层压缩变形相比正常蓄水有很大的增加，尤其是边坡前缘（浅蓝色范围进一步扩大），A1 区坡脚处还进一步增大。

（2）从图 6.2-17（c）可以看出，整个边坡的变形集中在边坡中前缘部分，并且在变形体 A1 区坡脚堆积体部位向河谷方向的最大位移量达到了 91cm，这相比正常蓄水时是一个很大的改变。从图 6.2-17（d）Z 向位移云图可以看出，边坡前缘部位在重力方向上的变形明显增大，尤其在 A1 区坡脚堆积体部位位移量陡增，相比正常蓄水增加了 50～60cm。

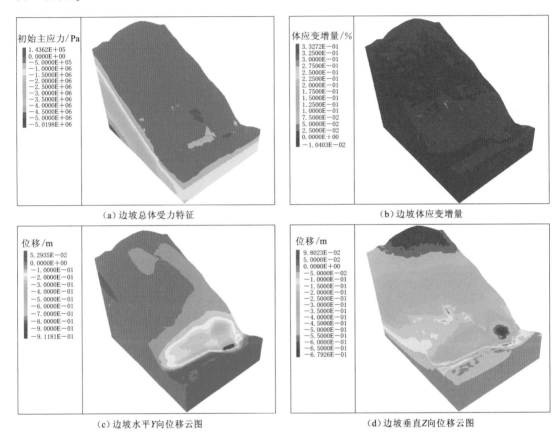

（a）边坡总体受力特征　　　　　　　　　（b）边坡体应变增量

（c）边坡水平 Y 向位移云图　　　　　　　（d）边坡垂直 Z 向位移云图

图 6.2-17　最高蓄水时倾倒变形体三维数值模拟结果图

图 6.2-18 为最高蓄水时倾倒变形体 II—II 剖面数值模拟结果图。

（1）图 6.2-18（a）和图 6.2-18（b）为倾倒变形体 II—II 剖面的重力方向和剖面方向的位移云图，可以看出，水位抬升到最高后，重力方向上变形趋势进一步向坡体前缘发展，并且在坡脚部位变形量陡增，最大达到了 66cm。Y 向上的位移基本上集中在了边坡前缘，向河谷方向产生变形。

（2）从图 6.2-18（c）可以看出，水位抬升到最高后，剪应变增量进一步沿着强倾倒区底界向坡体后缘扩展，并且经过强度折减法计算，得到 II—II 剖面在最高蓄水工况下稳定性系数为 0.99。从图 6.2-18（d）可以看出，边坡整体的塑性区也集中于剪应变增量所分布的区域，但是其分布范围较剪应变增量区要长大一些，达到了后缘拉裂缝的位置。

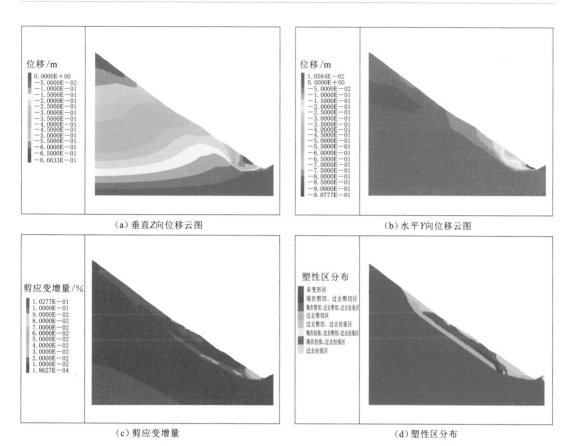

（a）垂直 Z 向位移云图　　　　　　　　　　　（b）水平 Y 向位移云图

（c）剪应变增量　　　　　　　　　　　　　　（d）塑性区分布

图 6.2 - 18　最高蓄水时倾倒变形体 Ⅱ—Ⅱ 剖面数值模拟结果图

综合分析，在进一步抬升到最高水位时，坡体前缘以及坡脚堆积体部分位移量以及应变量相比正常蓄水时都发生了陡增，并且塑性区有沿着强倾倒区底界贯通至坡体后缘裂缝部位，浅表层以及强倾倒区的位移以及应变都明显大于弱倾倒区，说明蓄水抬升到最高后，边坡不仅表现为坡脚岩土体被软化而变形，产生向河谷方向的剪切失稳破坏，还表现在坡体内部由于塑性区的贯通边坡还将沿着强倾倒区底界形成滑面，产生牵引式的滑移失稳破坏。

经过强度折减法计算，得到 Ⅱ—Ⅱ 剖面在最高蓄水工况下稳定性系数 K 为 0.99，$K <$ 1.0，边坡处于临界稳定～欠稳定状态。

6.3　地震作用下倾倒变形体响应规律研究

本节开展地震条件下倾倒变形体的破坏机理研究工作，遵循的路径为：基于正交试验采用数值模拟手段开展影响因素敏感性研究；基于天然危岩体的宏观结构特征，从岩石断裂力学的角度入手，在对比分析不同模式地震波作用下裂缝失稳扩展条件的基础上，确立拉剪破坏的倾倒变形体危岩失稳机制；进一步设计振动台试验，开展地震作用下倾倒变形体的破坏机理响应研究。

6.3.1　地震作用下倾倒变形体变形的影响因素

6.3.1.1　影响因素分类

1. 非动力类要素

（1）坡角。坡角大小决定了坡体临空面条件的有利与否。一般而言，在一定范围内，坡角越大的边坡在动力作用下越易被诱发坡体的变形和失稳。此外，坡角和倾角的相对构造交角也决定了边坡本身的自稳能力。

姜彤（2014）在总结前人针对四川炉霍、云南昭通、四川松潘、四川平武等地的大量研究案例的基础上，并通过统计和归纳，总结出边坡坡角和变形失稳具有如下规律：边坡失稳的坡角在30°～70°均有分布，而30°以下和80°以上发生滑塌失稳的天然边坡情况较少。其中，30°～50°的坡角常见破坏形式为滑动，而50°～70°的破坏形式以崩塌为主。此外，祁生文等（2007）指出，坡度的变化对边坡动力响应存在着水平放大的作用。

（2）坡高。坡高是边坡动力响应中的一个重要影响要素，主要体现在频谱和幅值会随着坡高的增加而呈现放大的趋势。祁生文等（2007）对边坡动力响应进行深入研究的结果表明，坡高对边坡动力反应三量（加速度幅值、持时和频率）有着明显的垂直放大以及水平放大现象。此外，祁生文等（2007）还指出，坡高将明显地影响到边坡的动力响应的分布规律，通过理论推导得到了动力高边坡效应的临界高度表达式，该临界高度约为0.2倍动力波波长。

（3）坡面形状。一般地，可根据坡面形状将坡形分为三种：直线坡、凹坡和凸坡。不同的坡面形状其未来的发展演化模式通常是不同的。一般而言，直线坡由于在纵剖面的走向上由于没有几何突变点，因此在外力的作用下发生应力重新分布后，坡体内部应力的传递和扩散相对均匀，应力集中的情况一般不存在。因此较另外两种坡形而言相对稳定。

（4）倾向和倾角。倾向决定了岩层的主要变形方式。根据岩质边坡的倾向可以将边坡分为顺向坡、反倾坡和水平坡。在各学者的大量案例统计当中，可进行如下归纳：边坡失稳通常发生在顺向坡中，而反倾坡及水平坡相对较少，而该规律对于地震失稳的边坡同样适用。

一般而言，不同于顺向坡即时、征兆明显的失稳破坏特点，反倾坡是在重力作用下孕育长期而持续的变形边坡。此类坡体在前期的变形累积下往往表现为长期的变形而不失稳，且其失稳前期的征兆不明显，但是一旦失稳通常伴随着历时短、剧烈的深层破坏和垮塌规模庞大等特点。因此针对其前期变形的规律研究、前期分类识别、后期预判以及变形到加速失稳阶段的阈值确定等进行深入研究是非常有必要的。

对坡体变形的影响通常是岩层倾角、倾向和坡角三者相互伴生。即三者通过呈现差异性的组合结构从而对坡体变形破坏方式产生直接影响，平面破坏、楔形破坏、崩塌破坏和倾倒破坏等为较常见的变形破坏方式。

（5）结构面。结构面的存在与否是岩质和土质边坡的力学分析存在差异的根本原因。由于岩质边坡的结构面存在，岩体被立体切割，内部纵横交错展布的界面致使坡体具有明显的不连续性和各向异性。同时这些结构面也制约着坡体的协调变形和应力的连续传递。因此不能将岩质边坡视为简单的均质体。而如前所述，不同于类均质土坡失稳时的圆弧滑动或基覆界面滑动，岩质边坡的原始坡形和岩体结构之间的组合千变万化，其组合也导致了展布各异的岩性薄弱带（折断带），从而导致了各个岩质边坡都有其独特的变形破坏方式。仅仅就反倾坡的变形破坏的特点而言，反倾坡由于其独特的结构组合，较顺向坡而言，从发生大变形开始（拉裂缝）较不容易在短时间内发生即时的滑坡。反倾坡的主要变形破坏模式也由其内部结构面主导：当次级结构面（节理或裂隙）较发育时其失稳模式常表现为崩塌，而当一级结构面（层面）主控切割岩体时，其最主要的破坏模式为倾倒变形破坏。然而，除非有非常准确的勘察手段，如钻探或平硐，否则从坡体表面的表征现象是非常难确定或预测其折断带的，这也是导致岩质边坡较土质边坡研究难度大的主要原因。

（6）层厚。层厚可以决定坡体动力作用下边坡变形的主要方式，薄层一般变形较为剧烈和明显。对倾倒变形而言，根据其形成的过程，可将倾倒破坏分为三种破坏模式——弯曲式倾倒（薄层、软岩）、块状倾倒（厚层、硬岩）和复合式（薄～中厚层、软硬互层）倾倒，而这三种破坏模式的划分标准之一则是岩层的层厚。

（7）岩性。岩体可根据其强度划分为软岩和硬岩。而岩性对于动力变形响应的影响主要在于变形程度的不同。常见软岩有板岩、千枚岩、片岩、泥岩、泥灰岩等。

软岩强度低、岩性弱、抗风化能力差。在外力作用下，软岩力学性质偏塑性，可蓄积的应变能较高，可产生较大的变形。软岩常伴有亲水性和崩解性，在水的作用下其岩土性质往往会有明显的变化。硬岩强度高，但在外力作用下偏脆性，一般不会产生较大的变形。因此，不同的岩性其动力变形响应的节律性分布规律是不一样的，此外不同岩性的岩土体对震动作用的敏感程度也不同。软岩和软硬互层的坡体更容易变形和失稳，前者是岩石本身特性的有利条件，后者则是软硬岩非协调变形导致力的不均匀传递所致。

（8）地下水位。地下水的留存将导致水位上下的岩土体性质发生变化。不同的岩性，其水敏感性有差异，且地震作用下岩块之间不但会发生即时的摩擦、咬合和冲撞，同时也会导致岩土体的超孔隙水压力的即时变化和持续累积，而超孔隙水压力的变化也是地震边坡失稳破坏的主要原因之一。

2. 动力类因素

（1）动力三量（频率、幅值、持时）。坡体原始的空间结构展布特征对边坡稳定状态的影响是长期、稳定而持续的。而在构造活跃区域，边坡遭遇地震动力作用则是频发而随机的。坡体原始的空间结构展布特征决定了坡体变形失稳的基本走向，而地震动力作用则可在短期内加剧或激发坡体的变化，两者的综合作用协同地控制和影响着坡体状态及长期演化的进程。

当边坡的外营力是以地震作为主要动力荷载输入时，地震波其本身的特质（地震波的频谱特性）直接决定了边坡动力响应特征。普遍地，用频率、幅值和持时来表征地震波的动力特性。强烈地震的振幅、频谱和持时对震害都有强烈影响（张倬元等，1988）。

各种资料显示，振幅越大，坡体内岩块之间瞬间推挤产生的位移越大，坡体的累积变形也会随之增大。同时，在瞬时冲击力作用下，岩块间咬合所需的内力就越大，对内岩土体的损伤也越大；而随着频率的递增，单次振动位移的时间间隔越短，累积变形量越大，此外频率在一定范围内变化时，若和边坡自身的震动频率吻合，共振效应会使坡体的变形和失稳概率大幅提升；随着持时的递增，岩体的变形会逐步累积，但是对于尺寸较大的坡体，若持时尚未延续到地震波遍布整个坡体达到动态平衡，此时的现象就不能真正反映坡体的响应规律。

不同的地震由震源所激发的地震波是不同的。地震波动力特征的宏观主控表征要素可以由振幅、频率和持时共同决定，也就是说，地震波是由此三者排列组合而出的。相应地，动力响应规律也是由三者共同决定的，而非单一地由某一种要素主控。

（2）地震波方向。地震波的方向是随机的，其力的矢量方向可以和坡体结构的展布以及坡面构成空间立体的三维交角，而在一定范围内，对于同一坡体结构，地震波入射方向的不同，对坡体动力响应的效果也是截然不同的。

进一步对地震作用下岩质边坡的变形影响因素进行细分，结果见表6.3-1。

表6.3-1 地震作用下岩质边坡的变形影响因素分类表

一级分类	二级分类	三级分类	影 响 机 制
非动力类因素	坡体空间结构展布	坡角	在一定范围内，坡角越大，在动力作用下则越易诱发坡体的变形和失稳。此外，坡角和倾角的相对构造交角在很大程度上也决定了坡体自稳的能力
		坡高	坡高处于0.2倍动力波波长为边坡高度的一个临界值。该临界值即动力边坡的高边坡效应和低边坡效应的分界点
		坡面形状	凹坡和凸坡相比直线型坡体而言，更容易有滑坡和崩塌的边坡失稳情况发生
		倾向倾角	反倾坡体在前期长期的变形累积下其失稳征兆不明显，但是一旦失稳通常伴随着历时短、破坏程度大和垮塌规模庞大的特点
		结构面和层厚	结构面的存在是岩质边坡和土质边坡存在差异的根本原因，薄层一般变形较为剧烈和明显
	岩性	硬岩	软岩常伴有亲水性和崩解性，在水的作用下其岩土性质往往会有明显的变化，水敏性较高。硬岩强度高，但在外力作用下偏脆性，一般不能允许较大的变形。因此，不同岩性的岩土体对震动作用的敏感程度也不同。经统计，软岩和软硬互层更容易发生变形和失稳，前者是因为岩性有利，后者是由于岩性间的变形不协调和应力不均匀传递导致的
		软岩	
		软硬互层	
	地下水位	—	地下水的存在将导致在水位上下的岩土体性质发生变化
动力类因素	地震波动力特征	幅值	通常情况下，幅值越大，坡体内岩块之间推挤产生的位移越大，坡体的变形也会随之增大。同时，咬合所需的内力就越大，对内岩土体的损伤也越大
		持时	随着持时的递增，岩体的变形会逐步累积，但是对于尺寸较大的坡体，若持时尚未延续到震动波遍布整个坡体达到动态平衡，此时的动力响应规律就不能真正反映坡体的响应规律
		频率	随着频率的递增，短历时的震动位移越大，变形越大；频率在一定范围内变化时，频率越高，坡体发生高频振动也越严重，若和边坡自身的震动频率吻合，共振效应会使坡体的变形和失稳概率大幅提升
	地震波方向	—	同一边坡，其地震波的入射方向和原始坡形构成的矢量夹角会导致边坡的动力响应差异

6.3.1.2 主控因素的最佳取值范围

对于现阶段大部分研究成果而言，大多数的结论无论是物理模型的还是数值模拟的，各个因子的取值都是作者根据研究周期或仪器阈值设定，并没有参考足够的案例或者前人研究成果作为支撑，因此地震波的输入在不少情况下都是和实际地震波特性不相符合的，即脱离了实际。而为了得到和天然地震波动力作用一致的结果，一方面需要将边坡的空间展布的结构要素（岩体结构和原始坡体展布）和动力要素综合考虑；另一方面则需要尽可能地将已有研究成果和实际案例的统计成果作为研究因子的确定依据。此外，对于拟研究的各个变量因子的变化值，也需要依托已有大量案例的因子分布范围取定其对应的最佳取值区间，尽可能在各自的常规取值范围内、在阶梯变化的基础上进行研究。

1. 动力主控因素的最佳取值范围

地震作用影响边坡变形的外部因素，主要有地震波的动力特征值（幅值、频谱和持时）、地震波入射方向和地震效应，其中地震波的动力特征值更能体现地震波本身的特性。

（1）幅值（峰值强度）。常用的幅值指标有以下几种：加速度最大值（峰值加速度）、速度最大值、持续加速度、持续速度、均方加速度、有效峰值加速度和有效反应谱加速度。

胡文源等（2003）指出，时程分析时需根据烈度区对地震波的加速度峰值（见表 6.3-2）进行相应调整，从而使最大加速度与地震动参数区划图中统计的地震烈度加速度相对应，即根据带分析工况具体选择对应的峰值加速度，其中 $1g \approx 980$gal。

表 6.3-2　　　　　　　　　　时程分析所用地震加速度最大值　　　　　　　　　　单位：gal

地震影响	6 度	7 度	8 度	9 度
多遇地震	18	35（55）	70（110）	140
设防地震	50	100（150）	200（300）	400
罕遇地震	120	220（310）	400（510）	620

注　括号内数值分别用于设计基本地震加速度为 $0.15g$ 和 $0.30g$ 的地区。

可以《中国地震动峰值加速度区划图》（GB 18306—2015）、《水电工程防震抗震设计规范》（NB 35057—2015）和《水电工程水工建筑物抗震设计规范》（NB 35047—2015）作为加速度水平值的选取依据。

（2）频谱。频率和幅值构成的曲线就是地震波的频谱。在强震作用下，频谱特性在很大程度上决定了边坡的动力响应特征和变形程度。而天然地震波的频率和幅值类同，即并不会从震动开始到结束其值都保持均一不变。当地震波的频率集中在高频段，短持时内便会发生破坏。然而，震级越大、震中距越远，地震动的低频分量越显著（胡文源等，2003）。

从美国加利福尼亚大学伯克利分校地震数据库中，提取 1935—2011 年垂直地面运动的 5% 阻尼谱共计 21529 例地震基础情况，按照如下要求筛除不合要求的地震：①震级不大于 5 级；②数据不完备组。从留下最终的 8032 组数据中可知，近 10 年来地震运动非常频繁，低波滤波（LP）值范围低于 $1 \sim 100$Hz 通过，高波滤波（HP）范围高于 $0.099 \sim 4$Hz 通过。震级不小于 5 级的地震最低可用频率范围在 $0.01 \sim 5$Hz。

（3）持时。持时的增加相当于动力作用在时间上的累积效应，一般情况下受震区域会随着持时的递增而受到更大的震动破坏，但变形未必和持时呈正比例关系。

赵艳等（2007）在王国兴研究成果的基础上按照《建筑抗震设计规范》（GB 50011—2001）的类别划分标准进一步进行归纳和筛选，对强震持时进行归纳，结果见表6.3-3。

表6.3-3　　　　　　　　　　　　　70%持时总列表　　　　　　　　　　单位：s

震级	场地类别	震中距/km											
		0≤R<30			30≤R<50			50≤R<80			80≤R<150		
		水平		竖向	水平		竖向	水平		竖向	水平		竖向
		东西	南北		东西	南北		东西	南北		东西	南北	
5	I	2.92(5)	1.96(5)	3.24(5)	—	—	—	—	—	—	—	—	—
	II	2.43(6)	1.97(6)	3.13(6)	9.31(4)	11.82(4)	9.11(4)	10.18(3)	8.9(3)	7.89(3)	—	—	—
	III	3.09(15)	3.97(15)	5.18(15)	—	—	—	—	—	—	—	—	—
6	I	4.71(8)	4.16(8)	5.34(8)	4.65(4)	4.54(4)	4.14(4)	2.46(1)	2.14(1)		—	—	—
	II	4.56(10)	4.18(10)	5.42(10)	5.58(9)	4.35(9)	5.64(9)	9.04(8)	7.34(8)	9.26(8)	—	—	—
	III	5.51(5)	4.14(5)	4.5(5)	—	—	—	9.64(5)	9.98(4)	14.27(5)	25.30(4)	31.3(4)	54.2(4)
7	I	5.22(14)	5.6(14)	6.04(14)	8.04(15)	8.46(13)	10.02(14)	13.87(7)	13.20(7)	16.07(7)	—	—	—
	II	13.35(18)	11.44(18)	11.88(18)	10.79(80)	9.73(83)	10.40(81)	8.49(9)	8.07(9)	12.13(9)	12.23(3)	12.97(3)	15.18(3)
	III	7.45(13)	6.57(13)	6.41(13)	—	—	—	13.60(6)	13.21(6)	9.77(6)	—	—	—
记录条数		94	94	94	112	113	112	39	38	38	7	7	7
总条数		755											

注　表中括号里的数字表示记录条数。

从表6.3-3可知，地震的持时一般较短，最大为54.2s，大多集中在2～10s的范围。东西向和南北向无明显差异，且不同的场地类型对持时的范围区间影响明显。

2. 结构主控因素的最佳取值范围

根据42个反倾层状边坡变形的案例，对边坡空间展布要素各自的分布区间进行进一步的统计和归纳，成果如图6.3-1所示。

通过以上图表统计，针对易于发生变形的反倾坡体的空间展布要素优势分布区间，可得如下结论：

对于反倾坡体而言，其易于变形的边坡高度以大于800m的较为少见，主要分布于800m以下，其中更是以400m以下的中低边坡稍占多数〔见图6.3-1（a）〕；平均坡角主要分布于25°～75°，其中以25°～50°占大多数，本次案例的统计没有出现大于75°的边坡〔见图6.3-1（b）〕；层厚在厚层（100～50cm）～中厚层（50～10cm）～薄层（10～

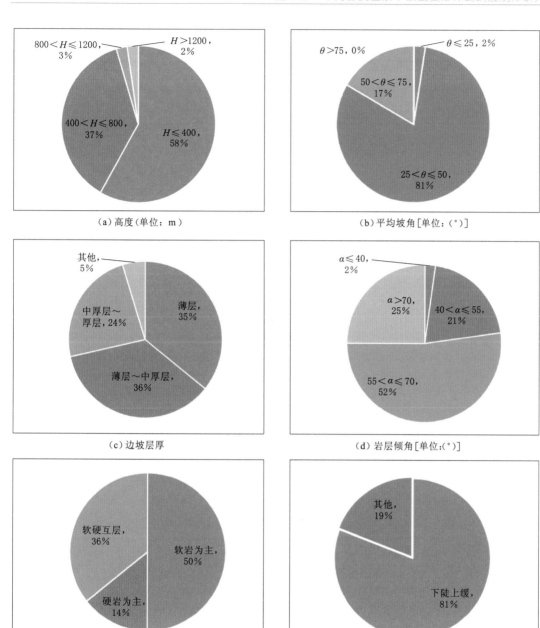

图 6.3 - 1 反倾坡变形案例的边坡空间展布要素分布区间统计图

1cm）三者区间均有分布且分布相对均匀［见图 6.3 - 1 (c)］；约 98% 的平均倾角在 40°
以上，其中以 55°～70°较为集中［见图 6.3 - 1 (d)］；岩性以软岩更具有优势［见图 6.3 -
1 (e)］；坡形以下陡上缓的凸形坡为主导坡形［见图 6.3 - 1 (f)］。

3. 主控影响因素的研究水平确定

（1）待研究的影响因素确定。将边坡空间展布要素（原始坡体的展布要素和岩体结构要素）和地震波动力特征指标同时作为强震作用下边坡动力变形响应影响因子的研究对象。

边坡岩体的赋存条件复杂，影响因子多样，但并非所有因子都起到主控作用，根据前述分析和成果，拟定研究对象为倾向反倾坡内（层面为主控结构面），坡形为凸形坡的软岩层状边坡。

边坡空间展布要素指标拟定为：①倾角（°）；②坡角（°）；③反映坡面起伏程度的坡形系数（CSF）。其中，CSF 定义（陈鑫，2016）为：坡体中部最高凸起高度 $h_{\circ}$ 与坡面斜长 L 之比（见图 6.3 - 2），即

$$CSF = \frac{h_{\circ}}{L} \tag{6.3 - 1}$$

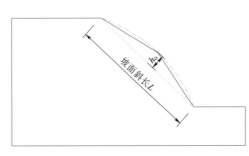

图 6.3 - 2　坡形系数参数示意图

此外，地震波动力特征指标拟定为：①振幅［峰值加速度，（g）］；②频率（Hz）；③持时（s）。

（2）影响因子的水平确定。该次研究共计 6 个主控因子项，设置 3 个水平增值幅度。根据前述成果，一方面以各拟研究的影响因子最大分布范围为依据，另一方面遵循"各因子水平按至少 40% 幅度递增"的原则对各因子的水平进行设置。

其中，根据前述的研究成果，进一步归纳可得：针对变形剧烈的反倾坡而言，其倾角以陡倾为主，常见范围在 40°以上；坡角的常见分布范围相较倾角较缓，以 25°～75°分布最为密集；凸形坡占绝对优势；软岩更容易发生变形和失稳；可导致边坡变形破坏的震级在 4.7 级以上，烈度在Ⅵ度以上，对应基本加速度的最大概率分布范围 0.05g～0.4g；根据美国加利福尼亚大学伯克利分校地震数据库提供的 1935—2011 年垂直地面运动的 5%阻尼谱案例分析和筛选，震级不小于 5 级的地震最低可用频率范围在 0.01～5Hz，该次设定频率水平范围为 1～3Hz；由 70%持时总列表归纳的数据，地震持时范围为 2.14～54.2s，集中分布范围在 2～10s。

据此，让各因子的水平取值尽量均匀地分布在各主控因素的最佳取值范围，主控因素的水平设置见表 6.3 - 4。

表 6.3 - 4　　　　　　　　　　　主控因素的水平设置表

因子项 水平项	倾角 α /(°)	坡角 θ /(°)	CSF /%	加速度幅值 A /g	频率 f /Hz	持时 t /s
水平 1	40	30	4	0.1	1	3
水平 2	55	45	8	0.2	2	6
水平 3	70	60	12	0.3	3	9

该成果作为本章拟研究主控因素及水平取值的依据。

6.3.2 地震作用下倾倒变形体变形的主控因素影响规律研究

6.3.2.1 倾倒变形体在地震作用下的变形数值模拟分析

通过数值模拟的手段，对反倾边坡在地震作用下的变形规律进行研究。

如前所述，确定了反倾边坡在地震作用下的 6 个主控因素以及各自对应的 3 个取值水平，且通过之前的论证，不需要将岩石本身的强度折损作为变形影响的主控因素。以正交试验设计为基础进行模拟试验方案的设计，可以在最大程度上节约试验成本并得到精准的结果。此外，以模型输出的变形指标以及位移云图为基础，对反倾边坡在地震作用下的主控因素变形影响规律进行研究。

其中，在模拟动力因素水平输入时，针对加速度幅值无法直接在离散元动力分析中实现的问题，推导了加速度幅值和应力幅值之间的转化公式，并加以验证和应用。

1. 基本模型及模拟试验方案

（1）监测点布置。针对要进行的 27 组试验组，对其水平方向、垂直方向以及转动方向分别进行变形监测。为了使变形输出指标能够更好地形成图表以揭示坡体的动力变形规律，各试验组均沿坡面依次等间距布置 5 个监测点；以 5 个坡面点坐标为准，向内延伸 3 组，总计 15 个监测点，监测点代号为 D1～D15，其中 D1 为坡顶点，D5 为坡角。可分水平、垂直、转动三个维度对变形规律进行监测。监测点布置如图 6.3 - 3 所示。

（2）模拟方案。所有模拟统一坡顶离左边界的平台为 100m，基座高度保证至少超过平均坡面和模型底部延伸交汇点。模型几何展布尺寸、基本物理参数取值、动力荷载输入以及模型边界设

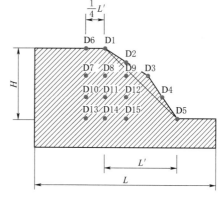

图 6.3 - 3 监测点布置图

置、预制监测点，依次按照前述表 6.3 - 2～表 6.3 - 4 的研究成果为标准分别进行设定。

据此确定正交试验设计输出指标为坡体变形，6 个主研究对象，设置 3 个水平增值幅度，主因子和水平以表 6.3 - 5 为准。以正交表格标准正交表 L_{27} (3^{13}) 为基础，排列主因子设计表格对试验方案进行设计，见表 6.3 - 5。

表 6.3 - 5　　　　　　　　基于正交试验设计的模拟试验方案表

试验组编号	倾角 /(°)	坡角 /(°)	CSF /%	加速度幅值	频率 /Hz	持时 /s
Z01	1（40）	1（30）	1（5）	1（0.1g）	1（1）	1（3）
Z02	1（40）	1（30）	2（10）	2（0.2g）	2（2）	1（3）
Z03	1（40）	1（30）	3（15）	3（0.3g）	3（3）	1（3）
Z04	1（40）	2（45）	1（5）	3（0.3g）	2（2）	2（6）
Z05	1（40）	2（45）	2（10）	1（0.1g）	3（3）	2（6）

试验组编号	倾角 /(°)	坡角 /(°)	CSF /%	加速度幅值	频率 /Hz	持时 /s
Z06	1（40）	2（45）	3（15）	2（0.2g）	1（1）	2（6）
Z07	1（40）	3（60）	1（5）	2（0.2g）	3（3）	3（9）
Z08	1（40）	3（60）	2（10）	3（0.3g）	1（1）	3（9）
Z09	1（40）	3（60）	3（15）	1（0.1g）	2（2）	3（9）
Z10	2（55）	1（30）	1（5）	3（0.3g）	2（2）	3（9）
Z11	2（55）	1（30）	2（10）	1（0.1g）	3（3）	3（9）
Z12	2（55）	1（30）	3（15）	2（0.2g）	1（1）	3（9）
Z13	2（55）	2（45）	1（5）	2（0.2g）	3（3）	1（3）
Z14	2（55）	2（45）	2（10）	3（0.3g）	1（1）	1（3）
Z15	2（55）	2（45）	3（15）	1（0.1g）	2（2）	1（3）
Z16	2（55）	3（60）	1（5）	1（0.1g）	1（1）	2（6）
Z17	2（55）	3（60）	2（10）	2（0.2g）	2（2）	2（6）
Z18	2（55）	3（60）	3（15）	3（0.3g）	3（3）	2（6）
Z19	3（70）	1（30）	1（5）	2（0.2g）	3（3）	2（6）
Z20	3（70）	1（30）	2（10）	3（0.3g）	1（1）	2（6）
Z21	3（70）	1（30）	3（15）	1（0.1g）	2（2）	2（6）
Z22	3（70）	2（45）	1（5）	1（0.1g）	1（1）	3（9）
Z23	3（70）	2（45）	2（10）	2（0.2g）	2（2）	3（9）
Z24	3（70）	2（45）	3（15）	3（0.3g）	3（3）	3（9）
Z25	3（70）	3（60）	1（5）	3（0.3g）	2（2）	1（3）
Z26	3（70）	3（60）	2（10）	1（0.1g）	3（3）	1（3）
Z27	3（70）	3（60）	3（15）	2（0.2g）	1（1）	1（3）

注 表格中的数值意义为"因子的水平代号（对应水平值）"，如 1（40）即代表倾角的水平代号为 1，倾角值为 40°。

模拟过程共分为三部分：

（1）为了排除模型最开始计算时自稳而产生的协调变形对结果造成的误差，所有模型统一先采用静力岩石参数使模型在纯重力环境下运算至模型收敛，使模型在自重力作用下达到整体初步稳定。

（2）将各种变形监测数据项目清零，重新设定黏滞边界条件以及动岩石力学参数，同时导入地震波，在重力作用下按照预设波谱振动 3～9s 直到振动完毕。同时，全程监测整个坡体在地震过程中造成的位移差值。

（3）模拟在无振动荷载的情况下模型在重力作用下继续稳定 3s，再监测记录一次最终变形。模型的运算过程中每间隔 0.5～1s 储存一次全过程数据。

2. 构建模型的条件筛选和应力时程方程的转化

在确定模型方案和基本模型之后，需要对模型的边界条件、模型精度进行筛选和检验。此外，为了后续分析中结合《中国地震动峰值加速度区划图》进行区域分析和讨论，采用了加速度幅值。但是离散元软件的动力输入要求必须为应力时程曲线，即动力输入必须为应力幅值。所以本节在确定了边界条件和模型精度后，针对这一特殊要求进行了应力时程曲线的修正，推导出了应力幅值和加速度幅值在离散元软件中的转化公式，并进行了简单印证。最后根据该公式对方案拟定中的动力主控因素水平进行计算和转化，作为动力主控因素加速度幅值在模拟试验中得以实现的主要依据。

（1）边界条件选择。动力问题边界条件的设置较静力问题更加多元化、复杂化。一般而言，静力问题只需按照弹性力学里的圣维南原理对边界进行适当的截断即可。而动力问题则是在静力问题的基础上还要考虑波的传播、反射和岩土体成层特性的影响。因此，对于动力问题需要选择合适的边界条件作为基础，以防止在后续计算中由于边界条件设置的不合适而导致计算成果的误差。虽然如何设置动力问题的边界条件在研究领域内尚未达成一致，但根据各自方法的特点可以按需进行选取。姜彤（2014）在收集整理前人研究成果的基础上，对各种边界的设定进行了一系列的论述。

由于该次研究对象为具有某种结构特征组合的边坡岩体的动力响应规律，不涉及大区域范围的协调变形。祁生文等（2007）的研究成果表明，黏滞边界条件设置的远近不会影响边坡动力反应规律的认识，边坡动力反映问题的分析采用黏滞边界条件是合理的。因此，选用黏滞边界条件。

（2）模型最小计算块体精度检验。根据 UDEC 软件模拟的要求，为满足计算精度最小区块棱长必须满足如下关系：

$$\Delta l \leqslant \frac{\lambda}{10} \tag{6.3-2}$$

式中：Δl 为最小区块棱长；λ 为波长。

初步拟定模型的最小频率为 0.2，有 $\lambda = u/f$，即计算频率必须大于预设频率，代入式（6.3-2）得

$$f = \frac{C_s}{\lambda} = \frac{C_s}{10\Delta l} \approx 535$$

该值远大于预设频率，因此精度检验通过。

（3）加速度幅值的转化公式推导及计算。幅值一般分为三类：加速度幅值、应力幅值和位移幅值。通常加速度幅值较应力幅值更容易获取，因此研究对象拟定为加速度幅值。

对于动力作用下的数值模拟而言，首先其边界需要选择黏滞边界，而对于离散元模拟软件而言，对于黏滞边界的动力必须以应力时程方程的形式输入，即幅值的输入应该是应力幅值。但为了直观明了，采用了动力三量的研究对象（加速度幅值、持时和频率），因此，对于加速度幅值和应力幅值需要进一步进行转化。

以下是本书作者在采用加速度幅值作为研究对象的前提下，对于黏滞边界动力输入的应力时程方程的修正并在模拟应用中的验证。

基本理论公式：

1）纵波、横波计算公式。根据弹性理论，波与变形指标有如下关系：

$$C_P = \sqrt{\frac{E(1-\mu)}{\rho(1+\mu)(1-2\mu)}} \tag{6.3-3}$$

$$C_S = \sqrt{\frac{G}{\rho}} = \sqrt{\frac{E}{2\rho(1+\mu)}} \tag{6.3-4}$$

式中：C_P 为 P 波波速，m/s；C_S 为 S 波波速，m/s；ρ 为密度，g/m³；E 为弹性模量，MPa；G 为剪切模量，MPa；μ 为泊松比。

纵波 P 波是震源传出的压缩波，质点振动与前进方向一致；横波 S 波是震源向外传递的剪切波，破坏常常是剪切波造成的。刘云鹏等（2011）、黄润秋等（2013）通过大型振动台试验，研究了反倾和顺倾两类结构岩体在强震条件下的地震动力响应，结果表明：边坡对水平地震动力的响应要远远超过垂直地震力。

2）黏滞边界上的法向、切向黏滞力计算公式。黏滞边界是通过在边界的水平和法向方向设置独立的黏壶用于吸收来自坡体内部的入射波：

$$f_n = -\rho C_P v_n \tag{6.3-5}$$

$$f_s = -\rho C_S v_s \tag{6.3-6}$$

式中：f_n 为法向黏滞力，N；f_s 为切向黏滞力，N；v_n 为边界上法向质点速度分量，m/s；v_s 为边界上切向质点速度分量，m/s；ρ 为密度，g/m³；C_P 为 P 波波速，m/s；C_S 为 S 波波速，m/s。

3）适用于黏滞边界的应力时程输入转化修正公式。动荷载输入一般可以采用加速度时程、速度时程、位移时程和应力时程。而对于黏滞边界，边界条件的输入必须采用应力时程。

对于加速度时程，首先通过积分转化成速度时程，而位移时程则需要通过微分转化为速度时程。再利用以下公式将其进行转化为应力时程：

$$\sigma_n = -2\rho C_P v_n \tag{6.3-7}$$

$$\sigma_s = -2\rho C_S v_s \tag{6.3-8}$$

式中：σ_n 为正应力；σ_s 为剪应力；v_n 为边界上法向质点速度分量；v_s 为边界上切向质点速度分量；ρ 为密度；C_P 为 P 波波速；C_S 为 S 波波速。

转化公式推导：

对于黏滞边界而言，必须采用应力时程作为动力荷载的输入，因此，当拟定的动力输入预设条件并非以应力作为基本指标时，就必须对相应的时程曲线进行转化。

地震荷载通常不具有规律性。为了更好地量化分析动力特征指标幅值、频率和持时对边坡岩体变形的响应规律，以 3 个动力特征值为基本参量进行输入。幅值选取以加速度幅值作为指标，因此在输入时程时，必须要对时程进行转化和修正。

横波是震源向外传递的剪切波，普遍认为，水平向的剪切波 S 波的破坏力最大，在此基础上，根据式（6.3-3）～式（6.3-8）对时程曲线进行转化修订为应力时程曲线，推导过程如下：

1）以加速度为动力时程指标，设定正弦时程曲线：

$$a(t) = A \sin(2\pi f t) \tag{6.3-9}$$

式中：A 为预设定的峰值加速度，g；f 为预设定的震动频率，Hz；t 为预设定的震动持时，s。

2）运动峰值加速度 PGA 和速度之间的关系：

$$v = \frac{PGA}{2\pi f} \tag{6.3-10}$$

3）将式（6.3-3）、式（6.3-4）和式（6.3-7）、式（6.3-8）代入式（6.3-10）：

$$\sigma(t) = -2\rho C v(t) = -2\rho \sqrt{\frac{G}{\rho}} \frac{A\sin(2\pi ft)}{2\pi f} = -\frac{\sqrt{\rho G}}{\pi f} A\sin(2\pi ft) \tag{6.3-11}$$

4）加速度修正后的应力时程动力特征参量公式：

$$A_\circ = -\frac{\sqrt{\rho G}}{\pi f} A \tag{6.3-12}$$

$$f_\circ = f \tag{6.3-13}$$

$$t_\circ = t \tag{6.3-14}$$

式中：$A_\circ$ 为修正后的应力幅值；A 为修正前设定的最大峰值加速度；$f_\circ$ 为修正前频率；f 为方案设定频率；$t_\circ$ 为修正前持时；t 为方案设定持时。

转化公式的验证：

在转化公式推演的基础上，在 UDEC 内建立一个简易模型，对其速度进行监测，用以验证公式推导的正确性。

验证方案为：设定一个 10×10 的模型，首先仅在重力的静力条件下让模型自稳并使最大不平衡力收敛。然后，设黏滞边界，拟定动力荷载输入的 3 个动力特征值：加速度幅值为 $0.3g$；频率为 2Hz；持时为 9s。修正后的应力幅值为 -24809Pa。此外，分别在模型的 $(0,0)$、$(5,0)$ 和 $(10,0)$ 3 个点对其全程速度进行监测（见图 6.3-4）。最后调用模型，运算至完成。

通过式（6.3-12）的计算，该动力荷载输入所对应的标准输入速度为 0.0238。三个点的速度监测情况如图 6.3-5 所示。

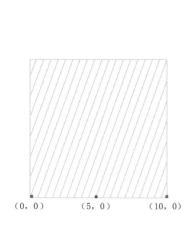

图 6.3-4　验证模型监测点布置图

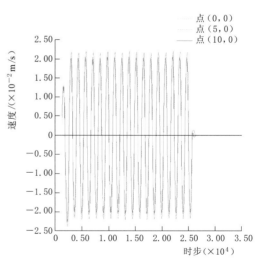

图 6.3-5　验证模型的监测点
全时程速度监测曲线

通过图 6.3-5 可看出，监测到的速度响应与预设标准速度在同一数量级，3 个监测点的速度输出均位于 0.0238 的标准输入速度附近，从图 6.3-5 估计误差在 ±0.002 以内。

因此，可以证实前文中的时程幅值修正公式的推导是正确的，通过加速度转化为应力幅值是可行的。即式（6.3-12）～式（6.3-14）的修正公式可以应用于后续模型中的动力荷载幅值输入。

（4）动力特征值的修正计算。根据式（6.3-11）～式（6.3-13），对表 6.3-5 内的动力特征值进行转化修订。经计算，修订后的动力荷载应力时程曲线各特征值见表 6.3-6。

表 6.3-6　　　　　　　　修订后的动力荷载应力时程曲线的特征值表

试验组编号	加速度幅值 A /g	频率 f (f_o) /Hz	持时 t (t_o) /s	修正后应力幅值 A_o /Pa
Z01	0.1	1	3	−98519.9
Z02	0.2	2	3	−98519.9
Z03	0.3	3	3	−98519.9
Z04	0.3	2	6	−147779.8
Z05	0.1	3	6	−32840.0
Z06	0.2	1	6	−197039.7
Z07	0.2	3	9	−65679.9
Z08	0.3	3	9	−295559.6
Z09	0.1	2	9	−49259.9
Z10	0.3	2	9	−147779.8
Z11	0.1	3	9	−32840.0
Z12	0.2	1	9	−197039.7
Z13	0.2	3	3	−65679.9
Z14	0.3	1	3	−295559.6
Z15	0.1	2	3	−49259.9
Z16	0.1	1	6	−98519.9
Z17	0.2	2	6	−98519.9
Z18	0.3	3	6	−98519.9
Z19	0.2	3	6	−65679.9
Z20	0.3	1	6	−295559.6
Z21	0.1	2	6	−49259.9
Z22	0.1	1	9	−98519.9
Z23	0.2	2	9	−98519.9
Z24	0.3	3	9	−98519.9
Z25	0.3	2	3	−147779.8
Z26	0.1	3	3	−32840.0
Z27	0.2	1	3	−197039.7

注　"−"为公式计算出的值，也标定了力的方向，UDEC 中默认压应力为负。

6.3.2.2　重力状态下结构要素对倾倒变形体变形的影响规律

本节针对无地震作用（纯重力）的反倾边坡，研究结构要素对坡体变形的影响规律。作为后续地震作用下反倾边坡变形的影响规律的参照组。

如前所述，所有模型在正式进行动力计算之前会经过一次静力作用下的初步平衡（以最大不平衡力收敛为准）以达到消除系统误差及监测无地震影响下边坡的变形基本规律作为对比组的目的。随后继续运行 10 万个时步，分析静力作用下各结构要素在静力平衡下的水平变化影响。

1. 倾角的影响（45°—55°—70°）

如图 6.3－6～图 6.3－8 所示，除倾角之外，其余的结构展布要素均保持一致。岩体变形从内部向外部延伸，变形越来越大。随着岩层倾角的增大，岩层各部分的变形差越来越明显，即倾角的增大，对坡体的变形起促进作用。

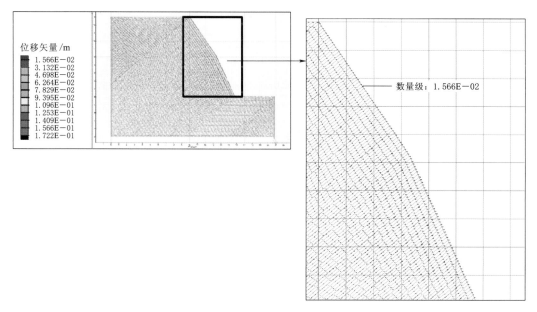

图 6.3－6　Z07 组初稳矢量变形图（倾角 40°；坡角 60°；CSF＝5%）

2. 坡角的影响（30°—45°—60°）

如图 6.3－9～图 6.3－11 所示，除坡角之外，其余的结构展布要素均保持一致。岩体变形从内部向外部延伸，变形越来越大。随着岩层坡角的增大，岩层各部分的变形差越来越明显。即坡角的增大，对坡体的变形起促进作用。

3. 坡形的影响（4%—8%—12%）

如图 6.3－12～图 6.3－14 所示，除坡形之外，其余的结构展布要素均保持一致。岩体变形从内部向外部延伸，变形越来越大。随着坡形的增大，岩层各部分的变形差居于同一量级，变化不大。因此坡形对坡体变形的影响程度相比于倾角和坡角而言相对较小。

仅在重力（静力）的作用下，对于此次设定水平范围内的反倾边坡而言，结构要素中的倾角、坡角和坡形系数 CSF 水平的增加对边坡变形表现出促进作用。从变形示例的数量级粗略判断，对变形程度的影响排序依次为：坡角＞倾角＞CSF。

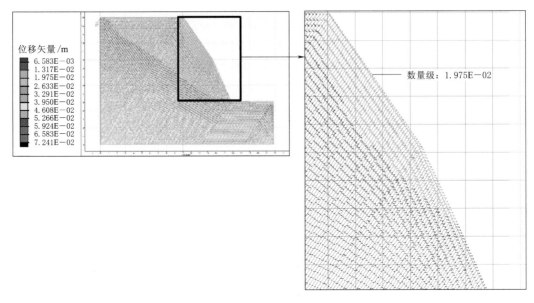

图 6.3-7　Z16 组初稳矢量变形图 （倾角 55°；坡角 60°；CSF＝5%）

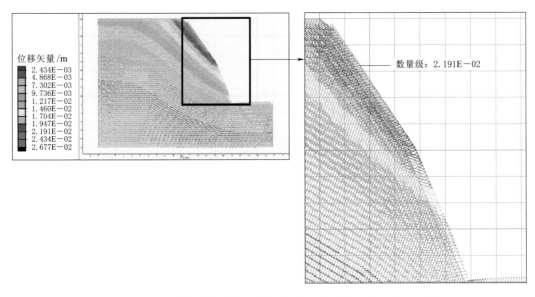

图 6.3-8　Z25 组初稳矢量变形图 （倾角 70°；坡角 60°；CSF＝5%）

6.3.2.3　地震作用下主控因素对倾倒变形体变形的一般性影响规律

整齐可比性是由于正交表格列向量正交排布所带来的一项优势，由于各组水平出现的均一性，当对表内同一水平（A_1 或 A_2 或 A_3 等）所导致的试验结果之和（或均值）进行比较时，其他因素 B、C、D 等是固定的。即因素 B、C、D 等其他因素对同一水平因素 A 的试验均值影响大体相同，它们之间的差异是由于因素 A 取了不同水平所导致的（邱轶兵，2018）。

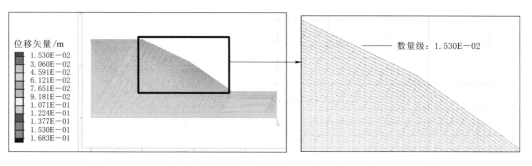

图 6.3 - 9　Z10 组初稳矢量变形图（倾角 55°；坡角 30°；CSF＝5%）

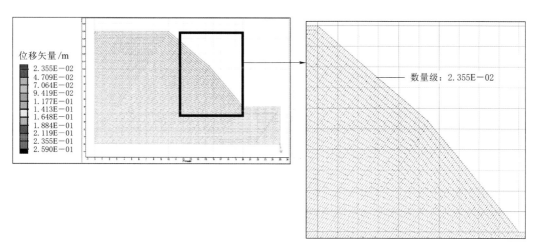

图 6.3 - 10　Z13 组初稳矢量变形图（倾角 55°；坡角 45°；CSF＝5%）

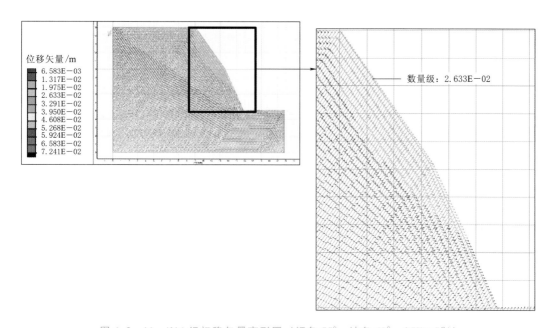

图 6.3 - 11　Z16 组初稳矢量变形图（倾角 55°；坡角 60°；CSF＝5%）

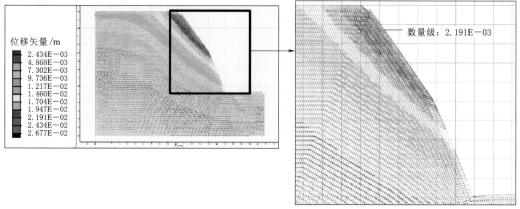

图 6.3-12　Z25 组初稳矢量变形图（倾角 70°；坡角 60°；CSF＝5%）

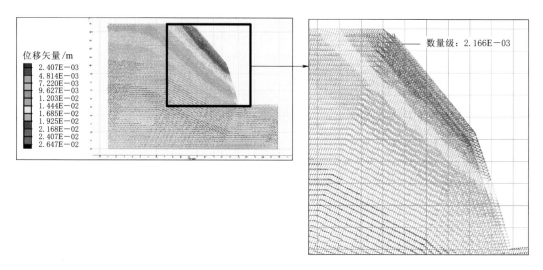

图 6.3-13　Z26 组初稳矢量变形图（倾角 70°；坡角 60°；CSF＝10%）

　　因此根据正交试验设计的整齐可比性，分别对空间展布要素和动力波特征要素进行一般性的影响规律的分析和总结，从而在后续通径分析中，两者得以相互印证。以各组的水平位移 dx、竖直位移 dy（在 UDEC 中 y 向的变形以向下为负）、总位移 ds 和转动位移 dr 变形水平均值为输出指标。

　　1. 边坡空间展布要素对变形的影响规律

　　（1）倾角的影响。倾角 3 个变化水平分别为 40°、55° 和 70°，对应分组编号见表 6.3-7。

表 6.3-7　　　　　　　　　　　　倾角分组编号表

分组编号	倾角变化水平/(°)	分　组　编　号
Q1	40	Z01、Z02、Z03、Z04、Z05、Z06、Z07、Z08、Z09
Q2	55	Z10、Z11、Z12、Z13、Z14、Z15、Z16、Z17、Z18
Q3	70	Z19、Z20、Z21、Z22、Z23、Z24、Z25、Z26、Z27

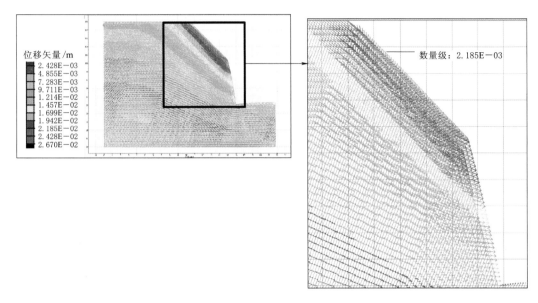

图 6.3 - 14　Z27 组初稳矢量变形图 (倾角 70°; 坡角 60°; CSF=12%)

根据表 6.3 - 7 对三组 Q1、Q2、Q3 的水平位移 dx、竖直位移 dy、总位移 ds 和转动位移 dr 的 15 个监测点分别求其均值, 通过统计和绘制可得到图 6.3 - 15。

通过图 6.3 - 15 (a) ～图 6.3 - 15 (c) 可得水平位移 dx、竖直位移 dy 和总位移 ds 均随着倾角水平的递增而呈现递增的趋势。根据各监测点的布置位置进一步分析可知: 水平位移 dx、竖直位移 dy 和总位移 ds 的变形对倾角的变化较敏感, 且具有水平越高敏感程度越明显的现象, 且随着高程的变化和与临空面距离的变化, 三种位移各自不同水平的各监测点变形均伴随一定的节律性变化。但 40° 倾角随监测点位置变化的起伏不大。转动向位移 dr 变化一致性较强, 受倾角影响不大。根据各监测点的布置位置可得, 越向坡体临空面过渡, 其转动量越大, 且高高程的转动量较低高程的转动变形更大 [见图 6.3 - 15 (d)]。当变形位于坡内时, 变化相对均一, 各监测点在各自高程内变化具有一致性, 当变形位于坡面时, 其变形和高程可视为具有正相关关系。

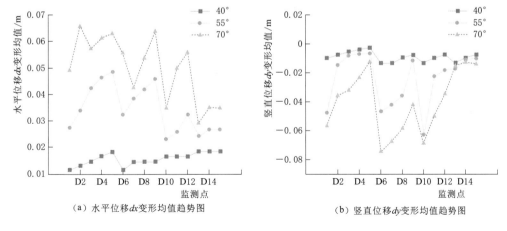

(a) 水平位移 dx 变形均值趋势图　　　　(b) 竖直位移 dy 变形均值趋势图

图 6.3 - 15 (一)　不同倾角水平分组的平均坡体变形趋势图

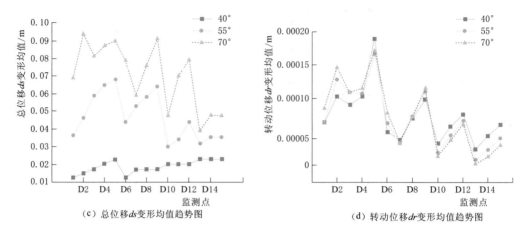

（c）总位移 ds 变形均值趋势图 　　　　　　（d）转动位移 dr 变形均值趋势图

图 6.3-15（二）　不同倾角水平分组的平均坡体变形趋势图

（2）坡角的影响。坡角 3 变化水平分别为 30°、45° 和 60°，对应分组编号见表 6.3-8。

表 6.3-8　　　　　　　　　　　　坡角分组编号表

分组编号	坡角变化水平/(°)	分组编号
P1	30°	Z01、Z02、Z03、Z10、Z11、Z12、Z19、Z20、Z21
P2	45°	Z04、Z05、Z06、Z13、Z14、Z15、Z22、Z23、Z24
P3	60°	Z07、Z08、Z09、Z16、Z17、Z18、Z25、Z26、Z27

根据表 6.3-8 对 3 组 P1、P2、P3 的水平位移 dx、竖直位移 dy、总位移 ds 和转动位移 dr 的 15 个监测点分别求其均值，通过统计和绘制可得到图 6.3-16。

由图 6.3-16（a）～图 6.3-16（c）可得水平位移 dx、竖直位移 dy 和总位移 ds 均随着坡角水平的增大而呈现递增的趋势，即呈正相关关系。根据各监测点的布置位置进一步分析可知：水平位移 dx、竖直位移 dy 和总位移 ds 的变形对倾角的变化较敏感，且具有水平越高敏感程度越明显的现象，且随着高程的变化和与临空面距离的变化，3 种位移各自不同水平的各监测点变形均伴随一定的节律性变化。转动位移 dr 则是随着水平的增大而呈现递减的趋势［图 6.3-16（d）］，总体对坡角变化的敏感度较其余 3 个变形指标较不敏感，但整体趋势仍随监测点位置的改变而形成节律性的变化，其中越向临空面和高高程过渡，相对应的转动变量越大。

（3）坡形的影响。坡形 3 变化水平分别为 4%、8% 和 12%，对应分组编号见表 6.3-9。

表 6.3-9　　　　　　　　　　　　坡形分组编号表

分组编号	坡形变化水平/%	分组编号
C1	4	Z01、Z04、Z07、Z10、Z13、Z16、Z19、Z22、Z25
C2	8	Z02、Z05、Z08、Z11、Z14、Z17、Z20、Z23、Z26
C3	12	Z03、Z06、Z09、Z12、Z15、Z18、Z21、Z24、Z27

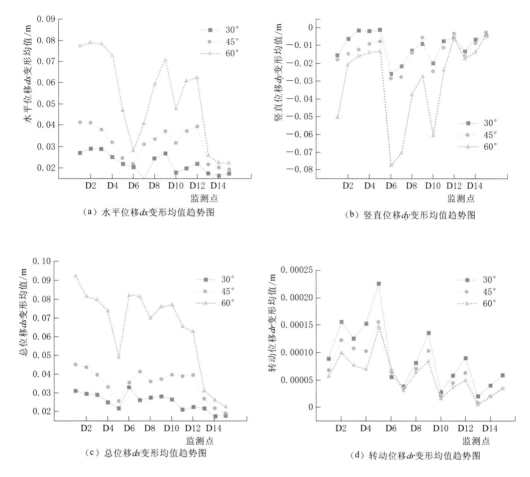

（a）水平位移 dx 变形均值趋势图　　　　（b）竖直位移 dy 变形均值趋势图

（c）总位移 ds 变形均值趋势图　　　　（d）转动位移 dr 变形均值趋势图

图 6.3 - 16　不同坡角水平分组的平均坡体变形趋势图

　　根据表 6.3 - 9 对三组 C1、C2、C3 的水平位移 dx、竖直位移 dy、总位移 ds 和转动位移的 15 个监测点分别求其均值，通过统计和绘制可得到图 6.3 - 17。

　　由图 6.3 - 17 可知，水平位移 dx、竖直位移 dy、总位移 ds 和转动位移 dr 随坡形的变化均无明显的相关趋势（正相关或负相关）。在数个监测点位的变形指标输出值中，常见监测值点错落相交的现象，反映无明显规律性，但不同位置的监测点位其各项变形均呈现一定的节律性。如图 6.3 - 17 （a）和图 6.3 - 17 （c）所示，水平位移 dx 和总位移 ds 相比其余两种位移指标对 CSF 的变化相对敏感但仍没有明显相关关系。而对于竖直位移 dy 和转动位移 dr，其变形在各监测点监测值几乎同频等值，如图 6.3 - 17 （b）和图 6.3 - 17 （d）所示。

　　由此可推论，坡形 CSF 与变形指标无明显的线性相关性。

　　2. 地震波动力特征要素对变形的影响规律

　　（1）幅值影响。峰值加速度 3 个变化水平分别为 0.1 g、0.2 g 和 0.3 g，对应幅值编号见表 6.3 - 10。

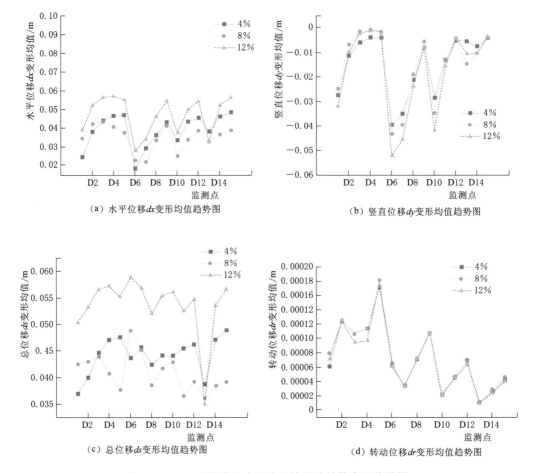

（a）水平位移 dx 变形均值趋势图

（b）竖直位移 dy 变形均值趋势图

（c）总位移 ds 变形均值趋势图

（d）转动位移 dr 变形均值趋势图

图 6.3 - 17　不同坡形水平分组的平均坡体变形趋势图

表 6.3 - 10　　　　　　　　幅 值 分 组 编 号 表

分组编号	峰值加速度变化水平	分　组　编　号
A1	0.1g	Z01、Z05、Z09、Z11、Z15、Z16、Z21、Z22、Z26
A2	0.2g	Z02、Z06、Z07、Z12、Z13、Z17、Z19、Z23、Z27
A3	0.3g	Z03、Z04、Z08、Z10、Z14、Z18、Z20、Z24、Z25

　　根据表 6.3 - 10 对三组 A1、A2、A3 的水平位移 dx、竖直位移 dy、总位移 ds 和转动位移的 15 个监测点分别求其均值，通过统计和绘制可得到图 6.3 - 18。

　　通过图 6.3 - 18 可以明显看出，幅值与位移呈现明显的正相关关系，即幅值越长变形越大，且 4 个指标在各监测点也均呈现明显的节律性。如图 6.3 - 18（a）～图 6.3 - 18（c），根据各监测点的布置位置进一步分析可知：水平位移 dx、竖直位移 dy 和总位移 ds 的变形对幅值的变化较敏感，且随着高程的变化和与临空面距离的变化，三种位移各自不同水平的各监测点变形均伴随一定的节律性变化，如图 6.3 - 18（d）所示。转动位移 dr 变化较一致，但受幅值影响不大，三种水平的变化趋于等频同值。根据各监测点

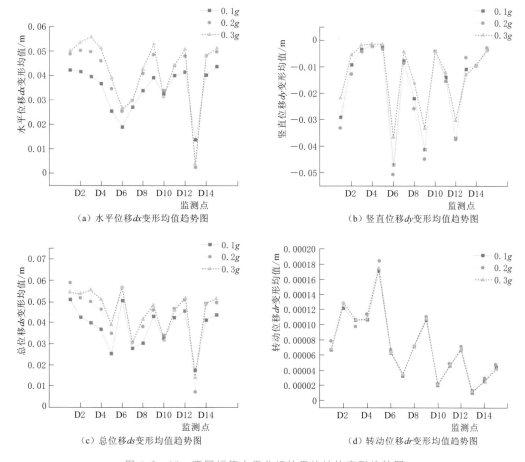

（a）水平位移 dx 变形均值趋势图　　　　　（b）竖直位移 dy 变形均值趋势图

（c）总位移 ds 变形均值趋势图　　　　　（d）转动位移 dr 变形均值趋势图

图 6.3 - 18　不同幅值水平分组的平均坡体变形趋势图

的布置位置可知，越向坡体临空面过渡，其转动量越大，且高高程的转动量较低高程的转动变形更大。

（2）频率影响。频率 3 变化水平分别为 1Hz、2Hz 和 3Hz，对应分组编号见表 6.3 - 11。

表 6.3 - 11　　　　　　　　　　频 率 分 组 编 号 表

分组编号	频率变化水平/Hz	分　组　编　号
F1	1	Z01、Z06、Z08、Z12、Z14、Z16、Z20、Z22、Z27
F2	2	Z02、Z04、Z09、Z10、Z15、Z17、Z21、Z23、Z25
F3	3	Z03、Z05、Z07、Z11、Z13、Z18、Z19、Z24、Z26

根据表 6.3 - 11 对三组 F1、F2、F3 的水平位移 dx、竖直位移 dy、总位移 ds 和转动位移 dr 的 15 个监测点分别求其均值，通过统计和绘制可进一步得图 6.3 - 19。

通过图 6.3 - 19 分析可知，水平位移 dx、竖直位移 dy、总位移 ds 和转动位移 dr 的频率变化均随监测点位置呈现一定节律性变化，但并不呈现明显的线性相关特性。其中竖直位移 dy 和转动位移 ds 与频率的相关性不明显，如图 6.3 - 19（b）和图 6.3 - 19（d）

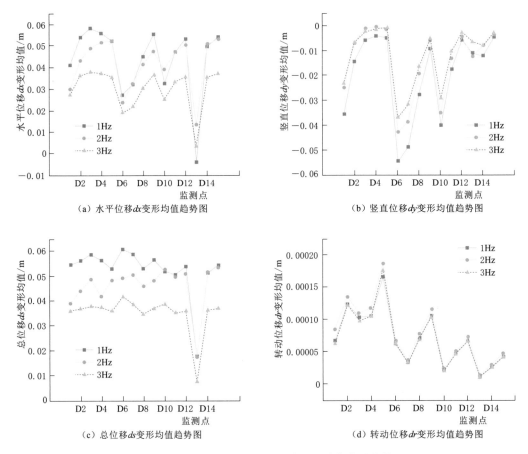

（a）水平位移dx变形均值趋势图　　　　　　（b）竖直位移dy变形均值趋势图

（c）总位移ds变形均值趋势图　　　　　　　　（d）转动位移dr变形均值趋势图

图 6.3-19　不同频率水平分组的平均坡体变形趋势图

所示。水平位移 dx 和总位移 ds 变化与频率在数个监测点位形成局部错落相交的现象，但不同位置的监测点位其各项变形总体上呈现一定的节律性，如图 6.3-19（a）和图 6.3-19（c）所示。

因此该因子与变形指标具体的相关关系有待在后续的通径分析工作中进行进一步分析。

（3）持时影响。持时 3 变化水平分别为 3s、6s 和 9s，对应分组编号见表 6.3-12。

表 6.3-12　　　　　　　　　　持时分组编号表

分组编号	持时变化水平/s	分　组　编　号
T1	3	Z01、Z02、Z03、Z13、Z14、Z15、Z25、Z26、Z27
T2	6	Z04、Z05、Z06、Z16、Z17、Z18、Z19、Z20、Z21
T3	9	Z07、Z08、Z09、Z10、Z11、Z12、Z22、Z23、Z24

根据表 6.3-12 对三组 T1、T2、T3 的水平位移 dx、竖直位移 dy、总位移 ds 和转动位移 dr 的 15 个监测点分别求其均值，通过统计和绘制可进一步得图 6.3-20。

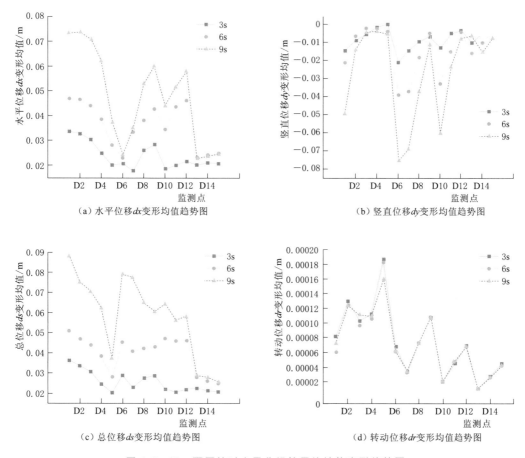

图 6.3 - 20　不同持时水平分组的平均坡体变形趋势图

通过图 6.3 - 20 可以明显看出，持时与位移呈现明显的正相关关系，即持时越长变形越大。4 个指标在各监测点也均呈现明显的节律性，特别是转动位移，其曲线几乎重合。转动位移 dr 变化较一致，受持时影响不大，根据各监测点的布置位置可得越向坡体临空面过渡，其转动量越大，且高高程的转动量较低高程的转动变形更大。

以上研究成果可进一步归纳：对于地震下的反倾坡，在确定的 6 项主控因素对坡体变形的一般影响规律有：持时、幅值、坡角、倾角普遍对变形的影响为正相关，坡形和频率则无明显的线性相关性。

6.3.3　地震作用下倾倒变形体变形的影响因素敏感性分析

敏感性分析是效果评估中常用的分析不确定性的方法之一。从多个不确定性因素中逐一找出对效果指标有重要影响的敏感性因素，并分析、测算其对效果指标的影响程度和敏感性程度，进而判断项目承受风险的能力。敏感性分析可以寻找出影响最大、最敏感的主要变量因素，进一步分析、预测或估算其影响程度，找出产生不确定性的根源，采取相应的有效措施。此外还能计算主要因素的变化引起效果指标变动的范围，使决策者全面了解建设方案可能出现的变动情况，以减少和避免不利因素的影响，改善和提高效果。通过可能出现的最有利与最不利的因素变动范围的分析，为决策者预测可能出现的风险程度并确定可行的方案提供可靠的决策依据。

采用正交试验设计的方法对 6 个主控因子进行了基于正交表格模拟方案的离散元数值试验，对重力状态下的结构要素、地震作用下边坡空间位置以及地震作用下主控因素三者对坡体变形的影响规律进行了研究和探讨。然而，所得的结论仅仅是各因子对动力作用下反倾边坡变形所带来影响的综合性表征（现象），只能初步地、定性地说明各因子的影响特性，却不能很好地解释和探讨造成此类差异性影响的内部原因、因子间的内在联系以及各自对应的影响程度。

由此，需要以新的多元回归法为手段，同时针对主控因素对变形的直接作用和间接作用进行量化分析。既需要摒除正交试验中的误差进行敏感性研究，又需要寻找能替代正交试验中的方差分析的多元回归分析方法，进而优化（反倾）边坡变形敏感性的量化方法。然后，根据该方法针对主控因子和交互因子进行敏感性分析，最终得到相应研究成果。

6.3.3.1 边坡变形敏感性量化方法的优化研究

由于多因素敏感性分析所需的计算量大、步骤烦琐、对前期数据组要求严格，因此常应用于数据来源广泛的经济、生物、医药等领域。而对于工程地质领域，由于数据来源零散、误差大，量化的敏感性分析的成果并不丰富。

此外，坡体变形因素的研究虽然已经有了一定的成果，但大部分均是基于单一变量的影响规律研究，少数敏感性分析也是基于图表趋势曲线的定性分析，而定性分析可用于验证也可用于论证过程，但其可信度尚有所欠缺。

本书针对敏感性量化方法的优缺点以及工程地质领域内数据来源的缺点进行进一步分化、拆解，采用将正交试验理论、数值模拟试验和通径理论分析多维结合的方式，彼此取长补短，优化提出了一个适用于工程地质领域边坡变形分析的敏感性量化方法分析体系。

因此，针对这一现状，一方面，需要保持多因素敏感性分析的精准、多维、全面等优势；另一方面，需要对方案设计中计算量大、步骤烦琐、对前期数据组要求严格等方面进行针对性的优化，对工程地质领域内边坡变形的敏感性量化方法进行研究和探讨并加以应用和验证。

将正交试验设计和通径分析结合起来进行边坡变形敏感性的量化分析，并进行应用和检验。其具体的应用方法如下。

1. 正交试验方案设计阶段

（1）确定试验目的、确定输出评价指标：进行试验之前要明确试的预期成果和研究对象，并针对试验目标预设定试验的输出因变量作为全试验的量化评价指标。

（2）拟定因素（因子）变量，确定因子研究水平：在（1）的基础上，确定试验需要研究和分析的自变量因子，也就是评价指标的影响因素因子。预设研究因子个数为 n，预设各因子水平数为 m（一般要求 $m \geqslant 2$）。

（3）挑选正交表，进行表头设计：首先根据水平数 m 挑选正交表类别，即正交表的基本特征必须为 $L(m^x)$；其次根据因子个数 n 挑选具体表格，要求至少满足 $n \leqslant k$。在条件允许的前提下，最好选用能够容纳一列空白列作为误差列的表格，可用于检验试验误差，即 $n+1 \leqslant k$。最终确定表格正交试验设计的正交表 $L_m^N (m^k)$。

（4）表头设计：各因素依次或随机排列，最好预设一列空白的误差列。

需要注意的是，由于整个分析体系中，将交互作用的分析放置于通径分析阶段进行专门分析，而无须在预制正交表格时预留交互项。因此在构建正交表格和设计方案阶段，只用考虑主控因素的预置个数即可，即该阶段的设计方法和不考虑交互作用的正交设计是一致的。

2. 数据源指标组的提取阶段

如前所述，通径分析所需数据源质量较高，需要在多组数据中进行对比和优选，正交试验方案所提供的数据源指标组能够很好地解决这个问题。因此该阶段只需要在根据正交试验设计方案进行完整试验后，对数据源指标组进行提取即可。例如只需要从按照正交试验设计方案完成的数值模拟试验中，提取相应监测点位置的最终变形，并分组进行最终的记录整理即可。

3. 基于通径分析理论的通径系数计算

在提取出的试验组基础上，需要对所有数据源指标组进行进一步的筛选，最终留下拟合度最高的一组数据源。

其过程分别为：

（1）正态分布检验。数据源指标点必须服从正态分布是通径分析的基本要求，在进行分析前需要对所有数据源组进行正态分布检验，剔除不服从正态分布组。

（2）拟合优度排序。对通过正态分布的数据组进行拟合优度的筛选，按照决定系数（拟合优度）对数据组进行排序。

（3）多重共线性判断。在任何试验进行前都不可预知拟订方案是否囊括所有高显著性因子，而这可能致使结果和回归方程的无效或预测不准，而这种预测情况的不准即源自因子的多重共线性。因此在正式分析前有必要对试验进行多重共线性诊断以避免后续的分析无效。以 VIF 值为 10 作为通过与否的阈值点。

如果不能通过检验，则选择拟合优度分析中列序第二的数据源组，且继续进行多重共线性判断，重复过程（2）、过程（3），数据源组依次按顺序向后顺延，直到通过多重共线性判断为止。

（4）通径分析的通径系数计算和敏感性分析：最终通过所有检验和筛选的数据源组作为最终试验的指标数据源组，按照正交表格构造和数据源组进行通径系数计算。根据计算结果进行量化的敏感性分析。

6.3.3.2　变形指标组的筛选及通径系数的计算

1. 变形指标组的筛选

通径分析作为多元回归分析的一种拓展手段，所需数据来源组数较少，但是要求因变量的数据组必须服从正态分布。而正交试验的结果可以提供多组数据源，可通过各组的正态分布检验筛选出显著性最高的数据组，从而使最终结果最为合理。

（1）变形指标组正态性检验。在进行通径分析前，需要对全体数据组进行正态分布检验，保证所筛选出的因变量数据源为最优输出组。

全体 27 组模型输出项分为 4 种类型（水平变形 dx、竖直变形 dy、总位移 ds 和转动位移 dr）、15 个监测点（5 个坡面点和 10 个坡内点），共计 60 组 1620 个输出元。

输出组元采用"输出-点位"的格式标示各输出指标项，如 $ds-D2$ 指位于监测点为 D2 处的全体 27 组模型的位移 ds 监测输出，而 $ds03-D2$ 指 E3 组位于监测点 D2 处的位移 ds 监测输出。

为了使最终采用的点位结果为最优试验的输出-点位项，同时采用两种正态检验，相互印证。

1）偏度、峰度检验。对 27 组模型各 15 个点位上的 4 项输出项（dy、dx、dr 和 ds）分别进行偏态、峰度的检验，成果见表 6.3-13。

表 6.3-13　　　　　　　　试验组偏态、峰度检验计算成果表

输出指标项	组序号	监测点	峰度	偏度
dx	1	D1	−0.2913	0.9097
	2	D2	−1.0196	0.6352
	3	D3	−0.1668	0.9659
	4	D4	−0.9229	0.5313
	5	D5	−0.0221	1.0423
	6	D6	0.9903	1.2414
	7	D7	−0.0308	0.9295
	8	D8	−0.6660	0.8077
	9	D9	−0.1475	0.9438
	10	D10	−0.0201	1.0679
	11	D11	−0.3443	0.9586
	12	D12	0.1964	1.1228
	13	D13	3.0670	−1.5667
	14	D14	0.7549	1.2672
	15	D15	−0.0277	1.0296
dy	16	D1	3.9954	−2.1218
	17	D2	−0.5102	0.3389
	18	D3	1.0062	−0.0483
	19	D4	1.6249	0.2102
	20	D5	−0.6637	0.3847
	21	D6	2.7334	−1.8186
	22	D7	2.9013	−1.8265
	23	D8	4.9350	−2.2223

输出指标项	组序号	监测点	峰度	偏度
dy	24	D9	0.4673	−0.4505
	25	D10	2.7227	−1.8366
	26	D11	3.0361	−1.4379
	27	D12	2.3773	−1.5509
	28	D13	6.4886	2.0466
	29	D14	1.2872	−0.3044
	30	D15	2.9327	−1.1252
ds	31	D1	−0.0986	1.0533
	32	D2	−0.4847	0.8761
	33	D3	−0.1376	0.9601
	34	D4	0.0257	1.0913
	35	D5	0.0363	1.0649
	36	D6	1.1541	1.3440
	37	D7	0.9414	1.3175
	38	D8	0.3371	1.0919
	39	D9	−0.0443	1.0124
	40	D10	1.2912	1.4048
	41	D11	−0.0318	1.0579
	42	D12	0.2633	1.1497
	43	D13	8.7206	2.3947
	44	D14	0.9339	1.3303
	45	D15	0.0423	1.0673
dr	46	D1	7.3859	−2.2948
	47	D2	8.2203	−2.4405
	48	D3	11.4870	−3.2503
	49	D4	10.9082	−3.2691
	50	D5	0.6922	−1.2735
	51	D6	8.7662	−2.4554
	52	D7	2.2626	−0.3070
	53	D8	7.5489	−2.6086
	54	D9	11.3474	−3.1824
	55	D10	1.4292	−1.5555
	56	D11	0.7436	0.2548
	57	D12	6.2074	−2.5364
	58	D13	2.1753	−1.6989
	59	D14	2.3661	−1.8955
	60	D15	3.8575	1.7364

其中当偏度，峰度均小于1时可视为正态分布，偏度越接近于0，则数据组分布越接近无偏正态分布，而峰度决定了数据分布的图形扁平和陡峭的特点。

全组初步检验，60个变形输出组（分变形项 dx、dy、dr 和 ds 各对应的15个点位）中仅6组偏度大于1，输出指标效果较好。因此无须剔除试验组，完全组（27组）通过初步检验，可以进行完备组偏态-峰度检验。

在通过检验组中，有：$dx - D1$、$dx - D3$、$dx - D4$、$dx - D7$、$dx - D8$、$dx - D11$；$dy - D2$、$dy - D5$、$dy - D9$；$ds - D2$、$ds - D3$；$dr - D11$。

2）Shapiro - Wilk 检验。该次试验组共27组，可视为小样本，故采用 Shapiro - Wilk 检验成果。全试验组输出指标的 Shapiro - Wilk 检验计算成果见表 6.3 - 14。

表 6.3 - 14　　全试验组输出指标的 Shapiro - Wilk 检验计算成果表

输出指标项	组序号	监测点	Shapiro - Wilk 检验	
			df	显著性
dx	1	D1	27	0.5141
	2	D2	27	0.0580
	3	D3	27	0.4492
	4	D4	27	0.4030
	5	D5	27	0.2012
	6	D6	27	0.1611
	7	D7	27	0.3018
	8	D8	27	0.3016
	9	D9	27	0.2028
	10	D10	27	0.3008
	11	D11	27	0.3001
	12	D12	27	0.0536
	13	D13	27	0.0744
	14	D14	27	0.5006
	15	D15	27	0.0734
dy	16	D1	27	0.5536
	17	D2	27	0.6564
	18	D3	27	0.0392
	19	D4	27	0.0569
	20	D5	27	0.5571
	21	D6	27	0.2533
	22	D7	27	0.2554
	23	D8	27	0.1546
	24	D9	27	0.1652
	25	D10	27	0.0558

续表

输出指标项	组序号	监测点	Shapiro - Wilk 检验	
			df	显著性
dy	26	D11	27	0.1543
	27	D12	27	0.4809
	28	D13	27	0.0540
	29	D14	27	0.1531
	30	D15	27	0.4061
ds	31	D1	27	0.4536
	32	D2	27	0.5492
	33	D3	27	0.5452
	34	D4	27	0.1764
	35	D5	27	0.1609
	36	D6	27	0.2733
	37	D7	27	0.0554
	38	D8	27	0.1547
	39	D9	27	0.2569
	40	D10	27	0.3758
	41	D11	27	0.0543
	42	D12	27	0.0771
	43	D13	27	0.0740
	44	D14	27	0.0331
	45	D15	27	0.0961
dr	46	D1	27	0.5152
	47	D2	27	0.5084
	48	D3	27	0.4147
	49	D4	27	0.2352
	50	D5	27	0.2839
	51	D6	27	0.0328
	52	D7	27	0.0061
	53	D8	27	0.0702
	54	D9	27	0.1404
	55	D10	27	0.2594
	56	D11	27	0.1989
	57	D12	27	0.0489
	58	D13	27	0.2779
	59	D14	27	0.0091
	60	D15	27	0.0014

以 0.05 的显著水平为检验标准,显著水平越高越好。除了 $dr-D7$、$dr-D12$、$dr-D14$、$dr-D15$ 其余数据均通过了 Shapiro-Wilk 检验,可视为类正态分布。其中 $dy-D2$ 为 0.6564,为该次显著水平最高点位。正态检验且效果最好的组别有(Shapiro-Wilk 检验显著普遍在 0.4 以上)$dx-D1$、$dx-D3$、$dx-D4$、$dx-D14$,dy D1、$dy-D2$、$dy-D9$、$dy-D12$、$dy-D15$,$ds-D1$、$ds-D2$、$ds-D3$,$dr-D1$、$dr-D2$、$dr-D3$。

3)输出-点位项综合取定。通过 1)和 2)可以得出:为了更利于实际监测资料拟合,更适合选取坡面的监测点作为输出点位。综合各方面确定同时满足偏度-峰度检验和 Shapiro-Wilk 检验的最优组项:$dx-D1$、$dx-D3$、$dx-D4$,$dy-D2$、$dy-D5$,$ds-D2$、$ds-D3$,为该次通径分析的初步待检的输出-点位项进行决定系数精度检验。

(2)变形指标组的筛选及多重共线性验证。

1)决定系数 R^2 筛选。为了使通径分析更加精确,在通过正态分布检定的数据组中,用逐步回归的决定系数 R^2(R 也称为拟合优度)值来筛选最贴合的试验点位作为最终的输出-点位项(R^2 越大则后续拟合效果越佳,即表示相关的拟合方程式参考价值越高)。

各点位决定系数 R^2 计算结果见表 6.3-15。

表 6.3-15　　　　　　　　各点位决定系数 R^2 计算结果表

输出指标项	dx			dy		ds	
监测点	D1	D3	D4	D2	D5	D2	D3
R^2	0.9231	0.9121	0.8966	0.8887	0.9721	0.9822	0.9028

通过表 6.3-15 可得,该次变形拟合以 $ds-D2$ 的变形输出效果最佳,因此以该点的数据作为最终变形指标的输出点位组。

2)多重共线性判断。通径分析可以消除因子的多重共线性。这一优势同时兼顾了正交分析的交互条件和多元回归分析的相关显著性判断的准确性。通过直接、间接通径系数的拆解,做到了去量纲化,使不同的因子变量不仅可以进行纵向的因子-效应比较,也可以进行横向因子-因子的量化比较,而不再是通过图表趋势来定性判断排序。

在任何试验进行前都不可预知拟订方案是否囊括所有高显著性因子,这可能致使结果和回归方程的无效或预测不准,而这一情况是由因子的多重共线性造成的。因此在正式分析前有必要对试验进行多重共线性诊断以避免后续的分析无效。

可以用方差膨胀因子(variance inflation factor,VIF)判断共线性,当 $VIF>10$ 时,则存在共线可能。如表 6.3-16 所示,计算值均在 1 左右,由此可判断该次选择的因子存在多重共线性的可能较小。根据共线性诊断分析可判定该次选定的因变量组进行的回归分析是有效的且囊括高显著影响因子的。

表 6.3-16　　　　　　　　　　共 线 性 诊 断 表

因子项	共线性统计数据	
	允差	VIF
倾角	0.895	1.117
坡度	0.933	1.071

因子项	共线性统计数据	
	允差	VIF
CSF	0.908	1.101
加速度峰值	0.982	1.018
频率	0.947	1.056
持时	0.913	1.096

2. 通径系数的计算

通径分析能够很好地将简单相关系数分解为直接通径系数和间接通径系数，以此来区分各个影响因子对效应指标独立的直接影响和间接影响，以及依从与间接因子的两两交互作用且具有明确的方向性的指定（如因子 A 通过因子 B 对效应指标 Y 的影响和因子 B 通过因子 A 对效应指标 Y 的影响是不尽相同的，且间接通径系数能够把这两种影响过程明确地区分开）。

对该次选定的输出-点位组变量相关系数、简单相关系数以及直接通径系数、间接通径系数进行计算，计算理论公式依据为：

变量相关系数 $=r_{ij}$；

直接通径系数 $=Q_{iy}$；

间接通径系数 $=r_{ij}Q_{jy}$；

简单相关系数 $r_{iy}=Q_{iy}+\sum r_{ij}Q_{jy}$。

经过一系列计算，变量相关系数和通径系数计算成果见表6.3-17。

表 6.3 - 17　　　　　　　　变量相关系数和通径系数计算成果表

	模型	倾角 X1	坡角 X2	CSF X3	幅值 X4	频率 X5	持时 X6	直接通径系数 Q_{iy}	简单相关系数 r_{iy}
变量相关系数	倾角 X1	/	0.7637	0.1266	0.0570	−0.0880	0.0641	0.6238	1.3330
	坡角 X2	0.7637	/	0.0715	0.0049	−0.0791	0.1631	0.7239	1.4379
	CSF X3	0.1266	0.0715	/	0.0104	0.0104	−0.0867	0.0604	0.0785
	幅值 X4	0.0570	0.0049	0.0104	/	−0.1860	0.9177	1.1655	2.5175
	频率 X5	−0.0878	−0.0791	0.0104	−0.1860	/	−0.2774	0.1251	−0.6068
	持时 X6	0.0641	0.1631	−0.0867	0.9177	−0.2774	/	1.4553	2.6430
	模型	倾角 X1	坡角 X2	CSF X3	幅值 X4	频率 X5	持时 X6	间接通径系数和 $\sum r_{ij}Q_{jy}$	
间接通径系数 $r_{ij}Q_{jy}$	倾角 X1	/	0.5529	0.0076	0.0664	−0.0110	0.0933	0.7092	
	坡角 X2	0.4764	/	0.0043	0.0058	−0.0099	0.2374	0.7140	
	CSF X3	0.0790	0.0518	/	0.0121	0.0013	−0.1261	0.0181	
	幅值 X4	0.0355	0.0036	0.0006	/	−0.0233	1.3355	1.3520	
	频率 X5	−0.0548	−0.0573	0.0006	−0.2168	/	−0.4037	−0.7319	
	持时 X6	0.0400	0.1181	−0.0052	1.0696	−0.0347	/	1.1878	

6.3.3.3 因子的综合敏感性分析

1. 简单相关系数分析

简单相关系数是直接通径系数以及分组中所有间接系数的和，也是因子对效应影响的宏观体现的指标，可用于衡量各因子对变形影响的综合影响效果，其综合影响包括了直接影响和间接影响两个方面。

由表 6.3-17 的计算结果可知，6 项因子在其各自的设计变化区间内，简单相关系数依次为：$r_{1y}=1.3330$；$r_{2y}=1.4379$；$r_{3y}=0.0785$；$r_{4y}=2.5175$；$r_{5y}=-0.6068$；$r_{6y}=2.6430$。可看出，对于输出指标变形 y 而言，总效应影响最大的为持时，影响最小的为坡形（用坡形系数 CSF 表征）。所有因子的总影响程度排序依次为：持时 X6＞幅值 X4＞坡角 X2＞倾角 X1＞频率 X5＞CSF X3。其中，持时（3～9s）、幅值（0.1g～0.3g）、坡角（30°～60°）和倾角（40°～70°）在各自设计范围内，对于变形的增大均是促进作用，即各影响因子的增大对于变形增长均是有利的。坡形系数对变形也是促进作用，但是相比其他几项因子而言，其促进作用可以忽略不计，即相对于持时、幅值、坡角和倾角，在动力的作用下 4%～12% 的坡形变化对于坡体变形的影响可以忽略不计。同样，在 1～3Hz 范围内的频率变化对变形不但有轻微抑制作用，而且其对于变形的影响程度相对于设计范围内变化的持时、幅值、坡角和倾角同样可以忽略。

2. 直接通径系数分析

直接通径系数能够剥离其余因子与该因子的交互作用对效应指标的影响，从而单独表征该因子对效应指标的影响效果。

通过表 6.3-17 的计算结果可知，6 项因子在其各自的设计变化区间内，直接通径系数依次为：$Q_{1y}=0.6238$；$Q_{2y}=0.7239$；$Q_{3y}=0.0604$；$Q_{4y}=1.1655$；$Q_{5y}=0.1251$；$Q_{6y}=1.4553$。可看出，对于输出指标变形 y 而言，主因子独立影响中，持时（3～9s）的独立影响程度最大，而坡形 CSF（4%～12%）的独立影响程度最小。各主因子独立的影响程度排序依次为持时 X6＞幅值 X4＞坡角 X2＞倾角 X1＞频率 X5＞CSF X3。通过进一步分析可得，各主因子在各自变化范围内，对于坡体变形的独立影响趋势均为促进作用（均为正值），但坡形在各自设计变化范围内相对于幅值、持时、坡角和倾角而言，其对坡体变形的独立影响程度可忽略不计。

3. 间接通径系数分析

间接通径系数能够剥离各主因子的独立影响，从而纯粹地表征因素间交互作用对效应指标的影响程度。间接通径系数具有两方面的意义：①可以独立表征因子间的交互作用，且该交互作用具有明确的方向性。即因子 A 通过因子 B 对效应指标 y 的影响和因子 B 通过因子 A 对效应指标的影响程度二者不是绝对等价的。②某因子对于其余因子的间接通径系数之和表征了该因子通过其他因子对效应指标 y 的间接作用的总影响程度，而该间接影响程度在特定情况下甚至会超过该主因子对于效应指标 y 的独立影响程度，即间接影响大于直接影响。

综合分析可得，同一因子通过其余因子的影响程度的横向比较，最明显的交互作用往往是组内交互，即对于结构要素普遍是与结构要素的交互作用最明显，而动力要素往往也是与动力要素的交互作用最为明显。如通径：倾角 X1 通过坡角 X2、坡角 X2 通过倾角

X1、幅值 X4 通过持时 X6、频率 X5 通过幅值 X4 和持时 X6 通过幅值 X4。该次横向分析中，暂未发现组间交互作用最明显的情况发生。此外各因子普遍通过 CSF X3 的间接通径系数为最小，即 CSF 通过其余因子对效应指标 y 的间接作用（影响）最小，可忽略不计。

其余因子通过同一因子的影响程度的纵向比较，最明显的交互作用往往是组内交互，即对于结构要素普遍是通过结构要素的交互作用最明显，而动力要素往往也是通过动力要素的交互作用最为明显。如通径：坡角 X2 通过倾角 X1、倾角 X1 通过坡角 X2、持时 X6 通过幅值 X4 和幅值 X4 通过持时 X6。该次纵向分析中，暂未发现组间交互作用最明显的情况发生。此外 CSF X3 和频率 X5 通过各因子的间接通径系数普遍很小，即其余因子通过 CSF X3 和频率 X5 对效应指标 y 的间接作用（影响）最小，可忽略不计。

6.3.3.4　通径系数横向对比的敏感分析

1. 直接通径系数和间接通径系数和的对比分析

直接通径系数的大小排序为：持时＞幅值＞坡角＞倾角＞频率＞CSF；间接通径系数和的大小排序为：幅值＞持时＞频率＞倾角＞坡角＞CSF。

对于持时而言，其间接通径系数和与直接通径系数均为正值，因此交互作用和直接作用对效应因子 y 影响均为促进效果。此外，其直接通径系数大于间接通径系数和，因此其直接作用大于交互作用对于效应因子 y 的影响，其中间接交互组影响最大的交互因子对象是幅值。对于幅值而言，其间接通径系数和与直接通径系数均为正值，因此交互作用和直接作用对效应因子 y 影响均为促进效果。此外，其间接通径系数和大于直接通径系数，因此幅值的间接作用大于其本身直接作用对于效应因子 y 的影响，其中间接交互组影响最大的交互因子对象是持时。持时和幅值互为最大交互对象，因此幅值-持时为最明显交互组，两者的交互作用并没有影响到因子总体效果的排序。

对于坡角而言，其间接通径系数和与直接通径系数均为正值，因此交互作用和直接作用对效应因子 y 影响均为促进效果。此外，其直接通径系数大于间接通径系数和，因此其直接作用大于交互作用对于效应因子 y 的影响，其中间接交互组影响最大的交互因子对象是倾角。对于倾角而言，其间接通径系数和与直接通径系数均为正值，因此交互作用和直接作用对效应因子 y 影响均为促进效果。同时，其间接通径系数和大于直接通径系数，因此倾角的间接作用大于其本身直接作用对于效应因子 y 的影响，其中间接交互组影响最大的交互因子对象是坡角。倾角和坡角互为最大交互对象，因此倾角-坡角为继幅值-持时的次明显交互组，且不同于持时和幅值，二者的交互作用明显地影响到了因子总体影响效果的排序，即交互作用效果大于直接作用效果。

对于频率而言，频率的直接通径系数为正值，即可得频率对效应因子 y 的独立影响为促进作用（符号为正）。但是，与其他因子的交互作用多为拮抗作用（符号为负），且最终得间接通径系数和的符号也为负。即该两种作用（直接作用和综合间接作用）效果相反，即该推论成立。此外，频率的间接通径系数和大于直接通径系数，因此综合体现为频率对效应因子 y 的影响效果为抑制效果。

对于 CSF 而言，其间接通径系数和与直接通径系数均为正值，因此交互作用和直接作用对效应因子 y 影响均为促进效果。此外，间接通径系数和小于直接通径系数，因此该因子在设计变化范围内，其直接作用占主导。然而无论是直接作用还是交互作用，CSF

对应的值均较小。因此，可推论坡形在该次设计变化范围内其对效应因子 y 的影响非常微弱。

2. 间接影响因素综合对比分析

（1）通过观察表 6.3-17 中变量相关系数和通径系数的计算成果可知，和其余因子的交互可相对忽略。其中 $r_{12}Q_{2y} = 0.5529 > r_{21}Q_{2y} = 0.4764$。即倾角通过坡角对效应因子的影响程度更大。两者的交互作用由倾角主导。

（2）通过观察表 6.3-17 中变量相关系数和通径系数计算成果，以及配合整体纵向横向的比较，CSF 的间接通径值普遍小于同期比较的其余因子，即可得出表征坡形的坡形系数 CSF 与其余因子的交互作用相较其他因子而言非常微弱，在设计范围内，其交互作用可忽略不计。

（3）通过观察表 6.3-17 中变量相关系数和通径系数计算成果，频率的间接通径系数普遍为负，即无论是频率通过其余因子对变形指标的影响还是其余因子通过频率对变形指标的影响，均呈现微弱的拮抗作用。但通过数据的量值分析，此系列的间接系数普遍较小，即影响效果不明显。因此，即使在该次频率的设计范围内，频率对变形指标的间接影响的变化趋势并非是利好的效果，但是由于该影响系数很小，因此这种抑制作用并不明显，相比其他因子的促进作用，这种抑制效果甚至可以忽略不计。

（4）通过观察表 6.3-17 中变量相关系数和通径系数计算成果，幅值和持时有着非常明显的协同作用，在设计范围内，甚至超过同为显著的协同组：倾角-坡角组。此外，对于持时而言，其交互作用还有如下规律：其余因子通过持时产生的间接作用效果大于持时通过其余因子产生的间接作用效果。即对于同一水平的因子，随着持时增加，其余因子的间接促进作用大于持时的增幅影响效果。此外，$r_{46}Q_{6y} = 1.3355 > r_{64}Q_{4y} = 1.0696$，即幅值通过持时对效应的影响效果优于持时通过幅值对效应的影响效果。两者的交互作用由幅值主导。

（5）同一因子，无论是横向比对还是纵向比对，均可得到如下结论：将 6 个因子按照性质分为结构要素组（倾角、坡角和 CSF）和动力特征要素组（频率、幅值和持时），则各横向和纵向最明显的交互作用往往是组内交互，即对于结构要素普遍是和结构要素的交互最明显，而动力要素往往也是和动力要素的交互最为明显。

6.3.3.5 影响因子的优势组分析

通径分析通过对简单相关系数拆解为直接通径系数和间接通径系数，能够很好地指明包括主因子和交互因子间的影响作用，且由于去量纲化，不同的因子项可以很好地进行横向分析。在本小结将利用这一点对各因子进行组间比对和分析。

1. 各项因子组合系数排序

将各项通径系数以及相关系数值的排序进行汇总，以便进一步量化分析地震作用下边坡变形的最优组合情况。

现对表 6.3-18 中各项系数进行排序（由于通径分析理论做到了"去量纲化"。因此，各项系数均可对比）。本小节研究对象为 4 项系数，分别为间接通径系数、间接通径系数和、直接通径系数以及简单相关系数。其中，为使排序结果更为直观，令 i 组的间接通径系数最大值为 J_i、间接通径系数和为 H_i、直接通径系数为 Q_i、简单相关系数为 R_i：

【R6＞R4＞Q6＞R2＞H4＞J4＞R1＞H6＞Q4＞J6】＞

【−H5＞Q2＞H2＞H1＞Q1＞−R5＞J1＞J2＞−J5＞Q5】＞
【R3＞Q3＞H3＞J3】

表 6.3−18　　　　　　各项通径系数及相关系数综合对比表

模型	间接通径系数 $r_{ij}Q_{jy}$						间接通径系数和 $\sum r_{ij}Q_{jy}$	直接通径系数 Q_{iy}	简单相关系数 r_{iy}
	倾角	坡角	CSF	幅值	频率	持时			
倾角	/	0.5529	＋	＋	－	＋	0.7092	0.6238	1.3330
坡角	0.4764	/	＋	＋	－	＋	0.7140	0.7239	1.4379
CSF	＋	＋	/	0.0121	＋	－	0.0181	0.0604	0.0785
幅值	＋	＋	＋	/	－	1.3355	1.3520	1.1655	2.5175
频率	－	－	－	－	/	−0.4037	−0.7319	0.1251	−0.6068
持时	＋	＋	－	1.0696	－	/	1.1878	1.4553	2.6430

注　间接通径系数组中所列出的数值为该组最大值，"＋""－"代表其余系数符号。

将所有系数排列后，以 1.0 和 0.1 为界将所有因子分为 A 组、B 组和 C 组（A 组：R6、R4、Q6、R2、H4、J4、R1、H6、Q4、J6；B 组：H5、Q2、H2、H1、Q1、R5、J1、J2、J5、Q5；C 组：R3、Q3、H3、J3）。其中，A 组为高显著因子项，B 组为次高显著项，C 组为非高显著组。对 A、B、C 三组分别按照通过因子类型和通径类型统计其占比：

（1）A 组分析（高显著因子项）。对于 A 组（R6、R4、Q6、R2、H4、J4、R1、H6、Q4、J6），其各项因子排序依次为：R6＞R4＞Q6＞R2＞H4＞J4＞R1＞H6＞Q4＞J6。按照主因子类型和通径类型，分别对该组的各系数分布情况进一步归纳，结果见表 6.3−19、图 6.3−21 和图 6.3−22。

表 6.3−19　　　　按因子和通径组合类别分类的 A 组系数分布统计结果表

主因子项	本组分布个数	通径组合类别	本组分布个数
倾角 X1	1	直接影响（Q）	2
坡角 X2	1	间接影响（J）	2
CSF X3	0	间接总影响（H）	2
幅值 X4	4	综合影响（R）	4
频率 X5	0		
持时 X6	4		

针对最高显著因子项组 A 组（R6、R4、Q6、R2、H4、J4、R1、H6、Q4、J6）而言，分析可得：

1）在最高显著项中，起到主导作用的因子为持时（40％）、幅值（40％）、倾角（10％）和坡角（10％），再进一步归纳，可认为结构因素和动力特征因素同时为变形的主控因素，但动力特征要素更为主要（见图 6.3−21）。

2）直接要素的影响仅占小部分（20％），可见，对于动力作用下的边坡变形，独立要素的影响并非最主要的作用而更侧重于因子交互作用的影响（见图 6.3−22）。

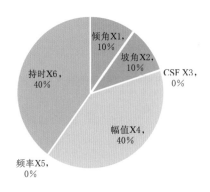

图 6.3-21　按主因子分类的 A 组系数
类型分布情况

图 6.3-22　按通径组合类别分类的
A 组系数类型分布情况

除上述的特征外，高显著因子组的通排顺序为：R6＞R4＞Q6＞R2＞H4＞J4＞R1
＞H6＞Q4＞J6，因此结合 1）、2）的结论以及表 6.3-19 进一步分析可得：首先，持时
的 4 项系数均位于高显著因子组，即可认为持时为该次研究的最高影响因子，且其直接通
径系数大于间接通径系数，因此该因子水平的大小将直接而明显地影响到坡体变形的响应
效果以及变形的程度；其次，幅值的 4 项系数也均位于高显著因子组，但由于其 R4＜
R6，因此可认为幅值为该次研究的仅次于持时的高影响因子。且 H4＞J4＞H6＞ J6 所以
在交互组内幅值-持时组中，幅值起到主控作用。不同于持时，幅值的直接通径系
数（Q4）相对于间接通径系数（H4、J4）排序较靠后，因此幅值对坡体变形的影响更多
是体现于该因素和其余因素的交互（间接）作用影响；此外，结构因素组在 A 组的占比
分布虽然不占绝对优势，但是倾角（R2）和坡角（R1）的综合影响通径排序靠前，且二
者的交互效应显著，因此对变形效益因子而言，此二者构成的交互作用是不可忽视的。

（2）B 组分析（次高显著因子项）。对于 B 组（H5、Q2、H2、H1、Q1、R5、J1、
J2、J5、Q5）各项因子排序依次为：－H5＞Q2＞H2＞H1＞Q1＞－R5＞J1＞J2＞－J5
＞Q5。按照主因子类型和通径类型，分别对该组的各系数分布情况进一步归纳，结果见
表 6.3-20。

表 6.3-20　　　　按因子和通径组合类别分类的 B 组系数分布统计结果表

主因子项	本组分布个数	通径组合类别	本组分布个数
倾角 X1	3	直接影响（Q）	2
坡角 X2	3	间接影响（J）	3
CSF X3	0	间接总影响（H）	3
幅值 X4	0	综合影响（R）	1
频率 X5	3		
持时 X6	0		

针对次高显著因子项组 B 组（H5、Q2、H2、H1、Q1、R5、J1、J2、J5、Q5）而
言，分析可得：

1）在次高显著项中，起到主导作用的因子为坡角（33％）、倾角（34％）和频

率（33%），再进一步归纳，可认为结构因素和动力特征因素同时为变形的主控因素，但结构因素更为主要（见图 6.3-23）。

2）直接要素的影响仅占小部分（22%），因此可见，对于动力作用下的边坡变形，独立要素的影响并非最主要的作用而更侧重于因子交互作用的影响（见图 6.3-24）。

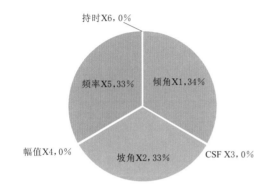

图 6.3-23　按主因子分类的 B 组系数　　　图 6.3-24　按通径组合类别分类的
类型分布情况　　　　　　　　　　　　　B 组系数类型分布情况

除上述的系数分布特征外，次高显著因子组的排序依次为：$-H5 > Q2 > H2 > H1 > Q1 > -R5 > J1 > J2 > -J5 > Q5$，因此结合 1）、2）的结论以及表 6.3-20 进一步分析可得：首先，频率的 3 项系数位于次高显著因子组，但同时，频率项中最大系数为间接通径系数和 H5，同时直接通径系数排序为 B 组末尾，且两者异号，这说明频率本身的水平变化虽然对变形是促进作用，但是在和其余因子联合作用时该影响效果转变为抑制作用，且该抑制作用远高于本身的促进效果。其次，坡角和倾角的 3 项系数位于次高显著因子组，其中倾角系数排序普遍较坡角靠前，这说明倾角对于坡体变形的影响稍高于坡角，且 $Q2 > H2$ 和 $H1 > Q1$，因此即使二者的简单通径系数均位于 A 组，但所占主导的通径并不一致，其中倾角为间接作用主导而坡角为直接作用主导。此外，结构因素组在 A 组的占比分布占绝对优势，配合 A 组分析，二者的交互效应显著，对变形效应而言，此二者构成的交互作用是不可忽视的。

（3）C 组分析（非高显著因子项）。对于 C 组（R3、Q3、H3、J3）其中各项因子排序依次为：$R3 > Q3 > H3 > J3$。按照主因子类型和通径类型，分别对该组的各系数分布情况进一步归纳，结果见表 6.3-21。

表 6.3-21　　　　　按因子和通径组合类别分类的 C 组系数分布统计结果表

主因子项	本组分布个数	通径组合类别	本组分布个数
倾角 X1	0	直接影响（Q）	1
坡角 X2	0	间接影响（J）	1
CSF X3	4	间接总影响（H）	1
幅值 X4	0	综合影响（R）	1
频率 X5	0		
持时 X6	0		

该组全为 CSF 因子，通过图 6.3 – 25 和图 6.3 – 26 分析可得，坡形对于动力作用下的边坡变形影响效果是很微弱的。

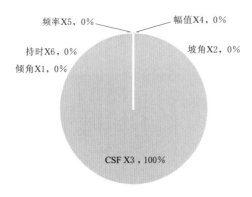
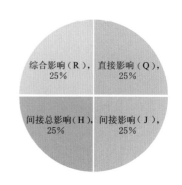

图 6.3 – 25　按主因子分类的 C 组系数类型分布情况

图 6.3 – 26　按通径组合类别分类的 C 组系数类型分布情况

2. 优势因子组合分析

结合此前的一系列研究成果，对动力作用下坡体变形的优势影响因子组合进行分析，可得如下结论：

最主要的影响因素为幅值和持时，其次为倾角、坡角和幅值，最无关因子为 CSF，最优交互组幅值-持时和次优交互组倾角-坡角。

其中，持时和坡角对效应指标 y 的直接作用（直接通径系数）比交互作用（间接通径系数和）更大。也就是说：持时（或坡角）自身独立变化对效应指标 y 所产生的影响程度大于当持时（或坡角）保持在高水平时通过其他因子变化对效应指标 y 所产生的影响程度。要得到最优（大）的效应指标 y 输出值，因素组合中的持时（或坡角）自身的水平越高越好。

同时，幅值和倾角各自的交互作用（间接通径系数和）在一定程度上比其各自对效应指标 y 的直接作用（直接通径系数）更大。也就是说：幅值（或倾角）自身独立变化对效应指标 y 所产生的影响小于当幅值（或倾角）保持在高水平时通过其他因子变化对效应指标 y 所产生的影响程度。即要得到最优（大）的效应指标 y 输出值，在因素组合中首先需要保证幅值（或倾角）高水平，从而其对应配合的交互对象作用的影响程度会更加明显，即影响效果的振幅越大。

此外，虽然持时的直接作用影响最大，但由于 J4＞J6，因此在最优交互组幅值-持时组中，是幅值起到主控作用。类似的，坡角的直接作用影响最大，但由于 J1＞J2，因此在次优交互组倾角-坡角中，是倾角起到主控作用。

频率的直接作用和间接作用效果相反（符号一正一负），且作用效果的绝对值为间接作用大于直接作用。因此，虽然其独立影响对效应指标 y 是促进的，但是在和其余因子交互时却是抑制作用。特别通过前述分析，为了使因子组合最优化，最优交互组幅值-持时和次优交互组倾角-坡角都需要处于高水平。而通过前述分析可知，幅值的间接通径系数和 H5 为 B 组的最大值，可见频率通过其余因子带来的抑制作用是非常明显的。因此为了削弱频率因子通过其余因子带来的抑制性质的间接影响作用，要取得最佳效果，和频率交互的因子项水平不能过高，即在可适应范围内，频率需要保持在一个相对低的水平。如前所述，由于间接通径系数（抑制作用）排序依次为：持时＞幅值＞坡角＞倾角＞CSF，虽然持时-幅值和坡角-倾角分别为最优和次优因子（其中，幅值对持时、幅值的抑制作用最明显，而在 B 组中 H5 的排序位于倾角、坡角之前），因此，持时和幅值需要控制在一定范围内。

CSF 的影响无论是直接作用还是间接作用都很微弱，因此在因素组合中，其水平变化幅度可不作为参考。

第 7 章

倾倒变形体稳定性
分析方法

7.1 倾倒变形体稳定性地质宏观分析

7.1.1 边坡稳定性宏观分析与变形控制

黄润秋（2008）提出了岩石高边坡变形破坏的三阶段理论，即表生改造阶段、时效变形阶段和累进破坏阶段，并且提出岩石高边坡稳定性评价应该是一个"变形稳定性"问题，认为对于任意一个边坡，无论其结构型式如何，总存在一个变形阈值，控制着边坡是会持续变形还是会发生整体的失稳破坏。

反倾层状岩质边坡的倾倒破坏也是一个应变能累积的过程，它失稳前有一个漫长的自组织演化过程。黄润秋等（1994）通过总结大量的反倾岩质边坡变形破坏案例表明，这类边坡破坏的滑动面形成需要经历较长的孕育过程，是一个时效变形过程，并且一旦失稳，其破坏型式通常是剧烈的。

目前对反倾岩质边坡变形演化的研究成果更多依托具体的工程案例进行定性分析，对其演化阶段的划分依据也较为单一，不具有代表性。因此，从倾倒体在长期地质历史时期的演化过程进行地质过程机制分析成了研究倾倒边坡变形控制的关键。

7.1.2 倾倒体变形破坏机制模型

倾倒体变形破坏机制模型以刻画倾倒折断面孕育和发展为基础，从其变形破坏的全过程和内部作用机制上分析边坡倾倒变形破坏的演变规律，进而提出稳定性的判据和失稳准则。

7.1.2.1 倾倒体发展演化过程

以溪洛渡星光三组岸坡为依托点，通过现场勘查及平硐勘测，从岩层产状变化、坡体裂缝展布特征及平硐揭示的变形迹象三个方面对边坡的倾倒变形特征进行了详细论述，分析了岸坡倾倒变形的发展过程及其破坏的力学机制。以倾倒边坡折断面最优形态为基础，分析反倾层状边坡发生倾倒变形的全过程及失稳准则，并据此构建倾倒边坡变形稳定性判识模型。

根据倾倒边坡折断面最优形态的理论成果，通过刻画倾倒折断面孕育和发展，构建了倾倒边坡变形演化全过程的理论模型，提出倾倒边坡稳定性的判据和失稳准则，认为反倾层状岩质边坡发生倾倒变形的先决条件是重力荷载，而边坡从倾倒变形转变为最终滑移破坏的判定标准则为折断破裂面的倾斜角等于其等效内摩擦角；根据倾倒边坡变形演化全过程的理论模型及失稳准则，将均布荷载下悬臂梁挠度与转角有机地结合起来，建立了倾倒边坡变形稳定性评价模型，并建议以时效变形阶段变形量作为变形稳定性的阈值判据，对其稳定性现状及发展趋势进行预测评估；通过 PFC 颗粒流软件对倾倒边坡变形演化的全过程进行模拟，模拟结果与理论构建的演化过程完全吻合，从而进一步验证了倾倒边坡变形稳定性评价模型的合理性。

根据前述理论成果，认为可将倾倒体的发展演化过程及折断面的孕育分为五个阶段，分述如下。

1. 初始完整边坡

反倾层状岩质边坡发生倾倒变形需要一定的外力作用，故总存在一个临界边坡高度使其倾倒变形的外力功等于内能耗损，从而达到边坡发生倾倒变形的临界状态。而当边坡实际高度小于这个临界边坡高度时，边坡不会发生倾倒变形，此时边坡将保持其完整的坡体形态及岩体结构特征，尚处于表生改造阶段。初始完整边坡示意如图 7.1-1 所示。

2. 初期倾倒变形

长期历史时期的河谷下切将导致边坡高度有所增加，外力功也随之增大，当边坡高度增加至临界倾倒高度时，边坡就会发生倾倒变形。由前述倾倒折断面最优形态的理论成果可知，此时反倾边坡倾倒变形的折断面为垂直于层面的直线，如图 7.1-2 所示。但由于该阶段所形成的倾倒折断面倾斜角较缓，通常还不足以导致边坡整体的滑动破坏，故边坡的倾倒变形还会持续缓慢地进行，这时边坡由表生改造进入时效变形阶段。

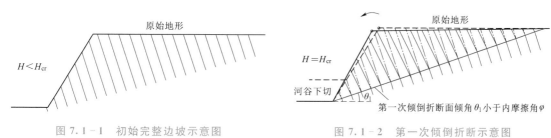

图 7.1-1　初始完整边坡示意图　　　　图 7.1-2　第一次倾倒折断示意图

3. 变形持续发展

由于倾倒折断面与反倾层面的垂直特性，故因倾倒而导致的边坡层面变缓会致使其再次倾倒所形成折断面倾角有所增加，如图 7.1-3 所示，而这种折断面的孕育及贯穿机制将不利于边坡的整体稳定。

4. 极限平衡状态

随着倾倒变形的持续进行及折断面的不断孕育发展，当折断面倾斜角 θ_3 增加至其等效内摩擦角 φ 时，边坡就将处于极限平衡状态（见图 7.1-4），标志着此时边坡的时效变形阶段即将结束，随之进入累进破坏阶段。

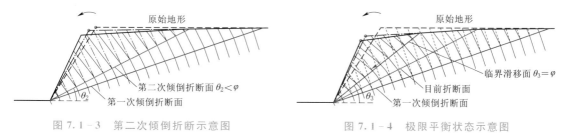

图 7.1-3　第二次倾倒折断示意图　　　　图 7.1-4　极限平衡状态示意图

5. 整体失稳破坏

当边坡越过时效变形阶段进入累进破坏阶段时，边坡变形特征将由倾倒转变为整体的

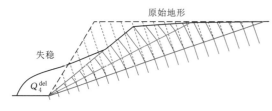

图 7.1-5 倾倒变形转化为滑移失稳示意图

滑移破坏。此时倾倒折断面则成了边坡的滑移面，折断面以上的边坡岩体将沿其滑动，最终形成滑坡，如图 7.1-5 所示。

7.1.2.2 稳定性判据及失稳准则

反倾层状岩质边坡发生倾倒变形的先决条件是重力荷载，即边坡高度，只有当边坡高度达到其发生倾倒变形的临界高度时，才会发生倾倒变形，这时边坡由表生改造阶段进入到时效变形阶段。而边坡从倾倒变形转变为最终滑移破坏的失稳判据则为折断破裂面的倾斜角等于其等效内摩擦角，相应的边坡变形将从时效变形阶段进入到累进破坏阶段。倾倒变形阶段划分及判别标准见表 7.1-1。

表 7.1-1　　　　　　　　　　倾倒变形阶段划分及判别标准

变形阶段		判别标准	变形速率	变形控制阶段	示意图
表生改造		边坡高度小于临界倾倒高度	初始蠕变	早期识别	原始地形 $H<H_{cr}$
时效变形	初期	边坡高度达到临界倾倒高度，且折断面倾斜角小于其等效内摩擦角	等速蠕变	有利控制	原始地形 $H=H_{cr}$ 河谷下切 θ_1 第一次倾倒折断面倾角 θ_1 小于内摩擦角 φ
	末期	边坡高度达到甚至超过临界倾倒高度，且折断面倾斜角接近其等效内摩擦角		不利控制	原始地形 临界滑移面 $\theta_3=\varphi$ 目前折断面 第一次倾倒折断面 θ_1
累进破坏		折断面倾斜角等于或超过其等效内摩擦角	加速蠕变	不宜控制	原始地形 失稳 Q_4^{del}

7.2　倾倒变形体影响因子及其敏感性分析

7.2.1　倾倒变形体影响因子

岩坡倾倒变形的发生受多种影响因子的控制及影响。不同的影响因子对岩坡倾倒发生的贡献权重不同，同时在倾倒变形规律及倾倒模式上也会因为影响因子的不同随机组合而具有特殊差异。

边坡的变形是多种影响因子耦合作用的结果。从影响因子关联坡体内外属性来讲，可以将影响坡体变形的因子划分为两类：坡体自身影响因子及外部环境因子。关于坡体变形的自身影响因子主要包括：坡体岩性组成（岩性成分、岩层产状、岩性物理力学特性等）、坡体中的地质结构面状态（层面、断层、节理、片理等的物理力学性质及产状要素等）、构造应力状态、坡体发育的几何结构（坡高、坡度、坡形等）。而促使坡体变形的外部触发、诱导或者具有一系列物理力学作用的影响因子主要包括水、地震、风化、工程扰动等地质或者人类营力。

岩坡倾倒变形多发育于陡立反倾层状边坡中，在该种坡体结构条件下归纳总结影响倾倒变形体发育的影响因子主要有初始应力场、初始坡形、岩性及其力学参数、结构面状态及其力学参数、地下水水位变化等。但多数因素集中在某一范围内，相对而言其差距不大，其对岩体倾倒的影响在于总体变形，而非变形程度。而真正意义上对岩坡倾倒变形程度具有显著影响的因子其变化范围必定是具有显著差距的。因此，综合分析，坡体内部的结构面间距及结构面力学参数是影响岩坡倾倒变形程度的控制因素。

边坡工程地质系统分析中，边坡岩体变形受到岩体结构的控制，进而有了孙广忠提出的"岩体结构控制论"。因此，针对岩坡倾倒变形，形成一定岩体结构的结构面状态及力学特性亦成为相应的控制因子。

一般情况下，结构面工程地质分级主要按其规模大小进行，以此原则可将结构面划分为三级。

Ⅰ级结构面（断层型或充填型结构面），其特征显现为连续或似连续，具有确定的延伸方向，长度一般大于百米，而且具有一定影响厚度；该类结构面以断层面或断层破碎带、软弱夹层及某些贯通性结构面为典型代表。

Ⅱ级结构面（裂隙型或非充填型结构面），具有近似连续特征，同时具有确定延伸方向，长度近数十米，有一定厚度或影响带；该类结构面以长大裂隙或裂隙带、层面及某些贯通性结构面为典型代表。

Ⅲ级结构面（非贯通型结构面），以硬性结构面为主，呈随机断续分布，延伸长度从几米到数十米，具有一定的统计优势方向；其以各类原生和构造裂隙为典型代表。

Ⅰ级结构面其成因受制于构造变动，不具有普遍性，而Ⅱ级结构面如层面具有常规发育的一般性。这两类结构面特性及对岩体或坡体的控制及影响是显著的且具有相对简单的定向单一性。而Ⅲ级结构面如各类裂隙，其发育状态不仅本身具有复杂性，而且其对岩体或坡体变形的影响受控于其数量、产状状态及力学属性等要素。因此，裂隙型结构面的发育在边坡变形中亦成为一项关键因素，对于岩坡倾倒变形，裂隙结构面的发育往往对其具有较大的影响作用。

灾害影响因子敏感性分析一直是国内外研究的热点与难点。针对影响因子敏感性进行分析，探知各影响因子的权重比例，可指导规划更具针对性的防灾技术和手段。传统的因子敏感性分析主要以地质灾害确定的稳定性分析为基础，大致分为两类：一类是固定所有影响因子参数，多次计算时仅变化一种因子变量，分析该因子对于地质灾害发育的敏感程度；另一类则是采用均匀设计、正交设计、BP 神经网络、可靠度等方法进行多因子敏感性分析。

7.2.2　基于贡献率法的倾倒变形体发育影响因子敏感性分析

针对倾倒变形体发育进行影响因子敏感性分析，首先通过对以往倾倒变形体案例的总结分析，选择典型影响因子为分析对象，获取因子变量的赋值，再基于贡献率法及 Logistic 模型对因子敏感性进行分析。

7.2.2.1　影响因子敏感性分析方法

1. 贡献率法

贡献率法作为一种数学统计方法常被用于经济学研究中，将其引入到倾倒变形体发育分析中是对倾倒发育具有典型影响的各个因子所起作用大小的量化。敏感性分析是指影响因子的区间变动对岩坡倾倒发生影响程度的大小。该研究主要从坡度、坡形、坡高、岩层倾角、岩性、结构面密度等因子的变化区间对岩坡倾倒发育的影响程度进行分析，选用的案例为我国西南山区各大流域水电工程中遭遇的倾倒变形体。

对于倾倒变形体发育影响因子的贡献量化分析，可以用频次贡献率、面积贡献率及体积贡献率三个定量计算指标进行，其计算公式为

$$F(\rho_i) = \frac{\rho_i(n)}{\sum_{i=1}^{M} \rho_i(n)} \qquad (7.2-1)$$

$$C(\rho_i) = \frac{\rho_i(s)}{\sum_{i=1}^{M} \rho_i(s)} \qquad (7.2-2)$$

$$K(\rho_i) = \frac{\rho_i(v)}{\sum_{i=1}^{M} \rho_i(v)} \qquad (7.2-3)$$

式中：ρ 为倾倒变形体发育影响因子类型；i 为影响因子的区间编号或分类编号；$F(\rho_i)$、$C(\rho_i)$ 及 $K(\rho_i)$ 分别为影响因子第 i 区间倾倒变形体发育频次贡献率、发育面积贡献率及发育体积贡献率；$\rho_i(n)$、$\rho_i(s)$ 及 $\rho_i(v)$ 分别为第 i 区间倾倒变形体的发育数量、发育面积及发育体积；M 为影响因子的区间数或分类数。

2. 贡献率分量贡献指数

贡献率分量贡献指数是指根据影响因子各区间要素对倾倒变形体发育贡献率的大小，按照数字排序法赋予不同的顺序值（1～M）。顺序赋值的基本原则是贡献率越大的区间，取值越大，反之则越小。

3. 敏感性系数

频次、面积和体积三类指标均能反映倾倒变形体发育的空间特性，但基于单一指标的数理统计方法并不能全面反映影响因子对倾倒变形体发育的敏感性。如某类影响因子若以诱发小型倾倒变形体为主，则不能视该类因子为倾倒变形体发育的敏感性因子；反之，若某类影响因子仅诱发个别大规模倾倒，则也不能视其为倾倒变形体发育的敏感性因子。为此采用上述三类指标的综合贡献率构建倾倒变形体发育的敏感性系数，具体策略则以分量贡献指数的几何平均数来构建因子敏感性系数，其计算公式如下：

$$R(\rho_i) = \frac{\sqrt{F_e(\rho_i)^2 + C_e(\rho_i)^2 + K_e(\rho_i)^2}}{\sum_{i=1}^{M} \sqrt{F_e(\rho_i)^2 + C_e(\rho_i)^2 + K_e(\rho_i)^2}} \qquad (7.2-4)$$

式中：$R(\rho_i)$ 为影响因子第 i 区间的倾倒变形体发育敏感性系数；$F_e(\rho_i)$、$C_e(\rho_i)$ 及

$K_e(\rho_i)$ 分别为第 i 区间的倾倒变形体发育频次贡献指数、发育面积贡献指数及发育体积贡献指数。

7.2.2.2　单因子敏感性分析

1. 坡度因子敏感性分析

坡度历来是影响坡体稳定性的重要影响因素，在某种程度上极大地控制了坡体的初始变形趋势。坡度因子在岩坡倾倒变形分析中亦显得至关重要。通过前期总结分析，倾倒变形体发育状态与坡度近似呈现正相关规律，而且在耦合其他因子作用时，坡度因子部分变化区间呈现高敏感态势。

以收集的倾倒变形体数据源为例，将倾倒变形体所在坡体坡度大致划分为 5 个区间：31°～40°、41°～50°、51°～60°、61°～70°及 71°～90°。以上述 5 个区间为基准，针对倾倒变形体发育进行各类坡度区间贡献率计算，结果见表 7.2-1。在此基础上获得坡度因子区间变化对倾倒变形体发育的敏感性程度。

表 7.2-1　　　　　　　　　　坡度影响因子贡献率计算结果

坡度区间 /(°)	频　次		面　积		体　积		敏感性系数
	贡献率/%	贡献指数	贡献率/%	贡献指数	贡献率/%	贡献指数	
31～40	3.76	1	2.60	1	2.91	1	0.067
41～50	42.53	5	48.12	5	53.98	5	0.333
51～60	20.18	3	21.23	3	20.33	3	0.200
61～70	10.88	2	9.11	2	7.80	2	0.133
71～90	22.65	4	18.94	4	14.98	4	0.267

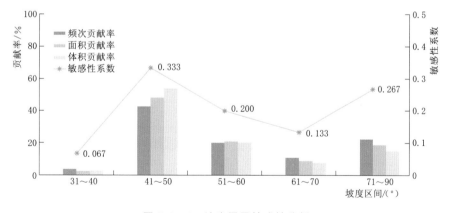

图 7.2-1　坡度因子敏感性分析

通过上述计算分析，各大水利水电工程中遭遇的倾倒变形体，其发育状态的地形坡度影响规律并非随着坡度的增大而线性增大。多数倾倒变形体的发育大致集中于 41°～50°坡度区间，而 51°～90°坡度区间发育的倾倒变形体其发育程度随角度的增大呈现 V 形变化关系。从敏感性系数可以直观地看出，中陡角度的边坡是发育倾倒变形体最强的坡体。

2. 坡形结构因子敏感性分析

一般来说，边坡的初始稳定性亦受到地形因子的强烈影响，从以往的研究经验及直观可知，凸形坡的稳定性较凹形坡要低。同时，由于坡形的不同导致坡体内应力分布也会产生很大的差异，凸形坡造成坡体的水平应力减弱，甚至出现拉应力，不利于坡体的稳定；凹形坡则可以使坡面走向上的水平应力增强，增大坡体稳定性。但如前所述，坡体稳定性是多因子耦合作用下的结果。不同的坡体变形模式的坡形因子的敏感性不同。因此，针对倾倒变形体发育，坡形的影响作用及敏感性是值得探究的。

坡形主要指地表坡面的曲折转变状态，不仅包括坡体的垂直剖面形态，也包括坡体水平剖面形态，但对比分析可知，坡体的空间稳定性一般多论述垂直方向的变形破坏，因此对于坡形的分析多探究坡体垂直剖面形态对坡体的敏感影响程度。直观上看，立面坡形主要包括三种：凸形、凹形及直线形。以收集的倾倒变形体案例数据为基础，分析倾倒变形体发育所在边坡坡形，在前三种基本坡形的基础上得到5种坡形结构，分析不同坡形结构对倾倒变形体发育的敏感性。

对收集的倾倒变形体数据源进行分析，得到5种坡形结构分别为：凸形坡、上凸下凹形坡、直线形坡、上凹下凸形坡、凹形坡（见图7.2-2）。应用贡献率法计算上述坡形结构对倾倒变形体发育的各类贡献率及敏感性系数，结果见表7.2-2。图7.2-3为坡形结构对倾倒变形体发育的敏感程度分析图。

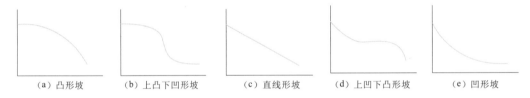

|（a）凸形坡 |（b）上凸下凹形坡 |（c）直线形坡 |（d）上凹下凸形坡 |（e）凹形坡 |

图 7.2-2　坡形结构

表 7.2-2　　　　　　　　　　坡形影响因子贡献率计算结果

坡形结构	频　次		面　积		体　积		敏感性系数
	贡献率/%	贡献指数	贡献率/%	贡献指数	贡献率/%	贡献指数	
凸形坡	27.58	4	36.24	5	34.11	4	0.287
上凸下凹形坡	11.55	3	16.31	3	17.46	3	0.198
直线形坡	49.11	5	35.67	4	39.33	5	0.309
上凹下凸形坡	5.82	1	6.46	2	4.31	1	0.093
凹形坡	5.93	2	5.32	1	4.79	2	0.113

如图7.2-3所示，在倾倒变形体案例分析中，直线形坡在岩坡倾倒方面占据最大比例，直线形坡对于倾倒变形体发育敏感程度最高。而凸形坡及上凸下凹形坡则对倾倒变形体的发育贡献次之。凹形坡与上凹下凸形坡则对倾倒变形体的孕育影响程度略低。由此可进一步证明，不同的坡体变形模式，坡形影响因子不同变化类型对其贡献率不同，而且单一影响因子对坡体变形发育的影响并不与均衡条件下的结果相同（凸形坡更易发生倾倒变形）。

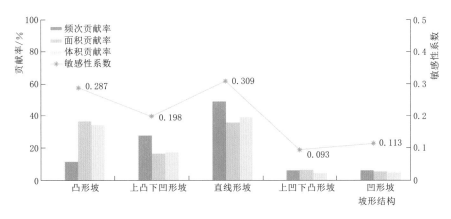

图 7.2 - 3　坡形结构对倾倒变形体发育的敏感程度分析图

3. 坡高因子敏感性分析

一般来说，坡高越高，具有的势能越强，其变形所需的能量储备越高，对坡体变形具有正相关的促进规律。坡高是描述一定区域内坡体地形起伏度的度量因子，分析坡高变化对倾倒变形体发育的影响程度具有一定的理论及实践意义。分析该次收集的倾倒变形体案例数据后发现，倾倒变形体所在的坡体高度多大于百米，最高达 600m 以上，呈现高～超高边坡势态。归纳对比后，将倾倒变形体案例中坡高因子变化按百米级大致分割为 6 个变化区间：100～200m、200～300m、300～400m、400～500m、500～600m、>600m。

以上述 6 个坡高变化区间为基准，应用贡献率法计算不同坡高变化区间对倾倒变形发育的影响作用，计算结果见表 7.2 - 3。在此基础上绘制坡高因子变化对倾倒变形体发育的敏感性程度，如图 7.2 - 4 所示。由图 7.2 - 4 和表 7.2 - 3 结果可以看出，该次倾倒变形体案例数据源相对坡高因子的敏感区间集中于 400～500m 及大于 600m 的高边坡坡体中，特别是大于 600m 的高边坡出现的倾倒现象最为严重。从图 7.2 - 4 可以看出，随着坡高的增大，倾倒变形体发育基本呈现近似正相关关系。虽然在部分高度区间倾倒变形体发育程度略微降低，但基于案例数据源的统计分析结果所表现的宏观特征，其并不严重妨碍坡高增大导致岩坡倾倒现象增强效应的表现。

表 7.2 - 3　　　　　　　　　　　　坡高因子贡献率计算结果

坡高 /m	频　次		面　积		体　积		敏感性系数
	贡献率/%	贡献指数	贡献率/%	贡献指数	贡献率/%	贡献指数	
100～200	10.55	1	11.65	2	11.12	1	0.067
200～300	12.29	2	10.29	1	11.29	2	0.082
300～400	14.33	3	13.33	3	14.06	4	0.159
400～500	19.67	5	15.67	5	16.94	5	0.236
500～600	11.29	4	14.99	4	13.55	3	0.174
>600	31.87	6	34.07	6	32.95	6	0.282

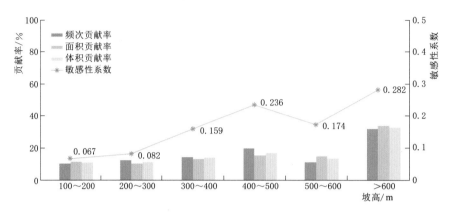

图 7.2-4　坡高因子敏感性分析图

4. 岩层倾角因子敏感性分析

前人在针对反倾层状坡体的岩层倾角变化对坡体稳定或安全性研究上，得出了一些有益结论。位伟等（2008）应用 G-B 方法，在岩层倾角变化下固定其他影响因子，计算分析岩层倾角变化对倾倒变形体稳定性的影响。其结果显示当岩层倾角处于 $30°\sim65°$ 时，倾倒变形体安全系数随着岩层倾角的增加而降低，并且两者近似呈线性关系；而当岩层倾角处于 $65°\sim75°$ 时，倾倒变形体安全系数随着岩层倾角的增加而增大。程东幸等（2005）则在层状反倾岩质边坡影响因素及反倾条件分析的相关研究中也取得了上述相似的结论。

上述研究证明，岩层倾角的变化在某些区间段对岩坡倾倒变形具有较高的敏感特性。通过悬臂梁模型可知，岩层倾角越大，其重力弯矩效应越强，对岩坡倾倒变形的贡献愈大。该次研究在对倾倒变形体案例数据源初步分析的基础上，将岩层倾角按 $10°$ 差距划分为 7 个区间：$<30°$、$31°\sim40°$、$41°\sim50°$、$51°\sim60°$、$61°\sim70°$、$70°\sim80°$、$81°\sim90°$。应用贡献率法计算各区间对应倾倒变形体发育的频次、面积、体积贡献率及贡献指数，并进一步计算各岩层倾角区间的敏感性系数。计算结果见表 7.2-4，同时在计算结果基础上绘制岩层倾角因子对倾倒变形体发育的敏感性分析图（见图 7.2-5）。

表 7.2-4　　　　　　　　　　岩层倾角因子贡献率计算结果

岩层倾角 /(°)	频　次		面　积		体　积		敏感性系数
	贡献率/%	贡献指数	贡献率/%	贡献指数	贡献率/%	贡献指数	
<30	3.15	1	2.65	2	2.12	1	0.050
$31\sim40$	4.31	2	2.29	1	3.36	2	0.061
$41\sim50$	10.33	3	13.43	4	14.66	4	0.131
$51\sim60$	19.64	5	15.67	5	16.04	5	0.177
$61\sim70$	21.27	6	24.29	6	19.55	6	0.214
$71\sim80$	26.87	7	30.07	7	31.15	7	0.248
$81\sim90$	14.43	4	11.6	3	13.12	3	0.119

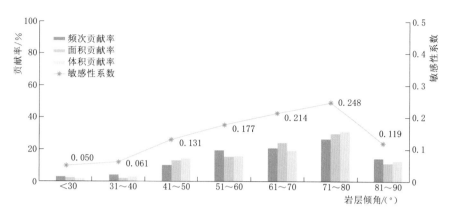

图 7.2 - 5 岩层倾角因子敏感性分析图

由表 7.2 - 4 和图 7.2 - 5 可知,岩层倾角对倾倒变形体发育的影响敏感性主要集中于 41°~80° 范围内,而且基本随着岩层倾角的越大,倾倒变形体发育程度越高。特别是当岩层倾角增大至 61°~80° 时,该角度的岩层最易发生倾倒。该次进行贡献率分析的案例数据源所体现的岩层倾角影响倾倒发育敏感特征与前人研究结果基本保持一致。

5. 岩性因子敏感性分析

在边坡变形工程地质分析中,无论边坡发生何种形式的变形破坏,在其变形破坏的演化过程中首先应识别其初始坡体结构。坡体结构不同于岩体结构,是一种宏观结构,其在分析表达时主要考虑三方面要素:结构面、工程地质岩组(即岩性)及临空面。

针对研究收集的倾倒变形体案例数据源进行初步分析,倾倒变形体多发育于变质岩或板裂化的坚硬岩石中,常见的岩性主要有板岩、千枚岩、片岩、变质(粉)砂岩、泥岩、泥灰岩等。而一些在构造作用或浅表生改造作用下形成的英安岩、板裂花岗岩、片麻岩、凝灰岩中也能见到倾倒变形体的发育,且一般规模较大。分析以倾倒变形体案例中的倾倒变形部位主体岩性为准,划分得到易倾倒岩性分组:主体板岩,主体砂岩,主体千枚岩,主体片岩、泥岩、页岩,其他互层型岩组。应用贡献率法计算各主体岩性分组对倾倒变形体发育的贡献率、贡献指数及敏感性系数,计算结果见表 7.2 - 5,同时绘制岩性因子对倾倒变形体发育的敏感性分析图(见图 7.2 - 6)。

表 7.2 - 5　　　　　　　　　　　岩性因子贡献率计算结果

岩性	频　次		面　积		体　积		敏感性系数
	贡献率/%	贡献指数	贡献率/%	贡献指数	贡献率/%	贡献指数	
主体板岩	28.54	4	26.65	4	22.72	4	0.260
主体砂岩	10.71	2	12.49	1	13.16	1	0.092
主体千枚岩	16.83	3	15.45	2	14.69	3	0.176
主体片岩、泥岩、页岩	10.67	1	15.67	3	14.14	2	0.146
其他互层型岩组	33.25	5	29.74	5	35.29	5	0.326

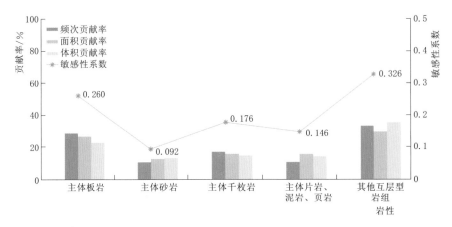

图 7.2 - 6　岩性因子敏感性分析

由表 7.2 - 5 和图 7.2 - 6 可以看出，各类主体单一岩性发育倾倒变形体的敏感程度基本相当，无论是强度较高的砂岩或板岩，还是强度相对较低的千枚岩、片岩、泥岩或页岩，在重力弯矩作用下均会产生一定概率的倾倒变形体，但从敏感性分析结果可知，一般岩性越软的岩层发育倾倒变形体的概率越高。值得注意的是，自然界自然演化形成的倾倒变形体中，以软硬互层为主体的边坡岩体发生倾倒变形的程度最大，由此也揭示了软硬互层岩坡发育倾倒变形体的普遍性。

6. 裂隙密度因子敏感性分析

研究表明，边坡变形受坡体结构控制，坡体结构分析三要素中包含结构面要素。而结构面按规模大致分为三级，Ⅰ级、Ⅱ级结构面因其规模大、数量少且具有一定规律性而被单独探究；而Ⅲ级结构面中，特别是一些不同倾斜角度、规模较小、数量较多、宏观上具有一定定向分布的裂隙结构面有时成为影响边坡岩体变形及稳定性的控制性要素。在众多倾倒变形体调查分析中，坡体平硐内分布大大小小裂隙数量成千上万条。这些裂隙的赋存构成了岩体不连续特征的基础，造成其应力状态随裂隙形迹变化而变化，致使岩体变形及稳定性在某些程度上完全受控裂隙的状态及力学特性。

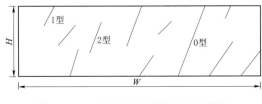

图 7.2 - 7　取样窗口裂隙迹线示意图

为探究边坡岩体富含裂隙数量对岩坡倾倒变形的影响作用，针对案例倾倒变形体平硐展示的裂隙素描进行裂隙面密度的统计计算。如图 7.2 - 7 所示，基于窗口统计法，取窗口宽为 W，高为 H，依照周福军等（2013）提出的方法计算裂隙迹线端点总数 N：

$$N = n - n_0 + n_2 \qquad (7.2 - 5)$$

式中：n 为窗口中裂隙迹线数量；n_0 为窗口内 0 型裂隙迹线数量，n_2 为窗口中 2 型裂隙迹线数量。

由上述窗口裂隙端点数量计算，再基于式（7.2 - 6）即可得到由窗口法计算的裂隙面密度 λ_a：

$$\lambda_a = \frac{N}{2HW} \tag{7.2-6}$$

通过计算各倾倒变形体案例典型平硐内裂隙平均面密度，结合岩体质量将裂隙平均面密度划分为三个级别：高密度（>1），中密度（0.1~1），低密度（<0.1）。应用贡献率法计算各裂隙密度区间对倾倒变形体发育的各类别贡献率，计算结果见表 7.2-6，同时得到裂隙密度因子对倾倒变形体敏感性分析图（见图 7.2-8）。

表 7.2-6　　裂隙密度因子贡献率计算结果

裂隙密度	频　次		面　积		体　积		敏感性系数
	贡献率/%	贡献指数	贡献率/%	贡献指数	贡献率/%	贡献指数	
高密度	38.24	2	42.02	2	38.92	2	0.289
中密度	56.97	3	52.33	3	53.16	3	0.533
低密度	4.79	1	5.65	1	7.92	1	0.178

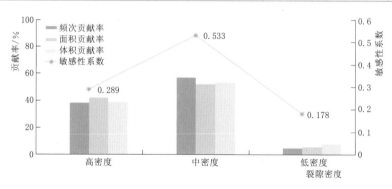

图 7.2-8　裂隙密度因子敏感性分析图

由表 7.2-6 和图 7.2-8 可以看出，针对该次收集的倾倒变形体案例数据分析发现，属于中密度的坡体发生倾倒变形的程度最大，高密度坡体次之。这样的分析结果与实际情况略有出入，一般来说，坡体裂隙密度越大，坡体破碎程度越高，对应坡体变形越剧烈。如此说来，推测分析其原因在于案例数据样本的数量较少，不足以反映裂隙密度对倾倒变形体发育的影响作用；另外，倾倒变形体的发育受裂隙影响可能存在一个临界密度，当裂隙密度达到临界密度时，边坡岩体在其他相关因素影响下会发生倾倒变形。

7.2.2.3　多因子敏感性分析

前述应用贡献率法分析了倾倒变形体发育的各影响因子单一变化时的敏感性。下面进行各影响因子之间的敏感性分析。本节采用乔建平等（2008）提出的贡献率权重模型进行影响因子互权重的计算分析。该方法在各单因子变化子类贡献率基础上，首先进行变化子类的自权重计算，然后再进一步计算因子之间的互权重，以互权重结果分析因子之间的敏感性。

首先对不同影响因子各区间或子类对倾倒变形体发育贡献率采用式（7.2-7）进行均值化处理：

$$V(\rho_i) = \frac{F(\rho_i) + C(\rho_i) + K(\rho_i)}{3} \tag{7.2-7}$$

式中：$V(\rho_i)$ 为影响因子各区间或子类的平均贡献率。

根据因子区间或子类对倾倒变形体发育的平均贡献率，采用等距法将因子的子类贡献率依照式（7.2-8）划分为高、中、低三个级别区间，再通过式（7.2-9）对每一级别区间贡献率进行均值化处理，最后应用式（7.2-10）进行各级别区间自权重的计算：

$$
\left.\begin{array}{l}
X_H = (X_{\max}, X_{\max} - d) \\
X_M = (X_{\max} - d, X_{\min} + d) \\
X_L = (X_{\min} + d, X_{\min})
\end{array}\right\} \qquad (7.2-8)
$$

其中

$$
d = \frac{X_{\max} - X_{\min}}{3}
$$

式中：X_H、X_M、X_L 分别为倾倒变形体影响因子高、中及低贡献区间或子类；$X_{\max}$、$X_{\min}$ 分别为影响因子子区间及子类贡献率的最大值及最小值。

$$
\left.\begin{array}{l}
\overline{HX} = \dfrac{\sum HX_i}{N_H} \\[2mm]
\overline{MX} = \dfrac{\sum MX_i}{N_M} \\[2mm]
\overline{LX} = \dfrac{\sum LX_i}{N_L}
\end{array}\right\} \qquad (7.2-9)
$$

式中：$\overline{HX}$、$\overline{MX}$、$\overline{LX}$ 分别为影响因子高、中及低贡献区间或子类的贡献率平均值；$\sum HX_i$、$\sum MX_i$、$\sum LX_i$ 分别为影响因子高、中及低贡献区间或子类的贡献率之和；N_H、N_M、N_L 分别为影响因子高、中及低贡献区间或子类指标个数。

$$
\left.\begin{array}{l}
W_H = \dfrac{\overline{HX}}{\sum \overline{X}} \\[2mm]
W_M = \dfrac{\overline{MX}}{\sum \overline{X}} \\[2mm]
W_L = \dfrac{\overline{LX}}{\sum \overline{X}}
\end{array}\right\} \qquad (7.2-10)
$$

其中

$$
\sum \overline{X} = \overline{HX} + \overline{MX} + \overline{LX}
$$

式中：$\overline{HX}$、$\overline{MX}$、$\overline{LX}$ 分别为影响因子高、中及低贡献区间或子类的贡献率平均值；W_H、W_M、W_L 分别为影响因子高、中及低贡献区间或子类的自权重系数。

各影响因子间的敏感性可以用因子间互权重进行特征表达。影响因子间的互权重可应用式（7.2-11）进行计算：

$$
W' = \frac{\sum \overline{X}}{\sum \overline{\overline{X}}} \qquad (7.2-11)
$$

其中

$$
\sum \overline{X} = \overline{HX} + \overline{MX} + \overline{LX}
$$

式中：W' 为影响因子的互权重。

应用上述计算方法，在前述各单因子敏感性分析的基础上，计算各影响因子的互权重（因子间的敏感性系数），分析各影响因子之间对倾倒变形体发育的敏感性。影响因子互权重计算结果和多影响因子敏感性分析分别见表7.2-7及图7.2-9。

表 7.2 - 7　　　　　　　　　　　　　影响因子互权重计算结果

互权重	影 响 因 子					
	坡度	坡形	坡高	岩层倾角	岩性	裂隙密度
W'	0.162	0.161	0.135	0.115	0.158	0.269

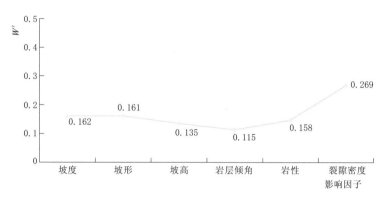

图 7.2 - 9　多影响因子敏感性分析

从选取案例的数据统计分析结果来看，各影响因子间以裂隙密度对倾倒变形体发育影响程度最高，其次为坡度、坡形及岩性，坡高及岩层倾角影响程度相对较低。由于数据提取技术的限制，对于裂隙影响倾倒变形体发育的敏感性分析仅仅止步于裂隙密度，而裂隙赋存的表达方式有很多种，如裂隙间距、裂隙长度及裂隙展布方式等。但仅仅裂隙密度一类因子即表现出对倾倒变形体发育的高敏感性，基于此在未来倾倒变形体稳定性分析及防治中，应对裂隙的各种表达方式下的影响作用进行重点深入探究。并且，获取资料的局限性和准确性可能会导致与实际情况的偏差，但是验证了此方法对倾倒变形影响因子评价的可行性，若有充足的数据，可利用此方法进行深入研究。

7.2.3　基于 Logistic 回归的倾倒变形体发育影响因子敏感性分析

7.2.3.1　Logistic 回归模型

1. 基本理论

在自然界中，很多地质变化结果都是不定的，结果可能是两种，也可能是多种。那么对其进行模型分析时，以往的简单的两变量线性回归就显得较为单薄。科学的研究是不断深化研究对象及研究技术的过程。在边坡变形的影响机制模型分析中，可以进行多自变量、二值因变量的分析。这样的分析思路即可以探索多因素下地质条件耦合所产生的二值结果响应。如边坡的变形破坏可以是倾倒破坏，也可以是滑动破坏；或者倾倒变形体可以是稳定的，也可以是不稳定的；再或者边坡变形可以成灾，也可以不成灾。将上述二值分类结果作为因变量，多类影响因子作为自变量就可以产生一个二值分类变量的回归分析问题。

解决二值分类变量的回归分析问题目前最有效的办法即是 Logistic 回归分析。其优势在于进行统计分析时，自变量可以接受连续类，也可以接受离散类，不需要自变量服从正态分布。假定边坡发生变形的结果为两种状态：倾倒（1），非倾倒（0）。假设 P 为边坡发生倾倒变形的概率，其取值范围为 $0 \leqslant P \leqslant 1$，则边坡发生非倾倒变形的概率为 $1-P$。对 P 进行

logit 变换，以 P 为因变量，同时选择多个影响因子为自变量，建立线性回归方程：

$$\text{logit}(P) = \ln\left(\frac{P}{1-P}\right) = \beta_0 + \beta_1 x_1 + \beta_2 x_2 + \cdots + \beta_m x_m \qquad (7.2-12)$$

式中：x_1，x_2，$\cdots$，x_m 为影响因变量概率的多个因子；β_1，β_2，$\cdots$，β_m 分别对应各因子的逻辑回归系数；β_0 为待定常数项。

通过变换可得倾倒变形发生概率 P 的表达式为

$$P = \frac{\exp(\beta_0 + \beta_1 x_1 + \beta_2 x_2 + \cdots + \beta_m x_m)}{1 + \exp(\beta_0 + \beta_1 x_1 + \beta_2 x_2 + \cdots + \beta_m x_m)} \qquad (7.2-13)$$

通过式（7.2-13）可以在构建模型的基础上进行新岩坡案例倾倒变形发生概率的预测。当 $P < 0.5$，可确定为非倾倒（0）模式；当 $P \geqslant 0.5$，则可确定为倾倒（1）模式。

在 Logistic 回归模型中，如式（7.2-14）所示，倾倒变形概率（P）与非倾倒变形概率（$1-P$）之比被称之为优势比（Odds）。以式（7.2-12）为基础，固定除 x_i 以外的自变量，比较 $x_i + 1$ 时的概率 P 的 logit 变化值 [式（7.2-15）]：

$$\text{Odds} = \frac{P}{1-P} \qquad (7.2-14)$$

$$\left.\begin{array}{l} \ln(\text{Odds}_{x_i}) = \beta_0 + \beta_1 x_1 + \beta_2 x_2 + \cdots + \beta_i x_i + \cdots + \beta_m x_m \\ \ln(\text{Odds}_{x_i+1}) = \beta_0 + \beta_1 x_1 + \beta_2 x_2 + \cdots + \beta_i(x_i+1) + \cdots + \beta_m x_m \\ \ln(OR_i) = \ln(\text{Odds}_{x_i+1}) - \ln(\text{Odds}_{x_i}) = \beta_i \end{array}\right\} \qquad (7.2-15)$$

经过反对数变化，可得

$$OR_i = \frac{\text{Odds}_{x_i+1}}{\text{Odds}_{x_i}} = e^{\beta_i} \qquad (7.2-16)$$

式中：OR_i 为第 i 个影响因子所对应的优势比。

式（7.2-16）的物理意义指明系数 β_i 取值大小及符号说明变量 x_i 对倾倒变形发生的影响大小和方向。也就是说，当 $\beta_i \geqslant 0$ 时，变量的水平值每增加一个单位，倾倒变形发生的相对概率便提高 $\exp(\beta_i)$ 倍；而当 $\beta_i < 0$ 时，变量的水平值每增加一个单位，倾倒变形发生的相对概率便降低 $\exp(\beta_i)$ 倍。那么通过对样本数据标准化后进行 Logistic 回归分析，得到回归后的标准化 Logistic 系数，系数越大，说明其对倾倒变形体发生的影响程度越大，即该因子敏感性越强。

2. 评价方式

通过 Logistic 回归法构建的多因子下倾倒变形体发育 Logistic 回归模型，在通过样本学习得到回归方程时，需要对模型的可信度或者正确性进行评价。模型是否真实且准确地反映了影响因子与因变量之间的统计规律，还需要对模型的拟合优度或者显著性进行评价。一般来说，可以采用以下几个指标对 Logistic 回归方程的拟合效果进行评价：

（1）回归模型拟合的显著性检验值（P），当 $P < 0.05$ 时，即表示建立的回归方程拟合效果是显著的。

（2）拟合优度检验包含的 Pearson、偏差、Hosmer-Lemeshow 3 种方法的 P 值，当 $P > 0.05$ 时，即表示所建立的回归方程具有良好的拟合效果。

（3）自变量系数显著性检验的 P 值，当 $P < 0.05$ 时，即表示自变量系数是显著的。

（4）事件预测结果的比较，依据回归方程可以得到其发生概率，从而得到对应结果（$P \geqslant 0.5$，表示事件发生，状态表示为"1"；$P < 0.5$，表示事件不发生，状态表示为"0"），将得到的预测结果与真实结果进行对比作为模型的优劣评价依据。

7.2.3.2　倾倒变形体发育影响因子选取及样本数据的准备

根据前人对岩坡发生倾倒变形案例的研究成果可知，倾倒变形体的发生不仅受到内部自身因子的影响作用，同时受到外部因子的触动。由于受地震及人类工程活动直接触发的倾倒变形体数量较少，因此进行倾倒变形体发育影响因子的敏感性分析仅针对自然演化型倾倒变形体。而自然演化型的倾倒变形体发育主要受控于自身坡体结构特征，因此其因子的选取多来源于原始边坡坡体结构要素的筛选。

根据前人研究基础，综合选择坡度、坡形、坡高、岩层倾角、岩性及裂隙密度6类影响因子。由于影响因子中包含了连续变量因子及分类离散型变量因子，为了进行统一分析，利用自然断点法将连续变量分类，转化为分类变量，并重新进行赋值。各影响因子经重新分类并且赋值后的结果见表7.2-8。相应的Logistic回归模型的因变量因子为二分离的，对应两种状态（0为非倾倒变形体，1为倾倒变形体）。

表 7.2-8　　　　　　　　　　　　　影响因子分类赋值表

因子	类　别　及　其　赋　值						
坡度	$31°\sim40°$	$41°\sim50°$	$51°\sim60°$	$61°\sim70°$	$71°\sim90°$		
	$x_1=0$	$x_1=1$	$x_1=2$	$x_1=3$	$x_1=4$		
坡形	凸形	上凸下凹形	直线形	上凹下凸形	凹形		
	$x_2=0$	$x_2=1$	$x_2=2$	$x_2=3$	$x_2=4$		
坡高	$100\sim200m$	$200\sim300m$	$300\sim400m$	$400\sim500m$	$500\sim600m$	$>600m$	
	$x_3=0$	$x_3=1$	$x_3=2$	$x_3=3$	$x_3=4$	$x_3=5$	
岩层倾角	$<30°$	$31°\sim40°$	$41°\sim50°$	$51°\sim60°$	$61°\sim70°$	$71°\sim80°$	$81°\sim90°$
	$x_4=0$	$x_4=1$	$x_4=2$	$x_4=3$	$x_4=4$	$x_4=5$	$x_4=6$
岩性	主体板岩	主体砂岩	主体千枚岩	主体片岩、泥岩、页岩	其他互层型岩组		
	$x_5=0$	$x_5=1$	$x_5=2$	$x_5=3$	$x_5=4$		
裂隙密度	高密度	中密度	低密度				
	$x_6=0$	$x_6=1$	$x_6=2$				

在上述因子的基础上，选择西南水电工程遇到的56个自然演化型倾倒变形体为案例，再选择水电工程遇到的滑坡案例及蠕变边坡案例120个，共计176个边坡变形案例为该次Logistic回归分析的数据源。

7.2.3.3　Logistic回归模型的建立及单因子敏感性分析

Logistic回归模型在构建过程中，可以通过不同的模型选择方法进行变量的筛选，最终建立能够真正反映倾倒变形体发育的多因子Logistic分析模型。将前述准备的样本数据源导入SPSS中进行二元逻辑回归（binary logistic regression）分析，选择正向逐步选择法逐步筛选变量，进行多次迭代回归计算，模型最终确定上述6个影响因子均可作为倾倒变形体发育的重要影响因素。回归计算结果见表7.2-9，回归模型如下：

$$\mathrm{logit}(P) = \ln\left(\frac{P}{1-P}\right) = -1.2356 + 0.4964x_1 + 0.4421x_2 + \cdots + 1.5612x_6 \qquad (7.2-17)$$

式中：x_1、x_2、x_3、x_4、x_5、x_6分别为坡度、坡形、坡高、岩层倾角、岩性及裂隙密度影响因子。

表 7.2-9　　　倾倒变形体影响因子敏感性 Logistic 回归计算结果表

变量		β	$S.E$	$Wald$	df	$sig.$	exp^β	β^*
坡度	对照组 31°～40°			5.3264E+08	4	0.0021		
	41°～50°	0.4964	3.2314E−05	1.7456E+08	1	0.0065	1.6428	0.1562
	51°～60°	0.4421	3.5459E−05	1.4587E+08	1	0.0078	1.5560	0.1321
	61°～70°	0.3617	5.2154E−05	2.3215E+07	1	0.0155	1.4358	0.0615
	71°～90°	0.4018	4.0119E−05	1.3654E+08	1	0.0088	1.4945	0.0845
坡形	对照组凹形			9.2364E+08	4	0.0087		
	上凹下凸形	0.2315	8.1149E−05	8.2679E+07	1	0.0198	1.2605	0.0659
	直线形	0.4101	9.2564E−05	8.2915E+07	2	0.0099	1.5070	0.0996
	上凸下凹形	0.5519	5.3312E−05	6.0028E+08	1	0.0097	1.7365	0.1319
	凸形	0.6552	8.6544E−05	6.1298E+08	1	0.0089	1.9255	0.1566
坡高	对照组 100～200m			3.2569E+08	5	0.0019		
	200～300m	−0.9214	5.4589E−05	5.1269E+07	1	0.0521	0.3980	−0.1648
	300～400m	−0.8549	4.5612E−05	6.2384E+06	1	0.0121	0.4253	−0.1564
	400～500m	0.2016	5.1294E−05	6.2315E+05	1	0.1232	1.2234	0.0289
	500～600m	0.1011	4.5598E−05	6.2351E+05	1	0.2216	1.1064	0.0167
	＞600m	0.2899	5.1213E−05	5.4689E+05	1	0.2234	1.3363	0.0218
岩层倾角	对照组＜30°			4.2156E+08	6	0.0062		
	31°～40°	0.2136	3.2151E−05	5.1236E+07	1	0.0164	1.2381	0.0201
	41°～50°	0.3115	4.1258E−05	6.2159E+07	1	0.0132	1.3655	0.0226
	51°～60°	0.3215	5.3647E−05	9.2156E+07	1	0.0121	1.3792	0.0811
	61°～70°	0.4569	4.2689E−05	4.1269E+08	1	0.0095	1.5792	0.1126
	71°～80°	0.5297	4.2156E−05	5.2316E+08	1	0.0088	1.6984	0.1447
	81°～90°	0.3216	4.6214E−05	3.2156E+08	1	0.0099	1.3793	0.0845
岩性	组主体板岩			2.1269E+08	4	0.0016		
	主体砂岩	0.3512	1.1554E−05	1.0231E+08	1	0.0066	1.4208	0.0854
	主体千枚岩	0.5564	4.4459E−05	1.8895E+08	1	0.0024	1.7444	0.2281
	主体片岩、泥岩、页岩	0.4215	3.2164E−05	1.5626E+08	1	0.0049	1.5242	0.1129
	其他互层型岩组	0.9564	5.669E−05	2.3564E+08	1	0.0014	2.6023	0.3215

续表

变　量		β	$S.E$	$Wald$	df	$sig.$	exp^{β}	β^{*}
裂隙密度	对照组低密度			3.2614E+07	2	0.0022		
	中密度	0.5312	4.1256E−05	5.6215E+06	1	0.0032	1.7010	0.2586
	高密度	1.5612	2.3159E−05	1.2648E+06	1	0.0045	4.7645	0.3544
截距		−1.2356	7.5124E−05	2.3156E+08	1			

注　$S.E$ 为回归系数估计量的标准差；$Wald$ 为回归系数检验的统计量值；df 为变量自由度；$sig.$ 为显著性概率值；β^{*} 为标准回归系数。

如表 7.2 − 9 所示，由标准回归系数 β^{*} 的大小可以看出，对于坡度影响因子，41°～60°是倾倒变形体发育的敏感区间；对于坡形影响因子，凸形坡及上凸下凹形坡则是倾倒变形体发育的敏感分类；对于岩层倾角影响因子，60°～80°则是影响倾倒变形体发育的敏感性区间；而对于裂隙密度影响因子，高裂隙密度显然对倾倒变形体发育具有最高敏感度。

7.2.3.4　多因子敏感性分析

基于前述优势比概念及表 7.2 − 9 的标准回归系数计算结果，采用标准系数求平均方式得到各影响因子的标准系数，同时计算各影响因子优势比，结果见表 7.2 − 10 及图 7.2 − 10。由图 7.2 − 10 可知，通过 Logistic 回归分析，岩性是影响倾倒变形体发育最敏感的因素，其他依次为裂隙密度、岩层倾角、坡形、坡度及坡高。多因子敏感性分析结果与前节贡献率法多因子敏感性分析结果略有差距，其原因可能为统计分析的数据源不同。但对于倾倒变形体的发育研究重点关注的裂隙影响性来说，裂隙指标的敏感程度在两种方法分析中都占有较大的贡献比重，由此说明裂隙在倾倒变形体发育时起到了极为重要的影响作用。

表 7.2 − 10　　　　　　　因子平均标准回归系数对应的优势比

影响因子	坡度	坡形	坡高	岩层倾角	岩性	裂隙密度
平均标准回归系数	0.4343	0.4540	−0.2538	0.4656	0.7479	0.6313
优势比	1.544	1.575	0.776	1.593	2.113	1.880

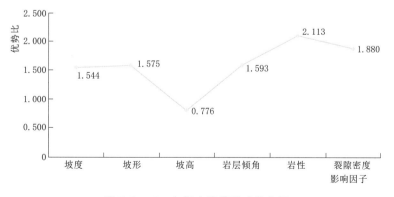

图 7.2 − 10　多影响因子敏感性分析

7.3 倾倒变形体稳定性定量计算

7.3.1 传统稳定性计算方法

目前对于倾倒变形体的稳定性评价，主要沿用 G-B 模型及其改进方法、Sarma 法或传递系数法等。

7.3.1.1 G-B 模型（Goodman et al.，1976）

该模型是最为经典的倾倒变形体稳定性计算方法，最初由 Goodman 等（1976）提出，是一种块体稳定性的极限平衡方法。该方法将倾倒变形体理想化为 n 个宽度同为 ΔL 的矩形条块，每一个条块是一个刚体，其状态只能是：①稳定；②倾倒；③滑动。这几种状态将倾倒变形体分成了三个区，为满足变形协调条件还对模型进行了下列简化：

（1）坡顶处最后一个稳定条块和第一个倾倒条块之间存在拉裂缝，相互之间没有任何作用。

（2）倾倒区的底滑面在两条块交界处有一个高度为 b 的台坎。

（3）相邻两倾倒条块间为点接触，法向力和切向力满足 Mohr-Coulomb 准则，侧面无黏聚力。

（4）各条块在底面满足 Mohr-Coulomb 准则。

G-B 模型示意如图 7.3-1 所示，当已知条块右侧作用力时，对倾倒条块左下角取矩，通过平衡方程求得左侧作用力。对于倾倒的条块，可得

$$P_n^l = \frac{P_n^r(H_r - \Delta L \tan\varphi) + \dfrac{\Delta W}{2}(H \sin\alpha - \Delta L \cos\alpha)}{H_l} \tag{7.3-1}$$

对于滑动条块，可得

$$P_n^l = P_n^r - \frac{\Delta W(\tan\varphi \cos\alpha - \sin\alpha)}{1 - \tan^2\alpha} \tag{7.3-2}$$

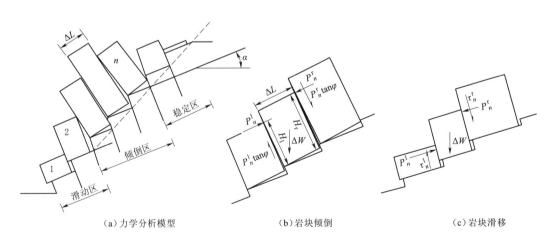

（a）力学分析模型　　　　　（b）岩块倾倒　　　　　（c）岩块滑移

图 7.3-1　G-B 模型示意图

其计算步骤如下：

（1）确定顶部稳定条块。顶部稳定条块既不倾倒也不滑动，即其重心在左下角右侧，且底滑面倾角小于结构面内摩擦角，故需满足：

$$\frac{\Delta L}{H} < \tan\alpha \text{ 且 } \tan\alpha < \tan\varphi \tag{7.3-3}$$

（2）确定第一个不满足式（7.3-3）发生倾倒的条块，从此条块向下，通过式（7.3-1）和式（7.3-2）计算每个条块倾倒或者滑动破坏的条块的推力，分别记为 P_T 和 P_s。判定每个条块的破坏趋势：

当 $P_T \geqslant 0$ 且 $P_T \geqslant P_s$，表明该条块处于倾倒状态，以式（7.3-1）计算结果作为下推力。

当 $P_T \geqslant 0$ 且 $P_T < P_s$，表明该条块处于滑动状态，以式（7.3-2）计算结果作为下推力。

（3）确定坡脚最后条块传递的下推力，该力即为保持边坡稳定所需的外力。

该方法属于理想概念模型，在实际情况下较少出现符合简化条件的坡体，使之在应用上有一定的局限性（陈祖煜，2005）：①该方法假设条块底面完全贯通，没有岩桥，只靠摩擦抵抗倾倒和下滑力，低估了潜在破坏面的抗力，会得出过于保守的结论；②该方法最终得出的是最后条块的下推力，当下推力大于 0 时表明坡体不稳定，而在使用时人们更希望得到坡体的稳定系数；③该模型假定条块都为矩形，实际上很多情况下岩层的层内结构面与层面并不正交。

对于该方法的这些局限，陈祖煜等（1996）对其进行了一些改进，使之能考虑连通率、结构面强度、坡体稳定系数以及非正交节理。但是，改进后的方法仍然假定上一条块底部台阶高于下一台阶，实际情况下受岩柱长度的控制，可能存在下一条块处的台阶高于上一条块处的台阶，导致条块转动或滑移受阻；模型只考虑了一组固定倾角的层面，实际的倾倒变形岩层在坡体不同部位可能有不同的倾倒角度，这将导致岩块边界不符合实际情况。

7.3.1.2　Sarma 法（Sarma，1981）

Sarma 法是由 Sarma 在 1981 年提出的极限平衡方法，该方法认为滑面除了理想平面或圆弧形以外，做其他滑动都必须要分解为相对运动的滑块，故需考虑滑坡本身的强度，并同时满足条块的力平衡和力矩平衡。与许多条分法不同的是该方法可以进行任意条分而不需保持每个条块边界竖直，因此在计算倾倒变形体时可按岩层进行条分。Sarma 法力学模型如图 7.3-2 所示。

由 x 和 y 方向力的平衡得到

$$T_i\cos\alpha_i - N_i\sin\alpha_i - K_c W_i + X_{i+1}\sin\delta_{i+1} + X_i\sin\delta_i - E_{i+1}\cos\delta_{i+1} + E_i\cos\delta_i = 0 \tag{7.3-4}$$

$$N_i\cos\alpha_i + T_i\sin\alpha_i - W_i - F_i - X_{i+1}\sin\delta_{i+1} + X_i\sin\delta_i - E_{i+1}\cos\delta_{i+1} + E_i\cos\delta_i = 0 \tag{7.3-5}$$

再由 Mohr-Coulomb 破坏准则：

$$T_i = (N - U_i)\tan\varphi_{B_i} + C_{B_i}b_i\sec\alpha_i \tag{7.3-6}$$

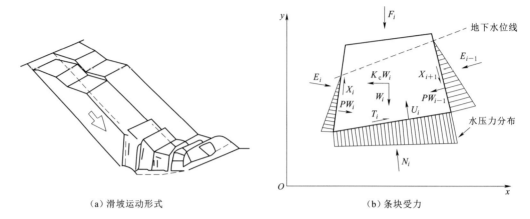

（a）滑坡运动形式　　　　　　　　　　　（b）条块受力

图 7.3 - 2　Sarma 法力学模型

$$X_i = (E_i - PW_i)\tan\varphi_i^j + c_i^j d_i \tag{7.3-7}$$

$$X_{i+1} = (E_{i+1} - PW_{i+1})\tan\varphi_{i+1}^j + c_{i+1}^j d_{i+1} \tag{7.3-8}$$

将式（7.3-6）代入式（7.3-8）中，得

$$E_{i+1} = \alpha_i - p_i K_c + E_i e_i \tag{7.3-9}$$

由于式（7.3-9）为迭代式，可以得到

$$E_{n+1} = \alpha_n - p_n K_c + E_n e_n \tag{7.3-10}$$

$$E_{n+1} = (\alpha_n + \alpha_{n-1} e_n) - (p_n + p_{n-1} e_n)K_c + E_{n-1} e_{n-1} \tag{7.3-11}$$

逐步迭代可得

$$E_{n+1} = (\alpha_n + \alpha_{n-1} e_n + \alpha_{n-2} e_n e_{n-1} + \cdots) - (p_n + p_{n-1} e_n + p_{n-2} e_n e_{n-1} + \cdots)K_c$$
$$+ E_1 e_{n-1} e_{n-2} \cdots e_1 \tag{7.3-12}$$

最后计算 K_c，在没有地震等外力作用下，$E_{n+1} = E_1 = 0$，故：

$$K_c = \frac{\alpha_n + \alpha_{n-1} e_n + \alpha_{n-2} e_n e_{n-1} + \cdots + \alpha_1 e_{n-1} \cdots e_3 e_2}{p_n + p_{n-1} e_n + p_{n-2} e_n e_{n-1} + \cdots + p_1 e_n e_{n-1} \cdots e_3 e_2} \tag{7.3-13}$$

其中

$$\alpha_i = \frac{W_i \sin(\varphi_i - \alpha_i) + R_i \cos\varphi_i + S_{i+1}\sin(\varphi_i - \alpha_i - \delta_{i+1}) - S_i \sin(\varphi_i - \alpha_i - \delta_i)}{\cos(\varphi_i - \alpha_i + \varphi_i^j - \delta_{i+1})\sec\varphi_i^j}$$

$$p_i = \frac{W_i \cos(\varphi_i - \alpha_i)}{\cos(\varphi_i - \alpha_i + \varphi_i^j - \delta_{i+1})\sec\varphi_i^j}$$

$$e_i = \frac{\cos(\varphi_i - \alpha_i + \varphi_i^j - \delta_i)\sec\varphi_i^j}{\cos(\varphi_i - \alpha_i + \varphi_i^j - \delta_{i+1})\sec\varphi_i^j}$$

$$R_i = c_i b_i \sec\alpha_i - U_i \tan\varphi_i$$

$$\varphi_i^j = \delta_1 = \varphi_{i+1}^j = \delta_{n+1} = 0$$

Sarma 法在边坡稳定性计算时加入了地震动加速度 K_c 值，鉴于地震工况属偶然工况，在进行静力分析时可通过同时将滑动面和滑坡体的抗剪强度降低，直到 K_c 为 0，此时得到的 F 值即为静力状态下的稳定系数。

倾倒变形体的折断面通常不是直线，Sarma 法能考虑折线形滑面，且能任意条分，在分析倾倒变形体时可沿倾倒岩层层面分条，也可将一组力学性质相近的岩体分成一大块，能减少条分数量，故该方法相比于 G - B 法更具有普适意义。然而，该方法需要迭代计算，相比之下计算烦琐，且在任意条分时计算的收敛性得不到保证（郑颖人等，2001）。此外，Sarma 法也未能考虑裂隙连通率的影响。倾倒变形岩层可能出现连续弯曲现象，但任意条分时不可能按照层面形态划分，这样给出的条间强度参数可能不正确。

上述两种方法都需要在已知"滑面"的基础上进行，通常情况下倾倒变形体不具有统一"滑动面"，且岩体在坡内折断深度难以通过简单的方法查清，常需要进行钻探、洞探，工作量较大。此外，地质环境的复杂性导致数值计算时难以考虑众多因素，坡体稳定性与地质环境之间可能存在复杂的非线性关系。这就促使寻找一种能快速而且能较为准确地评价坡体稳定性的方法。近年来，人工智能逐渐引入岩土工程领域，其中较为成熟的是人工神经网络法，但该方法容易陷入局部最优解，且需要样本数量大、收敛速度慢。支持向量机近几年逐渐开始用于岩土地质领域，能处理小样本、非线性和局部极小值等障碍，效率较高。

7.3.2　基于遗传算法的倾倒变形体稳定性计算

7.3.2.1　基于平动加转动运动场的稳定性极限分析

1. 反倾层状边坡地质力学模型

考虑层状岩块的平动和转动，建立如图 7.3 - 3 所示的反倾层状边坡运动地质力学模型，预先假设坡面和边坡破坏面是任意形状；建立图 7.3 - 3（a）所示的坐标系，使 X 轴和 Y 轴分别垂直和平行于岩层节理。

本书分析中，为使求解简化，对该模型进行如下假设：①分层岩石边坡岩体为理想刚塑性体，岩块自身内部无能量耗散；②岩土材料以及岩块间断面满足 Mohr - Coulomb 屈服准则和相关联流动法则。

2. 速度场建立

如图 7.3 - 3 所建立的平动和转动的反倾层状边坡运动模型中，记岩块底边的平动速度为 V_i，任取其中处于极限平衡状态的第 i 块岩块［见图 7.3 - 3（b）］，设岩块底边破坏面与水平线的夹角为 α_i，X 轴与水平

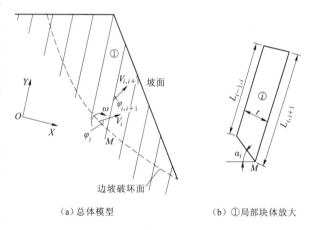

（a）总体模型　　　　（b）①局部块体放大

图 7.3 - 3　反倾层状边坡地质力学模型

方向的夹角为 α（切坡倾角），并假设第 i 块和第 $i+1$ 块岩块间交界面长度为 $L_{i,i+1}$，岩块底部长度为 L_i，绕岩块最低点 M［M 坐标（x_i，y_i）］的转动速度为 ω_i，根据模型假设和岩块间速度间断面流动法则可以推出平动加转动运动场的边坡具有相同的转动速度 ω。岩块内任一点（x，y）速度为

$$u = u_i - \omega(y - y_i) \tag{7.3 - 14}$$

$$v = v_i + \omega(x - x_i) \tag{7.3-15}$$

式中：u_i 和 v_i 分别为底边的平动速度 V_i 沿 X 轴和沿 Y 轴分量；u 和 v 分别为岩块内任意点沿 X 轴和沿 Y 轴分量（即垂直和平行于节理方向）。

由于岩块相对剪切位移方向与倾倒转动方向相反，于是，第 i 块和第 $i+1$ 块速度间断面表示为

$$u_{i,i+1} = u'_{i,i+1} - u''_{i,i+1} \tag{7.3-16}$$

$$v_{i,i+1} = v'_{i,i+1} - v''_{i,i+1} \tag{7.3-17}$$

式中：$u_{i,i+1}$ 和 $v_{i,i+1}$ 为第 i 块和第 $i+1$ 块岩块间的垂直和平行于节理方向的速度间断；$u'_{i,i+1}$ 和 $v'_{i,i+1}$ 为平动引起的速度间断；$u''_{i,i+1}$ 和 $v''_{i,i+1}$ 为绕岩块最低点转动引起的岩间速度间断。

相邻滑体单元的速度多边形要满足矢量闭合，可得

$$u'_{i,i+1} = u_{i+1} - u_i \tag{7.3-18}$$

$$v'_{i,i+1} = v_{i+1} - v_i \tag{7.3-19}$$

$$u''_{i,i+1} = -\omega(y_{i+1} - y_i) \tag{7.3-20}$$

$$v''_{i,i+1} = \omega(x_{i+1} - x_i) \tag{7.3-21}$$

由图 7.3-3 中的几何关系，并记 $\beta_i = \alpha_i - \alpha$，岩块底和岩块间满足假设②可得

$$-\tan(\beta_i - \varphi_i) = \frac{v_i}{u_i} \tag{7.3-22}$$

$$\pm \tan\varphi_{i,i+1} = \frac{u_{i,i+1}}{v_{i,i+1}} \tag{7.3-23}$$

式中：φ_i 为岩块底部材料的内摩擦角；$\varphi_{i,i+1}$ 为岩块间材料的内摩擦角。

将式（7.3-18）、式（7.3-19）、式（7.3-20）、式（7.3-21）代入式（7.3-16）、式（7.3-17），并将所得公式进行递推，最终可得

$$u_{i+1} = M_i u_1 + \left(\sum_{k=1}^{i} b_k \frac{M_i}{M_k}\right)\omega \tag{7.3-24}$$

$$u_{i,i+1} = N_i u_1 + \left(\sum_{k=1}^{i} d_k \frac{N_i}{N_k}\right)\omega \tag{7.3-25}$$

其中

$$M_i = \prod_{k=1}^{i} a_k$$

$$N_i = \prod_{k=1}^{i} c_k$$

$$a_k = \frac{\pm\tan\varphi_{i,i+1}\tan(\varphi_i - \beta_i) - 1}{\pm\tan\varphi_{i,i+1}\tan(\varphi_{i+1} - \beta_{i+1}) - 1}$$

$$b_k = \frac{\pm(x_{i+1} - x_i)\tan\varphi_{i,i+1} + (y_{i+1} - y_i)}{\pm\tan\varphi_{i,i+1}\tan(\varphi_{i+1} - \beta_{i+1}) - 1}$$

$$c_k = a_k - 1$$

$$d_k = b_k + (y_{i+1} - y_i)$$

同理将式（7.3-24）、式（7.3-25）代入式（7.3-22）、式（7.3-23）可以求出 v_{i+1} 和 $v_{i,i+1}$。

可以看出对于反倾边坡的平动-转动组合破坏机制，岩块底和块间速度间断都可以由 u 和 ω 进行线性表示。

3. 反倾岩质边坡稳定性系数上限解

极限分析上限定理基于运动许可速度场，假设岩土介质是理想的刚塑性体，利用虚功原理，只考虑速度模式（或破坏模式）和能量消耗，应力分布并不要求满足平衡条件，而且只需要在模式的变形区域内定义。令外力做功功率等于内能耗散率，从而求出稳定性系数表达式。

对于给定的破坏面，采用强度折减技术，定义稳定性系数 F，当倾倒变形体处于临界破坏状态时，经折减后的强度指标变为

$$c_{\mathrm{f}}=\frac{c}{F} \tag{7.3-26}$$

$$\tan\varphi_{\mathrm{f}}=\frac{\tan\varphi}{F} \tag{7.3-27}$$

岩块的内能耗散主要用于克服结构面上的阻力来做功，主要集中在岩块底部和岩块间，以前述建立的运动场作为运动许可速度场，考虑结构面上的黏聚力 c 所产生的内能耗散，其计算表达式为

$$D=D_{\mathrm{d}}+D_{\mathrm{s}} \tag{7.3-28}$$

$$D_{\mathrm{d}}=\sum_{i=1}^{n}L_{i}c_{f_{i}}V_{i}\cos\varphi_{f_{i}} \tag{7.3-29}$$

$$D_{\mathrm{s}}=\sum_{i=1}^{n-1}L_{i,i+1}c_{f_{i,i+1}}V_{i,i+1}\cos\varphi_{f_{i,i+1}} \tag{7.3-30}$$

$$V_{i}=\sqrt{u_{i}^{2}+v_{i}^{2}} \quad V_{i,i+1}=\sqrt{u_{i,i+1}^{2}+v_{i,i+1}^{2}} \tag{7.3-31}$$

式中：D_{d} 为岩块底部结构面的内能耗散率；D_{s} 为岩块间结构面上的内能耗散率；$c_{f_{i}}$ 和 $c_{f_{i,i+1}}$ 分别为经折减后岩块底部材料黏聚力和第 i 块与第 $i+1$ 块交界面材料的黏聚力；$\varphi_{f_{i}}$ 和 $\varphi_{f_{i,i+1}}$ 分别为经折减后岩块底部材料的内摩擦角和岩块交界面材料的内摩擦角。

岩块的外力功率主要是克服重力做功和其他竖向荷载（如地震力、水压力等）做功。

外力做功功率为

$$W=\sum_{i=1}^{n}(w_{i}+Q_{i})V_{i}\sin(\alpha_{i}-\varphi_{i}) \tag{7.3-32}$$

式中：w_{i} 为第 i 块岩块体的自重；Q_{i} 为其他竖向荷载做功。

由极限分析上限定理可知 $D=W$，代入式（7.3-32）可得到稳定安全系数的上限解：

$$F=\frac{\displaystyle\sum_{i=1}^{n}L_{i}c_{i}V_{i}\cos\varphi_{f_{i}}+\sum_{i=1}^{n-1}L_{i,i+1}c_{i,i+1}V_{i,i+1}\cos\varphi_{f_{i,i+1}}}{\displaystyle\sum_{i=1}^{n}(w_{i}+Q_{i})V_{i}\sin(\alpha_{i}-\varphi_{i})} \tag{7.3-33}$$

7.3.2.2　遗传算法

1. 遗传算法的实现过程

借助遗传算法基本原理求解 F 的最优解。遗传算法的流程见图 7.3-4。

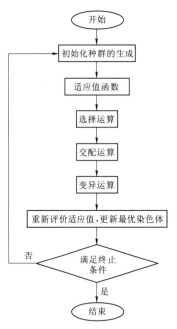

图 7.3 - 4　遗传算法的流程图

下面对其实现过程进行简单的介绍：

（1）初始化种群的生成：随机产生 N 个初始串结构数据，每个串结构数据称为一个个体，N 个个体构成了一个种群；遗传算法以这 N 个串结构作为初始点开始迭代，并设置终止条件 T。

（2）适应值函数：即想要优化的函数，用于表明个体或解的优劣性，本书结合式（7.3-33），构造相应优化准则函数作为适应值。

（3）选择运算：从旧的种群中选择适应度高的染色体，放入匹配集（缓冲区），为以后染色体交换、变异，产生新的染色体做准备。

（4）交配运算：将两个父辈结合起来构成下一代的子辈种群。

（5）变异运算：施加随机变化给父辈个体来构成子辈。

（6）终止条件判断：若 $t \leqslant T$，则 $t = t + 1$，转到第一步，若 $t > T$，则以进化过程中所得到的具有最大适应度的个体作为最优解输出，终止运算。

2. 遗传算法和传统算法比较

与传统算法相比，遗传算法具有以下特点：①不同于从一个点开始搜索最优解的算法，遗传算法从一个种群开始对问题的最优解进行并行搜索，所以更利于全局最优解的搜索，避免陷入局部最优解；②遗传算法并不依赖于导数信息或其他辅助信息来进行最优解搜索；③遗传算法采用的是概率型规则而不是确定性规则，因此可将随机搜索与方向性搜索完美结合在一起。

7.3.2.3　算法验证及最优折断面搜索

1. 算法验证

为验证本书方法的有效性，以表 7.3-1 中的物理力学参数为例，借助 Matlab 的计算工具，编写适应值函数，并与工程中较常用的改进的 G-B 法计算结果进行对比验证。

表 7.3 - 1　　　　　　　　　反倾层状边坡自重下物理力学参数

参　数　量	参数值	参　数　量	参数值
岩块重度/(kN/m³)	24.5	岩块间交界面长度/m	4
岩块黏聚力/kPa	20	岩块底部长度/m	0.2
岩块底面摩擦角/(°)	26	第一个岩块岩底滑动速度 u_1/(m/s)	1
岩块左右侧面摩擦角/(°)	26	第一个岩块转动角速度 w/(rad/s)	0.06
倾倒岩块数	10		

算例中，为简化遗传算法岩块面积的计算，假定每个小岩块的底面和侧面正交，并在计算中注意变量的取值范围和算法迭代次数。

以不同切坡倾角 α 为例，两者稳定性系数对比结果见表 7.3 - 2。

表 7.3 - 2　　　　　　　　　　稳 定 性 系 数 比 较

切坡倾角 $\alpha/(°)$	稳定性系数		相对偏差/%
	改进的 G - B 法	平动加转动模型	
60	1.348	1.378	2.22
65	1.233	1.350	9.49
70	1.194	1.270	6.37
75	1.329	1.415	6.47
80	0.906	0.963	6.29

由表 7.3 - 2 可知，利用平动加转动模型所求解的稳定性系数大于利用改进的 G - B 法求解的稳定性系数。但两者的相对偏差相对较小，保持在 10% 以内，当 $\alpha = 60°$ 时，相对偏差为 2.22%；$\alpha = 65°$ 及以后，相对偏差均在 6% 以上。因而该模型和算法具有一定合理性和准确性。

2. 最优折断面搜索

借助表 7.3 - 1 中的物理力学参数，以切坡倾角 $\alpha = 60°$ 为实例，假设边坡高度 $H = 20\text{m}$，最优折断面通过坡脚，并且保证边坡倾角与层面倾角之和大于 $90°$，通过遗传算法 65 代迭代得到稳定性系数 $F = 1.378$，并将得到的 α_i 值拟合得到最优折断面，和 Aydan 等（1992）采用悬臂梁弯曲模型提出的 Aydan 基准面以及 Adhikary 等在此基础上改进（与 Aydan 基准面成角 $\beta = 12° \sim 20°$）得到 Adhikary 基准面进行对比，结果如图 7.3 - 5 所示。

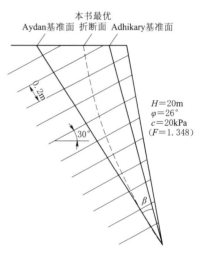

图 7.3 - 5　折断面搜索实例

如图 7.3 - 5 所示，本书搜索得到的最优折断面近似抛物线形，在此工况下，岩层在自重条件下的最优折断面位于 Aydan 基准面之上，因为 Aydan 模型迭代中未考虑黏聚力 c 的影响，而本书中进行了考虑，同时说明本书搜索结果部分岩层断裂面位置未达到预定断裂面；同时岩层最优折断面位于 Adhikary 基准面之下，说明该工况下岩层在自重条件下是比较稳定的，与稳定性系数 $F = 1.348$ 值较相符合。

3. 层面强度对最优折断面的影响

对表 7.3 - 1 中参数所对应的反倾层状边坡，取层面倾角为 $30°$，假设边坡高度 $H = 20\text{m}$，最优折断面通过坡脚，讨论层面强度（c、φ 值）对最优折断面的影响。分析下面两种工况变化：①不同结构面黏聚力 c 取 15kPa、20kPa、25kPa，其最优折断面如图 7.3 - 6（a）所示；②不同结构面内摩擦角 φ 取 $20°$、$26°$、$32°$，其最优折断面如图 7.3 - 6（b）所示。

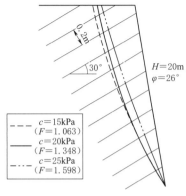

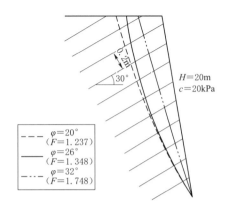

（a）不同结构面黏聚力下的最优折断面搜索 （b）不同结构面内摩擦角下的最优折断面搜索

图 7.3-6 不同层面强度下的最优折断面搜索

由图 7.3-6 可知，最优折断面的形态和破坏面的位置与结构面黏聚力和内摩擦角均有关，伴随 c 值和 φ 值的增大，折断面不断向边坡外侧移动，但当 c 值和 φ 值较大时，折断面的形态发生明显变化，说明此时不再满足本书提出的运动假设，同时对比图 7.3-6（a）和图 7.3-6（b）可以看出，在本书提出的运动工况下，内摩擦角 φ 对反倾边坡破坏面的影响大于结构面黏聚力 c。

7.3.2.4 稳定性系数参数分析

影响反倾层状边坡破坏的因素有很多，且岩层倾角、边坡的几何组合（坡高、坡角、岩层厚度）、结构面强度、外力作用等因素对坡体稳定性的影响，前人都做了细致的研究并得出相应的结论，而岩层的层面强度、岩体属性变化等研究却相对较少。基于极限分析下的平动-转动组合破坏机制，本书将讨论切坡倾角 α、岩层的层面强度（c、φ 值）与反倾岩质边坡稳定性系数之间的关系。

1. 切坡倾角与稳定性系数之间的关系

以图 7.3-4 为基本计算模型，利用表 7.3-1 中的参数，在保持其他条件不变、边坡倾角与层面倾角之和大于 90°的情况下，改变切坡的倾角，得到不同 α 下的稳定性系数变化，并与改进的 G-B 法对比，结果如图 7.3-7 所示。由图 7.3-7 可知：①两种方法相比，岩质边坡的稳定性系数随着切坡倾角变化的趋势相同，但基于遗传算法的岩质边坡平动-转动组合破坏模式的边坡稳定性系数上限解平均而言相对偏高，但相对偏差较小。②岩质边坡的稳定性系数随着切坡倾角的增大而呈现减小趋势，当 $\alpha < 40°$ 时，边坡稳定性系数基本保持不变，平均为 $F = 2.230$，此时，边坡处于稳定状态，不会发生边坡失稳破坏。当 40° <

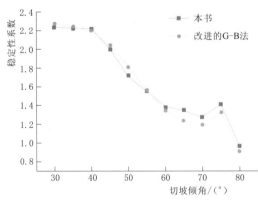

图 7.3-7 切坡倾角与稳定性系数关系图

$\alpha<60°$时，稳定性系数随着切坡倾角的增加急剧减少，两者近似呈线性关系，此时边坡变形失稳趋势也逐渐增加。当$\alpha>60°$时，稳定性系数随着切坡倾角增加而较缓慢减少，在$70°$后，边坡岩块可能会出现本书的破坏形式。

2. 层面强度与稳定性系数之间的关系

以图 7.3 - 4 为基本计算模型，利用表 7.3 - 1 中的基本参数，取切坡倾角$\alpha=40°$，分析下面两种工况变化：①不同结构面黏聚力 c 取 5kPa、10kPa、15kPa、20kPa、25kPa、30kPa，保持其他条件不变，得到不同黏聚力 c 下的稳定性系数变化（见图 7.3 - 8）；②不同层面摩擦角 $\varphi_{i,i+1}$ 取 20°、25°、30°、35°、40°、45°、50°，保持其他条件不变，得到不同层面内摩擦角下的稳定性系数变化（见图 7.3 - 8）。由图 7.3 - 8 可以看出边坡层面内摩擦角和黏聚力对反倾层状边坡稳定性存在较为显著的影响，边坡稳定性系数随层面内摩擦角和结构面黏聚力增长呈近似线性增长趋势，当结

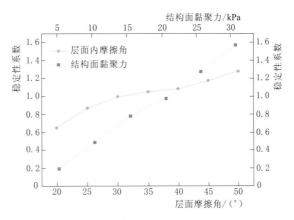

图 7.3 - 8　不同层面黏聚力、内摩擦角与稳定性系数关系图

构面黏聚力 $c<15$kPa 或者层面内摩擦角 $\varphi<30°$时，边坡稳定性系数增长较为迅速，且均小于 1，此时是边坡发生本书运动状态的优势区间。

7.3.3　基于支持向量机的倾倒变形体稳定性计算

7.3.3.1　支持向量机简介

支持向量机（support vector machine，SVM）是基于统计学习理论的机器学习方法。Vapnik 在 1968 年提出了机器统计学习理论核心概念 VC 熵和 VC 维，在 1982 年进一步提出的结构风险最小化原理为 SVM 的研究奠定了直接基础。

相比于人工神经网络，支持向量机有更坚实的数学理论基础，可以处理小样本、高维度、非线性、局部极小等问题，能够得出全局最优解，并具有较好的收敛性。

SVM 分类的核心思想是构造最优超平面，假设有两类线性可分的样本：

$$(x_1,y_1),(x_2,y_2),\cdots,(x_i,y_i)\quad x\in R^n,y\in\{-1,1\}\qquad(7.3-34)$$

可以采用超平面：

$$\boldsymbol{w}\cdot\boldsymbol{x}+b=0\qquad(7.3-35)$$

将这两类样本分开，分类超平面的标准形式约束为

$$y_i[(\boldsymbol{w}\cdot\boldsymbol{x}_i)+b]\geqslant1\quad(i=1,2,\cdots,l)\qquad(7.3-36)$$

则样本点 $\boldsymbol{x}$ 到超平面 $(\boldsymbol{w},b)$ 的距离为

$$d=\frac{|\boldsymbol{w}\cdot\boldsymbol{x}+b|}{\|\boldsymbol{w}\|}\qquad(7.3-37)$$

最优分类线就是要该线不仅能将这两类样本正确分开，而且使分类线距两类样本的距

离最大（见图7.3-9），将该方法向高维空间推广，即采用核函数将其映射到高维空间，分类线转变为分类面。图7.3-9中的实心和空心点分别代表两类可分样本，H 是最优分类线，H_1 和 H_2 则分别是过这两类样本中离分类线最近的样本点且与分类线平行的直线，与分类线 H 的距离是：

$$d_{12} = \min_{(x_i : y_i = 1)} \frac{|\boldsymbol{w} \cdot \boldsymbol{x}_i + b|}{\|\boldsymbol{w}\|} + \min_{(x_j : y_j = -1)} \frac{|\boldsymbol{w} \cdot \boldsymbol{x}_j + b|}{\|\boldsymbol{w}\|} \tag{7.3-38}$$

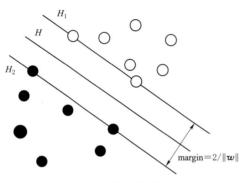

图 7.3-9　最优分类超平面

由式（7.3-36）和式（7.3-37）可得分类间隔（margin）为 $2/\|\boldsymbol{w}\|$，使分类间隔最大即使得 $\|\boldsymbol{w}\|^2/2$ 最小，这是一个二次规划问题，求解其对偶问题可得最优解 $\boldsymbol{a}^*$，而满足 $\boldsymbol{a}^* \neq 0$ 对应的样本就是支持向量。满足式（7.3-37）且分类间距最大的分类面叫作最优分类面，H_1 和 H_2 线上的训练样本点就是支持向量。让分类间隔最大就是对其推广能力的控制，这也是 SVM 的核心思想之一。

选择支持向量 $\boldsymbol{a}^*$ 的一个正分量 a_j^*，可以计算出 $b^* = y_i - \sum_{i=1}^{l} y_i a_i^* K(x_j, x_i)$，据此求得决策函数：

$$F(x) = \text{sgn}\left[\sum_{i=1}^{l} y_i a_i^* \langle \boldsymbol{x}_i \cdot \boldsymbol{x} \rangle + b^*\right] \tag{7.3-39}$$

对于线性不可分的情况，引入松弛变量 ξ_i 和罚系数 C，使得二次规划问题变为

$$\begin{cases} \min\left(\dfrac{1}{2}\|\boldsymbol{w}\|^2\right) + C\sum_{i=1}^{l}\xi_i \\ y_i[(\boldsymbol{w} \cdot \boldsymbol{x}_i) + b] \geqslant 1 - \xi_i \\ \xi_i \geqslant 0 \quad (i = 1, 2, \cdots, l) \end{cases} \tag{7.3-40}$$

引入非线性映射函数 φ 把样本映射到一个高维空间中，在属性空间将其转化成线性分类的问题。只要函数 $K(\boldsymbol{x}_i, x)$ 满足 Mercer 条件，就可作为核函数（映射函数），且 $K(\boldsymbol{x}_i, x) = \varphi(\boldsymbol{x}_i) \cdot \varphi(x)$。根据 Mercer 的条件，只需在最优分类超平面中用不同的内积函数 $K(\boldsymbol{x}_i, x)$，便可实现非线性变换的线性分类。引入 $K(\boldsymbol{x}_i, x)$ 后，各式的向量内积都可用 $K(\boldsymbol{x}_i, x)$ 替换。求解线性不可分情况下的二次规划对偶问题，可得相应的分类决策函数：

$$F(x) = \text{sgn}\left[\sum_{i=1}^{l} y_i a_i^* K(\boldsymbol{x}_i, x) + b^*\right] \tag{7.3-41}$$

常用于线性不可分条件的核函数基本形式如下：

RBF 核函数：

$$K(\boldsymbol{x}_i, x) = \exp(-\gamma |x_i - x_j|^2)$$

Polynomial 核函数：

$$K(\boldsymbol{x}_i, x) = [\gamma(x_i, x_j) + 1]^d$$

Sigmoid 核函数：

$$K(\boldsymbol{x}_i, \boldsymbol{x}) = \tanh[\gamma(x_i, x_j) + C]$$

式中：γ、d、C 为核参数。

7.3.3.2　倾倒变形体稳定性预测指标

倾倒变形体稳定性的影响因素，即坡体结构、坡高、坡度、岩层倾角、微地貌、岩性和水。结合机器学习的特点，将这些因素进行细化，方便机器识别。本书选择坡体类型、坡体下部坡度 β_1、坡体上部坡度 β_2、坡高 h、岩层倾角 α、岩层走向与坡面（临空面）走向夹角 θ、微地貌条件、岩石类型、岩体风化程度、岩体结构类型以及含水情况共 11 个因素作为预测的指标来输入支持向量机。对于定性的指标，按工程地质意义将其进行分类，并赋予代号，见表 7.3 - 3。

表 7.3 - 3　　　　　　　　　　　　　　　指　标　量　化

因　素	工　程　地　质　解　释	代号
坡体类型	顺倾层状边坡：岩层倾向坡外，岩层倾角 α 大于坡脚 β，不具备平面滑动条件的边坡	0
	反倾层状边坡：岩层倾向坡内，倾角大于 10°	1
	板裂化（节理化）硬岩边坡：整体状岩体在构造或风化卸荷过程中发生板裂形成的似层状坡体，结构面陡立，岩性硬脆	2
	层状软弱基座边坡：岩层倾向坡内，下部由相对软弱岩层组成，上部由相对坚硬岩层组成	3
	整体状软弱基座边坡：下部由软岩组成，上部由相对完整的硬岩组成，硬岩中发育垂直向结构面	4
岩体结构类型	巨厚层结构：层厚大于 1.0m，岩体完整，结构面不发育，可视为各向同性体	0
	厚层结构：层厚 0.5～1.0m，岩体较完整，结构面轻度发育	1
	中厚层结构：层厚 0.3～0.5m，岩体较完整，结构面中等发育	2
	薄层结构：层厚小于 0.1m，岩体完整性差，结构面发育	3
	碎裂结构：岩体完整性差，岩块间有充填，嵌合中等紧密～较松弛，结构面较发育～很发育，结构面间距 0.1～0.3m，3 组以上结构面	4
岩石类型	坚硬岩：强度大于 60MPa，如未风化～微风化的花岗岩、英安岩、闪长岩、辉绿岩、片麻岩、石英砂岩、硅质灰岩等	0
	较坚硬岩：强度 30～60MPa，如未风化～微风化的大理岩、板岩、灰岩、钙质砂岩等	1
	较软岩：强度 15～30MPa，如凝灰岩、千枚岩、泥灰岩、砂质泥岩等	2
	软岩：强度小于 15MPa，如页岩、泥岩、泥质砂岩等	3
风化程度	弱下风化：岩石表面或裂隙面大部分变色，断口色泽新鲜，岩石结构清楚完整，沿部分裂隙风化，宽 1～3cm	0
	弱上风化：岩石表面或裂隙面大部分变色，断口色泽较新鲜，岩石原始结构清楚完整，但多数裂隙已风化，裂隙壁风化剧烈，宽 5～10cm，大者可达数十厘米	1
	强风化：大部分变色，只有局部保持原有颜色，岩石的组织结构大部分破坏，小部分岩石已分解，大部分岩石呈不连续的骨架或心石，风化裂隙发育，有时含大量次生夹泥	2
	全风化：全部变色，光泽消失，岩石的组织结构基本破坏，已崩解和分解成松动的土状或砂状，有很大的体积变化，但未移动，仍残留有原始结构的痕迹	3

因　素	工　程　地　质　解　释	代号
微地貌条件	坡面完整顺直，一坡到底，坡体无冲沟切割	0
	坡体一侧有冲沟切割	1
	坡体两侧有冲沟切割	2
	位于河流交汇或急弯凸岸，山体单薄	3
含水情况	干燥：无水	0
	湿润：岩体表面有水迹	1
	潮湿：岩体表明有水膜，可集结成水滴	2
	渗水：岩体裂隙向外渗水，呈淋雨或线状流出	3
	浸水：岩体浸没于库水下	4
稳定性	稳定：坡体留有较大的安全储备	0
	基本稳定：有一定的安全储备，不利工况可能失稳	2
	稳定性差：安全储备不足，处于临界稳定状态	4
	不稳定：坡体已发生破坏	6

7.3.3.3　样本训练与预测模型检验

1. 样本训练

本书搜集了 30 个倾倒变形体实例，包括各项预测指标和稳定状态，按照表 7.3-3 将一些定性指标量化，列于表 7.3-4 中。将前 22 个实例作为训练样本，建立倾倒变形体稳定性预测模型，将剩余的 8 个实例作为测试样本，用以检验预测模型的有效性和准确性。

在建立预测模型前需将样本进行缩放，缩放的主要目的是使预测指标在同一个范围内，避免出现极端大数据掩盖了极端小数据的情况，在缩放时要保证训练样本与测试样本采用相同的规则和范围。建立预测模型时非常重要的一步是选择核函数与核参数。由于径向基核函数 RBF 具有良好的非线性映射能力，线性核函数只是 RBF 的一个特例，而 Sigmoid 核在某些参数范围内与 RBF 核相似，因此选择 RBF 核函数。在选定 RBF 核函数后需要确定核参数 γ 与罚系数 c，采用台湾大学 Chih-Jen Lin 教授团队研发的 LIBSVM 工具箱，通过网格搜索法分组交叉验证来不断试算获得最佳的核参数与罚系数，使得平均分类精度达到 100%（见图 7.3-10）。利用获得的最佳核参数和罚系数对 25 个样本进行 12 次轮流训练（共 300 个样本），便得到了倾倒变形体稳定性的预测模型。模型的核参数与罚系数分别为 $\gamma=0.5$ 与 $c=0.5$。模型具有 6 个类别标识（稳定性指标：0、2、3、4、5、6）共 87 个支持向量，各标识对应的支持向量数量分别为 13、17、8、22、8、19。

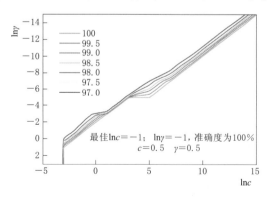

最佳 $\ln c=-1$；$\ln\gamma=-1$，准确度为 100%
$c=0.5$　$\gamma=0.5$

图 7.3-10　网格搜索法的参数选取

表 7.3－4　典型倾倒变形体预测指标及稳定性统计表

编号	倾倒变形体名称	坡体类型	坡体下部坡度 $\beta_1/(°)$	坡体上部坡度 $\beta_2/(°)$	坡高 h/m	岩层倾角 $\alpha/(°)$	岩层走向与坡面走向夹角 $\theta/(°)$	微地貌条件	岩石类型	风化程度	岩体结构类型	含水情况	稳定性
1	锦屏一级普斯罗沟左岸边坡	1	45	70	1000	40	0	2	1	1.0	1.5	0.0	0
2	锦屏一级解放沟左岸坡	1	40	50	350	53	20	0	1	1.5	2.0	0.0	0
3	雅砻江锦屏一级水电站水文站变形体	0	35	40	500	86	0	0	1	2.0	3.5	0.0	6
4	两河口庆大河左岸进水口边坡	0	30	35	300	65	0	0	2	1.5	2.5	0.5	4
5	菁崖岭滑坡	0	30	40	600	73	0	3	2	2.0	3.0	1.0	6
6	孟家干沟滑坡	0	35	50	155	78	0	2	2	2.0	3.0	0.0	6
7	黄登水电站 1 号变形体	1	35	45	350	75	0	0	2	1.5	4.0	0.0	4
8	黄登水电站 2 号变形体	1	85	53	270	75	0	1	1	2.0	4.0	0.0	4
9	拉西瓦果卜上岸倾倒变形体	2	38	46	708	86	0	2	0	2.0	1.0	1.0	2
10	古水水电站倾倒变形体	1	30	50	400	83	0	0	1	1.5	2.0	0.0	0
11	苗尾水电站倾倒变形体	1	40	60	200	85	0	2	1	2.0	3.0	0.0	4
12	鸡冠岭倾倒变形体	1	65	65	150	70	0	1	2	1.5	2.5	0.0	6
13	里底水电站倾倒变形体	1	20	41	120	73	0	3	2	2.0	2.5	0.0	4
14	如美水电站倾倒变形体	2	35	45	100	72	0	3	0	1.5	2.0	0.0	0
15	新龙水电站倾倒变形体	1	40	45	310	73	0	3	1	2.0	2.0	4.0	4
16	茨哈峡水电站 VI 号变形体	1	41	50	400	72	0	2	1	2.0	2.5	0.0	2
17	克孜尔水库倾倒变形体	1	45	53	110	80	0	2	1	2.0	2.0	1.0	4

续表

编号	倾倒变形体名称	坡体类型	坡体下部坡度 β_1/(°)	坡体上部坡度 β_2/(°)	坡高 h/m	岩层倾角 α/(°)	岩层走向与坡面走向夹角 θ/(°)	微地貌条件	岩石类型	风化程度	岩体结构类型	含水情况	稳定性
18	怒江俄米水电站1号倾倒变形体	0	35	50	700	77	0	3	1	1.5	2.5	0.0	3
19	怒江俄米水电站2号倾倒变形体	1	60	60	600	79	0	1	1	2.0	2.5	1.0	4
20	怒江俄米水电站格日边坡倾倒变形体	0	50	75	390	79	0	0	1	2.0	2.5	2.0	2
21	下尔呷水电站阿觉利倾倒变形体	1	20	40	320	63	20	0	1	2.0	2.0	2.0	0
22	昌马水库坝址右岸边坡	1	40	40	125	60	0	1	1	2.0	2.0	0.0	2
23	天生桥二级厂房南边坡	1	62	62	67	65	10	2	3	1.5	2.5	0.0	3
24	糯扎渡水电站倾倒变形体	2	53	62	160	63	0	2	0	1.5	2.5	0.0	0
25	乌弄龙水电站倾倒变形体	1	40	45	330	50	30	0	1	1.5	2.5	0.0	0
26	龙滩水电站倾倒变形体	1	37	45	400	60	0	0	2	2.0	2.5	0.0	4
27	衣哈峡水电站进水口倾倒变形体	1	40	60	150	55	30	2	1	1.5	2.5	0.0	0
28	黄河班多水电站1号倾倒变形体	1	42	42	400	70	0	0	1	1.5	3.0	4.0	4
29	黄河上游羊曲水电站中坝址近坝区	0	30	35	200	75	7	1	1	2.0	2.5	0.0	6
30	岷江上游黑水河毛儿盖电站坝址前右岸变形体	0	38	50	70	70	0	0	2	2.0	2.5	0.0	6

2. 预测模型检验

利用得到的预测模型对训练样本进行回判，检验模型的"记忆"能力，其回判的准确率为100%［见图7.3-11（a）］。再用剩余的8个样本对预测模型进行检验，其准确率亦为100%，表明该预测模型预测精度较高［见图7.3-11（b）］。

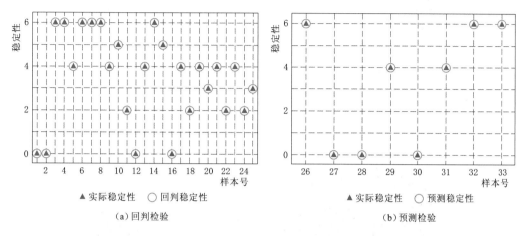

（a）回判检验　　　　　　　　　　　（b）预测检验

图 7.3-11　SVM 预测模型检验

7.3.4　常规计算方法与 SVM 法应用对比分析

本节以狮子坪水电站二古溪倾倒变形边坡为实例，在对坡体的工程地质概况快速调查的基础上，采用建立的 SVM 预测模型对坡体的稳定性进行判别，并与常规计算方法得出的结果进行对比，进一步验证该模型的适用性。

7.3.4.1　工程地质概况

1. 地形地貌

二古溪倾倒变形坡体位于四川省理县狮子坪水库库尾段左岸岸坡，河谷两岸坡体高陡，左岸坡顶高程大约为3800m，右岸约为3700m，河水位约为2510m，相对高差超过1000m，河谷呈 V 形。从平面上看，该处河流总体呈 C 形，山体位于凸岸，边坡呈圆锥状。

该处岸坡为纵向谷，左岸为反倾层状边坡。岸坡总体上呈现上缓下陡的凸形坡，2700m 以上自然坡度为 $25°\sim45°$；2700m 以下边坡变陡，坡度增加至 $40°\sim60°$，局部陡立。这表明在 2700m 以下河谷经历了快速下切的地质作用，这也使得岸坡快速卸荷，并为坡体变形创造了较好的应力和临空条件。坡表冲沟发育，但多数侵蚀深度不大，延伸距离较小。二古溪倾倒变形体全貌如图7.3-12所示。

2. 地层岩性

坡表为第四系覆盖层，植被十分发育，高大乔木根系发达，植根较深，降雨入渗条件较好。坡体下部由杂谷脑组（T_2z^2）板岩（千枚岩）夹变质砂岩及灰岩组成，上部由三叠系侏倭组（T_2zh）变质砂岩、板岩（千枚岩）互层组成，岩层厚度不大，岩性软弱，遇水易软化。

3. 节理裂隙

坡体范围内无Ⅰ级、Ⅱ级结构面发育，受区域构造应力和倾倒变形的影响，坡体内节

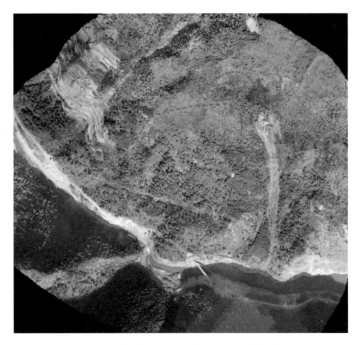

图 7.3 - 12　二古溪倾倒变形体全貌图（林华章，2015）

理裂隙较发育，主要发育三组优势结构面：①N45°～80°W/SW∠45°～60°，为中陡倾坡外结构面，张开，宽 2～15mm，充填岩屑、岩片，较平直粗糙，一般被层面截断，间距 30～50cm；②N35°～70°W/NE∠40°～70°，为层面，但由于岩层发生弯曲变形，倾角变化较大，一般张开宽度 1～3mm，充填岩屑，胶结差，较平直粗糙，延伸长度大于 10m，间距 10～30cm。基岩倾角一般为 70°～85°；③N15°W～N10°E，近直立劈理，宽 0～5mm，无充填或局部充填岩屑，较平直粗糙，延伸长度大于 10m。

4. 卸荷风化

二古溪岸坡高陡，河流在后期下切速度加快，导致坡体卸荷强烈，卸荷裂隙发育，强卸带一般张开 5～20cm，个别达 30cm，间距一般为 10～30cm。弱卸荷带一般张开 1～3cm，局部张开 5cm，其间距一般为 15～50cm。卸荷裂隙多无充填，局部夹风化岩屑、岩粉，局部可见次生泥。

岩体风化程度受岩性、节理裂隙及地下水的影响显著。变质砂岩本身较坚硬，具有较强的抗风化能力，风化现象主要沿裂隙发育，形成夹层风化或囊状风化；板岩为较坚硬岩，但抗风化能力差，遇水易软化，而千枚岩本身强度不高，容易风化。总体上看，坡表和坡体一定深度的岩体基本上均为强风化，岩体质量较差。

5. 地下水

坡体中地下水不特别发育，仅于 3 号平硐 0+146～0+148 段在开挖时出现突水现象，后期持续线状滴水时间较长（见图 7.3 - 13）。此外，雨季降雨入渗和水库蓄水对边坡的稳定性影响较大，坡体后缘在 2012 年强降雨后发生拉裂，2013 年二期蓄水至高程 2540m 时淹没坡脚，变形进一步增大。

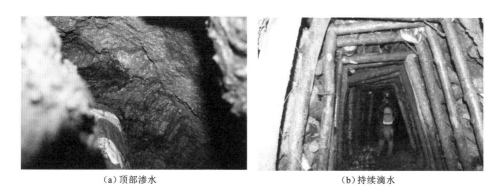

（a）顶部渗水　　　　　　　　　　　　　（b）持续滴水

图 7.3 - 13 　3 号平硐 0＋146～0＋148 地下水持续活动

7.3.4.2　稳定性常规计算与 SVM 预测结果对比分析

1. Sarma 法计算边坡稳定性

采用 Sarma 法计算二古溪倾倒变形边坡的稳定性，采用主剖面作为稳定性计算剖面。将变形坡体进行适当简化，底部"滑移"边界取强倾倒底界，前缘从覆盖层中剪出。按照倾倒后岩层的大致倾角进行条分，共分为 20 条。计算时分别考虑覆盖层和强倾倒体的容重和强度。工程地质剖面图和 Sarma 法稳定性计算条分结果分别如图 7.3 - 14 和图 7.3 - 15 所示。

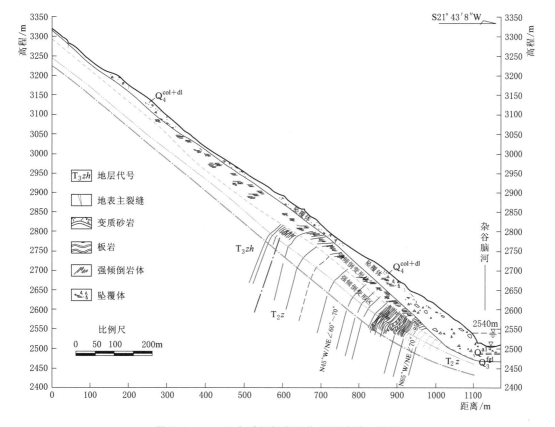

图 7.3 - 14 　二古溪倾倒变形体工程地质剖面图

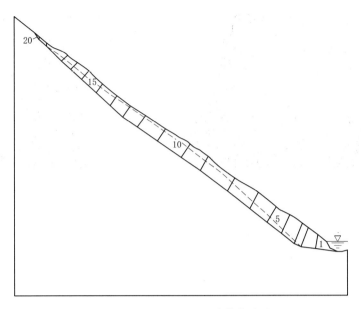

图 7.3 - 15　Sarma 法稳定性计算条分结果图

倾倒变形体各部分的岩土体物理力学参数按表 7.3 - 5 选取。

表 7.3 - 5　　　　　　　　岩土体物理力学参数（林华章，2015）

岩土体类别	容重/(kN/m³)		抗 剪 强 度 指 标			
	天然	饱水	天　　然		饱　水	
			c/kPa	φ/(°)	c/kPa	φ/(°)
坠覆体及覆盖层	20.0	21.6	30	34	20	24
强倾倒区（强卸荷）	24.5	25.6	100	24	80	25
弱倾倒区	25.5	26.5	200	35	150	29
弱风化岩体	25.5	26.5	200	38	180	35
新鲜基岩	26.5	26.5	1000	40	800	38

对变形边坡天然工况和蓄水（2540m）工况的稳定性进行计算，采用牛顿迭代法进行迭代计算，得出其稳定性为：天然工况 $K = 1.194$；蓄水工况 $K' = 1.079$，迭代折减使得地震加速度系数 K_c 趋于 0 时的条间作用力见表 7.3 - 6。根据《滑坡防治工程勘查规范》（DZ/T 0218—2006）表 12，该变形体在天然工况下处于稳定状态，在蓄水工况下处于基本稳定状态。

2. 有限元强度折减法计算边坡稳定性

采用有限元数值模拟的方法来分析该倾倒变形体的稳定性，计算程序采用加拿大 Rocscience 公司的岩土工程数值分析套件中的 Phase²，基于强度折减法计算坡体的稳定系数。强度折减法的原理为：边坡岩土体的抗剪强度有一定的安全储备，对表征其抗剪强度的黏聚力 c 和内摩擦角 φ 进行折减，使坡体处于极限平衡状态时的折减系数即为边坡的稳定系数。

表 7.3－6　　　　　　　　　　　　　　条 间 作 用 力　　　　　　　　　　　　　　单位：kN

条块编号	天然工况（K=1.194）				蓄水工况（K'=1.079）			
	底部正压力 N_i	底部剪切力 T_i	条间正压力 E_i	条间剪切力 X_i	底部正压力 N_i	底部剪切力 T_i	条间正压力 E_i	条间剪切力 X_i
1	52500.0	53973.7	0	0	50555.9	53560.8	0	0
2	113572.8	89468.1	50730.4	18428.9	106283.1	83221.0	50229.6	16505.6
3	73322.9	91087.9	147408.3	51661.1	56265.1	47550.2	138894.4	44102.3
4	73841.6	52999.3	223543.9	86114.3	73290.0	68188.6	171781.4	60326.2
5	86142.6	41328.3	227392.0	87733.2	86177.8	60001.7	189702.9	66551.4
6	77180.2	39108.2	221685.0	85689.2	81955.6	59346.0	200796.2	70388.2
7	91383.2	46865.7	197925.9	76848.1	94994.6	60288.9	196460.8	68968.6
8	109877.0	56366.8	170199.2	66193.6	114292.8	72562.2	181558.1	63676.9
9	90802.7	44828.5	138866.8	54484.1	92128.9	41015.8	165752.8	58346.1
10	97604.3	49718.5	132714.7	52237.1	96664.9	44591.2	156036.6	55109.1
11	76504.4	39364.8	109302.0	43336.3	75735.7	35295.9	127486.0	45325.1
12	54311.9	28157.5	91455.8	36513.8	53736.0	25237.3	105562.6	37778.6
13	42012.2	22849.9	79138.8	31868.7	42278.7	20753.8	90319.1	32589.6
14	41141.7	23017.0	60066.6	24440.8	41285.8	20859.3	69133.7	25160.4
15	43082.0	24237.4	43068.2	17979.7	43572.1	22091.3	49975.3	18589.2
16	22530.4	13895.6	28901.7	12431.2	22497.9	12548.3	33673.6	12851.4
17	21518.0	13012.2	16008.4	4456.1	21693.4	11827.4	19434.9	4796.8
18	23009.2	15786.4	8688.0	2567.2	22388.9	13969.7	10953.8	2829.0
19	5086.6	4264.3	227.1	186.2	5265.9	3948.4	735.6	282.4
20	1358.3	1771.0	59.2	9.7	1469.4	1663.6	212.2	31.3

　　分析时仍采用主剖面作为计算剖面，对不同物理力学性质的岩土体采用材料边界分割并赋予不同参数。为使计算结果更准确，单元剖分时选取六节点三角形单元，采用强度折减法时须将模型的左右边界和底部边界完全约束，物理力学参数按表 7.3－7 选取，数值模型见图 7.3－16。

表 7.3－7　　　　　　数值模型中的岩土体物理力学参数（林华章，2015）

材料名称	容重 /(kN/m³)	弹性模量 /MPa	泊松比	内摩擦角 /(°)	黏聚力 /MPa	抗拉强度 /MPa
坠覆＋覆盖层	20.0	800	0.32	34	0.25	0.2
强倾倒体区	25.0	900	0.30	30	0.20	0.2
弱倾倒变形区	26.0	12000	0.22	35	0.4	0.5
原始地层区	27.0	15000	0.20	40	1.0	0.5

　　对河流常水位（天然工况）和水库二期蓄水工况进行了计算，计算过程中取坡体变形突然增大情况下的折减系数作为临界折减系数，即在该情况下计算不再收敛，此时的折减

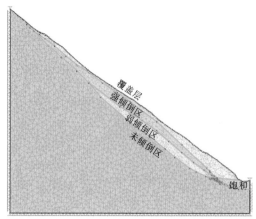

（a）天然工况

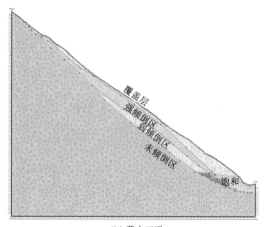

（b）蓄水工况

图 7.3 - 16　有限元数值模型

系数即为该坡体的稳定系数。

经计算，在天然工况下坡体的稳定系数为 1.14，为基本稳定边坡，其潜在滑动面主要为强倾倒底界，坡脚部位滑面变缓，从坡脚饱水覆盖层中剪出，前缘较陡的覆盖层也有局部失稳的趋势。弱倾倒区上部发生拉裂，中部和下部也发生了剪切破坏现象，剪切破坏区之间存在"锁固段"，表明随着风化卸荷的继续进行，弱倾倒区内的潜在滑面也有贯通的趋势，滑坡的规模将增大。潜在滑面中下部的破坏方式主要为剪切破坏，后缘岩土体破坏方式主要为拉张破坏，上部坡表覆盖层出现多处拉裂带，与现场调查的地表主裂缝一致，坡体整体表现为蠕滑-拉裂型失稳。坡体潜在滑动面和折减系数曲线见图 7.3 - 17（a）和图 7.3 - 18（a）。

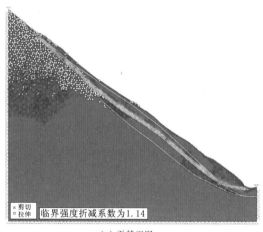

（a）天然工况

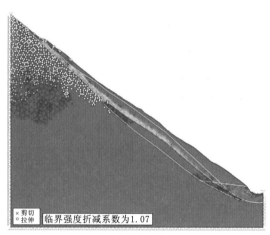

（b）蓄水工况

图 7.3 - 17　潜在滑动面及破坏形式

二期蓄水工况下坡体稳定系数为 1.07，处于基本稳定状态，潜在滑动面仍主要沿强倾倒底界分布，前缘从饱水覆盖层中剪出。弱倾倒区的破坏趋势与天然工况相似，上下不

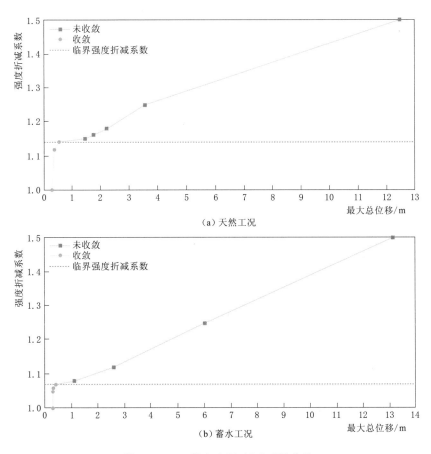

图 7.3-18　最大变形-折减系数曲线

剪切带有相向扩展搭接的趋势。边坡岩土体的破坏形式与天然工况一致，即中下部主要发生剪切破坏，后缘发生拉裂，坡表出现多处张裂带，与地表主裂缝的分布较为一致，坡体整体表现为蠕滑-拉裂失稳。潜在滑动面与折减系数曲线见图 7.3-17（b）和图 7.3-18（b）。

3. 常规计算方法与 SVM 模型预测结果对比

采用生成的 SVM 模型对二古溪倾倒变形体的稳定性进行预测，预测结果表明该坡体在天然工况下处于基本稳定状态，在蓄水工况下处于欠稳定状态。常规计算结果与 SVM 预测结果列于表 7.3-8 中，经对比认为 SVM 模型预测结果与常规计算结果较为一致，略保守。因此，SVM 用于倾倒变形体稳定性评价是可行的，具有一定的实用价值。

表 7.3-8　　　　　　　　　　常规计算结果与 SVM 预测结果对比

工况	稳 定 性		
	Sarma 法	有限元强度折减法	SVM 模型
天然	1.194（稳定）	1.14（基本稳定）	基本稳定
蓄水	1.079（基本稳定）	1.07（基本稳定）	欠稳定

一般来看，改进的 G-B 模型不能考虑任意形状的折断面和弯曲岩层面；Sarma 法未考虑裂隙连通率，且不能按照弯曲层面划分条块。这两种方法用于计算倾倒变形体稳定性均有一定的局限性。利用搜集到的 25 个倾倒变形体实例的 11 项影响稳定性的指标和实际稳定状态对支持向量机进行训练，经过网格搜索法获得最优核参数后建立了倾倒变形体稳定性预测模型，经 8 个未参加训练的实例验证，其预测精度较高。以二古溪倾倒变形体为例，采用 SVM 预测模型与常规的 Sarma 法和有限元强度折减法对其稳定性进行了分析对比，结果表明 SVM 预测模型和常规计算方法得出的结果较为一致，SVM 有较好的实用性。

第 8 章

倾倒变形体监测与预测研究

8.1　监测技术与方法

8.1.1　概述

对倾倒变形体进行监测，是判断倾倒岩体变形演化机制、数值分析及变形预测等的基础。目前，针对边坡的监测主要有地表变形监测、内部变形监测、支护结构监测及巡视监测等。

8.1.2　监测方法及适用性

8.1.2.1　地面变形监测

目前，地面变形测量的方法主要有大地测量法、GNSS 法、表面倾斜测量法、地表裂缝观测、近景摄影测量法、合成孔径干涉雷达测量（InSAR）法、GPS 法等。

1. 大地测量法

大地测量法的基本原理是从倾倒变形体变形范围以外的稳定部位上设立一系列基准点，在变形体上设立固定监测点，以基准点为不动点，监测点为运动点，通过观测监测点坐标同初始坐标的差异来确定监测点的运动状态。一般监测点的坐标是通过测量两点间的水平距离、水平角、直线的方向以及监测点的高程。

主要的观测方法有两方向前方交会法、双边距离交会法、视准线法、小角法、测距法、几何水准测量及精密三角高程测量法。

传统大地测量使用的仪器主要有经纬仪、水准仪、测距仪等。

表面变形测量的各种方法中以精密大地测量技术最为成熟、精度最高，是目前广泛使用的最有效的外观测量方法，可适应于变形体的不同变形阶段的位移监测。传统的大地测量方法投入快、精度高、监测范围大、直观、安全，可直接确定变形体位移方向及变形速率。但受地形及气候条件的影响，大地测量不能连续观测。

2. GNSS 法

GNSS 即全球导航卫星定位系统，是利用一组卫星的伪距、星历、卫星发射时间等观测量，同时还必须知道用户钟差。全球导航卫星定位系统是能在地球表面或近地空间的任何地点为用户提供全天候的三维坐标和速度以及时间信息的空基无线电导航定位系统。通俗一点说如果你除了要知道经纬度还想知道高度的话，那么，必须收到 4 颗卫星的信号才能准确定位。

GNSS 监测系统是管理人员实时掌握滑坡体形变和位移变化量的依据，各监测点长期连续跟踪观测卫星信号，通过数据通信网络（3G/4G/有线）实时传输 GNSS 监测数据到监测中心，并结合各参考站的观测数据与起算坐标通过控制中心软件准实时解算处理，最终得到各监测点的三维坐标。

3. 表面倾斜测量法

变形体在变形过程中不仅包括平面上的运动，还包括高程上倾斜的变化。目前针对变形体表面倾斜测量主要是通过检测变形体表面倾斜角度的变化和倾斜方向来实现。

主要仪器设备有美国 Sinco 盘式倾斜仪，灵敏度 $8''$，量程 $\pm30°$，适用于倾斜变化较大时的监测；瑞士 BL – 1000 型 Levelmeter 杆式倾斜仪，灵敏度 0.01mm/m，量程 $\pm10\text{mm/m}$；及国产 T 形倾斜仪，灵敏度 $0.6''$，量程 $90'$。其中杆式及 T 形倾斜仪适用于倾斜变化较小的监测。

对倾倒变形体而言，表面倾斜监测比较实用，能够有效地监测倾倒变形体的变形演化过程，为其变形演化机制分析提供依据。

4. 地表裂缝观测

对于倾倒变形体，其变形范围较深，在地表延伸有其规律，如星光三组表面裂缝的分布特征。因而，变形体表面裂缝的观测，对倾倒变形体的演化、失稳预测等具有良好的应用价值。

常用的地表裂缝观测仪器有测缝计、收敛计、钢丝位移计和位错监测。

人工、自动测缝法投入快、精度高，测程可调，遥测法自动化程度高，可全天观测。一般人工、自动测缝法适用于裂缝两侧岩土体张开、闭合、位错、升降变化的监测；遥测法适用于加速变形阶段及施工安全的监测，但受气候等因素的影响较大。

5. 其他表面变形监测新技术

（1）近景摄影测量法。近景摄影测量法的原理是通过把近景摄像机安置在两个不同位置的固定测点上，同时对变形体的观测点摄影构成立体图像，利用立体坐标仪量测图像上各测点的三维坐标进行测量。一般近景摄影测量法受地形条件约束小，可在临空陡崖等部位进行监测。

（2）合成孔径干涉雷达测量（InSAR）法。合成孔径干涉雷达测量法主要用于地形测量、地面变形监测等。原理是以波的干涉为基础，使用平行飞行的两个分离雷达天线所获得的同一地区的两幅微波图像，或者同一个雷达对同一地区重复飞行两次获得的微波图像，如果两幅图像满足干涉的相干条件，可对其进行相位相干处理，从而产生干涉条纹。在原理上，其干涉条纹是因两幅图像对应的地面地形变化、数据获取轨道不同以及其他引起相位发生变化的因素所产生的。通过对干涉条纹的解干涉处理，可以解算出每一点正确的相位，然后由解算出的相位，进一步计算得出地面点到雷达的斜距以及地面点的高程。

与传统地面监测方法相比，InSAR 法通过雷达干涉监测的不仅仅是一个点，而是整个监测区，其监测结果能全面地反映地面变形随时间的动态演化过程。利用 InSAR 技术进行地面变形三维监测，目前国内可达到厘米级，可初步完成干涉雷达图像数据处理和地面变形三维信息的提取，但其精度及适用性还不能满足高精度倾倒变形监测要求。

（3）三维激光扫描技术。三维激光扫描技术又称实景复制技术，具有高效率、高精度的独特优势。利用三维激光扫描技术获取对象的真三维影像（三维点云）数据，因此可以用于建立高精度高分辨率的数字模型。通过与无人机航测相辅，可快速获得边坡高精度地形图，两者针对不同环境条件各有优势。

将具有空间面域特征的点云进行叠加比较分析，还可以得到整个扫描对象区域的变形特征，从而快速捕捉对象区的异常变形。

（4）无人机航测技术。无人机航测技术是通过引进航空摄影技术，在小区域和工作困难地区高分辨率影像快速获取方面具有显著优势。其主要特点是通过无人机平台，携带三维激光扫描仪、近景摄像仪及合成孔径干涉雷达等设备，获取变形体变形前后的地形变化。其优点是不受地形等条件的限制，可在倾倒变形体任意部位进行监测。

8.1.2.2 内部变形监测

倾倒变形体内部变形监测相对表面变形监测，能够更深层次地反映变形体的状态，能够比较准确地判断变形体的变形程度、位移量及速率的变化。

内部变形观测的主要方法有内部倾斜监测、内部相对位移监测、支护结构监测、光纤技术监测及时间域反射测试技术（TDR）监测等。

1. 内部倾斜监测

内部倾斜监测多采用钻孔测斜仪，其是用倾斜仪每隔一定时间逐段测量钻孔的斜率，从而获得变形体内部水平位移及其随时间变化的位移观测方法。其原理是根据摆锤受重力的影响，测定以垂线为基准的弧角变化。

倾斜仪监测系统由两大部分组成：

（1）仪器系统：一般由传感探头、有深度标记的承重电缆和读数仪组成。

（2）测斜导管：垂直埋设在需要监测部位的岩体里面，并与岩体形成一体，导管内壁有互成 90°的两对凹槽，以便探头的滑轮能上下滑动并起定位作用。如果岩体产生位移，导管将随岩体一起变形。观测时，探头由导论引导，用电缆垂向悬吊在测斜管内沿凹槽滑行，当探头以一定间距在导管内逐段滑动测量时，装在探头内的传感元件将每次测得的探头与垂线的夹角转换成电信号，通过电缆传输到读数仪测出。

常用的仪器主要有伺服加速度计式测斜仪、电阻应变片式测斜仪、固定式测斜仪。其中伺服加速度计式测斜仪较为常用，主要有 Sinco 便携式数显钻孔倾斜仪、国产 CX - 01 型伺服加速度计式数显测斜仪。

测斜仪主要特点有：精度高、性能可靠、稳定性好、测读方便，在变形体钻孔内进行内部变形监测，具有很大的应用优势。

2. 内部相对位移监测

倾倒岩体发生倾倒变形时，变形体内部两点间的相对位置会发生变化，可安装仪器测量坡体两点间相对位移或相对沉降。其布置原则为：在变形体范围外相对稳定部位设置基准点，在变形体边坡变形明显部位设置监测点，适用于滑坡监测的各个阶段。

相对位移观测一般采用多点位移计进行，可测量变形体沿钻孔轴线的位移变化，是目前工程边坡监测中常用的方法。

3. 支护结构监测

支护结构与边坡在变形过程中相互作用。研究支护体的受力和变形可了解支护体的工作状态是否在设计预期的合理范围内，检验支护效果并间接判断坡体的稳定性。同时，搜集监测成果可分析不同支护结构的有效性和作用机理，优化支护设计、完善和改进支护设计方法。

支护结构监测主要内容有锚杆应力监测、锚索锚固应力监测、钢筋应力-应变监测、支挡结构与坡体接触压力监测及支护结构变形监测等。

对锚杆应力的监测多选用锚杆应力计，安装时将锚杆按安装长度截断同锚杆应力计焊接在一起，连成整体与锚杆同时张拉。当锚杆受到拉力时，锚杆应力计同锚杆共同受力，并得到锚杆受到的张拉。

锚索测力计可对预应力锚索锚固力的变化进行长期的观测，锚索应力计应当和锚索同时张拉。安装时应尽量使锚索测力计的安装基面同锚索钻孔方向垂直，以保证能正确地反映锚索的受力特征。

钢筋计用于观测支护结构内钢筋的受力情况，主要适用于抗滑桩和阻滑键的受力状态监测，一般布置在设计受拉关键部位。

对支挡结构与滑体接触压力的监测可选用压力计和压力盒，一般是按一定的深度迎着倾倒变形方向安装在支护结构与倾倒变形体接触的部位。

对支护结构的变形观测可选用大地测量法和内部位移观测法。

4．其他新技术监测方法

（1）光纤技术监测。光纤传感器作为近年来出现的新技术，可以用来测量多种物理量，还可以完成现有测量技术难以完成的测量任务。目前光纤传感器已经有70多种，大致上分成光纤自身传感器和利用光纤传感器。光纤自身传感器，光纤自身直接接受外界的被测量，包括外界物理量引起测量臂长度、折射率、直径的变化等，从而使得光纤内传输的光在振幅、相位、频率、偏振等方面的变化。利用光纤传感器（传感器位于光纤端部），将被测量的物理量转换成光的振幅、相位或者振幅的变化，这种光纤传感器应用范围广，使用简单，但精度相对较低。

（2）时间域发射测试技术（TDR）监测。TDR是一种远程电子测量技术，20世纪80年代以来，TDR技术广泛应用于岩体变形测量，并取得了广泛的研究成果。作为变形体监测，一个完整的TDR监测系统包括TDR同轴电缆、电缆测试仪、数据记录仪、远程通信设备以及数据分析软件等几部分组成。

8.1.2.3 巡视变形监测

巡视监测法是用常规的地质路线调查方法对倾倒变形体的宏观变形迹象和与其有关的各种异常现象进行定期的观测、记录，以便随时掌握滑坡的变形动态及发展趋势，是设备监测的有效补充。

常规巡视与地质观测法：定期对边坡出现的宏观变形迹象（裂缝发生及发展、地沉降、下陷、膨胀、隆起、建筑物变形、支挡结构上的裂缝等）和与变形有关的异常现象进行调查记录（如地下水异常等）。

宏观地质调查的内容受变形阶段的制约，其对与变形有关的异常现象具有准确的预报功能，应予以足够的重视。地质巡视法的工具有微皮尺、罗盘、照相机等，主要任务为地裂缝的调查与简易观测。做定期与不定期的地质路线巡视检查观测与编录，仔细寻找发现变形迹象及出现的地裂缝的发展变化，现场填写观测记录，并注记于地形图上，分析变形的原因。

8.1.2.4 简易监测

常用简易监测方法主要有以下几种：

（1）埋桩法。适合对倾倒变形体上的裂缝进行观测，通过在边坡上横跨裂缝两侧埋桩，用卷尺测量桩之间的距离，可以了解倾倒变形体的变形过程，对土体裂缝，埋桩不能离裂缝过近。

（2）埋钉法。在裂缝两侧各钉一颗钉子，通过测量两侧两颗钉子之间的距离变化来判断倾倒变形体的变形滑动。

（3）上漆法。在裂缝两侧用油漆各画上一道标记，与埋钉法原理相同，通过测量两侧标记之间的距离来判断变形是否继续在发展。

8.1.2.5 微震监测

微震监测技术（microseismic monitoring technique，MS）基于声发射学和地震学，现已发展成为一种新型的高科技监控技术。它是通过观测、分析生产活动中产生的微小地震事件，来监测其对生产活动的影响、效果及地下状态的地球物理技术。当地下岩石由于人为因素或自然因素发生破裂、移动时，产生一种微弱的地震波向周围传播，通过在破裂区周围的空间内布置多组检波器并实时采集微震数据，经过数据处理后，采用震动定位原理，可确定破裂发生的位置，并在三维空间上显示出来。其主要技术特点如下。

1. 实时监测

多通道微震监测系统一般都是把传感器以阵列的形式固定安装在监测区内，它可实现对微震事件的全天候实时监测，这是该技术的一个重要特点。全数字型微震监测仪器的出现，实现了与计算机之间的数据实时传输，克服了模拟信号监测设备在实时监测和数据存储方面的不足，使得对监测信号的实时监测、存储更加方便。

2. 全范围立体监测

采用多通道微震监测系统对地下工程稳定性和安全性进行监测，突破了传统监测方法力（应力）、位移（应变）中的"点"或"线"的意义上的监测模式，它是对于开挖影响范围内岩体破坏（裂）过程在空间概念上的时间过程的监测。该方法易于实现常规方法中人不可到达地点的监测。

3. 空间定位

多通道微震监测技术一般采用多通道带多传感器监测，可以根据工程的实际需要，实现对微震事件的高精度定位。微震监测技术的这种空间定位功能是它的又一个与实时监测同样重要的特点，这一特点大大提高了微震监测技术的应用价值。由于与终端监控计算机实现了数据的实时传输，可以通过编制对实时监测数据进行空间定位分析的三维软件，借助于可视化编程技术，可以实现对实时监测数据的可视化三维显示。

4. 全数字化数据采集、存储和处理

全数字化技术克服了模拟信号系统的缺点，使得计算机监控成为可能，对数据的采集、处理和存储更加方便。由于多通道监测系统采集数据量大，处理时需要计算机对其进行实时处理，并将数据进行保存，而大容量的硬盘存储设备、光盘等介质对记录数据的存储、长期保存和读取提供了保证。微震监测系统的高速采样以及 P 波和 S 波的全波形显示，使得对微震信号的频谱分析和处理更加方便。

5. 远程监测和信息的远传输送

微震监测技术可以避免监测人员直接接触危险监测区，改善了监测人员的监测环境，同时也使得监测的劳动强度大大降低。数字技术的出现和光纤通信技术的发展，使得数据的快速远传输送成为可能。数字光纤技术不仅使信号传送衰减小，而且其他电信号对光信号没有干扰，可确保在地下复杂环境中把监测信号高质量远传输送。另外，可利用 Internet 技术和 GPS 技术，把微震监测数据实时传送到全球，实现数据的远程共享。

6. 多用户计算机可视化监控与分析

监测过程和结果的三维显示以及在监测信号远传输送的前提下，利用网络技术（局域网）实现多用户可视化监测，即可以把监测终端设置在各级安全监管部门的办公室和专家办公室，可为多专家实时分析与评价创造条件。

8.2　倾倒变形体监测布置

倾倒变形体监测应根据开挖揭露的地质条件及既有坡体变形破裂迹象，重点布置在开挖影响较大、坡体结构较复杂的部位。鉴于仪器监测深度和监测对象的不同，变形监测可划分为表面变形监测、浅部变形监测和深部变形监测等三方面，整体上形成由表及里监控边坡开挖响应状态。

8.2.1　表面变形监测

倾倒体表面变形监测主要通过在坡表重点部位布置大地位移监测点，采用设备定时巡回监测，同时测量坡表水平位移和垂向位移，各监测点监测的变形数据组成监测断面，涵盖倾倒体整个区域，从而反映倾倒体的开挖变形响应及稳定性情况。

三维激光扫描技术作为近些年兴起的新测量技术，在变形监测领域拥有不可比拟的技术优势。利用三维激光扫描仪对倾倒体进行三维激光扫描，获取坡表真三维影像数据，将具有空间面域特征的点云进行叠加分析比较，得到整个倾倒边坡的变形特征，从而快速捕捉倾倒体异常变形。

8.2.2　浅部变形监测

倾倒边坡浅部变形监测主要结合倾倒体开挖支护措施，布置在坡表浅表变形较强部位，常用的监测手段有多点位移计、锚索测力计、锚杆应力计以及错位计、测缝计等。

8.2.3　深部变形监测

倾倒边坡深部变形监测的目的是了解深部拉裂缝在开挖过程中和蓄水运行期的变形响应，进一步验证边坡整体安全稳定性。其设备布置主要利用边坡内具备条件的地质勘探平硐及排水洞，来对深部裂缝部位的相对位移进行监测。

倾倒体深部变形监测常用设备方法有石墨杆收敛计、滑动测微计、滑距观测墩、测距观测墩、灌浆体变形监测等。

8.3 倾倒变形体监测成果整理

根据实际情况，监测资料需要进行有针对性的分析。依据其分析阶段可概括为两类：初步分析和全面系统的综合分析。在监测过程中，首先通过初步分析对监测成果进行初步验证，在工程出现异常和灾害的时段、工程竣工验收和安全鉴定等时段、水库蓄水、汛前、汛期、隧洞放水工程本身或附近工程维修和扩建等外界荷载环境条件发生显著变化的重点时段，通常需要对监测成果进行全面系统的综合分析，分析监测资料的变化规律和趋势，预测未来时段的安全稳定状态，为采取工程处理或预警提供数据支撑。

监测成果资料的分析方法可粗略划分为以下几类：

（1）常规分析法。如比较法、作图法、特征值法和测值因素分析法等。

（2）数值计算法。如统计分析方法、有限元分析法、反分析法等。

（3）数学物理模型分析方法。如统计分析模型、确定性模型和混合型模型等。

（4）应用某一领域专业知识和理论的专门性理论法。如边坡安全预报的斋藤法，边坡和地下工程中常用的岩体结构分析法等。

由于常规分析法具有原理简单、结果直观、能快速反映出问题等优点，在工程中得到了广泛的应用。监测资料分析常用到的常规分析方法主要如下：

（1）比较法。通过对比分析检验监测物理值的大小及其变化规律是否合理，或建筑物和构筑物所处的状态是否稳定的方法称比较法。比较法通常有监测值与技术警戒值相比较、监测物理量的相互对比、监测成果与理论的成果对比。工程实践中常与作图法、特征统计法和回归分析法等配合使用，即通过对所得图形、主要特征值或回归方程的对比分析得出检验结论。

（2）作图法。根据分析的要求，画出相应的过程线图、相关图、分布图以及综合过程线等。由图可直观地了解和分析观测值的变化大小和其规律，影响观测值的荷载因素和其对观测值的影响程度，以及观测值有无异常。

（3）特征值统计法。可用于揭示监测物理量变化规律特点的数值，借助对特征值的统计与比较，辨识监测物理量的变化规律是否合理，并得出结论的分析方法。倾倒变形体的特征值可采用监测物理量的最大值和最小值，变化趋势和变幅，地层变形趋于稳定所需时间，以及出现最大值和最小值的工程、部位和方向等。

（4）测值影响因素分析法。在监测资料分析中，事先收集整理地震、开挖、蓄水、边坡支护等各种因素对观测值的影响，掌握它们对观测值影响的规律，综合分析、研究各因素对倾倒变形体变形演化、稳定趋势等方面的影响。

8.4 倾倒变形体边坡稳定性预测

8.4.1 悬臂梁的挠度与转角

反倾层状边坡可看作由一系列悬臂岩板叠合而成的平面应变体，假设重力荷载均匀作

用在各悬臂岩板上（见图 8.4-1）。根据结构力学，均布荷载作用下悬臂梁的转角和挠度可表示为

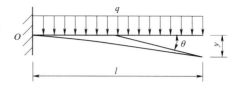

$$\theta = -\frac{ql^3}{6EI} \qquad (8.4-1)$$

$$y = -\frac{ql^4}{8EI} \qquad (8.4-2)$$

图 8.4-1　均布荷载下悬臂梁挠度与转角

式中：θ 和 y 分别为悬臂岩板的转角和挠度；q 为作用在岩板上的重力荷载；l 为岩板悬臂段长度；E 和 I 分别为岩板的弹性模量与刚度；符号表示方向，向上的挠度为正，逆时针转向的转角为正。

将式（8.4-1）及式（8.4-2）进行合并，则悬臂梁的挠度 y 可表示为仅由转角及悬臂段长度组成的简单方程：

$$y = \frac{3\theta l}{4} \qquad (8.4-3)$$

8.4.2　倾倒变形累计位移量计算模型

众所周知，反倾层状边坡的坡缘部位在倾倒过程中的变形最为明显，变形量值最大。因此，选择以坡缘岩梁为重点研究对象，倾倒边坡发展演化的三阶段机制模型示意如图 8.4-2 所示。

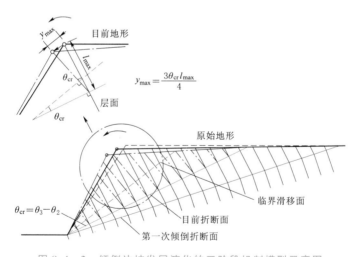

图 8.4-2　倾倒边坡发展演化的三阶段机制模型示意图

首先定义反倾边坡的第一次倾倒折断面倾斜角为 θ_1、目前阶段折断面的倾斜角为 θ_2、极限平衡状态下的折断面倾斜角为 θ_3，则边坡倾倒折断面从目前状态到极限平衡状态之间的转动角为

$$\theta_{cr} = \theta_3 - \theta_2 \qquad (8.4-4)$$

其中，倾倒边坡现阶段折断面的倾斜角 θ_2 可通过系统的勘查手段得到，而边坡在极限平衡状态下折断面倾斜角 θ_3 的量值则等于其等效内摩擦角 φ。

其次，坡缘位置岩梁的悬臂段长度 l 可通过折断面与坡面相对位置的几何关系进行求解，可表示为

$$l_{max} = H \frac{\sin(\alpha - \theta_2)}{\sin\alpha} \qquad (8.4-5)$$

式中：H 为边坡高度；α 为边坡坡角。

由倾倒折断面与反倾层面的垂直特性可知，坡缘位置岩梁从目前状态到极限平衡状态之间的转动角也为 θ_{cr}。由式（8.4-3）可知，倾倒边坡坡缘岩梁从目前状态到极限平衡状态的最大挠度值 y_{max} 为

$$y_{max} = \frac{3}{4} \theta_{cr} l_{max} \qquad (8.4-6)$$

由式（8.4-6）计算得到的最大挠度值 y_{max} 表示边坡从时效变形过渡到累进型破坏阶段的累计位移，如图 8.4-3 所示。

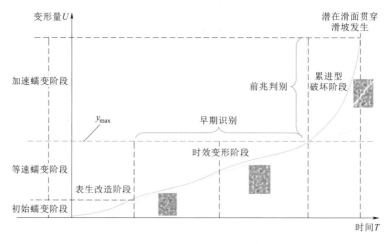

图 8.4-3　倾倒边坡时效变形阶段变形阈值

因此，无论倾倒边坡如何发展，即或是遭遇降雨、地震等突发外界因素而导致变形量的跃升，只要边坡变形量还没有达到变形阈值 y_{max}，则边坡就不会进入最终的累进型破坏阶段。

8.4.3　倾倒变形体稳定性预测计算实例

倾倒变形体稳定性的计算与折断面的力学参数息息相关，但目前对倾倒边坡折断面物理力学参数的试验方法还相对缺乏，故结合岩体质量利用基于 GSI 的 Hoek-Brown 强度准则对溪洛渡星光三组折断面的力学参数进行定量化估计还较为可行，并以该结果为依据，对边坡倾倒变形的累计位移量进行计算。

8.4.3.1　折断面参数的定量化估计

Hoek 和 Brown 在 1980 年首次提出确定节理岩体强度的 Hoek-Brown 非线性抗剪强度模型。此后，为便于野外现场调查使用，发展了地质强度指标法 GSI（Hoek et al.，

1995；Hoek and Brown，1997，1998），并于 2013 年对 GSI 做了定量化取值的研究（Hoek et al.，2013）。经过多年的不断完善，逐渐成了一种确定节理岩体强度参数的通用方法（Hoek et al.，2002），如式（8.4-7）所示：

$$\sigma_1 = \sigma_3 + \sigma_{ci}\left(m_b\,\frac{\sigma_3}{\sigma_{ci}} + s\right)^\alpha \tag{8.4-7}$$

其中

$$m_b = m_i \exp\left(\frac{\text{GSI}-100}{28-14D}\right)$$

$$s = \exp\left(\frac{\text{GSI}-100}{9-3D}\right)$$

$$\alpha = 0.5 + \frac{1}{6}\left[\exp\left(\frac{-\text{GSI}}{15}\right) - \exp\left(\frac{-20}{3}\right)\right]$$

式中：σ_1、σ_3 为最大及最小主应力；σ_{ci} 为岩石单轴抗压强度，取值见表 8.4-1；m_i 为岩石性状常数，取值见表 8.4-2；GSI 为岩体的地质强度指标，取值见表 8.4-3；D 为岩石在开挖或者爆破过程中受到的扰动大小，0 表示几乎没有扰动，1 表示岩石受到了强烈的爆破扰动。

表 8.4-1　　　　　　　　　　　　岩石单轴抗压强度

等级*	条件	单轴抗压强度/MPa	点荷载指标/MPa	现场估计强度	例　　子
R6	特硬	＞250	＞10	地质锤只能敲击出缺口	新鲜的玄武岩、燧石、辉绿石、片麻岩、花岗岩、石英岩
R5	很硬	100～250	4～10	试样需要用地质锤多次敲打才能破碎	闪岩、砂岩、玄武岩、辉长岩、片麻岩、花岗闪长岩、灰岩、大理岩、流纹岩、凝灰岩
R4	硬	50～100	2～4	试样需要用地质锤敲击多于一次才能破碎	灰岩、大理岩、砂岩、片岩、千枚岩、页岩
R3	中硬	25～50	1～2	试样不能用小刀划破或剥碎，用地质锤可一次敲碎	黏土岩、煤、混凝土、片岩、页岩、粉砂岩
R2	软	5～25	＊＊	用小刀用力可划破，用地质锤敲击一点一定次数可以留下浅坑	白尘粉、岩盐、钾碱
R1	很软	1～5	＊＊	用地质锤敲击一点一定次数可击碎，用小刀可划破	强风化或蚀变岩
R0	特软	0.25～1	＊＊	用指甲可以划出痕迹	硬断层泥

＊　　Brown 分级（1981）。

＊＊　岩石点荷载在单轴抗压强度低于 25MPa 时，试验结果模糊不清。

根据现场勘查成果，溪洛渡星光三组平硐内揭示的折断带岩体素描及典型照片如图 8.4-4 所示，并采用 Hoek-Brown 模型对其进行定量评价，评价结果见表 8.4-4。其中，PD07 的 67～72m 折断岩体为边坡强倾倒区下限，PD02 的 137～142m 折断岩体代表边坡弱倾倒上段与下段之间的分界带，而 PD03 的 271～274m 则代表边坡弱倾倒区下限。

表 8.4 - 2　　　　　　　　岩石性状常数 m_i 取值（Marions et al.，2001）

岩石类型	类别	组成	质地			
			粗	中	细	很细
沉积作用	碎屑状		砾岩* (21±3)	砂岩 (17±4)	粉砂岩 (7±2)	黏土岩 (4±2)
			角砾岩 (19±5)		杂砂岩 (18±3)	页岩 (6±2)
						泥灰岩 (7±2)
	非碎屑状	有机类	白尘粉 (7±2)			
		碳酸盐类	结晶灰岩 (12±3)	粗晶灰岩 (10±3)		微晶灰岩 (9±3)
		化学类		石膏 (8±2)	硬石膏 (12±2)	
变质作用	无叶片状		大理石 (9±3)	角叶岩 (19±4)	石英岩 (20±3)	
	少叶片状			变质砂岩 (19±3)		
			混合岩 (29±3)	闪岩 (26±6)		
	叶片状**		片麻岩 (28±5)	片岩 (12±3)	千枚岩 (7±3)	板岩 (7±4)
火成作用	深成岩	轻	花岗岩 (32±3)	闪长岩 (25±5)		
			花岗闪长岩 (29±3)			
		重	辉长岩 (27)	辉绿岩 (16±5)		
			苏长岩 (20±5)			
	浅成岩		斑岩 (20±5)		辉绿岩 (15±5)	橄榄岩 (25±5)
	喷出岩	岩浆型		流纹岩 (25±5)	英安岩 (25±3)	黑曜岩 (19±3)
		火山碎屑型	集块岩 (19±3)	角砾岩 (19±5)	凝灰岩 (13±5)	

注　括号里的值是估计值。每种岩石引用的值是决定于其晶体结构的粒度和咬合，更高的 m_i 值与更高的咬合及更多的摩擦特性有关。

*　砾岩和角砾岩可能会呈现出较大范围的 m_i 值变化，这决定于胶结物质和胶结程度，因此对于细粒胶结型，它们的 m_i 值可能变化到近似砂岩的 m_i 值。

**　这些值为原岩试样垂直于层理或板理方向的测试值。当沿软弱面发生破坏时，m_i 值将有很大的变化。

表 8.4 - 3　　　　　　地质强度指标 GSI 取值表格 (Hoek et al. , 2013)

表 8.4 - 4　　　　　　折断带岩体 Hoek - Brown 模型评价结果

评价位置	岩性	单轴抗压强度 /MPa	m_i	GSI	D	坡高 /m	岩体容重估值 /(MN/m³)
PD07：67~72m	灰岩	63.3	8	30	0.3		0.024
PD02：137~142m	砂岩	48.0	7	45	0.3	950	0.024
PD03：271~274m	灰岩	63.3	9	50	0.3		0.025

　　Hoek 和 Brown 研究将 Hoek - Brown 准则曲线转化为等效的 Mohr - Coulomb 准则曲线，以获得工程上常用的 Mohr - Coulomb 强度参数黏聚力 c 和内摩擦角 φ。研究结果显

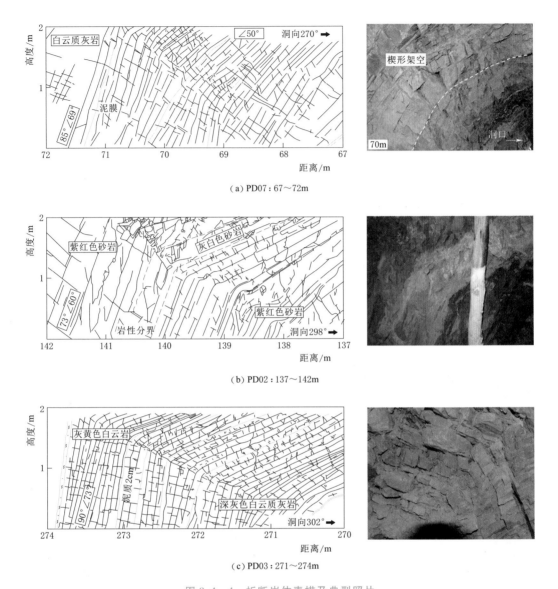

（a）PD07：67～72m

（b）PD02：137～142m

（c）PD03：271～274m

图 8.4-4　折断岩体素描及典型照片

示当 $\sigma_t < \sigma_3 < \sigma_{3max}$ 时，Mohr-Coulomb 准则曲线与 Hoek-Brown 准则曲线非常吻合，岩体遵循的 Hoek-Brown 准则，可用直线近似地拟合。Mohr-Coulomb 准则的主应力表示形式为

$$\sigma_1 = \frac{1+\sin\varphi}{1-\sin\varphi}\sigma_3 + \frac{2c\cos\varphi}{1-\sin\varphi} \qquad (8.4-8)$$

将式（8.4-8）代入式（8.4-7）可得到等效内摩擦角及黏聚力，表示为

$$\varphi = \sin^{-1}\left[\frac{6am_b(s+m_b\sigma_3)^{a-1}}{2(1+a)(2+a)+6am_b(s+m_b\sigma_3)^{a-1}}\right] \qquad (8.4-9)$$

$$c=\frac{\sigma_{\mathrm{c}}\left[(1+2a)s+(1-a)m_{b}\sigma_{3\mathrm{n}}\right](s+m_{b}\sigma_{3\mathrm{n}})^{a-1}}{(1+a)(2+a)\sqrt{1+\dfrac{6am_{b}(s+m_{b}\sigma_{3\mathrm{n}})^{a-1}}{(1+a)(2+a)}}} \quad (8.4-10)$$

其中
$$\sigma_{3}=\sigma_{3\max}/\sigma_{\mathrm{c}}$$

至此，通过岩体可以得出工程中常用的岩体抗剪强度参数指标。利用 RocScience 网站所提供的 RocLab 程序可以便捷地完成以上工作，得到各段岩体抗剪强度参数，如图 8.4-5 所示。

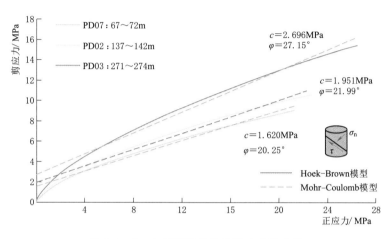

图 8.4-5　各折断岩体抗剪强度参数曲线

由图 8.4-5 可以看出，溪洛渡星光三组倾倒边坡不同分区界限所对应的折断岩体力学强度有所差别，总体表现为弱倾倒下段＞弱倾倒上段＞强倾倒区下限，这与边坡实际情况也是吻合的。将岩体抗剪参数指标转换为等效内摩擦角 φ_{d}，其计算公式如下：

$$\varphi_{\mathrm{d}}=\tan^{-1}\left(\tan\varphi+\frac{2c}{\gamma h\cos\theta}\right) \quad (8.4-11)$$

式中：c 和 φ 分别为岩体黏聚力和内摩擦角；γ 为岩体容重；h 为边坡高度；θ 为岩体破裂角，为 $45°+\varphi/2$。

据此得到各折断岩体等效内摩擦角计算结果见表 8.4-5。

表 8.4-5　　　　　　　　　　折断带岩体等效内摩擦角计算结果

评价位置	分区界限	黏聚力 c /MPa	内摩擦角 φ /(°)	岩体容重 /(MN/m³)	坡高 /m	等效内摩擦角 φ_{d} /(°)
PD07：67～72m	强倾倒下限	0.921	20.25	0.024		31.69
PD02：137～142m	弱倾倒上段	1.011	21.99	0.024	950	35.36
PD03：271～274m	弱倾倒下段	1.485	27.15	0.025		43.47

8.4.3.2　累计位移预测值计算

根据星光三组倾倒岸坡的剖面分带结果，再结合其折断带岩体力学参数的定量化估计，通过倾倒体变形稳定性评价模型，便可对该倾倒岸坡累计位移临界阈值进行预测。

为达到评价边坡稳定性及分析发展趋势的目的，选择监测点位置作为边坡位移临界阈值的计算部位是合理的。图 8.4 - 6 示出了边坡位移监测点（TP01、TP02、TP03）在剖面上的位置，需要说明的是，由于设置的分带剖面线并未穿过 TP02 和 TP03 监测点，故图中示出的是其投影位置。

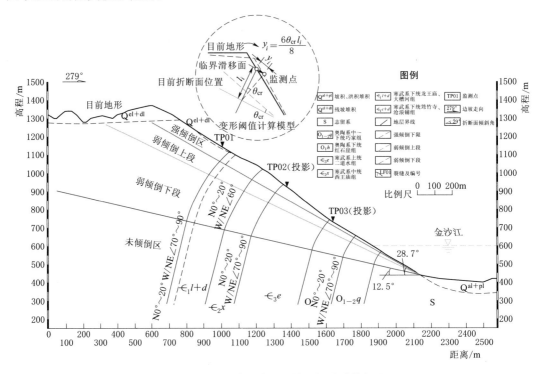

图 8.4 - 6　边坡累计位移临界阈值计算部位

选择图 8.4 - 6 中 TP01、TP02 及 TP03 监测点位置作为计算部位，量测出各监测点位置的悬臂段长度 l，选取强倾倒下限参数结果，通过式（8.4 - 6）计算出各监测点累计位移临界阈值 y_{max}，见表 8.4 - 6。计算结果显示，高高程 TP01 监测点的位移预测值为 3.09m，中高程 TP02 监测点的位移预测值为 2.45m，而低高程 TP03 监测点的位移预测值为 1.10m，这与倾倒边坡坡缘部位的最大变形量是吻合的。

表 8.4 - 6　　　　　　　　　　溪洛渡星光三组岸坡监测点位移临界值计算表

计算位置	折断面倾斜角 $\theta/(°)$	等效内摩擦角 $\varphi_d/(°)$	临界倾倒角 θ_{cr}/rad	悬臂段长度 l/m	临界阈值 y_{max}/m
TP01				78.91	10.05
TP02	28.7	31.69	0.052	62.55*	6.58*
TP03				28.20*	3.14*

*　监测点在剖面上的投影位置，其悬臂长度量测不够精确，并且 TP02 及 TP03 监测仪器已经损坏。

TP01 监测点累计位移量为 1130.7mm，TP02 监测点累计位移量为 735.49mm，TP03 监测点累计位移量为 783.32mm，均未达到计算所得到的边坡失稳破坏临界值，且位移曲线的加速迹象不明显，故边坡目前仍处于时效变形阶段。

8.5　典型监测实例

溪洛渡星光三组岸坡倾倒变形方向受岩体结构控制朝上游侧。本节结合变形监测资料，从顺河向、横河向、沉降及合位移等 4 个方面全面分析岸坡在库水升降过程中的变形响应，并据此对其进行平面分区。在此基础上，根据现场勘查成果，对边坡上游山脊侧的强变形区进行剖面分带，并采用 Hoek - Brown 模型对边坡各折断面参数进行定量化估计，进而利用变形稳定性评价模型计算边坡最大累计位移量的预测值，对星光三组倾倒体边坡的稳定性现状及发展趋势做出判断。

8.5.1　星光三组边坡分区分带

在边坡平面分区方面，目前主要以边坡变形程度及其边界条件作为主要划分依据。在剖面分带方面，则普遍采用边坡岩体风化卸荷程度及岩体质量等方法进行划分。这些方法对一般的岩质边坡比较适用。但对于倾倒体边坡来说，由于其变形破坏模式与一般滑坡有所区别，采用上述方法具有一定的局限性。因此，本节在星光三组岸坡监测点位移矢量图的基础上，采用空间差值的方法获取边坡变形云图，进而结合边坡变形程度及边界条件对其进行平面分区。而星光三组岸坡的剖面分带则根据倾倒体的变形特性，以折断岩体发育位置及岩层倾角作为主要依据进行。

8.5.1.1　变形分区

结合边坡变形监测点的位移矢量图，采用 ArcGIS 软件对边坡 10 个监测点的变形数据进行差值拟合。根据空间差值原理，均方根越小，拟合曲线越吻合。综合对比 ArcGIS 内置各差值方法（如反距离权重法、全局多项式插值法、径向基函数插值法、克里金法等）的拟合结果，最终选择指示克里金法的 K - Bessel 模型绘制边坡变形云图（见图 8.5 - 1），其拟合曲线的均方根为 0.24，标准均方根为 1.137，平均标准误差为 0.25。

由图 8.5 - 1 可以看出，边坡强变形区应为图中显示的红色范围，主要集中在边坡上游山脊侧附近区域，变形量值均在 550mm 以上；而边坡其余部分变形量值较小，可划分为弱变形区。以此为主要依据，结合边坡变形迹象、裂缝发育情况及微地貌特征，其平面分区结果如图 8.5 - 2 所示。

8.5.1.2　变形分带

通过前述勘察成果可知，溪洛渡星光三组岸坡的倾倒变形方向为向上游侧，平面分区结果亦显示边坡强变形区域为上游山脊侧附近，故以边坡上游山脊作为主要研究对象，设置 1—1' 剖面（见图 8.5 - 2），以对其进行变形分带研究。

根据岸坡倾倒变形破坏的强烈程度，可将星光三组岸坡倾倒变形划分为强倾倒带、弱倾倒带和正常岩带，其中弱倾倒带又可细分为弱倾倒上段及弱倾倒下段，表 8.5 - 1 为针对该岸坡提出的倾倒变形分带标准。

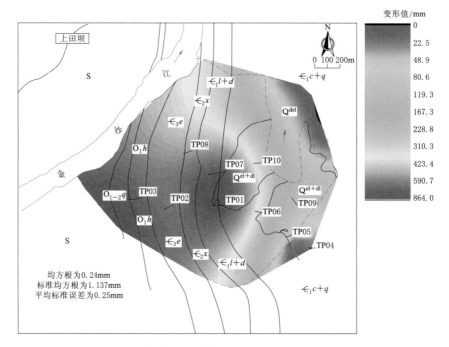

图 8.5-1　星光三组岸坡变形云图

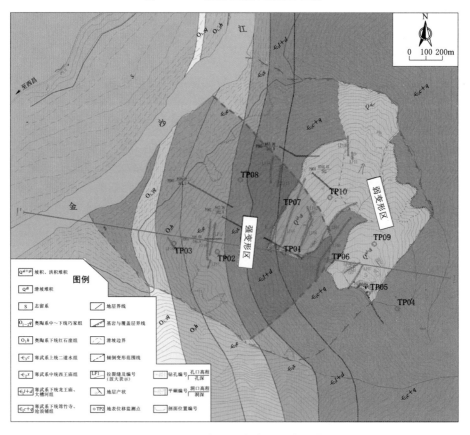

图 8.5-2　星光三组岸坡平面分区结果

表 8.5 - 1   星光三组岸坡倾倒变形分带标准表

指标	强倾倒变形带	弱 倾 倒 变 形 带		正常岩带
		上 段	下 段	
变形破坏特征	岩层之间张裂变形、层内压剪破裂，局部折断，呈楔形架空，多引起位错，挤压破碎带集中发育，浅表部分岩体破碎、松弛，局部溜滑，高高程岩体存在重力分异现象	岩层发生连续性倾倒变形，裂隙普遍张开，重力作用下的层内压剪裂隙较发育，西王庙组地层中多见柔性弯曲迹象，偶伴位错	岩体总体上结合较紧密，层面多微张～张开，偶见压剪裂隙，但段内低高程部位岩体因层间错动引起的层间挤压带十分发育	岩体中原有的各类结构面发生局部轻微的张裂变形，岩体未发生倾倒，总体上仍保持较好的整体性
岩层倾角	30°～50°	平均 60°		75°以上
结构	碎裂结构，局部镶嵌结构	镶嵌结构为主，局部碎裂结构		层状结构
卸荷	强卸荷	总体弱卸荷		局部松弛变形
风化	强风化	总体弱风化		微风化～新鲜

1. 强倾倒变形带

岩层表现为强烈的倾倒-折断破坏。带内岩层倾角一般小于60°，高高程平硐岩层倾角为30°～50°，中高程岩层倾角约50°。岩层之间张裂变形、层内压剪破裂，局部折断，呈楔形架空，多引起位错，挤压破碎带集中发育，浅表部分岩体受风化卸荷影响破碎，松弛、局部溜滑，高高程岩体存在重力分异现象。岩体呈碎裂结构，局部镶嵌结构。

2. 弱倾倒变形带

弱倾倒变形带内高高程平硐岩层倾角为50°～60°，中高程平硐岩层倾角为60°～65°，平均值约为60°。带内岩体总体上处于弱风化、弱卸荷状态，且具有相对较好的整体性，以镶嵌结构为主，局部碎裂结构。

弱倾倒上段：岩层发生连续性倾倒变形，裂隙普遍张开，重力作用下的层内压剪裂隙较发育，西王庙组地层中多见柔性弯曲迹象，偶伴位错。

弱倾倒下段：岩体总体上结合较紧密，层面多微张～张开，偶见压剪裂隙，但段内低高程部位岩体因层间错动引起的层间挤压带十分发育。

3. 正常岩带

岩层中原有的各类结构面发生局部轻微的张裂变形，岩体未发生倾倒，岩层倾角在75°以上，总体上仍保持较好的整体性，以层状结构为主，局部松弛变形。

根据平硐勘测成果，将各平硐分带结果及岩体特征描述列于表 8.5 - 2。需要说明的是，由于 PD04 和 PD05 位于弱变形区，勘测成果亦显示洞段内岩体倾倒变形迹象较弱，且距研究剖面 1—1′较远，故为将其纳入作为该剖面变形分带的依据。平硐分带结果表明，星光三组岸坡强倾倒变形带水平深度一般为75～102m；弱倾倒变形上段水平深度一般为102～253m；弱倾倒变形下段水平深度一般为202～275m。将平硐分带结果按地层走向投影至研究剖面 1—1′中，绘制出星光三组倾倒岸坡剖面分带如图 8.5 - 3 所示。

根据剖面分带结果可以看出，溪洛渡星光三组岸坡剖面分带特征表现出了良好的线性关系，并且划分出的折断面倾斜角与相应的层面倾角几乎成垂直关系；如正常岩体平硐揭

表 8.5－2 星光三组岸坡平硐揭示倾倒变形区域综合划分

平硐编号	强倾倒带 洞段/m	强倾倒带 岩体变形特征	弱倾倒带 上段 洞段/m	弱倾倒带 上段 岩体变形特征	弱倾倒带 下段 洞段/m	弱倾倒带 下段 岩体变形特征	正常岩带 洞段/m	正常岩带 岩体变形特征
PD01	0～102	岩体破碎，裂隙多张开、压剪现象随处可见；剪切错动带发育且伴有一定位错，并可见反坡重力分异现象；以98m洞底反坡裂隙为界，该段岩层倾角一般为30°～50°	102～252.5	裂隙普遍张开、局部发育压剪裂隙；段内130～170m集中发育，无充填，偶见位错；该段岩层倾角一般为50°～60°				
PD02			0～137	压剪裂隙发育，岩体张开1～4mm，多见揉皱及弯曲变形现象，局部伴随一定位错；该段以洞段137m弯曲变形为界，但全洞段岩层倾角差异不大，倾角约60°	137～202.4	段内裂隙不发育，层面微张，一般1～3mm，剪切错动带不发育，平均倾角60°		
PD03					0～275	岩体总体结合较紧密，洞顶层面多张开且层间挤压带极发育。以270m弯曲-折断现象为界，偶见张开剪裂隙，平均倾角约60°	275～301	岩体完整性较好，裂隙闭合～微张，该段岩层平均倾角约75°，接近正常岩层倾角
PD07	0～75	岩体破碎、松弛；弯曲、拉张现象普遍，呈正弯形架空，局部锈染；裂隙张开2～5mm，多充填生泥；以70m弯曲-折断现象为界，该段岩层倾角约50°	75～101.5	揭示岩体较破碎，锈染，可见压剪裂隙～4mm、裂隙张开2次次生泥；该段岩层倾角约65°				
PD04	倾倒变形迹象弱且距主变形剖面较近，未纳入边坡整体分带划分							
PD05								

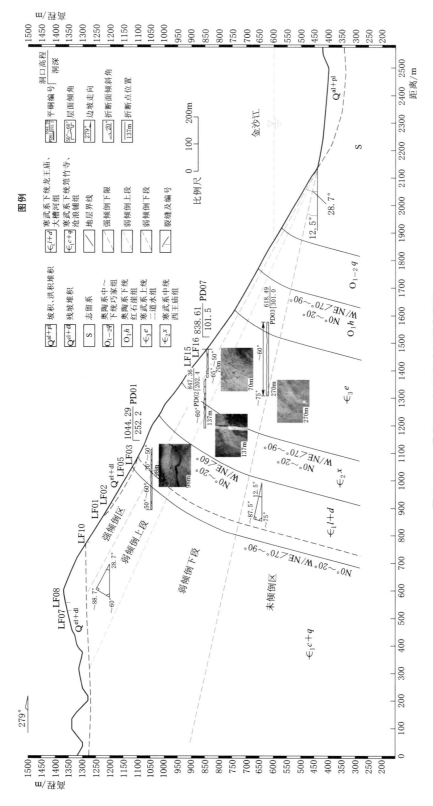

图 8.5-3　星光三组倾倒岸坡剖面分带图

示倾角在 75°左右，而其对应的折断面倾斜角为 12.5°，两者之和为 87.5°；弱倾倒区岩层平均倾角约为 60°，相应的折断面倾斜角为 28.7°，两者之和为 88.7°。这从侧面再一次印证了前述折断面最优形态理论成果的合理性。

8.5.2 GNSS 监测设计

8.5.2.1 基本原理

溪洛渡星光三组边坡变形监测采用全球卫星导航定位系统（GNSS），通过设立观测点及基准站，利用高精度 GNSS 接收设备连续动态地对观测点的三维位置、速度和时间信息进行采集，从而实现边坡的实时监测及安全评估，具有自动化采集、测站间无须保持通视、全天候观测等优点。其平面位置精度可达 $1 \sim 2$ mm，高程精度达 $2 \sim 4$ mm。GNSS 定位基本原理如图 8.5 - 4 所示。

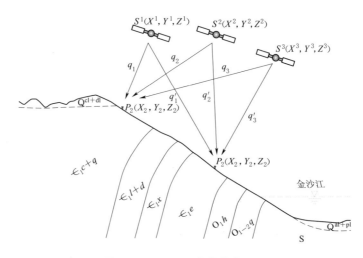

图 8.5 - 4　GNSS 定位基本原理

该系统由观测点、子控制中心及总控制中心三部分组成。其中，观测点采用太阳能供电设备保障设备持续运行，主要负责完成监测点的数据采集工作；子控制中心主要负责数据的自动接收、解算、存储和传输等工作；而总控制中心则实现数据的处理分析和报表生成，供相关人员进行信息查看及检查。

8.5.2.2 监测布置

溪洛渡星光三组岸坡共布置了 10 个地表监测点。其中，TP01、TP02 及 TP03 位于岸坡上游山脊侧，TP04、TP05、TP06 及 TP09 位于岸坡顶部的缓坡平台，TP07、TP08 和 TP10 则布设在岸坡中下游岸坡坡体上。

8.5.3 库水作用下边坡变形监测分析

边坡监测数据从 2014 年 6 月 13 日开始获取，截至 2017 年 2 月 19 日，边坡水位共经历了 10 次涨落过程，见表 8.5 - 3。

表 8.5 - 3　　　　　　　　　　　　星光三组岸坡水位变化过程

编号	起始日期	截至日期	岸坡水位变化情况	水位日平均变化率
1	2014 - 06 - 13	2014 - 09 - 30	由 545m 涨至 600m	0.52m/d
2	2014 - 10 - 01	2015 - 03 - 31	在 590～600m 区间运行	—
3	2015 - 04 - 01	2015 - 05 - 31	由 590m 降至 545m	0.75m/d
4	2015 - 06 - 01	2015 - 08 - 13	在 545～560m 区间运行	—
5	2015 - 08 - 14	2015 - 09 - 30	由 560m 涨至 600m	0.85m/d
6	2015 - 10 - 01	2015 - 10 - 19	在 600m 附近运行	—
7	2015 - 10 - 20	2016 - 04 - 20	由 600m 降至 545m	0.30m/d
8	2016 - 04 - 21	2016 - 08 - 27	在 545～570m 区间运行	—
9	2016 - 08 - 28	2016 - 09 - 27	由 560m 涨至 600m	1.16m/d
10	2016 - 09 - 27	2017 - 02 - 19	在 600～585m 区间运行	—

　　总的来看，溪洛渡星光三组岸坡共经历了 2.5 个水文年，最低库水位为 545m，最高库水位为 600m。水位上升期，库水位日平均升幅为 0.52～1.16m。水位下降期，库水位日平均降幅 0.30～0.75m。

8.5.3.1　顺河向变形监测

　　顺河向变形是指边坡各监测点平行于金沙江方向的变形，其中正值代表监测点的变形方向朝金沙江下游侧，负值则代表变形方向朝金沙江上游侧。

　　1.变形量分析

　　边坡各监测点顺河向变形数据的分析结果（见图 8.5 - 5）表明：位于边坡上游山脊侧的 TP01、TP02、TP03 监测点及中游岸坡坡体上的 TP07、TP08 监测点变形量值较大，为 -418.1～-640.6mm；而位于岸坡下游岸坡坡体上的 TP10 监测点及岸坡顶部缓坡平台的 TP04、TP05、TP06、TP09 监测点变形量相对较小，为 17.1～-171.0mm，变形方向显示向金沙江上游侧发生变形。

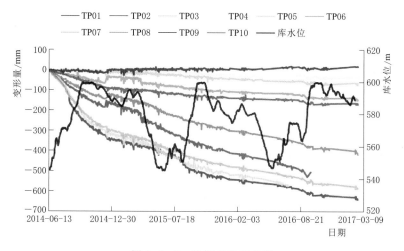

图 8.5 - 5　顺河向位移曲线

2. 变形速率分析

将边坡各监测点在水位各运行阶段的顺河向位移变形速率进行统计并绘于图8.5-6。从图8.5-7中可以看出，TP01、TP02、TP03、TP06、TP07、TP08及TP10监测点的日平均变形速率在水库运行过程当中呈现出指数分布的特征，表现出逐渐稳定的趋势。其在第一次水库蓄水过程中日平均变形速率最大，为0.32～2.34mm/d；水库在库水位600m附近运行时，其日平均变形速率为0.07～0.75mm/d；第一次水位下降时，其日平均变形速率为0.15～1.12mm/d；在下一水位循环时，以上监测点的日平均变形速率均有所减少，截至最后一个600m水位运行期间，其日平均变形速率为0.08～0.28mm/d。而TP04、TP05及TP09监测点在各水位运行阶段的日平均变形速率较小且基本持平，一般为0.00～0.13mm/d，表明该部位边坡受库水位变化影响较小。

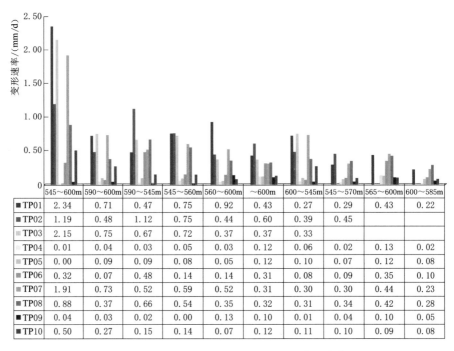

	545～600m	590～600m	590～545m	545～560m	560～600m	～600m	600～545m	545～570m	565～600m	600～585m
■TP01	2.34	0.71	0.47	0.75	0.92	0.43	0.27	0.29	0.43	0.22
■TP02	1.19	0.48	1.12	0.75	0.44	0.60	0.39	0.45		
■TP03	2.15	0.75	0.67	0.72	0.37	0.37	0.33			
■TP04	0.01	0.04	0.03	0.05	0.03	0.12	0.06	0.02	0.13	0.02
■TP05	0.00	0.09	0.09	0.08	0.05	0.12	0.10	0.07	0.12	0.08
■TP06	0.32	0.07	0.48	0.14	0.14	0.31	0.08	0.09	0.35	0.10
■TP07	1.91	0.73	0.52	0.59	0.52	0.31	0.30	0.30	0.44	0.23
■TP08	0.88	0.37	0.66	0.54	0.35	0.32	0.31	0.34	0.42	0.28
■TP09	0.04	0.03	0.02	0.00	0.13	0.10	0.01	0.04	0.10	0.05
■TP10	0.50	0.27	0.15	0.14	0.07	0.12	0.11	0.10	0.09	0.08

图8.5-6 水库各运行阶段顺河向位移变形速率图

8.5.3.2 横河向变形分析

横河向变形是指边坡各监测点垂直于金沙江方向的变形，其中正值代表监测点的变形方向朝临江侧，负值则代表变形方向朝向边坡内侧。

1. 变形量分析

通过分析边坡各监测点横河向的变形数据表明（见图8.5-7）：TP01、TP03及TP07监测点变形量值较大，达474.2～578.6mm；TP02、TP06、TP08、TP10监测点变形量次之，为190.5～206.7mm；而TP04、TP05及TP09监测点变形量最小，为37.8～86.8mm，变形方向显示向临江侧发生变形。

在第一次库水位涨落期间，TP02和TP07监测位移为负值，这可能与监测点摆放位置的微地貌有关，两点均位于临空条件较好的冲沟附近。

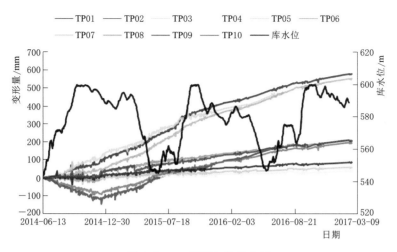

图 8.5 - 7　横河向位移曲线

2. 变形速率分析

将边坡各监测点在各水位运行阶段的横河向位移变形速率进行统计并绘于图 8.5 - 8。可以看出，TP01、TP02、TP03、TP06、TP07、TP08 及 TP10 监测点的日平均变形速率在水库运行过程当中呈驼峰状分布，最大值出现在第二次水位骤升（0.85m/d）期间，其日平均变形速率为 0.28~1.39mm/d。但总体上仍表现出逐渐稳定的趋势，截至最后一个 600m 水位运行期间，其日平均变形速率为 0.16~0.28mm/d。而 TP04、TP05 及 TP09 监测点在各水位运行阶段的日平均变形速率较小且基本持平，一般为 0.01~

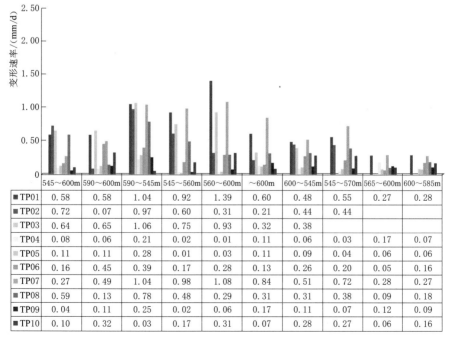

	545~600m	590~600m	590~545m	545~560m	560~600m	~600m	600~545m	545~570m	565~600m	600~585m
■TP01	0.58	0.58	1.04	0.92	1.39	0.60	0.48	0.55	0.27	0.28
■TP02	0.72	0.07	0.97	0.60	0.31	0.21	0.44	0.44		
■TP03	0.64	0.65	1.06	0.75	0.93	0.32	0.38			
TP04	0.08	0.06	0.21	0.02	0.01	0.11	0.06	0.03	0.17	0.07
■TP05	0.11	0.11	0.28	0.01	0.03	0.11	0.09	0.04	0.06	0.06
■TP06	0.16	0.45	0.39	0.17	0.28	0.13	0.26	0.20	0.05	0.16
■TP07	0.27	0.49	1.04	0.98	1.08	0.84	0.51	0.72	0.28	0.27
■TP08	0.59	0.13	0.78	0.48	0.29	0.31	0.31	0.38	0.09	0.18
■TP09	0.04	0.11	0.25	0.02	0.06	0.17	0.11	0.07	0.12	0.09
■TP10	0.10	0.32	0.03	0.17	0.31	0.07	0.28	0.27	0.06	0.16

图 8.5 - 8　水库各运行阶段横河向位移变形速率图

0.28mm/d。

8.5.3.3 沉降变形分析

沉降变形是指边坡各监测点在垂直高度上的变形，其中正值代表监测点的变形方向向下，发生沉降；负值则代表变形方向向上，出现抬升。

1. 变形量分析

边坡各监测点的沉降变形数据分析结果（见图 8.5-9）表明：TP01、TP02、TP03 及 TP07 监测点变形量值较大，达 425.4～721.8mm；TP06、TP08 及 TP10 监测点变形量次之，为 176.5～301.1mm；而 TP04、TP05 及 TP09 监测点变形量最小且基本持平，为－3.5～59.3mm，显示边坡总体发生沉降变形。

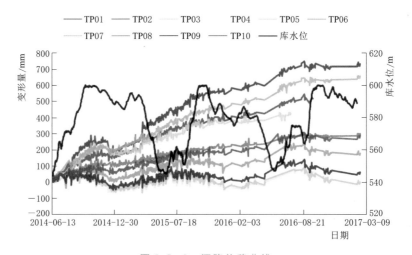

图 8.5-9　沉降位移曲线

2. 变形速率分析

图 8.5-10 绘制出了边坡各监测点在水位各运行阶段的沉降位移变形速率变化关系。从图 8.5-10 可以看出，TP01、TP02、TP03、TP06、TP07、TP08 及 TP10 监测点的日平均变形速率在水库运行过程当中仍呈指数分布，表现出逐渐稳定的趋势。其在第一次水库蓄水过程中日平均变形速率最大，为 0.71～2.16mm/d；截至最后一个 600m 水位运行期间，其日平均变形速率为 0.05～0.20mm/d。而 TP04、TP05 及 TP09 监测点在各水位运行阶段的日平均变形速率较小但振动幅度较大，一般为 0.02～0.2mm/d。

8.5.3.4 合位移分析

合位移是指边坡各监测点的总变形，结合了上述的顺河向位移、横河向位移及沉降位移，能够反映出边坡总体变形趋势。

1. 变形量分析

边坡各监测点的合位移数据分析结果（见图 8.5-11）表明：TP01、TP02、TP03 及 TP07 监测点变形量值最大，达 735.5～1130.7mm；TP06、TP08 及 TP10 监测点变形量次之，为 308.9～550.9mm；而 TP04、TP05 及 TP09 监测点变形量最小且基本持平，为 51.7～106.5mm。

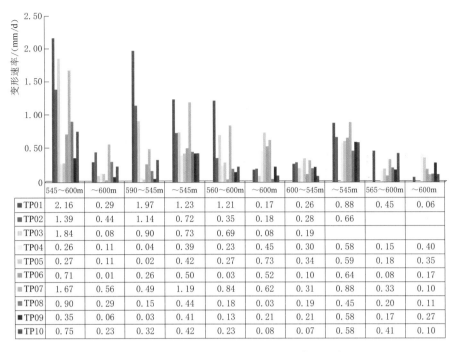

	545～600m	～600m	590～545m	～545m	560～600m	～600m	600～545m	～545m	565～600m	～600m
■TP01	2.16	0.29	1.97	1.23	1.21	0.17	0.26	0.88	0.45	0.06
■TP02	1.39	0.44	1.14	0.72	0.35	0.18	0.28	0.66		
■TP03	1.84	0.08	0.90	0.73	0.69	0.08	0.19			
■TP04	0.26	0.11	0.04	0.39	0.23	0.45	0.30	0.58	0.15	0.40
■TP05	0.27	0.11	0.02	0.42	0.27	0.73	0.34	0.59	0.18	0.35
■TP06	0.71	0.01	0.26	0.50	0.03	0.52	0.10	0.64	0.08	0.17
■TP07	1.67	0.56	0.49	1.19	0.84	0.62	0.31	0.88	0.33	0.10
■TP08	0.90	0.29	0.15	0.44	0.18	0.03	0.19	0.45	0.20	0.11
■TP09	0.35	0.06	0.03	0.41	0.13	0.21	0.21	0.58	0.17	0.27
■TP10	0.75	0.23	0.32	0.42	0.23	0.08	0.07	0.58	0.41	0.10

图 8.5 - 10　水库各运行阶段沉降位移变形速率图

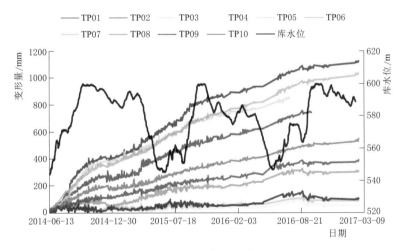

图 8.5 - 11　合位移曲线

2. 变形速率分析

将边坡各监测点在各水位运行阶段的合位移变形速率示于图 8.5 - 13。从图 8.5 - 12 中可以看出，TP01、TP02、TP03、TP06、TP07、TP08 及 TP10 监测点的日平均变形速率在水库运行过程当中呈指数分布，表现出逐渐稳定的趋势。其在第一次水库蓄水过程中日平均变形速率最大，为 0.79～3.24mm/d；截至最后一个 600m 水位运行期间，其日平均变形速率为 0.12～0.30mm/d。而 TP04、TP05 及 TP09 监测点在各水位运行阶段的日平均变形速率较小但振动幅度较大，一般为 0.05～0.3mm/d。

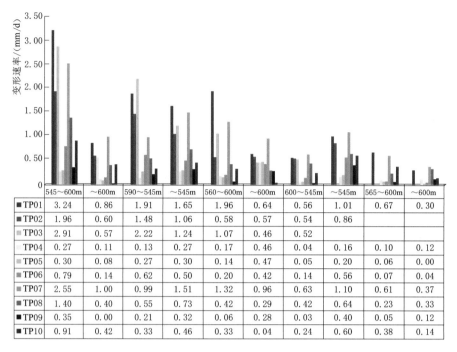

	545~600m	~600m	590~545m	~545m	560~600m	~600m	600~545m	~545m	565~600m	~600m
■ TP01	3.24	0.86	1.91	1.65	1.96	0.64	0.56	1.01	0.67	0.30
■ TP02	1.96	0.60	1.48	1.06	0.58	0.57	0.54	0.86		
■ TP03	2.91	0.57	2.22	1.24	1.07	0.46	0.52			
■ TP04	0.27	0.11	0.13	0.27	0.17	0.46	0.04	0.16	0.10	0.12
■ TP05	0.30	0.08	0.27	0.30	0.14	0.47	0.05	0.20	0.06	0.00
■ TP06	0.79	0.14	0.62	0.50	0.20	0.42	0.14	0.56	0.07	0.04
■ TP07	2.55	1.00	0.99	1.51	1.32	0.96	0.63	1.10	0.61	0.37
■ TP08	1.40	0.40	0.55	0.73	0.42	0.29	0.42	0.64	0.23	0.33
■ TP09	0.35	0.00	0.21	0.32	0.06	0.28	0.03	0.40	0.05	0.12
■ TP10	0.91	0.42	0.33	0.46	0.33	0.04	0.24	0.60	0.38	0.14

图 8.5－12　水库各运行阶段合位移速率图

8.5.3.5　边坡总体变形趋势

综合上述对边坡各监测点的三维坐标变化及合位移分析可知，边坡变形量值总体表现出上游山脊变形＞中下游岸坡＞顶部缓坡平台的特征（见图 8.5－13）。其中，变形量最

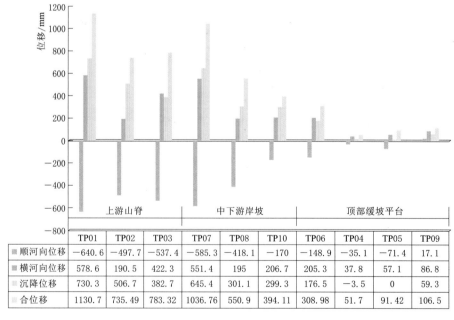

	上游山脊			中下游岸坡			顶部缓坡平台			
	TP01	TP02	TP03	TP07	TP08	TP10	TP06	TP04	TP05	TP09
■ 顺河向位移	−640.6	−497.7	−537.4	−585.3	−418.1	−170	−148.9	−35.1	−71.4	17.1
■ 横河向位移	578.6	190.5	422.3	551.4	195	206.7	205.3	37.8	57.1	86.8
■ 沉降位移	730.3	506.7	382.7	645.4	301.1	299.3	176.5	−3.5	0	59.3
合位移	1130.7	735.49	783.32	1036.76	550.9	394.11	308.98	51.7	91.42	106.5

图 8.5－13　星光三组岸坡各监测点位移对比

大值出现在位于上游山脊坡缘处的 TP01 监测点，至 2017 年 2 月，其顺河向位移为 −640.6mm，横河向位移为 578.6mm，沉降位移为 730.3mm，合位移则达到 1130.7mm。相比之下，位于边坡顶部缓坡平台后缘的 TP04 监测点变形量值最小，其顺河向位移为 −35.1mm，横河向位移为 37.8mm，沉降位移为 −3.5mm，合位移仅为 51.7mm。

从变形速率上看，随着水库水位的不断涨落，边坡各监测点的变形速率基本呈指数分布特征，合位移变形速率最大值出现在第一次水位上涨期间，为 TP01 监测点的 3.24mm/d，之后岸坡各监测点变形速率均有所减缓并逐渐趋于平稳，至 2017 年 2 月，其变形速率仅为 0.30mm/d。

将溪洛渡星光三组各监测点的合位移绘制成矢量图，如图 8.5 − 14 所示。可以看出，边坡变形方向受岩体结构控制总体朝上游山脊侧发生变形，与岩层走向近乎垂直，而与金沙江的最大临空方向关系较小，这与现场勘查成果是一致的。

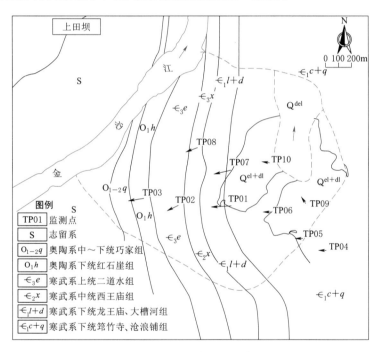

图 8.5 − 14　星光三组岸坡各监测点位移矢量图

第 9 章

进展与展望

本书以水电工程倾倒变形体为研究对象，总结了典型水电工程倾倒变形体变形破坏的发育特征，提出了新的倾倒变形体划分依据，并根据新的划分方案对倾倒变形体模式进行了划分，同时研究总结了倾倒变形体的变形破坏演化规律与倾倒边坡折断面形态特征，进而提出了一套针对倾倒边坡的变形稳定性评价方法。最后基于一些新的数学辨识及分析技术，并通过大量野外地质资料调查、大型倾倒变形体的实例以及室内试验结合数值分析与实际监测分析，总结了倾倒变形体的变形破坏演化机制及其对水电工程产生的影响。

9.1 进展

通过上述研究，取得的主要研究进展如下：

（1）对倾倒变形产生条件有了进一步认识。倾倒变形不仅发生于层状岩体中，在有陡倾结构面的板裂化块状岩体中也会发生（例如果卜倾倒变形体边坡）。

（2）从变形稳定角度提出了倾倒变形体稳定性评价方法。根据倾倒边坡变形演化全过程的理论模型，建立了倾倒边坡变形稳定性评价模型，并以时效变形阶段的变形量作为变形稳定性阈值判据，可对倾倒变形边坡稳定性现状及发展趋势进行预测评估。

9.2 展望

针对水电工程倾倒变形体边坡的研究还需进一步深入，尤其是在以下几方面：

（1）雾化条件下边坡倾倒变形机制与预警。

（2）河谷下切过程中地应力重分布对边坡倾倒变形的影响机理。

（3）库水作用下倾倒变形体裂纹扩展模式与特征。

（4）变形稳定分析评价方法与标准以及演化阶段转化阈值等还需进一步探索。

（5）进一步探索倾倒变形边坡在进入时效变形阶段后，由"可控"进入"失控"的预警研究。

参 考 文 献

白彦波，张良，李渝生，2009. 苗尾水电站坝肩岩体倾倒变形程度分级体系 [J]. 科技信息，290（6）：417-418.

鲍杰，李渝生，曹广鹏，2011. 澜沧江某水电站近坝库岸岩体倾倒变形的成因机制 [J]. 地质灾害与环境保护，22（3）：47-51.

陈从新，郑允，孙朝燚，2016. 岩质反倾边坡弯曲倾倒破坏分析方法研究 [J]. 岩石力学与工程学报，35（11）：2174-2187.

陈红旗，黄润秋，2004. 反倾层状边坡弯曲折断的应力及挠度判据 [J]. 工程地质学报，12（3）：243-246.

陈筠，郭果，2014. 基于 RES 理论的潜在滑坡识别 [J]. 工程地质学报，22（3）：456-463.

陈明东，王兰生，1988. 边坡变形破坏的灰色预报方法 [C] // 全国第三次工程地质大会论文选集（下卷）. 成都：成都科技大学出版社.

陈鑫，2016. 倾倒变形体发育演化影响因素及失稳模式研究 [D]. 成都：成都理工大学.

陈新民，罗国煜，1999. 基于经验的边坡稳定性灰色系统分析与评价 [J]. 岩土工程学报，21（5）：638-641.

陈祖煜，张建红，汪小刚，1996. 岩石边坡倾倒稳定分析的简化方法 [J]. 岩土工程学报，18（6）：92-95.

陈祖煜，2005. 岩质边坡稳定分析 [M]. 北京：中国水利水电出版社.

程东幸，刘大安，丁恩保，等，2005. 层状反倾岩质边坡影响因素及反倾条件分析 [J]. 岩土工程学报，27（11）：127-131.

邓琴，郭明伟，李春光，等，2010. 基于边界元法的边坡矢量和稳定分析 [J]. 岩土力学，31（6）：1971-1976.

范宣梅，许强，黄润秋，等，2007. 丹巴县城后山滑坡锚固动态优化设计和信息化施工 [J]. 岩石力学与工程学报，26（S2）：4139-4139.

方建瑞，许志雄，庄晓莹，2008. 三维边坡稳定弹塑性有限元分析与评价 [J]. 岩土力学，29（10）：2667-2672.

冯夏庭，贾民泰，2000. 岩石力学问题的神经网络建模 [J]. 岩石力学与工程学报，19（z1）：1030-1033.

宫凤强，李夕兵，ZHAO J，2010. 巴西圆盘劈裂试验中拉伸模量的解析算法 [J]. 岩石力学与工程学报，29（5）：881-891.

哈秋舲，2001. 岩体工程与岩体力学仿真分析——各向异性开挖卸荷岩体力学研究 [J]. 岩土工程学报，23（6）：664-668.

韩子夜，薛星桥，2005. 地质灾害监测技术现状与发展趋势 [J]. 中国地质灾害与防治学报，16（3）：138-141.

贺可强，雷建和，2001. 边坡稳定性的神经网络预测研究 [J]. 地质与勘探，37（6）：72-75.

贺续文，刘忠，廖彪，等，2011. 基于离散元法的节理岩体边坡稳定性分析 [J]. 岩土力学，32（7）：2199-2204.

胡文源，邹晋华，2003. 时程分析法中有关地震波选取的几个注意问题 [J]. 江西理工大学学报，24（4）：25-28.

胡卸文，钟沛林，任志刚，2002. 岩体块度指数及其工程意义 [J]. 水利学报，33（3）：80-83.

黄建文，李建林，周宜红，2007. 基于 AHP 的模糊评判法在边坡稳定性评价中的应用 [J]. 岩石力学与工程学报，26（S1）：2627-2632.

黄润秋，1991. 黄河拉西瓦水电站：高边坡稳定性的系统工程地质研究 [M]. 成都：成都科技大学出版社.

黄润秋，李渝生，巨能攀，等，2013. 黄河拉西瓦水电站果卜岸坡全生命周期演化与治理综合研究 ［R］. 成都：成都理工大学.

黄润秋，李渝生，严明，2017. 斜坡倾倒变形的工程地质分析［J］. 工程地质学报，25（5）：1165-1181.

黄润秋，王峥嵘，许强，1994. 反倾向层状结构岩体边坡失稳破坏规律研究［C］//成都理工学院工程 地质研究所工程地质研究进展（二）. 成都：西南交通大学出版社，47-51.

黄润秋，许强，1997. 边坡失稳时间的协同预测模型［J］. 山地学报，15（1）：7-12.

黄润秋，2007. 20世纪以来中国的大型滑坡及其发生机制［J］. 岩石力学与工程学报，26（3）：433-454.

黄润秋，2008. 岩石高边坡发育的动力过程及其稳定性控制［J］. 岩石力学与工程学报，27（8）：1525-1544.

蒋良潍，黄润秋，2006. 层状结构岩体顺层斜坡滑移-弯曲失稳计算探讨［J］. 山地学报，24（1）：88-94.

姜彤，2014. 边坡加卸载地震动力响应分析理论与实践［M］. 北京：中国水利水电出版社.

李高勇，刘高，谢裕江，2013. 黄河上游某倾倒体的时效变形研究［J］. 工程地质学报，21（6）：835-841.

李霍，巨能攀，郑达，等，2013. 贵州上洋水河流域拉裂—倾倒型崩塌机理研究［J］. 工程地质学报，21（2）：289-296.

李克钢，侯克鹏，李旺，2009. 指标动态权重对边坡稳定性的影响研究［J］. 岩土力学，30（2）：492-496.

李树武，杨健，杨永明，等，2011. 里底水电站坝址右岸倾倒变形岩体成因机制和变形程度［J］. 水力发电，37（8）：21-23，48.

李天斌，陈明东，1996. 滑坡时间预报的费尔哈斯反函数模型法［J］. 地质灾害与环境保护，7（3）：13-17.

李天斌，陈明东，1999. 滑坡预报的几个基本问题［J］. 工程地质学报，7（3）：200-206.

李秀珍，许强，刘希林，2005. 基于GIS的滑坡综合预测预报信息系统［J］. 工程地质学报，13（3）：112-117.

李秀珍，王成华，孔纪名，2009. 基于最优加权组合模型及高斯-牛顿法的滑坡变形预测研究［J］. 工程地质学报，17（4）：538-544.

林华章，2015. 二古溪倾倒变形体成因机制分析及稳定性评价［D］. 成都：成都理工大学.

林葵，2012. 泥灰岩边坡倾倒变形机理及处治措施［J］. 铁道工程学报，29（5）：6-10，25.

刘才华，陈从新，2010. 地震作用下岩质边坡块体倾倒破坏分析［J］. 岩石力学与工程学报，29（S1）：3193-3198.

刘楚乔，梁开水，2008. 岩质高边坡稳定性监测与评价方法研究综述［J］. 工业安全与环保，34（3）：19-21.

刘楚乔，2008. 边坡稳定性摄影监测分析系统研究［D］. 武汉：武汉理工大学.

刘端伶，谭国焕，李启光，等，1999. 岩石边坡稳定性和Fuzzy综合评判法［J］. 岩石力学与工程学报，18（2）：170-175.

刘锋，魏光辉，2012. 基于灰色关联的水利工程方案模糊优选［J］. 水力发电学报，31（1）：10-14，26.

刘广润，晏鄂川，练操，2002. 论滑坡分类［J］. 工程地质学报，10（4）：339-342.

刘克远，邵宗平，1989. 二滩水电站岩体力学特性研究［J］. 水电站设计，5（1）：3-12.

刘沐宇，朱瑞赓，2001. 基于范例推理的边坡稳定性评价模型［J］. 岩石力学与工程学报，020（A01）：1075-1078.

刘顺昌，2013. 如美水电站岩质边坡倾倒破坏机理研究［D］. 北京：中国地质大学.

刘云鹏，黄润秋，邓辉，2011. 反倾板裂岩体边坡振动物理模拟试验研究［J］. 成都理工大学学报（自然科学版），38（4）：413-421.

卢海峰，刘泉声，陈从新，2012. 反倾岩质边坡悬臂梁极限平衡模型的改进［J］. 岩土力学，33（2）：577-584.

罗红明，唐辉明，胡斌，等，2007. 基于突变理论的反倾层状岩石边坡稳定性研究［J］. 地质科技情报，26 (6)：101 – 104.

罗勇，龚晓南，2011. 节理发育反倾边坡破坏机理分析及模拟 ［J］. 辽宁工程技术大学学报（自然科学版），30 (1)：60 – 63.

罗志强，2002. 边坡工程监测技术分析 ［J］. 公路，2022 (5)：47 – 50.

孟国涛，徐卫亚，郑文棠，等，2007. 岩质高边坡开挖变形的三维离散单元法分析 ［J］. 河海大学学报（自然科学版），35 (4)：393 – 397.

母剑桥，2017. 反倾边坡倾倒破裂面优势形态及变形稳定性分析方法研究 ［D］. 成都：成都理工大学.

彭燮，郝亚飞，邱浩浩，2013. 节理刚度对地震勘探激发效果的影响研究 ［J］. 公路工程，38 (3)：209 – 212.

祁生文，伍法权，严福章，等，2007. 岩质边坡动力反应分析 ［M］. 北京：科学出版社.

漆祖芳，唐忠敏，姜清辉，等，2008. 大岗山水电站坝肩边坡开挖支护有限元模拟 ［J］. 岩土力学，29 (S1)：161 – 165.

钱家欢，殷宗泽，1996. 土工原理与计算 ［M］. 北京：中国水利水电出版社.

乔建平，吴彩燕，2008. 滑坡本底因子贡献率与权重转换研究 ［J］. 中国地质灾害与防治学报，19 (3)：13 – 16.

秦四清，张倬元，1993. 滑坡灾害预报的非线性动力学方法 ［J］. 水文地质工程地质，20 (5)：1 – 4.

邱俊，任光明，王云南，2016. 层状反倾-顺倾边坡倾倒变形形成条件及发育规模特征 ［J］. 岩土力学，37 (S2)：513 – 524，532.

邱轶兵，2018. 试验设计与数据处理 ［M］. 合肥：中国科学技术大学出版社.

任光明，夏敏，李果，等，2009. 陡倾顺层岩质边坡倾倒变形破坏特征研究 ［J］. 岩石力学与工程学报，28 (S1)：3193 – 3200.

芮勇勤，贺春宁，王惠勇，等，2001. 开挖引起大规模倾倒滑移边坡变形、破坏分析 ［J］. 长沙交通学院学报，17 (4)：8 – 12.

史秀志，周健，郑纬，等，2010. 边坡稳定性预测的 Bayes 判别分析方法及应用 ［J］. 四川大学学报（工程科学版），42 (3)：66 – 71.

宋彦辉，黄民奇，孙苗，2011. 节理网络有限元在倾倒边坡稳定分析中的应用 ［J］. 岩土力学，32 (4)：1205 – 1210.

孙东亚，彭一江，王兴珍，2002. DDA 数值方法在岩质边坡倾倒破坏分析中的应用 ［J］. 岩石力学与工程学报，21 (1)：39 – 42.

孙钧，凌建明，1997. 三峡船闸高边坡岩体的细观损伤及长期稳定性研究 ［J］. 岩石力学与工程学报，16 (1)：1 – 7.

谭儒蛟，杨旭朝，胡瑞林，2009. 反倾岩体边坡变形机制与稳定性评价研究综述 ［J］. 岩土力学，30 (S2)：479 – 484，523.

谭洵，2017. 倾倒变形边坡中折断带岩体碎裂结构特征及其抗剪力学性质研究 ［D］. 成都：成都理工大学.

唐春安，朱万成，2003. 混凝土损伤与断裂 ［M］. 北京：科学出版社.

汪小刚，张建红，1996. 用离心模型研究岩石边坡的倾倒破坏 ［J］. 岩土工程学报，18 (5)：18 – 25.

王承群，孔宪立，1990. 秦山核电站 I 期工程边坡倾倒和溃屈破坏的块体单元法分析 ［C］//中国岩石力学与工程学会数值计算与模型试验专业委员会. 岩土力学数值方法的工程应用——第二届全国岩石力学数值计算与模型实验学术研讨会论文集. 上海：同济大学出版社：343 – 352.

王念秦，王永锋，罗东海，等，2008. 中国滑坡预测预报研究综述 ［J］. 地质论评，54 (3)：69 – 75.

王洁，李渝生，鲍杰，等，2010. 澜沧江上游某水电站坝肩岩体倾倒变形的成因控制条件研究 ［J］. 地质灾害与环境保护，21 (4)：45 – 48.

王军，2011. 黄河拉西瓦水电站坝前右岸果卜岸坡变形演化机制研究 ［D］. 成都：成都理工大学.

王林峰，陈洪凯，唐红梅，2014. 复杂反倾岩质边坡的稳定性分析方法研究 ［J］. 岩土力学，35 (S1)：

181－188.

王宇，李晓，刘帅，等，2014. 岩体离散裂隙网络稳定性计算的节理有限元法［C］// 中国科学院地质与地球物理研究所. 中国科学院地质与地球物理研究所 2013 年度（第 13 届）学术论文汇编——工程地质与水资源研究室. 中国科学院地质与地球物理研究所：中国科学院地质与地球物理研究所科技与成果转化处：492－500.

王志旺，张保军，2003. 马水山台子上滑坡深部位移监测及成因研究［J］. 长江科学院院报，20 (1)：26－28.

魏良帅，2011. 监测技术在水电站移民安置场地工程中的研究及应用［D］. 绵阳：西南科技大学.

位伟，段绍辉，姜清辉，等，2008. 反倾边坡影响倾倒稳定的几种因素探讨［J］. 岩土力学，29 (0z1)：431－434.

伍法权，2002. 三峡工程库区影响 135m 水位蓄水的滑坡地质灾害治理工程及若干技术问题［J］. 岩土工程界，5 (6)：17－18.

夏元友，李新平，程康，1998. 用人工神经网络估算岩质边坡的安全系数［J］. 工程地质学报，6 (2)：60－64.

夏柏如，张燕，虞立红，2001. 我国滑坡地质灾害监测治理技术［J］. 探矿工程-岩土钻掘工程，2001 (S1)：87－90.

谢莉，李渝生，曹建军，等，2009. 澜沧江某水电站右坝肩岩体倾倒变形的数值模拟［J］. 中国地质，36 (4)：907－914.

许强，李秀珍，黄润秋，2004. 滑坡时间预测预报研究进展［J］. 地球科学进展，19 (3)：478－483.

许强，汤明高，徐开祥，等，2008. 滑坡时空演化规律及预警预报研究［J］. 岩石力学与工程学报，27 (6)：1104－1112.

许强，汤明高，黄润秋，2015. 大型滑坡监测预警与应急处置［M］. 北京：科学出版社.

余鹏程，2007. 澜沧江苗尾水电站坝址区岩体倾倒变形特征及坝肩岩体稳定性分析［D］. 成都：成都理工大学.

晏同珍，殷坤龙，伍法权，等，1988. 滑坡定量预测研究的进展［J］. 水文地质工程地质，1988 (6)：12－18.

杨根兰，黄润秋，严明，等，2006. 小湾水电站饮水沟大规模倾倒破坏现象的工程地质研究［J］. 工程地质学报，14 (2)：165－171.

杨圣奇，蒋昱州，温森，2008. 两条断续预制裂纹粗晶大理岩强度参数的研究［J］. 工程力学，25 (12)：127－134.

殷坤龙，陈丽霞，张桂荣，2007. 区域滑坡灾害预测预警与风险评价［J］. 地学前缘，14 (6)：85－97.

岳斌，1990. 金川露天矿边坡倾倒变形特征及倾倒变形的简单力学机制和应用［C］// 江苏省岩石力学与工程学会，扬子石化公司. 第一届华东岩土工程学术大会论文集. 江苏省岩石力学与工程学会，扬子石化公司，中国岩石力学与工程学会，415－427.

张国辉，2006. 基于三维激光扫描仪的地形变化监测［J］. 仪器仪表学报，27 (S1)：96－97.

张华伟，王世梅，霍志涛，等，2006. 白家包滑坡变形监测分析［J］. 人民长江，37 (4)：95－97.

张华伟，王世梅，霍志涛，等，2006. 三峡库区滑坡监测的新方法［J］. 科学技术与工程，6 (13)：140－142.

张铃，张钹，1997. 统计遗传算法［J］. 软件学报，8 (5)：16－25.

张倬元，黄润秋，1988. 岩体失稳前系统的线性和非线性状态及破坏时间预报的"黄金分割数"法［C］// 全国工程地质大会.

张倬元，王士天，王兰生，1994. 工程地质分析原理［M］. 北京：地质出版社.

赵艳，郭明珠，季杨，等，2007. 场地条件对地震动持时的影响［J］. 震灾防御技术，2 (4)：417－424.

郑颖人，赵尚毅，2001. 用有限元法求边坡稳定安全系数［C］// 中国力学学会力学与西部开发会议.

周福军，陈剑平，牛岑岑，2013. 裂隙化岩体不连续面密度的分形研究［J］. 岩石力学与工程学报，32 (S1)：2624－2631.

周先齐，徐卫亚，钮新强，等，2007. 离散单元法研究进展及应用综述 [J]. 岩土力学，28（S1）：408-416.

周利杰，方云，2008. 降雨作用下反倾岩质边坡尖点突变模型研究 [J]. 水利与建筑工程学报，6（4）：130-131.

朱雷，严明，黄润秋，等，2017. 岩质边坡中缓倾裂隙分布与成因工程地质分析 [J]. 西南交通大学学报，52（3）：554-562.

邹丽芳，徐卫亚，宁宇，等，2009. 反倾层状岩质边坡倾倒变形破坏机理综述 [J]. 长江科学院院报，26（5）：25-30.

左保成，2004. 反倾岩质边坡破坏机理研究 [D]. 武汉：中国科学院研究生院（武汉岩土力学研究所）.

ABELLÁN A，VILAPLANA J M，CALVET J，et al，2011. Rockfall monitoring by Terrestrial Laser Scanning - Case study of the basaltic rock face at Castellfollit de la Roca (Catalonia，Spain)，11（128）：829-841.

ABIDIN H Z，ANDREAS H，GAMAL M，et al，2007. Volcano Deformation Monitoring in Indonesia：Status，Limitations and Prospects [M] // Dynamic Planet.

ADHIKARY D P，DYSKIN A V，JEWELL R J，1995. Modelling of flexural toppling failures of rock slopes [C]. 8th LSRM Congress.

ADHIKARY D P，DYSKIN A V，JEWELL R J，1996. Numerical modelling of the flexural deformation of foliated rock slopes [J]. International Journal of Rock Mechanics & Mining Science & Geomechanics Abstracts，33（6）：595-606.

ADHIKARY D P，DYSKIN A V，JEWELL R J，1997. A study of the mechanism of flexural toppling failure of rock slopes [J]. Rock Mechanics & Rock Engineering，30（2）：75-93.

AMINI M，MAJDI A，AYDAN O，2009. Stability Analysis and the Stabilization of Flexural Toppling Failure [J]. Rock Mechanics and Rock Engineering，42：751-782.

AMINI M，MAJDI A，VESHADI M A，2012. Stability analysis of rock slopes against block - flexure toppling failure [J]. Rock Mechanics and Rock Engineering，45（4）：519-532.

AYDAN O，KAWAMOTO T，1992. The stability of slopes and underground openings against flexural toppling and their stabilization [J]. Rock Mechanics and Rock Engineering，25（3）：143-165.

BARTON N，2008. Shear strength of rockfill，interfaces and rock Joints，and their points of contact in rock dump design [M]. Perth：Australian Centre for Geomechanics.

BARTON N，KJAERNSELI B，1981. Shear strength of rockfill [J]. Journal of Geotechnical Engineering，107（136）：873-891.

BISHOP A W，1955. The use of the Slip Circle in the Stability Analysis of Slopes [J]. Géotechnique，5（1）：7-17.

BOZZANO F，CIPRIANI I，MAZZANTI P，et al，2011. Displacement patterns of a landslide affected by human activities：insights from ground - based InSAR monitoring [J]. Natural Hazards，59（3）：1377-1396.

BUCEK R，1995. Toppling failure in rock slopes [D]. Edmonton：University of Alberta (Canada).

CAINE N，1982. Toppling failures from alpine cliffs on ben Lomond，Tasmania [J]. Earth Surface Processes and Landforms，7（2）：133-152.

CALCATERRA S，PIERA G，GIOVANNI G，2012. Rock mass movements degraded and altered the slopes of Greece (Lago - CS)：Integrated monitoring of deep and superficial displacements [J]. Rendiconti Online Società Geologica Italiana，21：540-542.

CHARLES A，1991. Laboratory share strength tests and the stability of rockfill slopes [J]. In：Maranha das Neves E (ed) Advances in rockfill structures. New York：Springer，53-72.

CHARLES A，WATTS K，1980. Geotechnique Influence of confining pressure on the shear strength of compacted rockfill [J]. International Journal of Rock Mechanics & Mining Sciences & Geomechanics

Abstracts，30（4）：353－367.

CHARLES A，WATTS K，1980. The influence of confining pressure on the shear strength of compacted rockfill［J］. Geotechnique，30：353－367.

DAI F，LEE C，2002. Landslide characteristics and slope instability modeling using GIS，Lantau Island，Hong Kong［J］. Geomorphology，42（3）：213－228.

DE MELLO V，1977. Reflections on design decisions of practical significance to embankment dams［J］. Geotechnique，27：279－355.

DING X L，HUANG D F，YIN J H，et al，2002. A New Generation of Multi－antenna GPS System for Landslide and Structural Deformation Monitoring［J］. Advances in Building Technology，2：1611－1618.

DIOS R D，ENRIQUEZ J，VICTORINO F G，et al，2010. Design，development，and evaluation of a tilt and soil moisture sensor network for slope monitoring applications［C］// Tencon IEEE Region 10 International Conference.

EMHA F Y，2011. Shear strength of Bremanger sandstone rockfill at low stress［D］. Delft the Netherlands：Delft University of Technology.

EVANS R S，1981. An analysis of secondary toppling rock failures－the stress redistribution method［J］. Quarterly Journal of Engineering Geology，14：77－86.

FELLENIUS W，1936. Calculation of the stability of earth dams［C］// Proc. of the Second Congress on Large Dams.

GILI J A，COROMINAS J，RIUS J，2000. Using Global Positioning System techniques in landslide monitoring［J］. Engineering Geology，55（3）：167－192.

GOVI M，MARAGA F，MOIA F，1993. Seismic detectors for continuous bed load monitoring in a gravel stream［J］. International Association of Scientific Hydrology Bulletin，38（2）：123－132.

GOODMAN R E，BRAY J W，1976. Toppling of Rock Slopes［C］// Proceedings of the Speciality Conference on Rock Engineering for Foundations and Slopes. Boulder：ASCE.

GRITZNER M L，MARCUS W A，ASPINALL R，et al，2001. Assessing landslide potential using GIS，soil wetness modeling and topographic attributes，Payette River，Idaho［J］. Geomorphology，37（1－2）：149－165.

HASHASH Y，LEVASSEUR S，OSOULI A，et al，2010. Comparison of two inverse analysis techniques for learning deep excavation response［J］. Computers and Geotechnics，37（3）：323－333.

HOEK E，1997. Practical estimates of rock mass strength［J］. International Journal of Rock Mechanics & Mining Sciences，34（8）：1165－1186.

HOEK E，BRAY J，1977. Rock slope engineering. revised second edition［J］. Publication of Institution of Mining and Metallurgy，1977.

HOEK E，CARTER T，DIEDERICHS M，2013. Quantification of the geological strength index chart［C］. American Rock Mechanics Association，47th US Rock Mechanics/Geomechanics Symposium，San Francisco，3：1757－1764.

HOEK E，CARRANZA－TORRES C，CORKUM B，2002. Hoek－Brown failure criterion－2002 Edition［C］. Proc Fifth North American Rock Mechanics Symposium，1：267－273.

INDRARATNA，B，1994. The effect of normal stress－friction angle relationship on the stability analysis of a rockfill dam［J］. Geotechnical and Geological Engineering，12：113－121.

INDRARATNA B，WIJEWARDENA S，BALASUBRAMANIAM A，1993. Large scale triaxial testing of greywacke rockfill［J］. Geotechnique，43：37－51.

OTHMAN Z，AZIZ W，ANUAR A，2011. Landslide monitoring at hillside residential area using GPS static and inclinometer techniques［J］. Proceedings of SPIE － The International Society for Optical Engineering，8334：31.

JANBU N，1973. Slope Stability Computations [J]. Embankment Dam Engineering：47 – 86.

KRAJCINOVIC D，SILVA M，1982. Statistical aspects of the continuous damage theory [J]. International Journal of Solids & Structures，18 (7)：551 – 562.

LAMBERT A，1982. Geodetic Monitoring of Tectonic Deformation：Toward a Strategy [J]. Eos，Transactions American Geophysical Union，63 (43)：826.

LEE D，KIM K，OH G，et al，2009. Shear characteristics of coarse aggregates sourced from quarries [J]. International Journal of Rock Mechanics & Mining Sciences，46：210 – 218.

LEMAITRE J，1984. How to use damage mechanics [J]. Nuclear Engineering and Design，80 (2)：233 – 245.

LIVIERATOS E，1979. Techniques and problems in geodetic monitoring of crustal movements at tectonically unstable regions [J]. Terrestrial and Space Techniques in Earthquake Prediction Research，A Vogel：515 – 530.

LIU Y C，CHEN C S，2007. A new approach for application of rock mass classification on rock slope stability assessment [J]. Engineering Geology，89 (1 – 2)：129 – 143.

LUZI G，NOFERINI L，MECATTI D，et al，2009. Using a Ground – Based SAR Interferometer and a Terrestrial Laser Scanner to Monitor a Snow – Covered Slope：Results From an Experimental Data Collection in Tyrol (Austria) [J]. IEEE Transactions on Geoscience and Remote Sensing，47 (2)：382 – 393.

MANSOOR N M，2004. A GIS – Based Assessment of Liquefaction Potential of the City of Aqaba，Jordan [J]. Environmental and Engineering Geoence，10 (4)：297 – 320.

MORA P，BALDI P，CASULA G，et al，2003. Global Positioning Systems and digital photogrammetry for the monitoring of mass movements：application to the Cadi Malta landslide (northern Apennines，Italy) [J]. Engineering Geology，68：103 – 121.

MORGENSTERN N R，PRICE V E，1965. The Analysis of The Stability of General Slip Surfaces [J]. Geotechnique，15 (1)：79 – 93.

OH H J，LEE S，2010. Application of Artificial Neural Network for Gold – Silver Deposits Potential Mapping：A Case Study of Korea [J]. Natural Resources Research，19 (2)：103 – 124.

ORR M Ch，SWINDELLS Ch F，1991. Open pit toppling failures：Experience versus analysis [C] // Proceedings of the 7th International Congress on Computer Method and Advance in Geomechanics，Cairus：[s. n.]，1：505 – 510.

PRADHAN B，CHAUDHARI A，ADINARAYANA J，et al，2012. Soil erosion assessment and its correlation with landslide events using remote sensing data and GIS：a case study at Penang Island，Malaysia [J]. Environmental Monitoring and Assessment，184 (2)：715 – 727.

PRITCHARD M A，SAVIGNY K W，1990. Numerical modelling of toppling [J]. Canadian Geotechnical Journal，27 (6)：823 – 834.

PRITCHARD M A，SAVIGNY K W，1991. The Heather Hill landslide：an example of a large scale toppling failure in a natural slope [J]. Canadian Geotechnical Journal，28 (3)：410 – 422.

SAITO M. Forecasting the time of occurrence of a slope failure [J]. 土と基礎，1965.

SAITO M. Research on forecasting the time of occurrence of slope failure [J]. 土と基礎，1969，17：29 – 38.

SARMA S K，1973. Stability Analysis of embankments and slopes [J]. Géotechnique，23 (3)：423 – 433.

SARMA S，1981. Stability analysis embankments and slopes，discussion and closure [J]. Journal of Geotechnical & Geoenvironmental Engineering，107.

SEZER E A，PRADHAN B，GOKCEOGLU C，2011. Manifestation of an adaptive neuro – fuzzy model on landslide susceptibility mapping：Klang valley，Malaysia [J]. Expert Systems with Applications，

38（7）：8208－8219.

SPENCER E，1967. A method of analysis of embankments and slops [J]. Géotechnique，17（1）：11－26.

SPENCER E，1973. Thrust line criterion in embankment stability analysis [J]. Géotechnique，23（1）：85－100.

VARNES D J，SAVAGE W Z，1996. The Slumgullion Earth Flow：A Large Scale Natural Laboratory [J]. U. S. Geological Survey Bulletin，2130.

YAGODA－BIRAN G，HATZOR Y H，2013. A new failure mode chart for toppling and sliding with consideration of earthquake inertia force [J]. International Journal of Rock Mechanics & Mining ences，64：122－131.

YEUNG M R，JIANG Q H，SUN N A，2007. A model of edge－to－edge contact for three－dimensional discontinuous deformation analysis [J]. Rock Mechanics and Rock Engineering，34（3）：175－186.

ZHANG Z，LIU G，WU S，et al，2015. Rock slope deformation mechanism in the Cihaxia Hydropower Station，Northwest China [J]. Bulletin of Engineering Geology and the Environment，74（3）：943－958.

索　引

《中国水电关键技术丛书》 编辑出版人员名单

总责任编辑：营幼峰

副总责任编辑：黄会明　刘向杰　吴　娟

项目负责人：刘向杰　冯红春　宋　晓

项目组成员：王海琴　刘　巍　任书杰　张　晓　邹　静
　　　　　　李丽辉　夏　爽　郝　英　范冬阳　李　哲
　　　　　　石金龙　郭子君

《岩体倾倒变形与水电工程》

责任编辑：冯红春　任书杰

文字编辑：任书杰

审稿编辑：柯尊斌　王　勤　方　平

索引制作：张伟恒

封面设计：芦　博

版式设计：芦　博

责任校对：梁晓静　黄　梅

责任印制：崔志强　焦　岩　冯　强

排　　版：吴建军　孙　静　郭会东　丁英玲　聂彦环

Contents

of China.

As same as most developing countries in the world, China is faced with the challenges of the population growth and the unbalanced and inadequate economic and social development on the way of pursuing a better life. The influence of global climate change and extreme weather will further aggravate water short-age, natural disasters and the demand & supply gap. Under such circum-stances, the dam and reservoir construction and hydropower development are necessary for both China and the world. It is an indispensable step for economic and social sustainable development.

The hydropower engineering technology is a treasure to both China and the world. I believe the publication of the *Series* will open a door to the experts and pro-fessionals of both China and the world to navigate deeper into the hydropower engi-neering technology of China. With the technology and management achievements shared in the *Series*, emerging countries can learn from the experience, avoid mis-takes, and therefore accelerate hydropower development process with fewer risks and realize strategic advancement. The *Series*, hence, provides valuable reference not only to the current and future hydropower development in China but also world de-veloping countries in their exploration of rivers.

As one of the participants in the cause of hydropower development in Chi-na, I have witnessed the vigorous development of hydropower industry and the remarkable progress of hydropower technology, and therefore I am truly de-lighted to see the publication of the *Series*. I hope that the *Series* will play an active role in the international exchanges and cooperation of hydropower engi-neering technology and contribute to the infrastructure construction of B&R countries. I hope the *Series* will further promote the progress of hydropower engineering and management technology. I would also like to express my sincere gratitude to the professionals dedicated to the development of Chinese hydropower technological development and the writers, reviewers and editors of the *Series*.

Ma Hongqi
Academician of Chinese Academy of Engineering
October, 2019

river cascades and water resources and hydropower potential. 3) To develop complete hydropower investment and construction management system with the aim of speeding up project development. 4) To persist in achieving technological breakthroughs and resolutions to construction challenges and project risks. 5) To involve and listen to the voices of different parties and balance their benefits by adequate resettlement and ecological protection.

With the support of H. E. Mr. Wang Shucheng and H. E. Mr. Zhang Jiyao, the former leaders of the Ministry of Water Resources, China Society for Hydropower Engineering, Chinese National Committee on Large Dams, China Renewable Energy Engineering Institute, and China Water & Power Press in 2016 jointly initiated preparation and publication of *China Hydropower Engineering Technology Series* (hereinafter referred to as "the *Series*"). This work was warmly supported by hundreds of experienced hydropower practitioners, discipline leaders, and directors in charge of technologies, dedicated their precious research and practice experience and completed the mission with great passion and unrelenting efforts. With meticulous topic selection, elaborate compilation, and careful reviews, the volumes of the *Series* was finally published one after another.

Entering 21st century, China continues to lead in world hydropower development. The hydropower engineering technology with Chinese characteristics will hold an outstanding position in the world. This is the reason for the preparation of the *Series*. The *Series* illustrates the achievements of hydropower development in China in the past 30 years and a large number of R&D results and projects practices, covering the latest technological progress. The *Series* has following characteristics. 1) It makes a complete and systematic summary of the technologies, providing not only historical comparisons but also international analysis. 2) It is concrete and practical, incorporating diverse disciplines and rich content from the theories, methods, and technical roadmaps and engineering measures. 3) It focuses on innovations, elaborating the key technological difficulties in an in-depth manner based on the specific project conditions and background and distinguishing the optimal technical options. 4) It lists out a number of hydropower project cases in China and relevant technical parameters, providing a remarkable reference. 5) It has distinctive Chinese characteristics, implementing scientific development outlook and offering most recent up-to-date development concepts and practices of hydropower technology

China has witnessed remarkable development and world-known achievements in hydropower development over the past 70 years, especially the 4 decades after Reform and Opening-up. There were a number of high dams and large reservoirs put into operation, showcasing the new breakthroughs and progress of hydropower engineering technology. Many nations worldwide played important roles in the development of hydropower engineering technology, while China, emerging after Europe, America, and other developed western countries, has risen to become the leader of world hydropower engineering technology in the 21st century.

By the end of 2018, there were about 98,000 reservoirs in China, with a total storage volume of 900 billion m³ and a total installed hydropower capacity of 350GW. China has the largest number of dams and also of high dams in the world. There are nearly 1000 dams with the height above 60m, 223 high dams above 100m, and 23 ultra high dams above 200m. There are also 4 mega-scale hydropower stations with an individual installed capacity above 10GW, such as Three Gorges Hydropower Station, which has an installed capacity of 22.5 GW, the largest in the world. Hydropower development in China has been endeavoring to support national economic development and social demand. It is guided by strategic planning and technological innovation and aims to promote project construction with the application of R&D achievements. A number of tough challenges have been conquered in project construction and management, realizing safe and green development. Hydropower projects in China have played an irreplaceable role in the governance of major rivers and flood control. They have brought tremendous social benefits and played an important role in energy security and eco-environmental protection.

Referring to the successful hydropower development experience of China, I think the following aspects are particularly worth mentioning. 1) To constantly coordinate the demand and the market with the view to serve the national and regional economic and social development. 2) To make sound planning of the

Informative Abstract

This book is one of *China Hydropower Engineering Technology Series*, funded by the National Publication Foundation. Drawing from the characteristics of numerous and diverse toppling failures in slopes across China, it extensively collects case studies from various hydropower stations. By analyzing the development characteristics of some large toppling failures, the factors impacting toppling rock mass are summarized. A comprehensive and systematic study has been conducted on various aspects, including the geological environment characteristics, identification and classification, evolution laws of deformation and failure, failure modes and stability analysis methods, survey and evaluation, and engineering impact effects of toppling failures. This 9-chapter book provides an overview of the characteristics of toppling rock mass and offers in-depth analysis, refinements, and innovations to research findings. It showcases the latest research on evolution laws, mechanical mechanisms, and stability evaluation methods related to toppling rock mass.

This book is a valuable resource, containing fundamental geological data, insightful key points, and clear perspectives. It can be used as a reference for scientists, researchers, and educators in various fields, including water conservancy, hydropower, land and resource development, geological disaster prevention and control, transportation, and civil engineering. Additionally, it is suitable for teachers and scholars of relevant majors in engineering geology and geotechnical engineering survey and design related to rock deformation in colleges, universities, and research institutes.

China Hydropower Engineering Technology Series

Rock Mass Toppling Failures and Hydropower Engineering

Yang Jian   Pei Xiangjun   Zhang Shishu
Wei Yufeng   Zhang Dongsheng   et al.

中国水利水电出版社
China Water & Power Press

· Beijing ·